6.管理是需由上而下的貫徹、市場需要是經由由下而上的實際反應。

7.行銷領域是現實的，與外在環境息息相關！非僅藉經驗曲線可克服。

8.行銷是需前線人員與後勤支援幕僚充份的配合。

9.行銷 (marketing) 貴在能提出調整的方法，管理 (management) 貴在能做執行之營業管理。

10.透過管理來強化行銷的附加價值，運用行銷來強化管理的策略層次。

11.推出新產品時，新舊產品替代性需考慮利潤與成長性需要的平衡。避免犯行銷近視病 (myopia)。

12.潛力加以衡量新市場開發方面，需對新市場經營風險、新市場潛量加以衡量。

13.成長是企業必面對的趨勢，對缺口分析 (Gap Analysis) 需審慎。

　　此外，與以往傳統行銷管理書籍不同之處的特色，即是其增加下列領域的研討。藉由下列十項特點將可使教授者可發揮教學相長之目的，學生可透過本書的學習，不再將行銷視為只是一種概念，而對真正行銷運作特性產生興趣、提高學習心得。

1.管理科學方法的應用
　　說明數據與計量分析如何應用在行銷管理、行銷策略中。

2.廣告與 CIS，以往在大專、大學、研究所未被系統性地教授，本人自身教學與實際從事廣告經驗，將廣告的理論架構與廣告運作，在本書深入淺出的探討。

3.利潤中心制度，說明如何從行銷的利潤中心制度運作提升行銷的績效。

4.個案本土化
　　本土化的國內行銷個案將活生生的被真實地介紹，不像以往教學書籍多引用外國實例，無法與國內消費、生活民情、型態完整結合。

5.習題
　　偏向討論式、思考式的習題。

序

在跨越 21 世紀的階段中，台灣這幾十年來國際化、自由化的腳步未曾停歇，且已由世界經濟的綠葉逐漸躍升爲主角之列。國際化潮流趨勢仍是未來的整體經濟主流，人們對於激發前進的環境面感受，已由基本的滿足轉爲適宜地尊重存在的合理要求與適當成長。過程中，新、舊文化的傳承銜接、價值觀的衝擊與蛻變、過去合作的國際夥伴已多了一層競爭的關係；歷歷顯示企業未來面對的不再只是傳統或經驗可解決的效率問題，而是策略整體層次方向與效果（是指企業如何把握既有的持久性競爭優勢來配合市場發展之機會）問題，生存永續不再只是倚重個人戰，而是講求組織整體戰。對於行銷知識不再只是企業的單一功能或觀念的理會而已，而是功能整合性的運籌帷幄，以及如何將理念適切地運用經營環境的智慧挑戰。

所以這本『行銷管理』是透過作者多年來在學界的專研與產業界的實戰領會而成，希望提供企業界與在學者一理論與實務兼備、整合性的應用啓發，並匯集本土產業實際個案，將台灣經營環境與組織文化一一檢視，使其與國內消費、生活文化吻合，減少只能藉由國外案例模擬的遺憾。

本書名爲《行銷管理》的積極性意義，即是在於

1. 行銷規劃並不單只是垂直思考，而應是水平思考、策略性思考。
2. 行銷達成目標爲前提，避免犯行銷遠視病（hyperopia）。
3. 在過程中持續進行成效追蹤。不是只有管理需要，在行銷角度更形重要。
4. 整合性管理對經營水準提升的重要性。
5. 對於問題須有計劃性、有步驟、有系統架構地逐步解決。

國家圖書館出版品預行編目資料

行銷管理／郭振鶴著．--初版．--臺北
市：三民，民85
　　　　面；　　　公分
參考書目：面
ISBN 957-14-2469-2 （平裝）

1.市場學

496　　　　　　　　　　　　85010639

國際網路位址　http://sanmin.com.tw

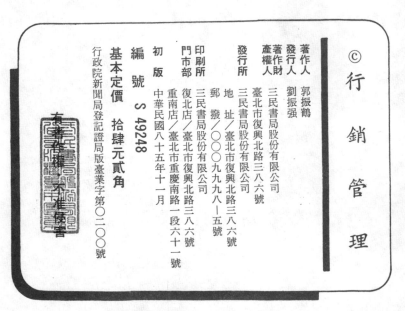

ⓒ 行銷管理

著　作　人　郭振鶴
發　行　人　劉振強
產權著作財　三民書局股份有限公司
發　行　所　三民書局股份有限公司
　　　　　　地址／臺北市復興北路三八六號
　　　　　　郵撥／〇〇〇九九九八一五號
門　市　部　復北店／臺北市復興北路三八六號
　　　　　　重南店／臺北市重慶南路一段六十一號
印　刷　所　三民書局股份有限公司
初　版　中華民國八十五年十一月
編　號　S 49248
基本定價　拾肆元貳角
行政院新聞局登記證局版臺業字第〇二〇〇號

大專用書

行銷管理

郭振鶴　著

三民書局 印行

6. 實務驗證

作者以十年的教學與實際行銷管理工作經驗，將行銷概念與行銷運作
做實務與理論完整地結合說明。

7. 相關學科

行銷決策者與管理者必需經常眾覽、整合其它領域的學科，如哲學、
統計、思考性等多元化專題，以使決策趨靈活與周延。本書沿此精神
並在書中系統性地介紹。

8. 通路

台灣目前之各種通路型態，將在本書以眞正面貌與讀者相結合。

9. 創意性思考的概念

由於創意性思考與行銷決策關係甚爲密切，故創意性思考將在本書被
充分採用與探討。

10. 新觀念、新趨勢的系統探討

如何管理未來的觀念將在本書做詳盡的說明。

作者期望藉由此書，讓企業界與學術研究領域，在面對瞬息萬變的
經營環境、新舊文化承接上、生活形式、價值觀轉移中、消費型態變化
的最新趨勢等各方面的掌握上與新觀點的撞擊預應上，能讓企業成長與
永續經營，另一方面讓學術界能對實務運作能密切切入瞭解與研討，而
適時地修正或產生新學理，讓行銷學理與業界實戰環境同步、甚而能提
供業界最適之策。同時，最主要地讓消費者的需求能有更經濟、更有效
率、更佳品質與服務的滿足。逐步地實現業界、消費者、專業學術界互
動均衡、進步。

最後要說明的是，筆者苦學出身，在面對人生初期不穩定的經濟狀
態、後期面臨父親與小孩身體狀況變化莫測無法掌握的不確定、人生逆
境上，讓筆者想法與價值觀上有相當大的轉變與深刻的體會，體驗到在
多變的人生上，有所變，有所不變。在有限生命中，該如何延伸與發展，

讓生命更有意義而實在。對於有限的資源，如何珍惜與妥善運用資源，而非去論斷爭議資源的多寡。尤其是今年初甫逝的父親 郭祐彰先生，對於筆者面臨人生多項決擇，一直尊重而未予干涉，讓筆者有相當的彈性發展空間；另一方面對筆者在學術研究精神的啓迪與教誨，是筆者在逆境中仍執著於立書再研究的精神柢柱。特以此書紀念先父。而幼兒的身體狀況，讓筆者面對問題時能貫徹解決的堅持力、惜緣惜福的想法，盡己全力而行！

關於此書的順利完成，特別感謝雙親、家人、親朋、好友等對筆者的付出支持與體諒，以及於淡大求學時教授的指導教誨、任教於淡江大學與東吳大學時系主任協助、與東吳大學學生的實證個案上的共同參與研究，並對於曾服務過的公司——卜蜂、蜜雪兒、郭元益，所提供的實戰工作經驗體認，特致謝意。

最後，特別感謝三民書局秉持優良出版文化所提供之機會與協助。

當然，書中若有謬誤或遺漏之處，懇請海內外先進與讀者隨時匡正，俾使日後得以補正。

著者
郭振鶴
1996.8.21.

行銷管理

目　次

第二章　行銷環境

第三章　消費者市場及消費購買行爲

第四章　市場區隔的劃分、選定及定位

第五章　產品策略

第六章　價格策略

第七章　配銷通路

第九章　推廣策略(二)：促銷、人員銷售、公共關係

第十章　行銷之責任中心制度

第十一章　國際行銷

第十二章　行銷對社會的影響

第一章　行銷、行銷管理、行銷人員

故善戰者先立於不敗之地，而不失敵之敗也。是故勝兵先勝，而後求戰；敗兵先戰，而後求勝。

孫子兵法　第四章　勝兵先勝——軍形篇

優秀行銷經理人的特徵：①對市場的變化能以變制變，②化不確定性爲確定性，③視市場成長爲重要的工作職責。

無名氏

第一節　行銷環境變遷與行銷重要性

一、行銷環境變遷

1.經營環境的轉變使得企業對稍縱即逝的機會窗口比以前更需要有敏銳的觀察力，更需培養更多的行銷人員。使能有效的掌握機會窗口、效果窗口。

2.由於競爭日益劇烈，短視近利的企業家仍存在，社會價值觀追求功利導向示範作用，使得傳統的行銷觀念以滿足顧客需求爲主要的靜態考慮，將不能符合目前的行銷環境，卓越的企業、行銷人員必須重新思考行銷觀念變遷性調整，行銷策略的動態性思考與創新性思考。

3.由於大眾傳播觀念的被推廣與消費者日益重視，使得早期在商學院畢業的學生 MBA，在踏入社會後所需花學習時間更長，也喪失了社會的競爭力。

4.企業的經營環境隨著產業成長邊際遞減效果，與政治環境變遷性與影響性，將特別需有多角化、多元化的調整思考，企業經營已不再是只考慮獲利性問題，對於風險性評估、成長機會分析思考、資源分配中長期運用將扮演比以往更重要、更積極角色。

5.「規模大」、「員工數目多」、「市場佔有率高」的企業已經不再是永續發展的重要前提，而對二十一世紀的競爭環境「小而有活力」，「影響力佔有率高」、「員工素質高」已經是愈來愈多企業家共識，也是日後明星企業所需把握的重點。

6.「不進則退」的觀念在今日與未來的行銷世界，行銷關鍵人員將更形應有此正確的積極、挑戰、主動的觀念，任何今日市場的贏家如果想以保守、守成、守株待兔的觀點來迎接未來，將無法持續獲得贏的機

會。

　　7.「相互依存的觀念」與「創新的觀念」，將是日後競爭的重要遊戲規則，任何一個企業單獨考慮自己的行銷方式，未考慮產業間相互依存性與顧客水準的提昇，將無法在產業取得一席之地，也終將被產業與顧客唾棄。

　　8.由於企業經營環境日趨惡化(成本已昇，市場佔有率逐漸被瓜分，員工忠誠度減少、顧客需求替代性產品日益增多)。勉為其難的經營意志、利基式行銷觀念、服務附加價值方式、產品差異化，對傳統行銷知識延伸性探討，所必須思考的相關核心要素。

　　9.由於後現代解構主義、解放主義的意識抬頭，原來有秩序有順序、整體性、男性為主主義、理性主義，行銷人員必須平衡於無秩序性、個別性、女性主義、中性主義、意識型態的觀念將會較有市場機會空間擴充思考。

　　10.市場策略對行銷之利潤水準影響愈來愈重要 (Profit Impact Marketing Strategy)，而市場策略與經營環境又息息相關。

二、行銷的重要性

　　行銷為管理功能之一，面對今天之經營環境，行銷的重要性為何？

　　管理學者彼得杜拉克 (Peter-Drucker) 曾說:「行銷為事業之根本，不得以個別功能視之。應以最後成果來看待，也就是說，應以顧客的觀點來看待。」

　　惠普公司 (Hewlett Packard) 的大衛帕卡 (David Packard) 曾說:「行銷是如此的重要，以致於不光由行銷部門來負責就足夠的。」

　　西北大學的史蒂芬波奈特教授 (Stephen Bunnett) 也指出:「在一個真正貫徹行銷主義的組織中，你根本無法辨別誰是行銷部門的人員。在這個組織中的任何成員，都必須基於顧客的反應來做決策。」

　　威廉戴維多(William Davidow)曾說：「偉大的設備誕生於實驗室，而偉大的產品則由行銷部門所發明。」

　　著名行銷學者柯特勒（Philip-Kotler）與李安費黑（Liam Fashey）在其合著《新競爭》（*The New Competition*）一書中曾說明：日本今天可成為世界經濟強國與下列競爭特性有極大的關係：①一群非常聰明、訓練有素，且技術純熟的勞動人口，正以低於西方人的工資努力工作；②勞資雙方的合作關係；③這些國家所採取的手段和高科技導向，使他們能夠在西方的主力產業裡，與西方國家一較長短；④擁有願意接受較低的投資報酬率，以及相當長的回收期間之資金來源；⑤政府指導和補貼企業，以輔佐企業的成長；⑥保護國內市場；⑦對企業與行銷策略抱持著相當精密的觀念。

　　作者認為造成日本在全球市場普獲成功的關鍵因素之一是對行銷（marketing）的瞭解與運用。亦舉出兩個行銷成功的例子：

　　1.是新產品開發與行銷的關係：當新力公司首度發展錄音機與錄音帶時，它的創始人認為他們可以很輕易地賺取一筆財富。但在他們開始生產第一批錄音機之後，他們就發現了，除非他們有能力推銷他們的產品，否則他們將無法繼續經營該公司。

　　2.是日本的豐田汽車如何反敗為勝、攻佔美國市場，在早期採取合理的價位、高品質的行銷策略滲透到美國市場，讓美國消費者可以接受豐田汽車後，才逐步調高其價格，並將多餘的盈餘轉入Ｒ＆Ｄ的創新研究，又使得車子成本更低、性能品質更好。

　　曾在美國與世界轟動一時的《追求卓越》（*In Search of Excellence*）作者畢德士（Thomans J. Peters）與華特曼（Robert H. Waterman, Jr.）曾在一書中說明在美國 62 家優秀的大公司，他們成功的原因為八大要素：①行動至上──不斷的嘗試去做；起而行，而不是光坐在那兒分析問題。②接近顧客。③鼓勵創新。④提高生產力端賴公司內部人心士

氣。⑤領導人以言教、身教來堅定原則，樹立企業統一的價值觀。⑥做自己內行的事，而不盲目投資其它行業。⑦組織簡單，人員精簡。⑧寬嚴並濟，對價值觀念、原則的事要堅持到底，其它則可容許各部門較多的自主。

美國創意資源公司的創辦人兼總裁塔克爾在其巨策《如何管理未來》（*Managing the Future*）一書中曾說明產業未來發展的趨勢有：①速度革命加快。②創造便利措施。③客層區分愈明顯。④選擇豐富多樣。⑤生活型態改變。⑥折扣競爭劇烈。⑦提高附加價值。⑧顧客服務至上。⑨技術不斷創新。⑩品質需求提昇。

埃文陶佛勒（Alvin Toffler）氏所著《第三波》（*The Third Wave*）一書中曾說明未來經理人必須面臨下列的變化和挑戰：①環境的變動、②資訊的處理、③工作的世界、④組織的忠誠、⑤組織的結構、⑥組織宗旨的重新界定、⑦多國籍企業的發展。環境的變動仍然是陶佛勒認為最重要的發展趨勢，而經理人對於環境的變動，仍須具備對未來預測和規劃的能力。

從上述這些知名學者所描述的行銷重要性說明，可知行銷之所以重要有下列幾個綜合性因素：

①非個別功能。②以成果為導向。③重視顧客觀點。④必須有其它部門充分配合。⑤其它部門組織的人也必須要有行銷的觀念。⑥產品無論多好仍需由行銷部門來推廣。⑦重視官場的做法。⑧喜歡接近顧客。⑨重視創新。⑩除外部行銷亦重視內部行銷。⑪整體的理念、價值觀有一致性。⑫專業性才能產生效果。⑬速度調整比其它管理功能快。⑭市場區隔日愈細分。⑮重視消費者生活型態。⑯競爭日趨劇烈。⑰顧客需求水準不斷提昇。⑱環境變遷。⑲未來趨勢預測與規劃。⑳組織結構調整。㉑行銷人員忠誠度日益下降。

第二節　行銷的意義

一、探討行銷意義與相關核心概念

行銷的意義

　　對於行銷一詞，學者有不同看法，定義亦不同。本書對於行銷的定義分為基本定義與廣泛定義，分述如後。

㈠行銷基本定義與核心觀念

1.基本定義

　　行銷是一種社會性和管理性過程，而個人與群體可經由此過程彼此創造與交換產品、價值以滿足其需要與欲望。其基本定義較理論與嚴肅，如果我們換個角度以例子來說明可能較清楚有趣：

從日常運作透視行銷活動

⑴新產品開發

　　家庭主婦對目前洗衣粉不能洗淨與漂白衣服，思考有那一種新產品功效更好。

⑵流行趨勢

　　今年服飾流行的走向，如：牛仔褲走向復古方式、領帶顏色走向環保顏色。

⑶產品差異化、區隔化

　　對於有頭皮屑的消費者而言，該買那一種洗髮精比較具有特殊功能性。

⑷銷售淡旺季

　　在炎熱夏季對於飲料的消費需要比非夏季的日子多出 3 ～ 4 倍。

(5)促銷活動

　　目前百貨公司正在做週年慶，趕在週年慶前去購買，可獲得物美價廉的產品。

(6)新產品、產品改良與消費者潛在需要

　　電視機為達視覺與音響效果，雖然原有產品尚未到汰舊換新階段，但仍想買較大較新型機種。

(7)市場區隔

　　如何購買小孩子玩具，考慮安全與各種不同年齡層使用玩具。

(8)品牌偏好與消費習性

　　考慮所居住空間大小與用電量，要購買那一種品牌的冷氣機。

(9)通路發展

　　晚上 12:00 後為購買點心到便利店購買較方便。

(10)需求彈性與替代性考慮

　　連續假期放假要搭那種交通工具較方便。

(11)市場定位、市場區隔與獨創性銷售主張

　　小康、中產階級的職業買車時，那一種品牌的車子較符合經濟、省油的考慮因素。

(12)生活型態與休閒類型

　　下班時為達到休閒目的到何處購買卡拉 OK 伴唱帶，在家裏唱卡拉 OK 達到經濟方便的目的。

(13)消費行為的型態

　　由於身份地位關係晚上要請重要朋友到凱撒飯店用餐。

(14)生活型態活動、興趣、意見

　　利用下班充實知識機會到那專業補習班？如電腦知識課程要繳多少費用。

(15)資料庫行銷與開發信函

每天下班時打開信箱總有很多郵寄促銷信件,但有很多被我們扔掉。

⒃生活型態與生活主張

高中生利用暑假時工讀, 選擇麥當勞 part time 方式工讀。

⒄一個學生每天所接觸日常事物來看

①爲了表示追求豪放、挑戰的個性,我應買那一種類型的機車? 是 Free-way? Cabin? Duke? Target? Dio? 翔鶴? Jog?

②爲了表示我很 cool, 有機會喝咖啡我會選擇那一種牌子咖啡來喝?

③參加舞會, 爲表示活潑、熱情並達到引人注目效果, 我應該穿那一種類型的衣服? 這種類型衣服在何處可購買得到?

④與同學聚會, 應選擇那一種類型的餐飲店, 才能達到經濟、休閒、清潔、衛生的目的。

⒅一個上班族每天所接觸日常事物來看

①考慮我在公司的身份、地位應該穿那一種牌子的衣服。

②午餐爲了舒解上班壓力, 我會選那一種餐飲店, 充分達到休息、用餐的目的。

③到公司上班, 我會選擇那一種交通工具, 如果選擇汽車, 考慮身份、個性我會選那一種牌子的汽車。

④目前總體環境的變動, 是否應該買房子或租房子。

2.行銷的基本定義核心概念

⑴需要 (needs)、欲求 (wants)、需求 (demands)

需要: 行銷活動的始點在於人類的需要與欲望, 所謂需要指人類在生存環境中與生理狀態中基本滿足, 例如食物、衣物、安全、歸屬感等, 並不需社會或行銷人員所創造。馬斯洛將人類需要層次分爲: 生理需要 (physiological needs)、安全需要 (safety needs)、社會需要 (social needs)、自尊需要 (esteem needs) 及自我實現需要 (self-actualization)。稱爲馬斯洛的需要層級（Maslow's Hierarchy of Needs)。

欲求（wants）：指人類有較深層需要（deeper needs）或特定滿足物的欲望（desires）。例如看見別人開名牌的汽車（B.M.W., BENZ），自己本身也有購買的欲求。人類欲求會因國度、文化、家庭、組織、團體不同，而有不同的欲求。基本需要較少，但欲求較多樣化。行銷的重要概念爲透過參考群體或示範作用來影響消費者欲望與欲求。

需求（demands）：基於購買能力與意願、偏好下對特定產品的需求，一旦有購買能力（所得、收入），欲求就會變成需求，B.M.W.車子很名貴，但卻只有購買能力才有辦法產生需求去購買它。行銷重要概念爲透過產品更具吸引力，更具購買性(買得起)，更具使用性來影響需求。

需要、欲求、需求整體性所結合出行銷定義的應用重點爲「行銷人員的重要工作是去發掘在特定的目標市場需要下(基本需要與延伸需要、選擇需要)，如何去瞭解影響、激勵消費者的欲求，並提供有形無形產品服務比競爭者更能滿足消費者需求。」

(2)產品

產品定義爲包括任何能滿足人們需要或欲望的事物。消費者藉由產品或服務滿足其基本之需要與欲求。一般產品包括參種：一爲核心產品、一爲有形產品、一爲擴大產品。

所謂核心產品（core product）是指產品所提供的核心利益或服務。例如一位消費者到美容中心消費，她所購買的核心利益可能不是產品或服務本身，而是美麗的希望。服務可藉由人員、地點、活動，組織與思想等提供之，必須多注意不能太關注產品本身而忽略所提供之服務。

所謂有形產品（tangible product），有形產品有 5 項特徵包括品質水準(quality level)、特色(features)、形式(styling)、品牌名字(brand name)、包裝（packaging）。例如速食業的漢堡、薯條、飲料等。

　　所謂擴大產品 (augmented product)，指有形產品所附帶的服務與利益。例如，配送、倉儲、售後服務等。

　　行銷的重要概念為不能因太注重產品本身而①忽略了有形產品、擴大產品的附加價值；②忘記了顧客是因為能滿足其需要而才購買，遊戲規則是在顧客而非產品本身。

　　行銷知名學者哈佛大學教授李維特 (Theodore-Levitt) 曾說明在做產品相關因素規則時，必須思考下列三個重點：

　　①必須避免患行銷近視病 (marketing mypoia)；只著重產品本身規劃而忽略了消費者需要。因為最好的產品不一定有最好的市場。

　　②新的競爭在於產品本身之附加價值上；產品本身的價值並不是只有工廠中生產那部份，而在於他們以包裝、服務、廣告、顧客諮詢、融資、文案、倉儲為產品附加之更有價值的表現。

　　③透過產品差異化的行銷策略可使行銷更容易成功；李維特認為世上並無所謂的一般商品(commodity)，至少從競爭的觀點，任何成功的商品可以忽略差異化而只強調產品的一般性。

(3) 效用 (utility)、價值 (value)、滿足 (satisfaction)

　　效用：所謂效用是指消費者滿意的程度，經濟學家常把效用分為計數效用 (可以衡量，可以計數)，與序列效用 (指只能衡量大小的關係)。例如感情式喜歡為序列效用衡量(因為感情不能用真正數字來衡量)，喜歡喝多大瓶的飲料為計數效用衡量。行銷的重要概念為如何瞭解消費使用產品效用、邊際效用遞增遞減均衡關係。

　　價值：理性消費者可以用價值觀點來評估產品滿足其需要的能力。而評估的方法為產品選擇組合概念 (product choice set) 與需要組合 (need set)。例如郭先生必須要到士林上班，上班方式即產品選擇組合，如徒步、開車、坐公車、騎摩托車，而其需要的組合為速度、安全、經濟，則郭先生必會衡量其需要之時間，透過產品選擇組合、需要組合，

選擇一種方式可達成其目的價值。行銷重要概念為如何瞭解消費者價值觀點，並能改變消費者價值觀點。

　　滿足：消費者透過效用的衡量、價值評估後為根據其理想產品（ideal product）概念選擇最接近理想點方式來滿足其所需。通常消費者滿足方式均衡，係透過各種產品選擇方式的效用與各種方式的成比例關係或函數關係來選擇滿足點。即 $\lambda = \dfrac{MU_X}{P_X} = \dfrac{MU_Y}{P_Y}$（消費者花費 P_X 價格所獲得的邊際效用 MU_X 等於花費 P_Y 所獲得的邊際效用 MU_Y）。行銷重要概念為消費者不滿足地方的瞭解而創造其市場機會點。與如何接近消費者的產品需要理想點。

⑷交換（exchange）、交易（transaction）、關係（relationship）

　　交換：消費者須透過交換來滿足所需求的產品時，便產生了行銷活動，人們取得所需的產品方法有自家生產（self-production）、強制（coercion）、乞討（begging）、交換（exchange）。所謂交換是一種提供某種東西以換取某種東西。正常的交換行為會使雙方在交換後變得更好。交換是行銷活動必須界定清楚的概念，要使交換行為發生必須滿足下列 5 種情況：①至少要有雙方當事人；②雙方都需擁有對方認為有價值的物品；③雙方都需有溝通與配送能力；④雙方都有自由接受與拒絕；⑤交換是適當且符合所需。交換方式可以物易物。

　　交易：乃交換的基本單位，交易包含幾個部份，至少有兩樣等值物品、協議條款、協議時間、地點，通常在交易行為中，都會產生合法的系統以支持與強化交易。交易可以使用易貨交易（barter transaction）、貨幣交易（monetary transaction），並有契約法則（contract principle）以避免交易雙方產生損失。行銷人員所應注意的交易的行銷概念為注意交易雙方的反應行為（behavior response），例如企業希望得到顧客購買反應、政治候選人希望得到選民的投票反應、社會團體希望得到社會人士參與反應。而行銷即包含了這些企圖取得目標對象反應的各種活動。

關係: 交易行銷 (transaction marketing) 廣泛的涵義是關係行銷 (relationship marketing)。好的行銷人員會設法與顧客、經銷商、零售商、供應商建立長期的、信賴的、共存共榮的合作關係。關係建立由下列共同因素促成: ①關係建立透過承諾提供雙方高品質的產品、一流服務、合理價格來達成關係目的。②透過合作, 促使雙方在經濟、技術與社會關係上加以結合, 進而發揮經營績效。行銷人員所應注意的重點是透過關係行銷概念降低交易成本與時機, 且能讓首次的協商交易逐漸趨於例行化, 從而建立一種廣泛而長期合作關係。關係行銷的最終結果便是想建立一種獨特企業資產,稱之為行銷網路(marketing network)。此種行銷網路乃由企業本身, 以及其他具有深厚且可相互依賴的企業關係之公司所組成。值得注意的是, 行銷的重點已從創造個別交易最大利潤的觀點, 逐漸地趨向於如何創造關係雙方的最大利潤。此種概念為: 「只要能建立良好的關係, 則高利潤的交易自然會源源不斷」。

⑸市場

市場是由所有分享特定需要與欲望, 並願意且有能力從事交換以滿足其需要與欲望的潛在顧客所組成。

行銷使用市場這個名詞包括各種顧客群, 包括需要市場 (如素食市場)、產品市場 (如服飾市場)、人。統計市場 (如 20～30 歲市場)、地理市場 (如中國大陸市場)、選民市場等。

一般而言, 行銷人員將賣方視為產業 (industry), 將買方視為市場 (market), 故簡單的行銷概念如圖 1-1 所示。

行銷重要概念為

①如何瞭解各種市場運作的流程、要點、關係。

②各種市場特性、一般交易水準、供需之間目前狀況。

③賣方的供給競爭結構, 買方需求與潛在需求為何。

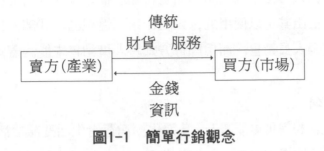

圖1-1　簡單行銷觀念

⑹行銷與行銷人員

　　交易過程中若一方較另一方更積極尋找交換，則稱前者為行銷人員（marketer），而稱後者為潛在顧客（prospect）。行銷人員係指自他處尋求資源，然後願意提供具有價值的事物給與其交換的人。如果雙方均積極尋求交換，則我們說雙方均為行銷人員，而此情況稱為雙邊行銷（reciprocal marketing）。行銷重要概念為行銷人員在面對競爭環境下，試圖提供產品給最終使用者市場。而在行銷人員與最終使用者之間，中間商與行銷環境（人口、經濟、實體物品、科技、政治與法律、社會與文化因素）乃是構成行銷要件與互動關係。所以稱行銷行為是一種社會性和管理性過程，而個人與群體可經由此過程透過彼此創造與交換物品及價值以滿足需要與欲望。

㈡行銷廣泛定義與核心觀念

⑴極大化行銷概念

　　如果從市場區隔更細分，目標市場更多元化、銷售區域推廣化、銷售組織有形、無形方式結合化而言，則行銷可推廣為極大化行銷（maximum marketing）概念，例如①原本區隔為直營店銷售通路來販賣產品，但仍有部份消費者未能接觸到產品，則可以透過其它通路如普銷方式、經銷商方式，讓更多消費者接觸到產品。②原本只賣給上班族女性衛生

棉產品，為擴大目標市場而將產品重新加以細分後，針對仍在上學的女性消費者，推出其可以使用的行銷組合系列性產品。③部份公司銷售其產品並未透過人員銷售，而用郵寄方式將人員銷售未能涵蓋區域，銷售其產品。

(2)生活化行銷

為使產品的銷售更能普及、普遍化於消費者生活型態之活動、興趣、意見，行銷可推廣成為生活化行銷(life-style marketing)，例如①養樂多銷售方式定位，早期在配送人員方面的服裝、形象訴求，為何用一個中年婦女，以笑容可掬，所經過之處，巷子、公園，均為消費很普遍可接觸到的方式。②忠孝東路有非常多的地攤，物美價廉，雖然違反國家之銷售規定，但如透析其銷售方式，在與消費者接近性、產品價格合理性、業者的成本降低，均是因生活化特質而使地攤銷售方式可以存在。③非常多的百貨公司或速食店在女性與兒童產品部門，均設有可供兒童玩樂場所，均是生活化行銷的一部份。

(3)內部行銷與外部行銷

如果以達成目標所需透過的內外在環境因素與拉力、推力關係而言，則所謂內部行銷是著重於透過組織力、人員推銷力、人員素質等內部方式來達成目標的行銷方式。而所謂外部行銷則較偏向以廣告對顧客促銷、廠商聯合促銷方式來達成目標的思考方式。以中國人的文化觀點有時較著重內部行銷。

(4)同步行銷 (synchromarketing) 與反行銷 (demarketing)

如果行銷人員透過彈性行銷組合方式(彈性價格、產品、通路促銷)或其它誘因去改變需求時間型態的方法稱為同步行銷；如果行銷人員針對過量需求來找出減低短暫或長期性需求方法稱為反行銷。反行銷的目的不是在摧毀需求，而是在減低其短暫或長久性的水準。

(5)競爭行銷

　　如果行銷的層次已經不只考慮消費者需求的層次問題，尚需考慮競爭品牌、競爭結構、競爭優勢的問題時，才能解決行銷的問題則稱為競爭行銷。

(6)策略行銷與集中行銷

　　如果行銷的問題在解決順序上、時間上、技術上均需考慮資源多寡的相對性問題，這包括大企業如何有效率的運用資源的問題，小企業如何以小搏大、以少勝多的資源分配問題。則成功的策略行銷考慮問題就是策略行銷觀點。資源如何集中有效運用就是集中行銷觀點。

(7)差異化行銷

　　如果行銷的問題已經不是界定在同質性產品或服務的問題，而必須討論在產品服務成本的差異性、獨特性才能明顯區隔市場，則行銷的概念就是差異化行銷。

(8)資料庫行銷（data-marketing）

　　行銷人員在滿足消費者產品與服務有時並非定要透過有形通路、有形銷售人員方式來達成。有時可透過 MIS（Marketing Information System）方式來進行。這包括項目範圍有，①顧客資料收集；②顧客介紹延伸性顧客方式運用；③顧客資料延伸性運用；④如何進行郵寄行銷；⑤如何進行電話行銷；⑥如何與組織性相關產業串聯提供更多附加價值行銷；⑦回件率（response rate）與回件速度（response speed）的研究與應用。這種透過較無形與間接方式達成行銷目的的概念稱為資料庫行銷。

(9)協調行銷

　　如果行銷效果產生是著重於各種要素組合、協調後的結果則稱行銷的概念協調行銷。如企業案中必須著重於產品價格通路促銷的組合式思考，行銷部門也必須能與其它部門（如財務、生產部門）保持充分配合與協調才能有完整銷售概念。

⑽利基行銷

　　行銷人員如果能充分瞭解所服務公司較專長、較專業的經營範疇、範圍，則可避免無差異化行銷無固定的重點與焦點。則稱此行銷的概念為利基行銷。利基行銷使企業與行銷人員充分能瞭解生存之重點與範圍，而成長的地方如何在穩定中成長有務實的概念。

⑾交易行銷與關係行銷

　　這種行銷概念在前述基本定義已有說明過。重要概念仍在於說明行銷人員必須能充分運用交易對象、中間商、關係人(如經銷商、代理商、供應商) 建立長期互信互利之良好關係。

二、行銷管理意義

㈠行銷管理的意義、過程與四大憑藉

1.行銷管理的定義

　　是一種涵蓋分析、計劃、執行、控制的一種過程，亦涵蓋創意、物品和服務，它完全依據交換的觀念而定，以達成滿足當事人之目標。

2.行銷管理過程包括

　　⑴分析市場機會；⑵研究與選擇目標市場；⑶設計行銷策略；⑷規劃行銷方案；⑸組織、執行並控制行銷努力。

⑴分析市場機會

　　發掘市場機會，公司必須隨時注意市場的變化，參閱相關資料，與資訊的收集,檢討競爭狀況以系統化或隨機抽樣方式化來收集動態資訊,發掘市場機會。較正式的方法為,透過「產品／市場擴張矩陣」(product/market expansion gird)。

①市場浸透（market penetration）

　　在原有產品與市場要增加市場佔有率的方法。市場佔有率可依下列

兩個思考方向思考:

(a) market share

　＝品牌使用人數（brand　user）×顧客重複購買率（repeated-purchase）

		市場類別	
		現有的	新的
產品類別	新的	new product development（新產品開發）	diversification（多角化）
	現有的	market penetration（市場浸透）	new market development（新市場開發）

圖1-2　產品／市場擴張矩陣

(b) 整體市場佔有率

　＝顧客滲透率（customer penetration）×顧客忠誠度（customer loyalty）×顧客選擇性（customer　selectivity）×價格選擇性（price selectivity）

故影響市場佔有率相對性的因素有如下述:

(a) 運用多品牌策略（multibrand strategy）與品牌延伸策略（brand-extension strategy）、品牌重定位策略（brand repositioning）來提昇品牌使用人數。

(b) 運用拉力（pull）與推力（push）策略來提昇顧客的重複購買。

(c) 運用差別化戰略來增加顧客對產品本身使用的次數（frequency）與使用的數量（quantity）、使用的機會（opportunity），增加使用的用途（new application）。

(d)如何轉移品牌使用者的忠誠度、游離消費群來提高顧客的滲透率。

(e)如何運用 data marketing 關係行銷的觀點，來提高顧客的品牌忠誠度。

(f)如何採用多樣化、差異化的行銷策略來提高顧客的選擇性。

(g)如何運用如 B.C.G.產品策略規劃工具提昇平均單價消費水準。

(h)從市場佔有率走向心理佔有率(mind share)、機會佔有率(opportunity share)、影響力佔有率。

市場滲透主要關鍵因素是要達到增加本身市場的持久性競爭優勢(competitive advantage)

②新產品開發（new product development）

如何透過新產品開發的策略思考包括機會分析、生活型態分析、因素分析、定位分析來達到新產品開發目的，而新產品開發具有下列項目之綜合效果。

(a)綜合效果 (synergy) 的觀念: 開發新產品會對組織產生綜合效果如下列:

(i)減少配銷的成本 (distribution cost)。

(ii)事業單位的形象爲其對市場的影響互通。

(iii)銷售或廣告互通。

(iv)機器設備互通 (plant)。

(v)研究發展業務互通 (R & D effort)。

(vi)營業成本互通。

(vii) expansion 後顧客是否能獲享便利。

(viii) expansion 後能享有更高的成本效益。

(ix)是否有足夠的技能和資源。

(x)開發新生代所需的產品。

(b)新產品開發可透過市場定位分析使市場需求方向更加明確。

(c)新產品開發程序有(i)概念的產生(ii)概念選擇，(iii)商業分析，(iv)概念測試，(v)上市活動。將在產品章節詳細說明。

(d)新產品開發可結合產品特性與產品線擴充做策略性思考。

③新市場的開發（new market development）

新市場的開發機會如下：

(a)擴充銷售的地理區（expanding geographically）：例如原來的銷售地區在北區擴充到中區、南區。

新市場開發考慮的因素有：

(i)原有市場經營是否出色（operating well）？不可能在原有市場經營失敗，而能在擴張市場後可以成功，如果原市場未建立良好的經營績效，則新市場開發將不務實際，事倍功半。

(ii)新舊市場顯著差異（significant difference）？例如在①成功關鍵因素（key success factor）、②競爭強度與性質（intensity or nature of the competition）、③消費習慣與態度（consumers habits & attitudes），才能在正確架構修正定性面符合實際新市場狀況的方式。

(iii)是否已有週詳的計劃來調適不同的情況？（convincing plan to adjust adapt differing condition）企劃與實際狀況更有機會加以結合。

(b)延伸到新的區隔市場（expanding into new market segments）

(i)使用狀況（usage）：從輕度使用若延伸到重度使用者或中度使用者。

(ii)配銷（distribution）：可否延伸到新的銷售通路，如專賣店普銷市場。

(iii)偏好（preference）：以偏好來滿足消費者延伸新的區隔市場，顧客新偏好，偏好轉變均為重要的策略延伸基礎。

延伸新的區隔市場考慮因素有：評估新市場的(i)吸引力
（attractiveness），(ii)規模(size)，(iii)成長情形(growth)，(iv)
競爭強度(intensity)，(v)特別重視與競爭者相對的競爭因素，成
功關鍵因素（key success factor）。

④多角化經營（diversification）：

多角化市場機會有下列三種：

(a)先考慮垂直整合的問題：垂直整合有兩個方向，一為向前整合(沿
產品流程的方向下游整合)，例如製造業公司改併另一家零售業連
鎖商店；另一為向後整合(沿上游方向推前)，例如製造業投資於
所用原料供應的業者。實施垂直整合時須考慮效益面與成本面。
其中效率面的考慮因素計有(i)經營的經濟性，(ii)供應或需要的順
暢，(iii)能否步入一個有利的事業領域，(iv)是否可以增強科技的
創新。成本面應考慮的因素有(i)經營方面的成本，(ii)管理不同事
業成本，(iii)風險增大的成本，(iv)經營彈性降低的成本。

(b)相關的多角化（related diversification）與原來產業性質較接近
的多角化

(i)有關規模經濟（achieved economic of scale）：降低成本。

(ii)為了交換技能與資源（exchange skills & resource）：運用行
銷。

(iii)利用剩餘產能（exploit excess capacity）：綜合效果產生。

(iv)利用品牌知名度（brand name）：品牌效果延伸。

(v)利用行銷技能（marketing skills）：綜合效果擴大。

(vi)利用服務系統（service）：管理資訊系統延伸。

(vii)利用 R & D 系統（R & D）：創新效果擴大。

(c)非相關的多角化（unrelated diversification）與原本企業性質較
不接近，較偏向於財務上的目標是為了追求企業更高的利潤目標。

(i)為了管理分配資金（manage & allocate cash flow）以掌握資金的流動性與國際性。

(ii)為了獲悉更多的投資報酬率（obtain high R.O.I.），例如收購是否有金牛事業的特質企業以充裕公司的投資報酬率或是具有成長潛力的企業。

(iii)為了低價收購其它事業（obtaining a "bargain" price），低價收購的結果可使投資較低，也可使投資報酬率較高。

(iv)為了公司重整（restructure a firm），所謂重整是指目的成為調整公司的經營衝力，使其由某一產業轉向另一產業，而經此調整後，可能造成相關投資人一種較有活力企業的印象。

(v)為了減少經營風險（reduce risk），多角化經營可降低股東風險、管理風險、高階主管失業風險與聲譽的風險。

(vi)為了稅賦上之利益（tax benefits），企業對稅捐的負擔，也會促成非關聯性多角公司的合併或收購的可能。

(vii)為了獲得更多的流動資產（obtaining liquid assets），企業若有較多的流動資產，如果負債／權益的比率較低，可作為繼續吸收負債融資的依據者，便可能成為企業一個理想的收購對象。

(viii)為了垂直整合效果（vertical integration reasons），以求得供應的順暢性、掌握性、經濟性。

(ix)為了避免被併吞（defending against a take over）企業受到威脅，有可能被其它企業接管之慮時也可因自衛而採行非關聯多角營運。

(x)為了鼓舞公司高階層主管的經營士氣（providing executive interest），非相關多角化是一種深具刺激性且富有激勵性策略，是以促成更高銷貨機會。

非相關多角化也必須考慮下列的相對風險性：

(i)是否會傷害原有核心事業的風險。

(ii)企業如果缺乏管理事業能力，則非相關多角化結果將使問題更嚴重。

(iii)在評估時會忽略或錯估經營環境的威脅。

(2)研究與選擇目標市場

這是行銷與其它銷售哲學最主要不同之處，企業可針對是否要有差異化行銷、無差異化行銷的需要來選擇目標市場。

目標行銷（target marketing）就行銷而言，是一個很重要的環節。因為企業不能滿足所有整個市場的需求(因為資源有限,與效果的問題)，所以只能針對特定市場的需求並衡量本身的競爭優勢，提供較有效率、效果的行銷組合來滿足消費者，這就是所謂的「目標行銷」，亦即選擇企業本身所需的目標市場，而目標行銷的觀點必須能配合區隔策略與成長率、競爭策略，而談到目標市場的選擇就須先介紹行銷的重要理念：

(a)競爭優勢（competitive advantage）

必須具有與競爭品牌有差異化（differential）、持久性（sustainable）、顯著性（significant）的差別，技能、知識、資源的區別，來源特質具有重要性的附加價值，獨特性的方法，優越性利差，可傳播性，不被模仿性，且有競爭效果性。

(b)市場區隔（market segmentation）

(c)市場定位（market positioning）

①市場區隔的理念

(a)市場區隔的定義：是一種細分化（segment）的做法，考慮同質性（homogeneous）與集群性問題（cluster）。市場區隔化是將市場分成不同的購買者群體，每個群體的購買者受到不同的產品／市場組合的吸引。行銷人員嘗試用不同的變數來瞭解那個變數可展現最佳的區隔化機會。

(b)市場區隔的方法：選擇市場區隔時可針對目標市場需要性，如單
一區隔集中需要，市場專業化區隔需要，整體市場涵蓋性需要。

(i)就消費市場而言，主要的區隔化變數有

· 人口統計（年齡、和生命週期階段、性別、所得）。

· 心理統計（社會階層、生活型態、個性）。

· 行為（時機、利益、使用者狀況、使用率、品牌忠誠度、購
買者準備階段、態度）。

(ii)就工業市場而言，主要的區隔變數有人口統計變數、作業性變
數、採購方式、情境因素與個人特徵。

(c)市場區隔效果的衡量：

(i)可衡量的（measurable），目標是可以衡量的而非無限。

(ii)足量性的（substantial），無一定規模、基礎將無效率可言。

(iii)可接近的（accessible），不能接近目標市場，市場區隔並無任
何意義。

(iv)可行動的（actionable），可以透過行動後產生效果。

②市場定位的理念

(a)市場定位的意義：是一種知覺與偏好的方法在顧客心目中具有獨
特且價值感的地位，亦即具有獨創性銷售主張（unique selling
proposition, USP）。定位是設計企業或品牌形象與價值之提供，
使得區隔內的顧客瞭解並認識本企業或品牌相對於其它競爭者，
所代表意義和行為。

定位真正的意義是去瞭解本企業或品牌在消費者心目中（positi-
oning the battle for your mind）的知覺（perception）與偏好
（preference）。

1972 年，賴茲與屈特（Ai Ries & Jack Trout）在《廣告時代》
（*Advertising Age*）所發表的文章名為〈定位時代〉（The

Positioning Era)，就曾對定位的定義詳細說明，「定位從一項產品開始。一件商品、一項服務、一家公司、一個機構，甚至一個人……。但定位不是指您對產品所做的事。定位是您對潛在顧客的心中所做的事。亦即您在潛在顧客心中所建立的產品定位。」

(b)市場定位的步驟：

(i)確認可供利用的可能競爭優勢組合（identifying a set of possible competitive advantages to exploit），如屬性、使用、利益、競爭、組合。

(ii)選擇正確的優勢（selecting the right one(s)），必須是有持久性而非曇花一現即消失。

(iii)有效地向市場傳達廠商的定位觀念（effectively signaling to the market the firm's positioning concept）訴求、溝通的方式。

(c)市場定位的產品（或品牌）空間定位圖（product positioning MAP)。

所謂產品空間定位圖，是將消費者的知覺（perception）與偏好（preference)用平面空間圖將其座標與屬性劃出來，以比較各品牌之相對競爭優勢，多變量統計常用集群分析（cluster analysis)、因素分析（factor analysis)、迴歸分析（regression-analysis) 多元尺度分析 (multidimensional scaling)，來解決此方面的問題。

(3) 設計行銷策略

行銷策略是指能使事業單位在目標市場中達到行銷目標的重大原則，其中包括行銷績效、行銷組合與行銷資源分配決策。

①行銷績效（marketing performance)：

行銷經理須選定能使公司企劃有效實施的行銷績效水準。

(a)競爭地位不一樣所選擇的行銷策略不一樣，如領導品牌、挑戰品牌所選擇的行銷策略不一樣，如領導品牌行銷策略會較兼顧規模經濟效益，挑戰品牌則較重視市場滲透結果。

(b)行銷績效與行動方案之推動，拉力／推力方面平衡有很大的相關。

②行銷組合（marketing-mix）：

　　定位指導行銷組合，如高品質／高價位定位的品牌較不可能實施低價、低折扣之短刺激性方案來影響中長期之品牌形象。

　　「行銷組合即是公司為達行銷目的所使用的行銷工具的集合」。麥肯錫（McCarthy）用 4P 將這些工具分為四等分：產品（product）、價格（price）、通路（place）、促銷（promotion）。

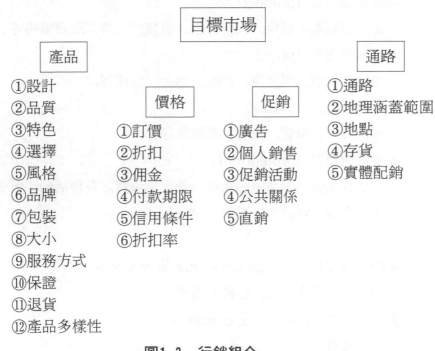

圖1-3　行銷組合

③行銷資源分配：

　　行銷人員還須分配不同產品、促銷、通路及行銷地區所需之資源經常：

　　(a)按所處行業拉力、推力結構與公司善於行銷方法加以權數彈性調整。

　　(b)考慮目標、策略、資源三角關係的互動關係。

⑷規劃行銷方案

　　行銷人員的任務不僅要形成一般性策略以達到行銷目的，同時還要具備規劃行銷組合方案的能力，以支持公司之行銷策略，而規劃的基礎以 4P 與 4C 相對性、互補性思考為主。

① 4P

　　(a)就產品而言（product）：

　　　必須規劃產品形象、產品特色、包裝、品牌與服務策略等。

　　(b)就價格而言（price）：

　　　包括批發價、零售價、折扣、佣金、信用等。

　　(c)就通路而言（place）：

　　　包括直營、專營、專櫃、經銷商等。

　　(d)就促銷而言（promotion）：

　　　包括為使公司產品優點能吸引顧客來消費之各種活動，例如：廣告、公關、拜訪客戶等。

② 4C

　　(a)顧客需要與欲求（customer needs & wants）：

　　　需要與欲求在產品、服務上滿足。

　　(b)顧客成本（cost to the customer）：

　　　經濟性思考。

　　(c)便利性（convenience）：

　　　顧客購買方便性思考。

(d)溝通（communication）：

行動方案須能與顧客溝通。

(5)**組織、執行並控制行銷努力**

行銷管理過程之最後步驟是透過組織執行行銷方案，並控制行銷計劃。

①就組織而言：

就組織而言，必須透過內部行銷（internal marketing）的運作求提昇組織力與銷售力，這包括人事上的甄選指導、激勵、評估等，以免組織走錯方向（turned off），而有走對方向（turned on）的行銷團隊。小公司人員不足，行銷人員必須包括市調、銷售、刊登廣告、為客戶服務等。大公司的行銷人員較多，包括業務人員、市調人員、廣告人員、業務經理、品牌經理、或區域經理等。

②就執行控制而言：

行銷執行（marketing implementation）是指將行銷計劃轉變成實際行動的過程，並保證這些行動能達成行銷計劃既定之目標，行銷策略說明 what, why，而執行則說明 who, where, when, how，而行銷執行有 5 種技能（skill）：

(a)分配技能（allocation skill）：指示行銷經理如何將預算、資源分配到各種功能、方案、政策層次上。

(b)監視技能（monitoring skill）：發展一套控制系統以評估行銷活動成果。

(c)組織技能（organizing skill）：係用來控制、瞭解正式、非正式組織活動，確保有效的執行。

(d)互動技能（interacting skill）：與內部人員、公司其它相關部門，外部環境，如廣告公司、配銷商、批發商、經濟商的互動性技能，有影響力，確保任務達成的能力。

第一步驟：行銷部門應於年度內提出每月、每季之計劃，重點在於淡、旺季結構佔比研究與調整。

第二步驟：應衡量市場上產品銷售競爭情形，重點在於市場佔有率結構與競爭結構整體性瞭解與分析。

第三步驟：應瞭解目標與實際差距多少，重點在於目標的估計方式與由下而上所推估業績考慮時間因素所做的調整。

第四步驟：應尋找編目標的策略，重點在於考慮成長機會分析與缺口分析所適用之行銷策略。

3.行銷觀念四大憑藉

⑴市場焦點（market focus）

行銷觀點認為沒有那一家公司可以在「全部市場」操弄、滿足所有消費者需求，也無法在一個無限的廣大市場中打上所有漂亮的勝戰。如果公司在市場要表現極佳，必須針對特定目標市場設計精心的行銷計劃。市場焦點在於行銷人員必須做好市場區隔。

⑵顧客導向（customer-orientation）

行銷觀念對於需求的「定義」、「瞭解」、「執行」均必須以顧客的觀點來為顧客需求作一定義，而非以自己的觀點行之。為何滿足顧客需求如此重大呢？因為公司每階段的銷售來自兩大群體：新顧客和舊顧客，而吸引新顧客的成本一般而言比保持舊顧客來得更高。因此，舊顧客的維繫比吸引新顧客來得重要，而保留顧客的關鍵即在於滿足顧客的需求。顧客導向的重點在於從顧客觀點市場研究運用瞭解顧客需求。

⑶調和行銷（coordinated marketing）

調和行銷代表兩件事。第一，銷售力、廣告、行銷研究等各種行銷功能應彼此協調，常常銷售人員因制定價錢和折扣而與行銷部門起爭執，或是廣告經理和品牌經理不能為品牌廣告活動取得一致看法等。這些行銷功能須以顧客觀點協調之。第二，行銷亦需和公司其它部門協調良好，

行銷若獨立成一部門時就無法運作，唯有全體員工取得以顧客滿足為導向才能作用，惠普公司(Hewlett Packard)的大衛派卡(David Packard) 曾說：「行銷實在太重要了，無法由行銷部門單獨完成！」

⑷獲利性 (profitibility)

　　行銷觀念旨在協助組織達成目標。以私人公司而言，必須獲取足夠的利潤才能達到永續經營的目的，以非營利公共機關而言，則在吸引更多基金以執行工作。企業的獲利與市場策略規劃有很大的關係，最近有一個重要的觀念在行銷學報 (*Journal of Marketing*) 中出現為 PIMS (Profit Impact of Marketing Strategy)，主要的中心觀念為：

①市場策略會影響企業的獲利水準。敗者不可能獲利，正如勝者不可能不獲利。

②如果企業想贏，市場成長率最好在中上水準（至少市場成長在20%以上）。在一停滯或衰退的市場，你很容易就失敗。

③市場佔有率也應該在中上水準，也就是超過20%，如果市場佔有率低於10%，情況不樂觀。變化無常，無法達到特定目的。

④保持產品的高品質並且與競爭者差異化。模仿的、大宗貨品，或品質低劣者前途均黯淡。

⑤企業在市場成長的時候，必須有規模經濟效果，平均成本必須隨產量增加而下降。

⑥您的行銷活動應依策略目標來佈署，不顧一切追求銷售量是很危險的。

4.行銷管理循環

　　為使行銷在執行過程、創造績效方面能有實證性、實踐性，對於目標、策略、資源、行動、績效的行銷管理循環做一充分性說明：

⑴目標

　　目標的層次，不是業績層次、利潤層次，而是一種定位(position)、

區隔（segmentation）、成長（growth）與經營結構的前瞻性攻防觀點。未來須有競爭觀點而非靜態的想法。行銷人員在思考目標問題時必須注意下列幾個重要觀念：

①目標的考慮並非只有單一性目標，必須將業績目標、利潤目標、成長率目標做共同性結合思考。

②目標的估計有許多的方法，但依筆者近十年的理論與實務互相驗證，必須先以較具客觀的管理科學方法爲依據，再根據目標擬定者的定性的行銷經驗加以修正會達到較正確的估計。

③許多行銷人員對於目標的思考並非花很多時間做互動性思考，以致任何的行銷策略、行動均無法與目標做統合性運作，經常把這種現象稱爲行銷遠視病。

④好的行銷人員對於目標可從較多元的角度來估計目標，如從產品線寬度、深度，從銷售區域幅度劃分，從競爭結構分佈，從市場佔有率情形，均可來估計短、中、長期目標。

⑤目標須有未來觀點，則目標擬定的概念不是封閉性而是一種開放性的系統（system）、整合（integration）、平衡（equilibrium）觀點。

(2)策略

策略與日常運作的看法不一樣，所謂策略是指一個公司在所選定的產品／市場裡，尋求與他人競爭的方式，以期達成組織目標。好的行銷人員必定是一個好的策略擬定者，而且策略始於策略家心中的選擇過程。要擬定好的策略必須經常做策略性思考，而所謂策略性思考必須要考慮下列幾個重點：

①效果的問題而非效率（effectiveness not efficiency）。

②競爭優勢（competitive advantage）的觀點包括差異性（differential）、顯著性（significant）、持久性（sustainable）。

③動態（dynamic）的觀點始能解決問題。

④市場的完整性是在行銷組合（marketing mix）的觀點，而非產品、價格、通路、促銷等單一性思考。

⑤患有近視病（myopia）與遠視病（hypermetropia）是不能解決策略對目標的互動性。

⑥持續漸進的策略方是務實之道而非間歇革命。

⑦效果的問題是在預應的想法而非因應的想法（proactive not reactive）。

⑧策略時機（timing）與策略選擇同樣重要。

⑨組織力的意義在於有相同的策略、文化、價值與理念。

⑩成功的策略關鍵在於投入、彈性與創造力。

⑪策略分析者須有定性（qualitative）與定量（quantitative）分析能力。

⑫策略遊戲的規則是在顧客（customer）而非競爭者（competitor）。

(3)資源

　　任何好的策略也必須要有好的資源加以支援，而資源的運用，行銷人員必須考慮下列幾個重點：

① P.I.M.S.（Profit Impact of Marketing Strategy）
　　市場策略靈活運用會對資源、績效產生不一樣的解釋與效果。

②必須對資源有限制的觀點方能有勉為其難、能靈活運用資源，不會被資源多寡限制行銷策略選擇。

③運用能力比資源多寡來得重要。

④人是所有資源中最能延伸的資源。

(4)行動

　　策略擬定是著重策略方針與方向、效果的考慮，但仍必須透過貫徹行動才能產生良好的績效，而行銷人員對於此執行力必須要有解決問題

能力與溝通能力。此外行動的管理重點為下列要素:

①沒有企圖 (aggressive) 不能談經營/管理, 而所謂企圖是指做事與服務的熱誠與投入。

②與策略保持一致性才是真正行動的源頭。

③管理者必須能指出問題的重點、趨勢與現象。

④有知行合一的理念才能有所為有所不為。

⑸績效

行銷人員是否能卓越與好的績效息息相關,行銷理論自從在 1990 年以後任何新的理論大抵最後都必須與是否能產生好的績效做串聯式思考, 而行銷人員對於績效的界定與考慮因素有下列幾個要點:

①短期與中、長期衡量標準不一。

②績效的問題是整合、團隊的, 而非個人、個別的。

③績效的問題與外部競爭結構、條件息息相關。

④績效是以永續的觀點去克服不確定與變動問題。

第三節　行銷哲學的演變

一、生產導向時代 (the production concept)

1.為指導銷售者最古老的理念, 最早期的行銷管理哲學, 是廠商只要能生產出產品就可找得到市場。

2.由於當時的經濟環境是需求大於供給, 所以銷售人員根本不需要做市場規劃分析, 也不需瞭解消費者的需要是什麼就可以把產品銷售出去。

3.生產觀念堅持消費者只對產品的便利性和低價位感興趣, 有二種假設情況:

情況A：產品的需求超過供應。因此消費者較傾向產品的取得，
　　　　而不注意其優良之處，供應商自然就會尋求增加生產的
　　　　方法。

情況B：產品成本過高，必須透過大量生產來減低價格以開拓市
　　　　場。

4.但隨著競爭廠商的加入，市場銷售結構的改變，此種行銷理念逐
漸被淘汰。

二、產品導向時代（the product concept）

1.此種行銷管理哲學，是假設廠商只要能生產最好的產品，設計最
佳的品質，就可以賣得最好的市場。

2.產品觀念堅持消費者會喜歡高品質、高表現、高特徵的產品。

3.在產品導向的組織中，廠商將致力於良好產品製作和改良上。

4.管理一旦傾向產品就會喪失未來的顧客，而陷入「較好產品戰略
之謬誤」（better trap fallacy）。

5.但由於此種管理哲學忽略了消費者的需要，與市場區隔的觀念，
終被潮流淘汰。

例如：BMW 的汽車是賣給較重視身份地位的消費者，而喜美汽車
則賣給較重視價格導向的消費者（例如省油特性）。但我們不能說只有
BMW 才能賣得最好的市場，而喜美就不能找到屬於自己的市場。所以
一般把產品導向視為患有行銷近視病（marketing myopia）的管理哲學。

三、銷售導向時代（the selling concept）

1.此種行銷管理哲學，最主要是求取廠商利潤的極大化。

2.此銷售觀念假設消費者都有購買惰性，必須加以誘導才會掏腰包
購買，因此公司應有效利用成群的銷售及推廣工具來刺激購買力。

3.但它忽略了消費者的實際需要，亦不會採取市場調查（market research）的技術，去瞭解自己的潛在目標市場在那裏，所以它是採硬銷（hard-saling）的銷售方式。

4.臺灣早期人壽保險的業務代表，予消費者印象不佳，就是採取這種硬銷的銷售導向。

5.銷售只是行銷冰山的一角，彼得杜拉克（Peter Drucker）曾說：「可假定，總是有銷售某種東西的需要。然而行銷目的旨在使銷售成為多餘之物；行銷目的應在其瞭解顧客，以便所提供產品和服務能恰如其份。理想上而言，行銷應起因於購買的顧客上，先有需求，才能使產品或服務發揮效用」。所以此種管理哲學，由於不符合時代的需要，也逐漸地被淘汰。

四、行銷導向時代（the marketing concept）

1.此種管理哲學已開始重視消費者的需要，並藉著市場調查技術，強調市場區隔（marketing segmentation）與目標市場（targeting market）的行銷管理理念。

2.行銷觀念富於多樣化的解釋：

　　A.「製造將要銷售產品、而非銷售所能製造產品」

　　B.「您是老板」

　　C.「發現需要、填補需要」

3.李維特（Theodore Levitt）曾說明銷售和行銷觀念對照

	起始點	重心	方法	結束
銷售理念	工廠	產品	銷售 推廣	利潤取自 銷售量
行銷理念	市場	顧客 需求	協調 行銷	利潤來自 顧客的滿意

表1-1　銷售理念與行銷理念對照表

4.但隨著競爭導向觀念的出現，此種只是提供滿足消費者需要的管理哲學，而忽略了競爭者的因素，已不能解決所有的行銷問題。

五、策略行銷管理時代（the strategic marketing concept）的來臨

此種管理哲學，不僅強調要滿足消費者的需要，亦強調競爭的重要性，亦即在與競爭者相互比較之後，要尋找廠商自己本身的持久性競爭優勢（sustainable competitive advantage）。

摘　要

㈠瞭解環境變遷中行銷劃時代意義

①行銷人員對於掌握機會窗口的重要性②行銷策略動態性思考③大眾行銷傳播理念與行銷結合④對於風險性評估、成長機會分析、資源分配中長期考慮重要性調整⑤小而有活力、影響力佔有率、員工素質高，對於突破性企業的重要性⑥不進則退、積極、挑戰、主動⑦相互依存、創新觀念⑧勉為其難經營意志、利基行銷觀念、附加價值理念、產品差異化、行銷知識延伸、思考架構自我檢視⑨無秩序、個別化、女性主義、

解放主義、中性主義、意識型態抬頭⑩市場策略對利潤效果的重要度。

(二)行銷的基本定義與日常運作

從下列角度瞭解行銷的基本定義：

新產品開發、流行趨勢、產品差異化、區隔化、淡旺季、促銷活動、潛在需要、市場區隔、品牌偏好、消費習性、通路發展、需求彈性與替代性、市場定位、銷售主張、休閒類型、消費型態、活動、興趣、意見、資料庫行銷、生活型態與主張

(三)行銷基本定義的核心觀點

行銷，是一種社會性和管理性過程，個人與群體經由此過程，彼此創造與交換產品、價值來滿足其需要與欲望。

而與行銷相關的核心觀點有：①需要、欲求、需求；②產品；③效用、價值、滿意；④交換、交易；⑤市場；⑥行銷和行銷者。經此瞭解，行銷人員應去思考如何透過參考群體或示範作用來影響消費者的欲望與欲求？如何使產品更具吸引力、購買性、更具使用性來影響需求？如何掌握顧客的需要，延伸產品的附加價值，而非僅著眼產品本身形成行銷近視病？如何瞭解消費者的價值觀,並而積極性能夠改變消費者價值觀？如何創造關係雙方的最大利潤？如何掌握各市場運作流程、要點、關係、特性、供需情形、競爭結構、顧客需求與潛在需求？如何面對競爭環境，試圖提供最適產品給最終使用者市場？藉由過程中對所處的環境因素、所遇的人(顧客、中盤商……)、所提供的產品或服務……等有動態性思考、彈性調整力、系統組合力，來使行銷過程、效果完善，創造消費者、企業、社會之利。

(四)行銷廣泛定義

我們可從十一個與行銷相關的過程、環境、目的等切入來瞭解行銷的廣泛定義，分別是：①極大化行銷；②生活化行銷；③內部行銷；④同步行銷；⑤競爭行銷；⑥策略行銷與集中行銷；⑦差異化行銷；⑧資

料庫行銷；⑨協調行銷；⑩利基行銷；⑪交易行銷與關係行銷。

㈤行銷管理的定義與成長機會分析

　　行銷管理，是一種涵蓋分析、計劃、執行、控制的過程。也涵蓋創意、物品和服務。它是奠基在交換的觀念，以達成滿足當事人的目標。

　　完整的行銷過程分爲五個階段：①分析市場機會；②研究與選擇目標市場；③設計行銷策略；④規劃行銷方案；⑤組織、執行並控制行銷努力。

　　在此部份內，我們將介紹分析，企業可依本身資源、內外環境評估後透過；①市場滲透，②新產品的開發，③新市場的開發，或④多角化經營等四個方向來創造企業經營成長的機會空間。此章中我們引薦了洛屈里丹大學韋伯（John A Weber）提出的成長機會分析模式來協助企業瞭解與做調整。

㈥行銷觀念四大憑藉

　　1.鎖定市場焦點，做好市場區隔。

　　2.顧客導向。

　　3.各行銷功能相協調，公司各部相溝通契合的調和行銷。

　　4.能運用得宜，使企業獲利，得以永續經營。

(七)行銷管理循環

目　標 →	策　略 →	資　源 →	行　動 →	績　效
• 是業績目標、利潤目標、成長目標綜合多元化考量 • 是著眼於定位區隔、成長、與經營結構前瞻攻防觀點相結合的考量	• 以效果為主 • 企業競爭優勢的思考 • 具動態觀點 • 持續漸進式 • 策略時機與策略選擇同時重要 • 成功策略關鍵在於投入、彈性與創造力 • 具備定量、定性分析力 • 遊戲規則在顧客而非競爭者	• PIMS靈活度提升資源效果 • 主動突破資源限制，而不受制於資源之有限 • 運用資源能力之重要	• 具企圖心 • 與策略保持一致 • 瞭解問題重點，洞悉未來發展	• 衡量標準因短、中、長期而異 • 是整合性、團隊性 • 併入外部競爭結構、條件因素考量 • 以恆久永續經營觀克服問題

圖1-4　行銷管理循環

(八)行銷爲什麼對企業重要

從下列觀點瞭解行銷對企業的重要性：

1. 非個別功能
2. 以成果爲導向
3. 重視顧客觀點
4. 必須有其它部門充分配合
5. 其它部門組織的人也必須有行銷的觀念
6. 產品無論多好仍需由行銷部門來推廣
7. 重視實踐的做法
8. 喜歡接近顧客
9. 重視創新
10. 除外部行銷亦重視內部行銷
11. 整體的理念價值觀有一致性
12. 專業性才能產生效果
13. 市場區隔日愈細分
14. 重視消費者生活型態
15. 競爭日趨劇烈
16. 顧客需求水準不斷提昇
17. 環境變遷
18. 未來趨勢預測與規劃
19. 組織結構調整
20. 行銷人員忠誠度日益下降

(九)行銷哲學的演變

隨著社會經濟、環境良性的變遷，消費者由基本需要滿足即可漸形成自主選擇帶給其效用、價值最適、滿足所需的消費行爲。使業界的行銷重點由：①只重生產不重市場的「生產導向」→②犯行銷近視病的「產品導向」→③缺乏行銷拉力的「銷售導向」→④以顧客需要爲主的「行銷導向」→⑤滿足顧客之需，發揮自己競爭優勢的「策略行銷導向」。

個案研討

一、同樣廣告的tone，為何Mr. Brown賣的相對較好，波爾仙楂茶賣的相對較不好？

㈠在今年年初，金車公司以同樣是波爾先生的人物造型，推出了波爾仙楂茶，除承襲了以往輕鬆幽默之外，還特別強調了它對健康方面的訊息。

仙楂，一種中國北方的傳統果品，含有豐富的維他命C及鈣，在臨床中更發現它具有消食化滯、活血化瘀、防治心血管疾病及抗菌止痢的功能。特別在這個忙碌的社會裡，大多數的人往往忽略了身體上一些似有似無的小毛病，在一頓豐盛的大魚大肉之後，能來一瓶去油膩、助消化的波爾仙楂茶，不但補充了不足的維他命且更能保障您的健康（產品導向的思考方法）。

當波爾仙楂茶的廣告推出時，除了原有的輕鬆幽默外，更給人一種「年輕了許多」的感覺。除了年輕的消費者之外，加入了國小小朋友的旺盛的支持。

而現在許多的飲料也紛紛朝小學生的方向發展，這一群人數眾多又小有經濟基礎，無形中成了一個重要的角色。如何保有這群小消費者便成了仙楂茶的行銷重點之一了。

㈡針對波爾茶，有下列三個問題必須先加以思索：

1.金車公司當時推出波爾茶所認為現代人生活型態為何？以市場的觀點有何重要意義？

答：現代人的生活型態應重視「產品市場」、「策略」的問題，其可與廣告、4P相結合。

(4P：price價格，place通路，promotion促銷，product產品)

金車公司所認為的生活型態著重於輕鬆的生活與幽默的語調上，進而以降低年齡層次來吸引更多的消費者。

針對其生活型態的重點訴求，擬定之廣告行銷方向如下：

——波爾讓我覺得世界不再那麼嚴肅。

　　在生活與工作的壓力下，波爾茶能讓我覺得放鬆心情。

——波爾茶使我有想幽生活一默的衝動。

——波爾茶讓我覺得生活不要過得那麼緊張嘛！

——波爾茶讓我覺得忙碌的生活中，輕鬆一下又何妨！

——「波爾」容易使我聯想到「悠閒」。

——波爾茶讓我覺得在生活的壓力下，能給我一片休閒的天空。

——波爾茶使我重拾年輕、活潑的心。

2.試比較說明伯朗咖啡的人物造型與波爾茶的人物造型在行銷規劃、市場訴求有何不同？

答：比較規劃上：

波爾茶強調休閒情趣外，　　伯朗咖啡強調穩重與休閒情趣，
更有動態的生活樂趣。　　　在生活表達上有靜態的感性。

市場訴求上：波爾茶與伯朗咖啡二者的

{ 消費群體不同。（留待下題回答）
　市場區隔上亦不同。

《市場區隔分析》

相異處：

(1)伯朗咖啡的經營理念，除了賺取利潤外，更有意回饋社會，我們從廣告上可知，近年來環保意識已成了其企業使命，其未來的趨勢即是將伯朗咖啡導向一個代表環保、健康、青春的代名詞。

(2)波爾茶則不再以環保、健康等較嚴肅的話題為其訴求目標，反之，

以較輕鬆、休閒的意識型態爲重點，其廣告詞即爲最好的印證
——輕鬆一下嘛！來罐波爾茶。企圖對現代充滿緊張的社會開個
玩笑，令人莞爾，所以「幽默」爲其經營理念。

相似處：

(1)除了伯朗咖啡之外，金車公司並朝水平方向發展另一種口味，且
風格及訴求的主題不同，如藍山品味，卓然出眾的藍山咖啡及義
大利苦行僧的最愛的伯朗金典咖啡，期望將產品以水平方向的擴
展。

(2)波爾茶也在往這方面發展，在今年年初便推出了波爾仙楂茶，期
望以波爾先生的名聲來帶進「仙楂茶」這種新口味的飲料，而且
更降低了其消費群眾的年齡層次。提出了生津解渴、消氣養身的
保健之道。

3.那爲何Mr. Brown會比波爾休閒茶較受消費者歡迎？

(1)進入市場時機：早期Mr. Brown進入市場，當時消費者對於飲料
功能較著重產品口味方面，對於氣氛高級感(綠罐)、生活型態方
面訴求較缺乏，Mr. Brown對於當時市場區隔性很清楚，故能上
市就能掌握到延伸性需求。但波爾休閒茶推出時，臺灣飲料市場
在當時消費者生活型態既有之休閒所需想法、生活水準均已有主
張，也能解釋波爾休閒茶並無法帶動整體市場生活化轉變之消費
主導趨勢。

(2)在產品方面：Mr. Brown當時上市時雖帶動新產品口味新的感
覺，但是在甜度、口味合適度，均能讓消費者接受，但是波爾仙
楂茶的口味，很多消費者反應不佳。且其產品訴求爲休閒，但內
容卻爲藥的訴求，不一致性。

(3)在推廣上，Mr. Brown隨著節慶(例如猴年行大運)、都會、鄉村
音樂結合，使得Mr. Brown雖在市場已有10年以上時間，但仍是

很新的活力的感覺，波爾休閒茶只有廣告，而無其它相對性行銷組合搭配。

(4)金車公司在咖啡系列非只有伯朗咖啡,還有藍山咖啡(卓然出眾)、金典咖啡(典藏心事),產品延伸做法比多品牌運用方式來得成功。

(5)原本在推力上希望保護而希望中間商政策搭配有進伯朗就需進百分比的波爾，愈使得波爾長期無一定區隔、定位利基。

(6)到目前為止，金車飲料公司應相當清楚，波爾品牌知名度雖已打響，但產品接受度普及性不夠，故運用品牌延伸做法推出波爾香片與波爾普河茶，強調微糖、解煩、除膩、益思、清心、助興、退火、消渴、明目、養氣。　　　　　　　　　　　　　　珥

(三)討論

1.是否可以新產品開發角度來說明面對臺灣飲料市場生態環境轉變，飲料未來的趨勢主流何在。

2.換個角度而言，如果波爾休閒茶要想銷售更成功，則在產品、促銷、價格、通路策略可加以調整的依據為何。

3. Mr. Brown已在市場銷售有15年的經驗, 其產品市場生命週期均未進入衰退期，依您的觀察與思考，請問此產品如何延伸其持續力。

4.從品牌與企業名稱角度思考，咖啡飲料如金車企業推出Mr. Brown、典藏咖啡、波爾休閒茶, 此多品牌策略思考角度為何。

5.試一試波爾休閒茶口味，並想一想您的飲料口味看法如何。

二、從產品導向走上行銷導向的洗髮精市場

(一)產品發展史

時　期	變　革	代表廠商	市場狀況
47年	產銷洗髮粉	脫普	改變人們以往用肥皂洗頭的習慣
50～60年	↓	脫普、耐斯、花王	洗髮粉縱橫市場
60年	洗髮精竄起	耐斯、脫普、洋洋	洗髮精取代洗髮粉地位
63年	區隔化、差異化產品出現	花王〈護髮精〉、耐斯〈566〉	洗髮粉和洗髮精產銷漸定型
70～73年	↓	美吾髮、綠野香波	各家廠商紛起，市場競爭多
74～76年	市場區隔明細化【1】青少年市場	花王〈飄雅〉、耐斯〈海鳥〉	針對學生消費能力、生活型態開發市場
	【2】功能性市場	國聯〈蒂牧蝶〉、寶僑〈海倫仙度絲〉	另闢戰場，以產品功能為訴求
	【3】職業婦女市場	脫普〈花香5〉、美吾髮〈黑娜〉、同步	產品間之訴求有差距
76～79年	洗潤合一	同步、寶僑〈飛柔〉、花王〈伊佳伊〉、國聯〈麗仕〉	雙效合一崛起，引起市場大震撼，各家廠商紛紛跟進
80～84年	專業化訴求興起	沙宣、晴絲	迎合方便與品質之市場要求

表1-2　產品發展史

說明：

(1)民國47年，脫普公司首先產銷洗髮粉，改變人們以往用肥皂洗頭的習慣。

(2) 50～60年代，洗髮粉縱橫市場的時代。

(3) 60年代起，經濟起飛，國民收入普遍提高，價格較貴的洗髮精開始流行，逐漸取代洗髮粉的地位。

(4) 63年起，洗髮精和洗髮粉產銷漸定型，一些區隔化、差異化的產品，如花王護髮精、耐斯566，相繼推出。

(5) 70年代起，由於投入市場的廠商很多，競爭日趨激烈，戰況可分三期：

　①初期：美吾髮、綠野香波為代表品牌，或因為國外品牌，系列產品多，或因為產品獨特，高品質形象塑造成功，故市場占有率高。

　②中期：由於市場漸趨成熟，因此產生一特殊現象，即「市場區隔明細化」，廠商莫不絞盡腦汁，期望發掘出具有創意的新方法來區隔市場，故市場結構競爭日益激烈。此時有三市場之開發與成長：

　　(a)青少年市場日趨興盛

　　由於年輕一代消費能力與對購買決策的影響力提升，青少年自購洗髮精的比例提高，使市場成長迅速。

　　(i)花王首先推出飄雅開發市場，針對學生為消費群，定在中價位以符合其消費能力，故上市即普受歡迎。

　　(ii)耐斯晚一年推出海鳥，而成為跟隨者，故更明確的以高中女生為目標市場，並走高價位，以「高姿態」塑造產品特色，建立消費者對其偏好度，推出後也相當成功。

　　(b)歐美名牌介入功能性市場

　　在青少年市場的爭戰中，國聯與寶僑為另闢戰場，不約而同

與國外著名公司合作，介入了功能性市場。

　(i)國聯推出以「洗髮頻度」區隔市場的蒂牧蝶，訴求來自大自然的溫和配方，有相同訴求的產品不多，故市場競爭不大。

　(ii)寶僑推出以「頭皮屑專用」爲訴求的海倫仙度絲，由於大部份的人都有頭皮屑的困擾，故市場潛力雄厚。

(c)職業婦女市場看好

　很多洗髮精都以「職業婦女」爲訴求對象，但它們之間仍有差距：

　(i)脫普〈花香5〉：針對追求高感性生活，注重洗髮品香味的職業婦女。

　(ii)美吾髮〈黑娜〉：針對高收入，追求豔麗外型的職業婦女。

　(iii)同步：針對忙碌的職業婦女，強調洗髮、潤髮同步完成。

③後期：洗潤合一創造流行風潮，「雙效合一」洗髮精風靡市場，爲此一時期的重大變革：

　(a)同步：最早推出洗潤合一洗髮精，但限於規模無法造成聲勢。

　(b)寶僑〈飛柔〉：抓住產品特性，運用促銷與通路，一炮打響「雙效合一」的知名度，成爲領導品牌。

　(c)花王〈伊佳伊〉：強調「快半拍的洗感」，針對現代人處於高度緊張繁忙的生活中推出兼具速度與效果的多功能產品。

(6) 80年代，初期「雙效合一」的洗髮精仍引領風騷，但隨著消費習慣的不斷改變，現在消費者不僅重視方便（因而有雙效、三效洗髮精的問世），也講究品質，專業化洗髮精正可滿足需求。國聯與寶僑不約而同推出強調專業的睛絲與沙宣，正是洞悉了市場的產物。

(二)產品區隔下各品牌產品項目分析表

廠　商	產　品　項　目
寶僑	沙宣、飛柔、小飛柔、潘婷、海倫仙度絲
國聯	麗仕、晴絲、坎妮、白蘭天美
花王	花王、絲逸歡、儷薇、馥柔、伊佳伊
嬌生	嬌生嬰兒、嬌生兒童、艾芬迪
耐斯	耐斯566、耐斯ZP、士慕斯
脫普	花香5、脫普
金美克能	金美克能、潤波
美吾髮	美吾髮、美吾髮花語
其他	夢十七、葳香、艾舒

表1-3　產品項目表

品　牌	產品項目	功能分類	適用髮質	規格	價格(元)
花王	洗髮精	柔涼型、柔潤型		200c.c.	38
				450c.c.	76
				1000c.c.	125
	潤髮乳			220c.c.	51
				450c.c.	105
絲逸歡	洗髮精	一般洗髮精 抗頭皮屑專用	中／油 中／乾	400c.c. 750c.c.	135 129
花香5	洗髮精	洗髮、抗屑、潤絲／洗、潤、護三效合一	中／乾 中／油	480c.c. 400c.c.	80 90
金美克能	洗髮精	一般洗髮精 眞珠洗髮精		1000c.c. 1000c.c.	120 135
美吾髮	洗髮精	雙效		280c.c. 500c.c.	72 130
花語	洗髮精	一般洗髮精	柔潤型	300c.c.	100
				450c.c.	179
	潤髮乳		清爽型	450c.c.	149
美吾髮	黑髮靈				200

表1-4　產品功能分類表

品牌	產品項目	產品功能分類	適用髮質	規格	價格(元)
沙宣	洗髮精	一般洗髮精 洗、潤、護 洗髮精	一般髮質 燙過髮質 正常、中性	200c.c. 750c.c. 384c.c.	85 229 149
沙宣	護髮乳			200c.c.	115
沙宣	噴霧式造型膠 定型液 亮麗造型髮霧 造型、定型兩用 滋潤慕絲			150c.c. 150c.c. 150c.c. 150c.c. 150c.c.	119 119 119 119 119
飛柔	洗髮精	雙效洗髮精 雙效去頭皮 屑洗髮精	中性 乾性/受損髮質 油性/柔細髮質	400c.c. 750c.c.	135 215
飛柔	護髮乳			200c.c.	109
小飛柔	洗髮精			400c.c.	134
海倫仙度絲	洗髮精	一般洗髮精 雙效洗髮精	中／乾、中／油 中／乾、中／油	400c.c. 750c.c.	149 249
潘婷	洗髮精	一般洗髮精 雙效洗髮精	中性、乾性、 油性	400c.c. 750c.c. 400c.c.	149 249 135
潘婷	護髮乳		中性、乾性、 油性	300c.c.	114
潘婷	護髮噴霧式造型膠			150c.c.	119

表1-5 寶僑公司——產品組合

品牌	產品項目	功能分類	適用髮質	規格	價格（元）
麗仕	洗髮乳	雙效洗髮乳	中／油	400c.c.	149
			中／乾	750c.c.	249
			正常髮質		
		亮麗成型洗髮乳	直髮／柔細髮質	300c.c.	125
			直髮／柔細潤質		
			燙過／受損髮質		
			燙髮／捲髮		
			燙髮／捲髮護髮		
	護髮乳 洗面乳 沐浴乳			200c.c.	129
晴絲	洗髮精	自然成型配方 滋潤保濕 頭皮健康系列 燙髮專用 分叉／受損專用		320c.c. 600c.c.	135 220
	潤髮乳		正常髮質 乾燥髮質	200c.c.	92
坎妮	洗髮精		燙髮／受損髮質 乾燥／分叉 正常	300c.c.	125
	護髮乳		同上	200c.c.	119

表1-6　國聯公司──產品組合

㈢市場定位分析與銷售主張

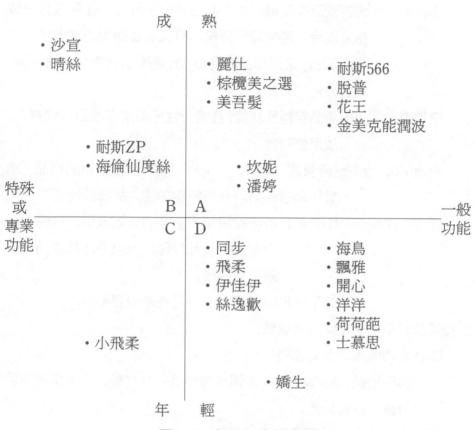

圖1-5　產品的定位分析

說明：

　　我們以功能和使用者年齡層作爲定位的基礎。功能可分爲一般〔洗髮與洗潤合一〕功能與特殊或專業功能；年齡則分爲成熟與年輕。詳述如下：

1.一般功能＆使用者成熟

　　麗仕——請明星做爲產品的代言人，強調「巨星般的風采」，其訴求
　　　　　爲成熟而感性。雖有強調特殊功能〔亮麗成型〕的產品，

但只是市場區隔的一種。故屬於一般功能。

美吾髮——美吾髮以洗髮精起家，其定位便位於此。在雙效合一成為主流時，避開競爭而推出分叉髮質適用的洗髮精。近來，專注於染髮用品之開發〔黑髮靈〕，並未推出洗髮精，故將之定位於此。

棕欖美之選——產品無特殊功能，且請一性感美女作產品之代言人，故定位於此。

耐斯566、金美克能潤波、脫普、花王——屬於全家適用的產品，消費年齡層偏高，且無特殊功能，故歸於此區。

潘婷、坎妮——(1)廣告：潘婷採用使用前後的對比效果，坎妮則表現頭髮可串起珍珠。表現手法都強調可使頭髮更健康。

(2)皆推出系列產品，只是產品內容不同。

2.特殊或專業功能&使用者成熟

(1)特殊功能&使用者成熟

海倫仙度絲、耐斯ZP——去頭皮屑為其特殊功能，且使用者多為上班族，故屬於此。

(2)專業功能&使用者成熟

沙宣、晴絲——從廣告中可看出兩者皆強調其專業形象，且皆有系列產品問市，其訴求為成熟而理性。

3.特殊或專業功能&使用者年輕

小飛柔訴求對象為兒童，並強調不流淚配方〔此為其特殊功能〕，即使小孩子自己洗頭也不成問題。

4.一般功能&使用者年輕

(1)同步、飛柔、伊佳伊、絲逸歡：

①皆為雙效合一之洗髮精。

②因廣告明星多爲學生之偶像，故訴求之年齡層較年輕。

③雖推出抗頭皮屑配方，但只是市場區隔的一種。

(2)飄雅、開心、海鳥、洋洋、荷荷葩、士慕思：

①不強調產品功能，多爲生活型態的主張，屬於感性訴求。

②廣告方式以吸引年輕學生爲主，且價位不高，學生可接受。

(3)嬌生：其產品可分爲嬰兒用與兒童用〔狄斯耐系列〕。因嬰兒用產品很難打進青少年市場，且產品無特殊功能，故採用新的市場區隔方法來創造第二春。即將嬰兒用品一向具有的溫和質感，與成人的需求連接起來，讓消費者運用嬌生來「寶貝自己的頭髮！」

類　　型	代表品牌	說　　　　　明
氣氛型*	・開心	・主題曲所唱的：「年輕只有一次，永遠都不再回頭！」年輕人是該有「自己的選擇！」。
	・飄雅	・飄雅女孩新奇且繁複的舞步。
證言式*	・海倫仙度絲	・利用使用前後的對比效果，來證明其特殊功能。
	・飛柔	・強調洗髮、潤髮一次完成的矽靈配方，對於生活節奏較快的都市人，提供一種便捷的選擇。
知名人物型	・士慕思	・葉蘊儀、林志穎
	・絲逸歡	・周慧敏
	・麗仕	・布魯克雪德絲、張曼玉
其他	・沙宣	・介紹其位於外國之沙龍美髮，藉由服務客人之鏡頭點出其專業性。
	・晴絲	・介紹其巴黎伊莉德研發中心，自稱可解決任何頭髮的問題。

＊氣氛型：有關於生活型態的廣告，不強調洗髮精的功能。
　證言式：因產品特性不同，強調洗髮精的功能。

表1-7　獨創性銷售主張

㈣從產品導向轉變為行銷導向

　　產品導向因患有「最佳產品就有最佳市場」的行銷近視病，而被重視市場消費者需求、市場區隔化行銷導向所取代。從洗髮精某些品牌為何沒落，某些品牌為何興起來探討。

　　1.以耐斯566、花王、脫普洗髮精而言，主要沒落原因如下：

　　　　(1)老品牌，歷史悠久，給消費者有落伍的感覺。

　　　　(2)沒有注重消費者的偏好趨勢，適時地給予產品正確的導向。

　　　　(3)對於行銷經營策略，未投注心力，而讓產品自生自滅。

　　以坎妮、潘婷、麗仕而言，暢銷的原因如下：

　　　　(1)以知名人士推薦產品並創造獨特的自我風格。

　　　　(2)行銷策略多且廣泛。

　　　　(3)迎合年輕人追求多變與方便的特質。

　　2.海倫仙度絲、耐斯ZP無法暢銷之因

　　　　(1)太過強調專治頭皮屑功能，引起部分消費者卻步。

　　　　(2)給人藥用的感覺太重，消費群不能大眾化。

　　沙宣、晴絲暢銷之因：

　　　　(1)強調可解決任何頭髮的問題，並強調其專業化美髮。

　　　　(2)對於頭髮，創造整體性的系列產品，讓消費者有更多的選擇。

　　3.海鳥、開心、飄雅沒落之因如下

　　　　(1)強調自然、輕鬆的生活型態，但不注重產品的功能，故在市場上逐漸被消費者遺忘。

　　　　(2)以年輕人為訴求,但忽略時下年輕人追求方便與品質的要求。

　　絲逸歡、飛柔暢銷之因如下：

　　　　(1)雙效合一，快速方便，形成流行。

　　　　(2)密集的廣告，配合行銷策略，造成貨暢其流。

　　　　(3)大量的發送試用包，強調產品的實用性，加深消費者印象。

行銷導向重點：

目前較暢銷品牌其主要原因為：①知名人士推薦拉力②品牌自我風格定位③迎合年輕多變趨勢④強調專業性區隔⑤產品系列多元化發展⑥消費者可多元選擇⑦便利性購買與品質信心⑧密集廣告與促銷活動。

㈤討論方向：

1. 未來洗髮精市場發展機會與空間

　　可從兒童市場、特殊功能、專業性、行銷組合四個方向加以研討

2. 進入市場新品牌可使用的競爭策略

　　可從產品新形象、廣告策略、促銷策略、生活型態方向討論。

3. 從洗髮精產品發展史過程，可獲洗髮精新產品

　　未來消費者需求之產品可能的特質有那些分類性

4. 從本個案可瞭解一位重要行銷理念與方法，是否加以review一次，有否充分瞭解

　　⑴獨創性銷售主張

　　⑵市場定位圖與產品定位圖

　　⑶分群技術與市場區隔

5. 如果從下列角度探討探討機會請加入探討：

　　⑴如何轉移消費者使用新品牌洗髮精

　　⑵如何提高消費者對洗髮精使用量

註：本個案部份資料參考東吳大學經濟系消費行為上課筆記，指導老師郭振鶴，參與學生林惠雯、郭宗皓、劉憶悔、林靜怡，特表致意。

專題討論㈠：卓越行銷人員（Marketing People）的特質

㈠必須具有企圖心

有非常多的大學商學院學生或MBA（Master Businiess of Administration)雖有良好學歷、學識，但因企圖心不夠、贏的意志不夠、持續力、堅忍力不夠，並不能成為良好的行銷人員。

舉例而言，企業資源並非客觀且合理，尤其是在家族企業很多行銷人員企圖心如果不夠充分的話，當資源有限或碰到挫折時，對於達成目標的決心就會充分受到影響。這些影響目標達成因素有：

1.行銷人員太容易受環境變遷影響，無法執著於原本的思考路線。

2.銷售人員推力不夠或心理因素的影響，而造成目標達成缺口。

3.行銷人員自己本身的決心與體認不夠。

㈡必須有洞悉變化與掌握趨勢的能力

也就是掌握經營變遷因素與方向，包括消費者需求變化、競爭結構的變化、市場機會、空間的變化。而未能妥善調整行銷策略，雖有好的方法，也因時空因素未能及時掌握，無法把握孫子兵法所言：先勝而後求戰。並不能成為傑出卓越的行銷人員。

舉例而言，環保運動、消費者意識抬頭、後現代解放主義趨勢、新品牌、新產品的加入，對於原本之經營環境整合造成衝擊。市場佔有率的相對性變化、市場競爭策略對競爭環境相互依存度改變、對經營環境產生變遷。

㈢定量分析

誰能掌握資訊，就能掌握未來。站在規模不斷擴充的問題、競爭日

趨激烈的現況、顧客需求變化掌握與管理的問題、組織管理效率問題，良好計量統計分析的能力，無疑是行銷人員所需具備的特質之一。如果無計量分析工具，則無化繁為簡的能力。很多行銷工作無法達到事半功倍的目的。

　　舉例而言，真正創新好的行銷方法，並非如普通方法那麼多，而經常好的行銷策略有時需結合計量分析。例如領導品牌經常需面對挑戰品牌、追隨品牌的低價滲透方式，如果領導品牌的銷售經常並未採折扣方式，但挑戰品牌、追隨品牌如果用8折的折扣策略，領導品牌的行銷人員如果有計量基礎的分析能力，可將產品線的結構提出10%做為市場區隔與防禦性的彈性措施。戰略性領導品牌可採取此種方式：

1. 在品牌形象方面，由於有90%仍維持不打折方式，故可兼顧之。
2. 10%打折損失，實質上在整體上而言，只損失2%的業績。但仍可充分保持策略彈性與策略自由度，在防禦中帶有攻擊的侵略性。如10%打8折，其所創造銷售數量增加，有時可以超過20%折扣損失。並防止競爭品牌市場滲透。美國可口可樂將其資訊部門與企劃部門合併為統計分析部，就是著重計量分析對於行銷重要性。
   註：$2\% = 100\% - (90\% \times 100\% + 80\% \times 10\%)$

(四)定性分析

　　對於行業成功關鍵因素，有時也並不是理論與數據分析能力，良好的行銷人員可能必須花費一段時間去收集情報、體驗消費者需要、分析競爭結構，唯有清楚體驗行業特性，才能靈活運用行銷的know-how、創造良好的績效。

　　舉例而言，每一種行業有一種產品、每一種通路顧客的消費行為類型均有所差異。例如，汽車業與服飾業、可口可樂與汽水、便利商店與專賣店、顧客消費行為類型與競爭態勢均不一樣。良好的行銷人員必須

透過定性分析，如：報酬率、獲利水準、消費型態、消費時機、平均來客數、平均客單價、區域分佈、區域特性，而掌握行銷的關鍵因素。

㈤解 決 問 題

很多行銷人員只會分析問題，對於分析較有興趣。但坐而言，也必須起而行，以目標管理的精神、實踐的重要性，透過解決問題能力才能創造良好的績效。而解決問題的能力與管理方法與領導者的特質息息相關。所以「良好的行銷人員」就是「有良好解決問題的特質與能力」。

舉例來說，專業性不夠未能掌握時空因素、領導特質不夠無法跨越障礙、資源分配效率欠缺等均是導致企劃案不能解決問題的重要因素。

㈥溝 通 問 題

好的行銷人員通常必須擬定策略、提出建議方案。而組織由許多不同部門構成(如：財務、生產、人事、行銷部門等)，對方案看法的觀點各有不同之看法。良好的行銷人員必須能分析利弊、得失，充分說明各種方案的思考與動機，以達到溝通目的，使其他後勤幕僚支援部門能充分性的配合。

舉例而言，溝通問題是管理者、企劃人員必需具備之能力與特質，很多行銷人員必須注意並不能只具有紙上談兵的功夫而已，必須具備有遊說、談判、斡旋、說服的積極主動溝通能力。

㈦知 識 空 間 的 領 域

由於行銷是著重效果的問題，而非效率的問題。而為達效果的問題，行銷人員要不斷充實相關知識領域，而知識的領域並非只有行銷學，而是必須具有客觀觀點的哲學與未來學領域、人性瞭解的心理學領域、作戰策略的戰略戰術領域、分析專業的管理科學、統計分析的領域、掌握

消費水準、專業水準的管理經濟領域、重視效率的成本費用控制領域。

舉例而言：

1. 好的行銷人員並非只能談成功，而不能碰到失敗。失敗、挫折時，行銷人員調整速度與人生之哲學觀點有很大關係。

2. 銷售人員情緒變化可透過心理學的人性瞭解，而使變異性減少。

3. 企劃人員在找顯著性因素、關鍵性因素時與統計檢定方法有很大關係。

4. 價格調整對於需求彈性考慮、數量影響與管理經濟領域有很大的相關。

5. 銷售水準與利潤水準關係透過管理會計方式探討可產生不同結果探討。

(八)決策判斷力──能做出正確的決策

既然強調卓越的行銷人員，則碰到做決策的機會應是有很多機會，如何做出正確的決策、決勝千里以外，就非常重要。除有良好的決策架構方法外，如何避免下列決策陷阱，就成為重要的考慮

1. 以經驗法則來考慮環境變遷因素的決策方式

2. 缺乏架構性思考、雜亂無章的決策方式

3. 缺乏審核決策過程，而喪失較完整機會的決策方式

4. 由於遷就群體決策，而喪失選擇正確方向

5. 於遷就所設定認知的結果，而忽略過程合理性探討得的決策方式

舉例而言，行銷人員經常需決定廣告或促銷的龐大預算，由於經費龐大，在做決策時經常面對到下列情況：

1. 對龐大經費之不同部門意見。

2. 由於競爭品牌加入，競爭結構改變，使得策略廣告或促銷對目標產生衝擊。

3.部屬對未來消費趨勢缺乏遠景。

4.由執行時對原本策略方向偏離。

5.只有點子，而無廣告促銷架構效果。

(九)檢視挑戰自己的思考方式

面對今日市場導向、競爭策略導向、環境，行銷人員如果一直停留在早期過時、封閉、傳統的思考方式，將無法有效克服問題、困難的機會。故卓越的行銷人員經常性檢視（review）與挑戰（challenge）自給的思考方式是必須。

舉例而言：

1.能否在思考架構草圖形成後，多詢問相關人員意見，再做更完整補充。

2.經常在考慮機會成本、機會收入替代觀念後，而能檢視出原本思考方式缺失，以利調整。

3.思考方式是否符合今日環境趨勢、消費者想法、公司需要。

(十)正確的人生觀念

行銷人員由於經常面對競爭消長與市場佔有率爭取問題，而經常必須結合戰略、戰術的運用，故動機與出發點一念之間，正當的方法與不正當的方法，會對產業產生正面影響、負面影響、部屬學習方式正常與否，以及策略發展短中長期發展趨勢。故卓越的行銷人員除有良好的行銷知識外，必須有健全的工作價值觀點、服務的廣面意義，才能在工作領域永續無限的延伸。

舉例而言：

1.有些行銷人員在書寫企劃案時，經常可能運用數字的變化，而未能將實際執行時可能碰到悲觀面詳盡的說明與分析，只報喜不報

憂。

2. 行銷人員經常面對市場競爭結構有強與弱，在市場競爭結構較有利時，運作一切正常。在市場競爭結構較不順利時，就棄甲而逃。留下很多不好狀況，讓接手的人員必須要花費相當多的功夫善後處理。

3. 行銷人員必須經常檢視所運用的行銷方法，能否兼顧短、中、長期發展之永續性、組織與個人利益之平衡性。產業發展良好的循環方式爲生生德的發展，而且願積極培養人才做法與付出。

專題討論㈡：從管理功能看行銷重要性

㈠從收入利潤窗口而言

行銷對於企業績效、收入扮演的是機會窗口、效果窗口，沒有行銷所產生的收入、業績，任何成本效率的控制將無顯著意義去探討。

㈡從組織管理發展觀點而言

很多人以爲行銷只是談業績、談企劃，如果站在永續經營基礎、多角化、多元化發展基礎、垂直、水平擴展基礎，透過行銷功能使企業市場佔有率能滲透、能突破，則管理功能在組織發展、人事管理、研究管理發展、創新的功能將扮演更積極的角色。

㈢從資源潛力延伸而言

從創意性思考、行銷策略運作，可將有形、無形資源做更多的延伸，而使有限資源透過行銷功能將其無限延伸。

㈣理論與實務結合性

　　就各種管理功能而言，為創造收入與利潤觀點，經與實務性消費者需要結合，經營環境變遷瞭解、競爭動態性消長變化的掌握，行銷在理論上需要實務性驗證、理論與實務結合度，行銷無疑較能傾向於理論與實務結合。

㈤對於消費者生活水準提昇

　　透過行銷功能創造顧客需要、延伸需要立場、新產品開發、改善、改良、調整、國內行銷、國際行銷運作，將使消費者消費層次、水準、區隔更形被重視，選擇空間更大、消費意識更能提昇，而使生活水準更有拉力、推力之提昇。

㈥國家與國家之間各種交流活動愈形頻繁

　　由於世界各國各種文化、經濟活動的交流，而使得人類追求和平意義還大於戰爭意義。
　　例如：
　1.臺灣與中國大陸關係「和平相處」意義比以前「漢賊不兩立」的立場更符合今天臺灣人民的需要。
　2.可口可樂與麥當勞成功行銷方式，使得原產地透過此產品行銷將象徵美國開拓文化的精神積極延伸出去，也讓世界其他國家更瞭解美國。此舉不僅是經濟延伸，也是政治延伸。
　3.臺灣目前與中國直接、間接貿易總額目前為

專題討論(三)：需求型態的討論

(一)供需均衡

　　均衡達成係透過價格機能 (price mechanism)。若價格高於P_0而為P_1，則這時供給量大過需要量，售價不能找到足夠的買者，故會把價格叫低，假如價格低於P_0而為P_2，則需要量大過供給量，買者不能買到所需，故會把價格叫高。

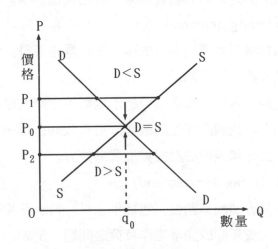

圖1-6　供需均衡

(二)需求變化時行銷人員的任務

(1)**負需求** (negative demand)

　　如果市場大部份的人都不喜歡此產品,甚至付出代價求逃避此產品,此市場就是處於負需求的狀態。行銷的任務就是分析市場不喜歡此產品的原因。研究由「產品重新設計」、「較低價格」、或「改變行銷組合」,藉以改變市場的信心和態度。

⑵**無需求（no demand）**

目標消費者對於企業所提供的產品不能感到興趣，或無特殊的感覺。此時行銷的任務就是要設法找出「產品的利益」來連接消費者的需求和興趣。並透過行銷導向而產品導向、生產導向來解決問題。

⑶**潛伏性需求（latent demand）**

目前市場所提供的產品無法滿足許多消費者的潛在需求。例如，對無害香煙，更省油不含造成空氣污染的汽油。

行銷的任務：須測量潛在市場的大小，開發有潛力的產品和服務。以滿足此種需求。透過研究與發展來引導潛伏性需求。

⑷**下降需求（falling demand）**

市場上消費者對企業所提供的產品需求量在下降。例如，職業學校某些科系報名人數逐漸下降。

行銷的任務：行銷人員必須分析市場需求下降的原因，檢測可否透過新市場的開發，或產品特性的改變，更有效的市場研究技術求扭轉市場需求逆勢。並透過促銷活動提昇消費者拉力。

⑸**不規則需求（irregular demand）**

許多企業都會面臨季節性（包括年、月、日、時均有可能）的需求波動所帶來的閒置產能或過度工作負荷之問題。例如，服飾業在春、秋二季是他們的淡季，婚姻廣場的旺季則集中在冬季，早餐速食業下午的客人不到上午客人的一成。對於電力的需求，夏天的負荷量比其它時間更多。

行銷的任務：透過彈性價格推廣，以為其它誘因找出改善需求時間型態的方法。並透過策略性規劃，來平衡不規則性。

⑹**過量需求（overfull demand）**

有些企業或組織會面臨高於自己所能控制的需求，如臺北市的中興橋、光華橋所載量的交通流量可能高於其安全度。透過整體性規劃將多

量需求分散化。

習　題

一、請說明下列行銷觀念的差異性：

　　1. 銷售觀念與行銷觀念（The Selling Concept & The Marketing Concept）

　　2. 產品觀念與生產觀念（The Production Concept & The Product Concept）

　　3. 集中行銷與差異化行銷（Focus-Marketing & Differentiated Marketing）

　　4. 內部行銷與外部行銷（Internal Marketing & External Marketing）

　　5. 關係行銷與協調行銷（Relationship Marketing & Coordinated Marketing）

　　6. 極大化行銷與競爭行銷（Maximum Marketing & Competitive Marketing）

　　7. 策略行銷與資料庫行銷（The strategic Marketing & Data Marketing）

二、是否可請同學舉例說明有那些產業、品牌、公司、行號個案在臺灣的經營成功，是透過相關行銷觀念的運用而成功。

三、說明行銷哲學的演進。並說明每種行銷哲學被取代的原因。生產導向→產品導向→銷售導向→行銷導向→策略行銷導向。

四、行銷管理過程的重點說明：

　　1.分析市場機會：試比較產品／市場擴張矩陣分析與缺口分析的
　　　兩種方法優缺點。

　　2.研究與選擇目標市場：選擇目標市場考慮的因素有那些？

　　3.設計行銷策略：説明策略與目標的關係。

　　4.規劃行銷方案：方案與策略一致性的意義爲何？

　　5.組織、執行並控制行銷努力：如何達到控制目的。

五、行銷觀念有四大憑藉，請説明其重點。

　　1.市場焦點 (market focus)：行銷的重心方法是集中在那裏？

　　2.顧客導向(customer orientation)：顧客的意義，與行銷角度在
　　　規劃顧客方面應重視的重點？

　　3.調和行銷 (coordinated marketing)：行銷部門與其它部門在
　　　做協調工作時應注意的重點。

　　4.獲利性 (profitibility)：請以PIMS的觀點説明行銷對利潤目標
　　　達成的重要性。

六、高速公路每到過年或過節時，常會造成堵塞，解決方法見仁見智；
　　請就下列情況考慮如何解決高速公路堵塞。

　　1.就抑制過年或過節時避免大家全部均以高速公路之選擇爲主需
　　　求立場而言。

　　2.就政策管制立場而言，是應提高過年過節的過路費或應全部開
　　　放免收過路費，才能避免過度的塞車。

　　3.就同步行銷與反行銷的觀點而言，上述兩個問題如何解決。

七、在管理功能內，爲何行銷被視爲企業收入窗口與機會窗口，又從

那些角度可說明行銷的重要。

八、從行銷管理循環來看，由上而下為目標→策略→資源→行動→績
　　效，可否倒推來解釋行銷管理循環績效→行動→資源→策略→目
　　標。

九、是否可從卓越行銷人員特質專題討論來說明那些情況會造成行銷
　　人員無法卓越或脫穎而出。

十、下列不好情境企業如何透過行銷的正確運作來調整為較好的情境？
　　1.銷售下跌　　　4.消費者購買方式改變
　　2.緩慢成長　　　5.市場推廣經費一直在增加，超過預算
　　3.競爭力減弱

十一、1.請說明這句話意義：
　　　　行銷並不只是那些公司負責階層的人員工作而已，每一個公
　　　　司成員都是行銷者。
　　　2.對生產部門人員、財務部門人員這句話意義。

第二章　行銷環境

成功的總體策略，少不了應具遠大的理想，和對公司達成理想的能力的評估。總體策略不但有賴於審慎的分析，還有賴於判斷、自信和直覺；且應以穩定的競爭優勢為基礎。

Richard N. Foster, Mckinsey

本世紀 20 年代的經濟，在汽車工業的領導下，已升達了另一個新階段，出現了許多新的因素，使市場爲之改觀；例如分期付款式銷售，舊車換新車的業務，以及每年平均推出新車型等。

Afred P. Sloan, Jr.（通用汽車公司）

第一節　行銷環境之分析

公司的行銷環境是由較可控制的個體環境（microenvironment）與較不可控制的總體經營環境（macroenvironment）所組成的，它們會影響公司在發展並維持與目前顧客交易以及與目標顧客關係的建立與維持之能力。

1. 個體環境包括公司本身、供應商、仲介機構、顧客、競爭者以及社會大眾。
2. 總體環境包括人口統計環境、經濟環境、自然環境、科技環境、政治法令環境、社會文化環境。

而愈來愈多的公司已逐漸透過系統分析、網路分析、矩陣組織、掃瞄分析、情境分析、稽核控制分析來處理較不確定性（uncertainty）、複雜性（complexity）與混淆性（ambiguity）。

故本章主要提供給讀者方面的內容如下：

1. 未來學家對行銷環境變化所提供的建議。
2. 針對臺灣目前競爭力、投資環境、動態性變化提出介紹。
3. 說明影響企業總體環境的主要變數。
4. 說明影響企業個體環境的主要變數。
5. 說明如何管理未來行銷環境。

並針對公平交易法的制定後對企業所產生的影響與案例提出說明。另提供環境分析完整性個案以達理論與實務之結合。

未來學家埃文陶佛勒（Alvin-Toffler）在其大著作《第三波》（*The Third Wave*）說明變動的浪潮。未來經理人必須妥爲應付種種變化、挑戰，包括下列：

1. 科技對於工作、做事方法的改變。

2. 資訊處理的科技進步對原來組織工作的衝擊。

3. 未來的工作世界將考慮「彈性工作時間」與「工作環境改變」。

4. 組織忠誠提高必須透過員工成爲工作主宰的組織設計而非工作的奴隸。

5. 組織結構：官僚式組織結構設計 (bureaucracy) 日趨沒落轉變爲彈性組織結構 (adhocracy) 與矩陣式組織結構 (matrix organization)。

6. 組織宗旨重新界定：企業經營已不只是營利目標而必須有解決生態問題、道德問題、政治問題、社會問題的責任。

7. 多國籍企業機構設立：多國籍企業爲一個相互依存性與相互交感的巨型實體，跨越了國與國之間的挑戰與界限。而多國籍企業必須竭盡心力，一面設法適應地主國的趨勢，一方面還得因應總公司的要求。

而面對上述變化的浪潮 Toffler 提出下列 10 項新的管理挑戰：①對未來預測與規劃。②有效的組織結構設計。③業務控制。④有效決策制訂。⑤對員工溝通、激勵、領導。⑥人力資源方案設計、俾開發員工的能力與天賦。⑦科技在組織中扮演角色，及對組織衝擊與瞭解。⑧對社會挑戰的認識，因應社會挑戰的心理準備。⑨對國際競技場中，應有基本的認識。⑩應瞭解管理領域步向何處，並瞭解未來仍可能繼有何項更新的挑戰。

另一世界著名趨勢學家約翰奈思比 (John Naisbitt)，1982 年在其著名書籍《大趨勢》(*Megatrends*) 曾列舉 10 大趨勢：①從工業社會轉變到資訊社會。②從強制科技到具有接觸性高科技。③從國家經濟體制到世界性經濟體制。④從短期眼光到長期眼光。⑤公司從集權組織結構到分權組織結構。⑥人們從向機構求助到自助、自我依賴。⑦消費者角色從代表性民主到參與式民主，有更多發言機會。⑧企業組織從層級式

到網路式組織結構。⑨人口從北方逐漸往南方移。⑩多樣化選擇消費者從單一標準轉變到多重標準選擇。

並在 2000 年大趨勢這本書又指出 10 項新的趨勢:

① 1990 年代之嬰兒潮的全球經濟,②藝術方面文藝復興風格,③自由市場社會主義的興起,④全球生活型態與文化國家主義,⑤福利制度欠缺,⑥太平洋沿岸危機昇高,⑦女性領導權年代,⑧新興的千年宗教之復興,⑨生態學的時代,⑩個人英雄主義的凱旋。

故行銷環境對於企業的重要性在於對下列事項的瞭解:

一、總體環境

(一)人口統計

(A)那些主要的人口統計因素之發展與趨勢,將會給公司帶來機會與威脅?

(B)對於這些發展與趨勢,公司已採取那些行動來因應?

(二)經濟

(A)所得、物價、儲蓄及信用等有那些主要的發展將會影響公司?

(B)對於這些發展,公司已採取那些行動來因應?

(三)生態

(A)有關公司所需的自然資源與能源,其成本與可利用性的展望如何?

(B)公司對於其在環境污染與生態保護所扮演角色,表現出來的關心程度如何?

（四）科技

　　(A)產品與技術已發生了那些主要的變化？公司所處的地位如何？

　　(B)有那些替代品？

（五）政治

　　(A)有那些法令已影響到行銷戰略與戰術？

　　(B)有那些政治規定有在變化？如污染防制、公平就業機會、產品安
　　　全、廣告、價格、管制等方面？

（六）文化

　　(A)社會大眾對公司與公司所製造產品抱持何種態度？

　　(B)與公司有關聯的消費者生活型態及價值觀，將會發生何種變化？

二、任務環境

（一）市場

　　(A)市場規模、成長、地理區域分佈、利潤，發生何種變化？

　　(B)主要的市場區隔為何？

（二）顧客

　　(A)現有顧客與潛在顧客對公司與競爭者的聲譽品質、服務、銷售力、
　　　價格等方面有何評價？

　　(B)不同市場區隔顧客，如何進行購買決策？

㈢競爭者

　　㈎主要競爭者是誰？目標與策略爲何？優勢與弱點何在？規模與市場佔有率爲何？

　　㈏何種趨勢將影響未來競爭優勢與產品替代性？

㈣配銷與經銷商

　　㈎將產品銷售到顧客手中主要的經銷通路爲何？

　　㈏不同經銷通路其效率水準與成長潛力爲何？

㈤供應商

　　㈎生產所需的關鍵資源，其可用性與前瞻性爲何？

　　㈏各供應商的銷售型態之變化趨勢爲何？

㈥促成者與行銷公司

　　㈎運輸服務之成本與可用性展望爲何？

　　㈏倉儲設施之成本與可用性展望爲何？

　　㈐財務資源之成本與可用性的展望爲何？

　　㈑公司的廣告代理商其效果如何？

㈦社會大衆

　　㈎社會大衆帶給公司那些特定機會或問題？

　　㈏公司採取那些有效的措施以處理有關社會大衆問題？

　　故研讀本章可瞭解下列重點：

　　1.公司的個體環境包括社會大衆、顧客、仲介機構、公司、競爭者、供應商等的介紹。

2.公司的總體環境包括自然環境、經濟環境、人口統計環境、社會文化環境、政治法令環保、科技環境。

第二節　行銷之個體環境

公司的行銷環境分爲個體環境與總體環境。個體環境包括直接影響公司行銷活動的各種角色，包含公司本身、供應商、仲介機構、顧客、競爭者以及社會大眾，這些角色會直接影響到公司提供產品和服務給顧客的能力。總體環境是由範圍較廣泛的社會力量所組成，而這些社會力量會影響到個體環境的每一個角色，總體環境包括人口統計環境、經濟環境、自然環境、科技環境、政治法令環境、社會文化環境等。由以上可知公司面對的行銷環境是多變與具有不確定性的，所以，當行銷環境有所變動時，對於一個企業往往都將會是一種很大的挑戰。因此，隨時掌握環境的變化是企業一項很重要的工作。以下我們就先來討論各項個體環境角色，然後再來討論各項總體環境。

追求利潤是每一個企業的共同主要目標，但要達到這目標企業就必須要能提供策略性的產品和服務，以能滿足顧客某些特定的需要，期最終達到吸引顧客消費而企業追求利潤的主要目標。爲了達到這個目標，行銷管理者不能只考慮到目標市場的需求是什麼，而要從企業總體與個體的角色功能去作考量與結合，才能提供顧客一個適當的產品和服務。看了圖 2-1 及說明相信大家對企業個體環境之各個角色關係會有更進一步的了解。

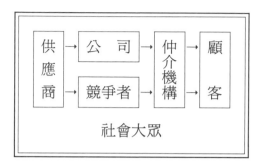

圖2-1　公司個體環境各角色之關係圖

　　圖 2-1 說明了,公司爲了達到適當的提供服務與產品給顧客的目標,必須將公司本身與一些的供應商以及一些的行銷仲介機構作一個完整的連接,而供應商—公司本身—行銷仲介機構—顧客的組合,就是行銷系統的重心所在,而競爭者及社會大眾的變化也就直接的在影響公司行銷成果的成功與否。可知身爲行銷管理者對於個體環境的各個角色有深入了解的必要,以期能作較完善的規劃。

　　現就對公司個體環境的各個角色作一些個別探討:

一、公司本身

　　以統一企業爲例,統一企業算是國內著名的企業,公司出產的產品有牛乳、麵包、麵食、飲料等食品,這些產品就是由營業部門來負責行銷的工作。營業部門中包括各種行銷企劃人員、行銷研究人員、廣告促銷人員、銷售主管和業務人員。此部門不僅要爲原有產品作行銷計畫之外,也要爲新產品和新品牌作開發的工作。行銷部門的管理人員在企劃新的行銷計劃時要考慮到公司其他部門的立場,要能夠與各部門作協調合作,各部門包括高階層管理者、財務部門、研究發展部門、採購部門、製造部門、以及會計部門等。這些部門也就構成了行銷企劃人員須協調的企業個體內部環境。如圖 2-2:

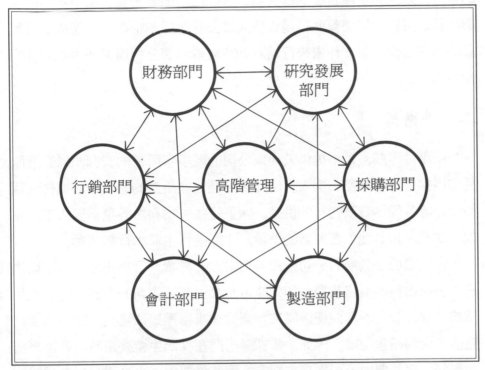

圖2-2　企業個體內部環境的團體力量

　　高階層管理者如統一企業的董事長、總經理等，他們負責公司的宗旨、目標、策略和政策。行銷經理（協理）必須在高階層管理者的授權與使命瞭解下去作決策，有些行銷企劃在執行前，還必須先經過高階層管理者的批准，才可以執行。行銷經理尚須與其他部門作密切配合。財務部門負責去籌劃取得行銷計畫所須的資金，並將此預購分配至各項的行銷活動與不同的產品上，以達到有效的資金分配。研究發展部門負責新產品的研究發展工作，並規劃最有效的生產方法，以符合大量生產的目的來降低成本等工作。採購部門負責供應生產所須的原物料，如統一企業的採購部門就要關心麵粉、糖、牛乳等所需要的生產投入量，以作好事前的供應採購；製造部門負責工廠生產人力的調度、機器設備產能

的維持，以達到生產目標的銷售量；會計部門則要去負責處理各項成本
與收益的資料，以便幫助行銷管理人員去評估行銷企劃是否達成了所預
計的利潤目標，以便作未來行銷計劃時成本利潤分析與責任中心制度的
預估修正。

二、供應商

所謂供應商，是指提供公司或公司的競爭者所需的資源，以製造產
品和提供服務的廠商和個人。例如統一麵包在製造的過程中必須得到麵
粉、糖等各種物資原物料的供應，除了這些原物料之外還需要人工、設
備、油電，和其他生產要素的供給，才能進行生產和行銷活動。

供應環境之發展對公司營運有相當大的影響。行銷經理必須密切注
意主要原物料的價格趨勢，如此才可避免主要原物料的上漲，迫使產品
價格必須跟著上漲，而使得原來預測的銷售目標無法達到，進而影響到
整個市場的銷售業績。因此，當採購部門在採購生產要素時，就需事前
規劃好，那些要由公司本身來製造，那些是要對外來採購，對外採購的
部分，就要對供應商作一個評估，然後選擇一個品質較好，價格較低廉，
有信用又能準時交貨的供應商。通常對供應商較有利的情況下是當：①
供應商能夠銷售的對象很多時，②公司生產所需原物料的替代性不高時，
③供應商本身就與其購買的公司作競爭時，④公司生產所需的原物料不
多，不能大量採購時，⑤供應商本身就足以壟斷整個市場時，⑥供應商
被競爭對手控制時。當公司面對上述對供應商有利環境壓力下，則對公
司會產生一種斷料的危機，若能夠與供應商建立起一種友好關係，對於
公司的經營環境改善也不失爲是一良策。

因此，一個公司不僅要注意到資源供給的穩定性，還要避免過度集
中採購的方式而要改採分散採購的方式，才不致使價格和供應量處處受
制於人，而影響了公司的銷售目標，降低了銷售量，如此也才可在物料

短缺時，對公司能有一保障。

三、仲介中間機構

仲介機構往往成爲大眾所口誅筆伐的對象，因爲大眾認爲仲介機構從中剝削了大眾的利益，哄抬物價造成物價的大幅上揚，尤其最顯爲人知的果菜中間商被稱爲「菜蟲」，就可知大眾對其從中牟取暴利的惡行是多麼的厭惡，因此，大眾會認爲儘量減少通路的層次，就可儘量的減少仲介機構從中的剝削。事實上，雖是如此，但大眾都忽略了其存在的功能，首先說明何謂行銷仲介機構：「協助公司促銷、銷售、或者把產品分配到最終消費者手中的各類廠商。」行銷仲介機構包括中間商、實體配送公司、行銷服務機構、財務中間機構等。由以上說明相信讀者會認爲過於籠統，以下就針對仲介機構所帶來的利益及功能作說明，相信讀者對仲介機構會有一種改觀的看法。

(一)中間商

係指幫企業尋找顧客或完成銷售的公司，分爲批發商與零售商兩種。對生產者而言，他們願意使用中間商是因下列幾個因素：

1.對於生產者而言，其財務資源是有限的，不可能無限制的來開闢銷售點，以統一連鎖店爲例，現已突破一千家但大部分仍是加盟店而非直營店。

2.對於生產者而言，其是供應多量而少樣的產品爲主，若生產者要直接將產品銷售給顧客，則生產者的銷售點將因所賣的品項不夠多樣化而有所浪費，若要達到經濟效益則勢必要賣別的廠商的產品，所以產品項目少的生產者還是透過中間商會較經濟而單純。

3.生產者即使有足夠的資本去設立很多銷售據點，但如此這樣作，其投資報酬率是否會大於在其他項目的投資報酬率，要好好的評估才行。

4.由於行銷中間商其接觸面廣泛、經驗較豐富、有其專業又能大規模經營時，此時行銷中間商給生產者的好處會優於生產者自行去設立配銷據點。

對於消費者所帶來的優點如下：

1.行銷中間商可以提供廣泛的產品組合，使得消費者能夠在一個地方就能買到其所需的產品，而不須個別向生產者買，提升了購物的效率。

2.行銷中間商的存在使得生產者的陳列銷售點大為減少，避免了各項產品均由生產者陳列銷售，而需大量陳列銷售地點的問題，也使得消費者在選購時，減少了不必要的不便。

(二)實體配送公司

係指協助製造商儲存與運送產品至目的地的公司。倉儲公司是在產品被運送到別的地方之前，提供儲存與保護產品服務的公司。運輸公司負責將產品從一個地點運往另一個地點服務的公司，一般運輸公司包括鐵路、卡車公司、航空公司、航運以及其他收取運費服務的公司。公司在考慮使用實體配送公司時，像成本、交貨期、速度、安全等都要列入考慮，因面對倉儲成本與運輸成本持續增加的現況，若無法有效控制這項成本，對於公司利潤的減少實是一隱憂。

(三)行銷服務機構

係協助公司評估目標市場和從事促銷作業服務的公司。行銷服務機構包括行銷研究公司、廣告代理商、企業管理顧問公司等。公司的行銷策略規劃由公司自行規劃的優點是較能掌握公司的優劣點，並能節省向行銷服務機構諮訊的成本，當公司若決定要採用行銷服務機構的策略時，此時就得要審慎選擇，尤其是公司與行銷服務的機構之間的溝通就相當重要，溝通得完全且清楚，行銷服務機構所作的行銷企劃案對於公司才

是真正有利，行銷服務機構在創意、品質、服務、價格彼此間都有很大
的差異，所以，公司也應適時檢討更換表現不佳的行銷服務機構。

㈣財務中間機構

　　包括銀行、信託公司、保險公司及其他提供交易資金與承擔商品交
易相關風險的公司。有很多的買賣交易都會需要用到財務中間機構來對
交易提供融資，連企業的經營人也都經常需要到財務中間機構辦理融資
的事宜，可知資金成本的高低與貸款時的額度，都有可能影響到行銷的
計劃進行與績效，因此公司與財務中間機構建立一種良好的關係也是有
其必要。

四、顧客

　　顧客是一種廣泛的名詞，包括了五種市場：①消費者市場；②工業
用戶市場；③中間商市場；④政府市場；⑤國際市場。每類顧客的數目、
購買力、需求與慾望的種類，以及購買習慣都是構成顧客行為的重要因
素，所以現代的企業公司都會對其設定的顧客作市場調查研究，以作為
行銷策略的資訊來源，身為一個行銷管理人員有了顧客的行為研究後，
就可針對其特點，來設計一些行銷組合策略包括產品的策略、價格策略、
推廣策略及配銷通路策略以爭取顧客的芳心，贏得顧客青睞。相信讀者
至此大概可了解到公司如何去爭取到顧客的一種方法，現再將各種顧客
類型來加以說明，讀者就更能抓住顧客特性去作行銷規劃，圖 2-3 表示
公司面對的各種顧客市場。

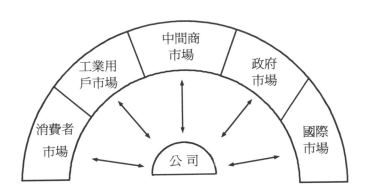

圖2-3　基本的顧客市場型態

現就對各種顧客市場作說明：

(一)消費者市場

指購買產品及服務供自己消費的個人和家計單位所構成的市場，此市場可說是構成各行各業活動最大的力量來源。

(二)工業用戶市場

指爲獲取利潤或其他目的而購買生產所需的商品及服務的公司組織所構成的市場。如各速食麵企業向麵粉工廠採購麵粉製成速食麵再銷售獲利，這些速食麵工廠即爲工業用戶市場。

(三)中間商市場

指爲轉售謀利而購買商品及服務的組織所構成的市場。如在市面上常見的超商、零售商、批發商等，都有在賣各類的產品如零食、飲料、速食麵等來獲利，而這些超商、零售商、批發商即構成了中間商市場。

(四)政府市場

指為提供公共服務或轉贈需要者而購買產品及服務的政府機構所構成的市場。如一般常見的公共工程或者政府機構所購置的衣物，食品贈送給各種福利機構即構成了政府市場。

(五)國際市場

指由國外的購買者所構成的市場，包括國外的消費市場、工業用戶市場、中間商市場及政府市場。

一個公司是常常面對以上五種市場的情況，而不是單純只面對一種市場，所以每一種消費市場都值得我們深入去探討研究其特性，以利行銷計劃的策劃。

五、競爭者

係指同行業之供應商或類似替代產品之供應商而言。當替代性的產品愈多時，則產品市場的競爭就愈趨劇烈。因競爭者與公司是站在同一立場，去向顧客推廣各種的行銷策略，以獲得顧客的認同，所以競爭者的行為會影響到公司的績效。因此，若要成功地達成任務，不僅要滿足目標市場消費者的需求外，還要考慮到同一目標市場競爭者的策略。

現就消費者的觀點，來區分各類的競爭者：①欲望的競爭者，②消費屬性有差異的競爭者，③產品型式競爭者，④品牌競爭者。

(一)欲望的競爭者

係指能滿足消費者所希望的各種欲望所構成的競爭者，如現在消費者手中有一筆錢，則他就會去想如何運用這筆錢，如出國旅遊，買一臺

車或者買房子等，而這些彼此之間就構成了欲望競爭者。

(二)消費屬性有差異的競爭者

當這個消費者決定買一臺車時，則會去考慮買一臺新車好呢或一臺二手車好呢，這就構成了消費屬性有差異的競爭者。

(三)產品型式競爭者

當消費者決定購買一臺新的車子時接著會去考慮，該買 1,300cc 的呢或 1,600cc 或 1,800cc 的車子，此時這就構成了產品型式的競爭者。

(四)品牌競爭者

當消費者已決定購買 1,600cc 的車子時，此時接著會去想，到底該買那一種牌子的較好，是福特好呢或裕隆的較好呢？這也就構成了品牌競爭者。圖 2-4 表示競爭者的四種型態。

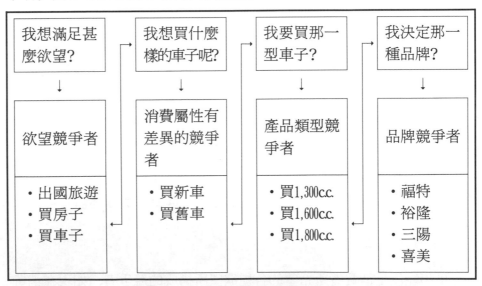

圖2-4　競爭者的四種基本型態

　　了解了各種競爭者型態後，現就說明競爭者的表現行為，其行為可反映於四大方面。第一為產品策略，如產品之機能、品質、包裝等。第二為價格策略，如一般價格水準、折扣條件等；第三為推廣策略，如人員推銷、廣告推銷、促銷活動等；第四為配銷通路策略，如通路類型、地點、數目、儲運等組成因素。身為公司的行銷管理人員要如何面對競爭者的各種行為，其最基本的方式就是創造競爭優勢，在消費者心目中強勢地定位公司所推出的產品，讓消費者認為公司為顧客所創造的價值，遠超過其所付出的成本，如此才能在行銷的策略上獲得成功機會。

六、社會大眾

　　係指對於公司的經營目標能否達成，具有確實或潛在影響力的群體。公司在盡力去達成目標時，除了和競爭者競爭外，還必須去了解不論公司喜歡或不喜歡的各種組織，如公司喜歡的組織，其對企業作捐贈對企業的利益與影響力有助益，或公司不喜歡的組織，如環保團體、消費者保護團體，對企業的利益與影響力有負面效果。由於公司的行為會影響到各種團體，也因此各種團體就成了公司所面對的社會大眾。社會大眾具有增強或削弱公司達成目標的影響力，因此要如何面對社會大眾而能好好與社會大眾相處是公司對外的一項重要工作，像現在的企業都設有公關部門，當有不利於企業的訊息時，公關部門就可出面來澄清各種傳言，以為公司建立良好的信譽。

　　公司所面對的社會大眾，可分成七種型態分述如下，如圖 2-5：

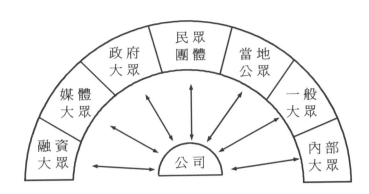

圖2-5　社會大衆的類型

(一)融資大衆

　　融資大衆會影響到公司獲取資金的能力。像銀行、證券經紀商、投資公司及股東等都是融資大衆。公司可藉由將財務報表公開或提出有利的年度計畫來爭取融資大衆的好感及信任。

(二)媒體大衆

　　媒體大衆指能夠傳播新聞、特別報導與評論的媒體機構。如報紙、雜誌、廣播電臺及電視臺等。公司可透過媒體大衆，將公司有利的訊息報導出來，讓大衆對公司有良好印象與推崇。

(三)政府大衆

　　當企業在擬定行銷計畫時，對於政府機構的決策計劃要列入行銷計劃的考量中，以使行銷計劃能因應政府機構的決策影響。如現在公平交易法的實行，企業對於廣告的眞實性及話術的用字措詞就變得要很愼重，避免有欺騙消費者的行爲。

(四)民眾團體

　　如消費者保護團體、環境保護團體等，這些團體基於保護消費者的立場，常會對企業的行銷策略有所質疑，提出批評，此時企業就要對這些團體的批評提出一些正面的回應，以維護企業的優良形象。

(五)當地公眾

　　任何公司都會接觸到當地的民眾團體組織，因此當地公眾對公司的反應均會影響到公司的行銷策略，如臺塑六輕初建之期也遭到當地民眾相當大的抗爭，也是經由長期溝通才得以動工建造，所以公司對當地公眾應保持良好關係與作好敦親睦鄰的工作。

(六)一般大眾

　　公司對於一般大眾的消費行為及一般大眾對公司形象與產品使用的觀感應要深入去作一個瞭解，儘管一般大眾不太會採取一種有組織的抗爭活動抵制。就短期而言，公司的影響應不會太大，但就企業永續經營的理念來看，若有不良的印象留在一般消費大眾的心裡，而沒有盡力去作了解和改善的話，將會影響一般大眾對公司未來產品的購買意願而使行銷效果大打折扣。

(七)內部大眾

　　公司的內部大眾包括了生產線的操作人員、技術人員、行政管理人員、各級主管、董事會等。公司的內部大眾是影響公司營運最直接的人員，所以公司對內部大眾的溝通、教育訓練以及激勵都是很重要的工作，當內部大眾對公司有好感與向心力時，這股內部大眾對公司所凝聚的向心力自然會影響公司外部大眾對公司的看法，增加外部大眾對公司的好感。

第三節　行銷之總體環境

　　討論了行銷個體環境中的公司本身、供應商、仲介機構、顧客、競爭者、社會大眾等各環境，而這些環境皆包含在我們現在所要討論的總體環境中在運作，總體環境是公司所無法掌控的，因此公司若能對總體環境密切注意，掌握總體環境的脈動，則總體環境的變化不僅不會為公司帶來威脅，反而會為公司創造一個有利的機會。在全球環境因素快速變動下，公司要注意以下六個主要的環境力量：①人口統計環境，②經濟環境，③自然環境，④科技環境，⑤政治法令環境，⑥社會文化環境。圖 2-6 說明公司與總體環境的關係：

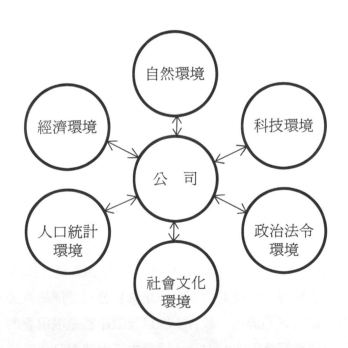

圖2-6　企業總體環境的主要變數

一、人口統計環境

人口是構成市場的主要因素，有了人形成需求，才有市場的存在。但是人口的組成、分布及各種特質會隨著時間而不斷的在變動，因此各種目標市場也就互有消長，過去較大的市場可能現正逐漸萎縮，而過去較小的市場現正在擴大，目標市場的變化，對於企業的經營影響很大，因此行銷人員對於人口統計變數的變化有深入了解的必要，以掌握市場需求的脈動。以下就人口統計之狀況和演變說明行銷上的意義：

(一)世界人口膨脹的隱憂

世界人口膨脹受舉世重視的主要理由如下：①地球資源有限，若要維持一定的生活水準屆時將會有困難，②人口成長較快的地區大部分是貧窮的地區，易造成貧窮的惡性循環。此種人口的成長並不意味著企業的市場擴大，因其購買力並沒有跟著成長反而有惡化情況，且人口成長壓力增大，易造成資源不足反而增加企業的成本，若又處在購買力不足時，對企業將是一種打擊。

(二)人口年齡結構的改變帶動了另一個新需求市場

以臺灣地區為例來說明，臺灣從民國五十年人口為一千一百一十四萬九千多的人口總數至民國七十九年增至為二千三十五萬九千多的總人口數，雖人口數是逐漸的增加，但其人口的增加率卻是逐年的在遞減，這也代表著臺灣人口年齡結構在逐年的改變中。臺灣地區人口出生率減少的原因應包括如下：①新一代年輕人嚮往單身貴族生活，使得結婚年齡延後，②節育知識的普及和技術的進步使得家庭能保有其所希望的子女數，③生活水準的提高，生活壓力增大，不想因有太多子女增加生活負擔，④婦女外出工作增多，以增加家庭收入改善家庭生活。人口總數

的增加與出生率的降低意味著生活必需品的消費將增多，表對生活必需品的廠商其市場將擴大，相反的出生率的逐年降低，也就意味著對嬰兒用品的廠商其市場將減少，廠商應設法去開闢另一個新的市場，作為市場萎縮未雨綢繆的因應。

(三)家計單位變動帶來的影響

消費單位除了是以人口來計之外，很多的耐久性消費品之消費單位是以家庭為單位，如房子、電冰箱、洗衣機等產品。臺灣的家庭消費趨勢是家庭戶數增多，但家庭人口數是遞減。以民國四十五年為例，家庭總戶數一百六十五萬零七百九十三戶，平均每戶五點六七人，至民國八十三年有五百四十九萬五千八百八十八戶，平均每戶有三點八二人，就行銷意義來說表示小家庭人口數增多，意味著未來的產品要針對每戶人口數的減少作一些調整，以迎合家庭的需求。

(四)人口地理的遷移

鄉村人口大量流向都市，向都市集中的情形，不管是在那一個國家都相當嚴重，以大陸為例由鄉村流向都市的盲流，因都市的工作機會仍有限，流向都市的鄉村人口也因此不一定都會有工作，使得大量的無業外來人口閒置在都市中，造成了都市的一個治安死角和社會問題。臺灣也有鄉村移往都市的趨勢，大都由南部、中部、東部等三區域遷移至北部區域集中，會遷往北部區域的原因是由於北部區域所得較高、就業的機會較多、公共設施完備等。但臺灣並無像大陸盲流那樣整批的外來人口，無所事事的聚集在市區等著在找工作的景況。而人口向大都市集中的趨勢，擴大了都市的範圍，形成更大的都會區，自然帶動更大的消費市場，對於公司企業也就帶來更多的機會。

(五)教育程度的提高

教育程度的普遍提高，臺灣地區人口的知識水準都普遍提升，此表示教育程度愈高的人愈多，對於較高級產品的需求將會增加，如圖書、期刊雜誌、旅遊休閒活動等，同樣的教育程度較高的消費者對產品的品質、產品的保證、售後服務等也將會要求較高，所以企業本身在品質、保證、售後服務這些方面也要跟著消費者的知識水準提升，才能符合消費者的需求標準。

二、經濟環境

市場的構成不僅需要消費者，更重要的是消費者要具備足夠的購買力。而消費者購買力的高低就與經濟環境有著密切的關係。景氣好時，所得提高，消費需求提高，百業俱興。相反地，景氣不好，失業率提高時，人人自危，自然影響消費者購買意願，使得百業俱廢。可知，經濟環境與消費者購買力有著很密切的關係，所以，行銷管理人員要很了解經濟環境的變化。才能對市場需求作較正確預估。以下就針對幾個經濟環境因素作說明：

(一)經濟制度

要了解一個國家或一個地區的市場制度與環境，必須先對該地區的經濟制度加以認識，因為市場制度乃為整個經濟制度的一部分。在自由化的經濟體制下，各企業之間的競爭十分強烈，各企業雖然以追求最高利潤為主要目標，但事實上，亦不能忽視消費者或購買者的需要。因此，同一類型產品在市場上，會有很多的競爭者，而消費者在作購買決定時，可在同類競爭品中作一個自己認為合理的選擇。可知在消費者有較大選擇的經濟制度下，商場如戰場，各企業之間的競爭會日漸加重。因此，

企業就非得去作一些消費者特性或偏好的市場調查來作爲行銷計劃的參
考基礎，以爭取消費者的芳心。

(二)經濟發展階段

　　企業作市場營銷活動時必須對目標市場的經濟發展階段有所認識。
因經濟發展階段的高低會影響到市場制度的發展階段，而產生不同的市
場需求。像經濟發展階段高的市場其分銷制度偏重於大規模的自助性零
售業，如超級市場、購物中心等，而經濟發展階段低的市場則著重在家
庭式或小規模經營的零售業。再以消費品市場爲例，經濟發展階段高的
國家，在市場推銷方面，強調產品款式、特性，大量廣告及銷售推廣活
動，品質競爭多過價格競爭，而在經濟發展階段低的國家則重在產品的
功能及實用性，推廣則著重在顧客的口頭傳播介紹，價格因素重於產品
品質；在工業產品方面，經濟發展階段高的國家則著重投資在節省勞力
的生產設備上，而其教育水準與生產技術也會較高，而經濟發展階段較
低的國家則著重在勞力密集的產業上，以節省資金成本。回顧臺灣的經
濟發展階段就是一個很好的例子，由早期的勞力密集產業進步到現在的
資本密集產業，而勞力密集的產業現則紛紛移往東南亞或大陸等經濟發
展較低的國家。

(三)所得與人口的改變

　　當國民所得越高的國家，若其人口不多，則每人所得或購買力水準
必然高，對商品及勞務之消費能力亦高。反之，一國之國民所得若低，
同時人口很多，則每人所得水準必低，此時就想買好的商品勞務也不容
易，因無購買力的關係。可知就算有慾望或需要，若無消費能力，也不
能構成有效的需求。
　　一個國家的經濟發展速度若低於人口成長率時，則常被看壞，因爲

人口增加會抵銷經濟成長的成果，使均富目標無法快速達成，所以世界各國政府皆在控制人口成長率。

㈣消費支出型態的改變

1857 年的德國統計學家恩格爾比較每一家庭收支預算後，發現當家庭收入增加後，各類支出數額亦隨之增加，但花在食物方面的百分比則下降，家具房屋方面支出之百分比維持不變，但其他類的支出如衣服、交通、娛樂、健身、教育、與儲蓄則相對地上升。而恩格爾法則在往後有關家計預算之研究也獲得了證實。所以，當經濟變數如所得、利息和借貸型態在改變時，對所得較敏感的企業要有較好的經濟預測系統，才不會在經濟活動在走下坡時而不自知遭到淘汰的命運。而在經濟活動繁榮時產生供應不足的情況，最好的情況是可藉經濟預測系統利用經濟環境變化的機會，來獲取更大的利益。

三、自然環境

指行銷者所需的或被行銷活動所影響的天然資源。近年來，人們愈來愈關心現代的工業活動對自然資源的過度使用及對自然環境所造成的破壞。因為地球的資源是有限的，若無法重複循環使用時，則地球的資源將一天一天的消耗殆盡。現在除了面對資源會耗盡的問題外，工業活動也使得水源、空氣、地面遭受嚴重環境污染，這也就促使環保團體出來要求立法，以管制工業活動對自然環境所帶來的威脅。對自然環境的關切是未來的一種趨勢，因此保護自然環境是企業與社會大眾未來避免不掉的重要課題，身為行銷人員要注意以下各種自然環境的趨勢。

㈠原料的短缺

自然環境所提供的許多資源，在長期的使用下，常會發生嚴重短缺

的問題。而某些自然資源的耗盡也就直接影響到一些企業的發展。如土壤是農業最主要的資源,而如今土壤的流失及養分的被耗盡,使得土地的生產力大減;加上都市範圍的擴張將農地逐漸吞食,很容易產生糧食供應不足的問題。因此為了增加食物的供應,近年來在各種蔬菓的種植技術及在畜牧、水產的養殖技術上尋求改進,以找出能符合供應充足食物的方式。又如不可重覆循環使用的石油、煤及其他礦產資源,使用這些稀有礦產生產的公司雖目前無嚴重短缺問題,一旦面對此問題時,則企業的成本將急劇增加,故企業必須積極去尋求新的替代品或者開發有價值的新資源才可為公司找到另一個有利機會。如世界上主要的工業國家依賴石油甚重,面對石油價格日益提高,許多廠商便積極利用太陽能、核子能、風力等資源,由於其他能源的開發,也促使石油價格下降,不僅改善了用油產業日益提高的成本問題也改善了消費者的所得。

(二)環境污染日益嚴重

現代某些工業的發展無可避免的會損害到自然環境的品質,如化學藥品及核子廢棄物的處理、海洋溫度的上升、土壤或食物中大量的化學污染物,以及一些無法自然分解的瓶罐、塑膠及包裝材料等。由於世界各國環保意識的抬頭,各國政府也逐漸介入環境保護的管理,企業為配合管理規定,就必須購買防止污染的控制設備,因此也為控制污染的設備開發出一個大市場,也為生產不破壞自然環境產品的公司創造一個行銷機會,如國際牌正極力推廣的第一臺符合環保標準的電冰箱。目前受到重視的全球環保問題主要包括:①溫室效應;②酸雨;③有害廢棄物越境移動;④野生生物減少;⑤熱帶林濫伐;⑥海洋污染;⑦土壤沙漠化;⑧開發中國家的公害問題等。

(三)政府對自然資源管理之強烈干預

對於保護自然環境，政府扮演一個相當重要的角色，如此才能為國家創造一個清潔的社會環境。就我國而言，政府對於污染問題是相當的重視，如行政院環保署積極執行的「臺灣地區環境空氣品質標準」、「空氣污染防制法」、「水污染防制法」、「廢棄物清理法」等，可知在未來，政府與環保團體對企業的管制要求會愈來愈多，行銷者應特別注意自然環境的變動，不但不應反抗各種管制，反而應對國家所面臨的各種原料及能源問題，提出有效解決方法。

四、科技環境

對於一個行銷管理人員，科技環境是十分的重要，因為科技環境不單影響企業的內在環境，而且同時與其他環境因素有互相依賴的關係，科技的發展會直接影響經濟環境和社會環境。但對於法律環境和自然環境的影響就較緩慢。科技常會對於市場的消費者、競爭者帶來一種衝擊，進而影響行銷管理人員的決策，這意味著科技進步的衝擊會帶給企業隱憂或者是行銷的機會，如彩色電視機的普遍化就備受消費者的喜愛。科技的發展就好像一列火車頭，帶動著其他很大的變動。科技的力量雖然大，但它產生的副作用和危機也隨之升高，所以有人對於空氣污染、環境問題的產生都歸罪於科技。

科技的發展改變了企業所面對的經濟及社會環境。如自動化的設備提高了企業的生產率、減少勞動時間、增加了消費者的休閒和生活水準。科技的發展既能帶給企業這麼多的好處，因此，要利用科技於企業的有關決策時，企業的行銷人員就應花時間去了解企業所面對的科技環境，以能看準潛在市場及避免科技對企業造成威脅。以下是幾項行銷者應注意的科技環境趨勢：

(一)科技改變的步調加快

今日我們視爲當然的技術產品，在過去可能不存在，如汽車、飛機等，對於過去的人只是一種神話。若公司無法跟上科技進步的腳步，將會發現自己的產品已經落伍了而錯失新產品和新市場的機會，因此公司的技術可以在產品市場策略上居領導地位則可爲公司帶來機會；反之，競爭者技術的突破將致公司於失敗的邊緣。

(二)產品壽命的縮短

每天都有新的科技發明，這使得我們現有的產品與製程有革命性的改變，也因此加速舊有產品的壽命縮短。在過去我們有一種祖傳秘方的說法，意指產品愈老愈好，這在現代的社會裏是不可行的，因爲競爭者會不斷的研究創新，以更好的產品組合來打倒公司的舊有產品，甚至顧客也會對舊有產品產生厭倦，因此一個企業若要靠一種祖傳產品生存那是很危險的，因爲在顧客的觀感裏，產品是越新越好，所以企業不斷的研究創新是非常重要的。

(三)研究發展費用的大增

在研究發展費用支出最多的國家是美國，但大部分是投注在國防科技上。就我國而言，政府編列的科技費用也逐年提高中，而對於企業的研究發展費用，更以所得稅法上優惠方式來鼓勵企業作研究發展。可知研究發展的重要性，儘管在費用持續升高的情況下，政府與民間都仍在積極的從事。但在研究發展中有一個問題要注意，研究發展人員通常對於過度的成本控制較不喜歡，且容易陷入科學問題的研究而忽略了產品行銷問題，所以在研究發展的團體裏應要有行銷人員的參與，以能使研究人員注意到產品的行銷問題。

(四)科技變動的法規增多

隨著產品的日趨複雜，社會大眾對於產品安全性的保證也就愈迫切需要，因社會大眾在無知的情況下，常常會相信產品的功能而忽略了產品的副作用或危險性，因而使得消費者無辜受傷，所以政府有必要擴大其權力，透過立法嚴格檢查和禁止可能造成危害的產品流入市面傷及無辜。所以行銷人員在提議與開發新產品時要了解相關的管制法令與留意可能產生的危害，以避免消費者產生的反感。

五、政治、法令環境

意指包含了法規、政府機構以及輿論壓力團體及社會上各種有組織的團體及個人。而這些組織機構、團體與個人對於行銷決策具有限制與影響力。所以行銷者需深入了解與熟知。以下就來討論一些主要的政治法律環境趨勢及對行銷管理的啓示。

(一)管制企業行銷的法令增多

大部分的人都需要消費各種物品，所以我們每一個人都是消費者。由於現代科技的日益進步，精密而複雜的機器愈來愈多，因此對於消費者而言，接觸到危險性的產品機會也與日俱增。加上現在通路的增多，消費者與生產者的接觸因爲中間商的增多，使得消費者與生產者關係愈來愈不密切；此時若消費者因科技的進步，缺乏專業的技術和知識來辨認商品好壞或瑕疵，而在無形中受到傷害時，若無適當的立法則很難保護消費者權益。因消費者採取法律途徑賠償時，往往由於起訴的時間過長，起訴的費用較賠償費用大，使得消費者很容易取消告訴，若由個別消費者抵制拒買又無法達到抵制目的，所以消費者若無立法保護，平衡買賣雙方的均勢，則常常處於劣勢的地位。再由生產者角度來看，若無

立法保護生產者，則大型的企業就可用低價的傾銷方式讓同業的小型企業無招架之力，直到關閉為止，進而由大型企業獨占整個市場。如此不僅不能維持企業間自由公平的競爭，對於消費者而言，在獨占的市場裏也不容易有物美價廉的商品，反而是消費者只能被迫選擇獨占廠商的產品，所以立法可保障小型企業的競爭力與增加消費者的選擇。由以上可知立法的目的如下：

第一個目的是維持企業間的公平競爭,雖然各企業都主張自由競爭,當面臨不公平競爭時,卻又想要化解此競爭,為避免企業的不公平競爭,我國制定了公平交易法來界定及防止不公平競爭行為。

第二個目的是保護消費者免於吃虧上當，企業製造者可於產品中加劣質的原料或者用不實的廣告或包裝來欺騙消費者，因此政府有必要立法禁止各種足以欺騙或對消費者不公平的行為,如公平交易法第 21 條明訂:「事業不得在商品或其廣告上，或以其他使公眾得知之方法，對於商品之價格、數量、品質、內容、製造方法、製造日期、有效期限、使用方法、用途、原產地、製造者、製造地、加工者、加工等，為虛偽不實或引人錯誤之表示或表徵。事業對於載有前項虛偽不實或引人錯誤表示之商品，不得販賣、運送、輸出或輸入。前二項規定，於事業之服務準用之。廣告代理業在明知或可得知情況下，仍製作或設計有引人錯誤之廣告，應與廣告主負連帶損害賠償責任。廣告媒體業在明知或可得知其所傳播或刊載之廣告有引人錯誤之虞，仍予傳播或刊載，亦應與廣告主負連帶賠償責任。」

第三個目的是保護社會大眾的利益，以免受到企業活動的侵犯，企業的行為與產業活動並不一定能提升國民的生活品質，因有些企業會在不顧社會成本的情況下，為降低產品價格而破壞了我們的生活環境，因此政府有必要立法，以免生活環境繼續惡化。

(二)政府機構執行法律更爲積極與大眾利益團體的抬頭

近年來許多政府機構正以更積極的態度去執行各項法律，以達到保護消費者和社會大眾及維護公正競爭的目的，如現由王志剛教授主掌的公平交易委員會，對於國內企業如有獨占、寡占及聯合壟斷的行爲時均會予以規範或處罰。而大眾利益團體在近年來也是日益茁壯增強力量，其中最著名的是「中華民國消費者文教基金會」，該團體的宗旨就是保護消費者的權益。消費者文教基金會首創消費者運動，並發展成爲主要的社會力量，且獲得社會大眾支持與協助消費者瞭解自身權益，並提出有關保護消費者的法案與敦促政府立法。消費者利益團體會有很多，對於企業行銷人員，環境保護團體應是他們最近要更爲關心的團體。

六、社會文化環境

社會文化環境會影響人們的生活和行爲的方式。這類的變數對顧客的購買行爲會產生直接的影響，故很重要，所以身爲行銷管理人員在制定市場經營策略時，要很注意產品及行銷重點能否符合當地的社會文化環境。常常行銷人員會不予剖析，只是因爲自己既然身處在這社會中，僅憑日常接觸，就自認爲對當地社會文化有相當的了解，像這樣的情況是很危險的。因爲這種的了解往往不能對現狀有很正確的解釋，也不能完全掌握社會全貌，因爲這樣的了解，僅限於管理人員個人的生活圈子所能接觸的範圍。更不能洞察到社會文化的走向，因爲他不能有系統地去觀察到整個社會文化的各個主要因素有什麼樣的變化。以下將針對幾個主題來作探討。

(一)消費者消費傾向的改變

消費者的消費傾向可能與消費者的嗜好、風俗習慣、家庭傳統、宗

教信仰、生活方式、語言等社會文化因素有關，如中國人吃米飯喝茶；美國人吃麵包，喝咖啡等。這些均為社會文化的產品，這也就說明了麵包、米飯、咖啡、茶等市場存在的原因。可是一旦有新的社會文化形成時，通常會改變消費者的消費傾向，也因此將會改變整個市場型態。如近年來職業婦女的增多，婦女可支配所得增加，使得消費方式有些改變。因職業婦女作飯時間減少，對於現成食品的需求量增加，如冷凍食品或罐頭類食品。其次是對小孩照顧的時間減少，對於托兒所、幼稚園的需求增加。另一方面因職業婦女的增加，對於化粧品、高級服飾等等產品的需求也跟著增加。由以上這個例子可知社會文化的變化隨時影響著消費者的消費傾向，也因此產生了各種不同市場需求，所以身為一機警的行銷管理人員要隨時注意社會文化的轉變，以便能及時調整而能有效地供應市場的需求。

(二)企業倫理道德

倫理係人類行為的道德標準，幾乎存在於人類所有一舉一動。每一個人的道德標準不盡相同，於是對同一事物之看法與作法亦不同。同樣的企業家之企業決策及行為，也是依照其道德標準而有不同的作法。近年來我國經濟犯罪的事件層出不窮，許多企業在從事商業活動時，常採各種賄賂、欺詐、恐嚇等不道德的方式，來取得不法的利益，這種趨勢對行銷活動將會造成不良的嚴重影響，所以若能建立一套合乎現代化的工商業社會的道德標準是有其必要。而行銷人員必須根據各地文化中的道德標準來調整其行銷策略。如有些企業的採購人員會對行銷者索取佣金，這種行為有些企業是不容許的，但實際上就有這種情事存在；當行銷人員在被要求支付佣金之後常常會去忽略產品品質，這樣對買賣雙方及消費者都是很不利的，可是又很難去除此惡習。

(三)各種社會態度

　　社會各階層的態度可透過輿論、選舉、民間運動、消費者之意見、工人之行動、企業經營者之作風、企業所有者之見解，而直接、間接影響企業行為。這些社會態度不但反應出市場的消費傾向及企業倫理，更可影響企業對市場的供給行為。各階層社會態度並非是固定不變，而是因時、因地、因事在變。因此，每一企業家應明察其變化而作必要的策略上修正，否則很容易遭受政府的干預。如一般消費者對生活品質的要求提高，對空氣污染、河川污染已開始關切，為了顧及社會公益，企業應購置防污設備，若企業無心改變則很容易遭受到環保團體的抗爭或政府的取締，如此便會影響到整個企業的正常運作，反而得不償失。

第四節　如何管理未來的行銷環境

　　行銷環境是不停的在演變，也因此新的機會與威脅不斷的在出現。環境的改變有時緩慢是可以預測的，有時則是快速而出乎意料的，沒有那一位專家可以預料到世界明日會如何的變化，所以一個企業是否能夠在競爭激烈的市場上成功，最主要關鍵是能不能有效的適應環境。所以一個企業要如何去管理未來的行銷環境，最好的方法是建立一套偵察環境系統，能有效的追蹤和傳達行銷環境的變化，來作為其行銷策略的主要依據。

　　偵察環境系統是指可監視、評估外界環境，並將外界環境得來的情報提供給企業內的關鍵主管，主管可由情報得來的訊息強弱來防止意外事件，以確保企業的長期安全性，也可藉由訊息強弱去勾勒未來的發展趨勢，找出企業的機會與威脅。可知現代卓越的企業要能夠持續不斷地重生，應將資訊視為獲得競爭優勢的主要工具。

摘　要

公司的行銷環境包括個體環境與總體環境：

一、 個體環境

包括公司本身、供應商、仲介機構、顧客、競爭者以及社會大眾。

1.公司本身的內部環境高階管理、行銷部門、製造部門、採購部門、會計部門、財務部門、研究發展部門等之內部協調環境來影響行銷力量。

2.供應商：公司必須針對產品與原物料是自己製造或採購而來做一適當的決策並考慮價格與資源的穩度性。在採購方面必須做好集中或分散採購的決策。

3.行銷仲介機構：包括中間商、實體配送公司、行銷服務機構、財務中間機構。公司必須針對仲介機構的佔比、利潤分析、通路控制力、經濟力做一適當分析。

4.顧客：公司的顧客包括消費者市場、工業用戶市場、中間商市場、政府市場、國際市場。

5.競爭者：相關的考慮因素分類有欲望的競爭者，消費屬性有差異的競爭者，產品型式競爭者，品牌競爭者。

6.社會大眾的類型有融資大眾、媒體大眾、政府大眾、民間團體、當地公眾、一般大眾、內部大眾。

二、 總體環境

包括人口統計環境、經濟環境、自然環境、科技環境、政治法令環境、社會文化環境。

1.人口統計環境主要考慮因素有世界人口膨脹的隱憂、人口年齡結

構的改變、家計單位變動、人口地理遷移、教育程度提高。

2.經濟環境考慮的因素包括經濟制度、經濟發展階段所得與人口改變、消費支出型態改變。

3.自然環境。自然資源合理使用的觀念、環境污染控制、保護地球之水源、空氣、地面乾淨等。全世界環保問題有 ①溫室效應 ②酸雨 ③有害廢棄物越境移動 ④野生生物減少 ⑤熱帶林濫伐 ⑥海洋污染 ⑦土壤沙漠化 ⑧開發中國家的公害問題。

4.科技環境相關的考慮因素有科技改變的步調加快，產品壽命的縮短、研究發展費用大增、科技變動法規增多。

5.政治法令環境包括管制企業行銷法令增多，政府機構執行法律更爲積極與大衆利益團體抬頭。

6.社會文化環境包括消費者消費傾向改變、企業倫理道德標準、各類型的社會態度。

管理未來的行銷環境最好的方法是建立一個偵察環境系統，藉由系統發出的訊息來爲企業找出策略成敗因素及機會與威脅。

個案研討：A公司企劃1989年經營計劃

一、環境分析

(一)臺灣 *1988 年之經濟狀況*

　　1.總體經營環境背景

　　　(1)在政治方面：政府領導結構的轉變，戒嚴的解除。

　　　(2)在經濟方面：外匯解除管制，臺幣對美元持續升值。

　　　(3)在社會方面：環保運動、勞工運動、消費者保護運動的蓬勃發
　　　　 展。

　　2.經濟狀況

　　　(1)上半年：經濟成長率 6.6%、消費者物價上漲 0.66%、對美匯率
　　　　 爲 1:28.6、銀行利率爲 5%～5.6%。

　　　(2)影響下半年經濟狀況之因素

　　　　・大宗物資價格上漲

　　　　・軍、公、敎人員薪資調薪

　　　　・民間勞工缺乏

　　　　・工資上漲壓力增加

　　　(3)下半年：預計經濟成長率 6.8%、消費者物價上漲 3%、對美匯
　　　　 率爲 1:28。

　　　(4)全年平均國民生產毛額（GNP）將可達到 6,100 美元。

(二)臺灣 *1989 年之經濟狀況*

　　1.總體經營環境背景

　　　(1)在物價方面不致造成大幅上漲：①雖照目前貨幣供給量較前幾
　　　　 年增出許多，但各自所得也增加不少（尤其在資產總價增高許

多）故不太會造成物價大幅上漲。②過去 2 年來臺幣升值及關
稅降低之後商品的成本並未反映出來，尤其不動產等非貿易財
價格過去上漲太劇烈，未來再大漲的可能性甚微。

(2)國際物價持續看跌。

(3)由於美國貿差改善，及遇到美國總統的大選年，美元可能在國
際間小幅升值，使臺幣對日圓、馬克、港幣等再升值。

(4)由於勞動成本的大幅上升，使製造業工資將會上漲。

(5)勞工運動、環保運動對工業與投資意願將持續產生衝擊。

2.經濟狀況

根據行政院主計處的預測 1989 全年的經濟成長率為 7.24%，前二
季分別為 7.34% 與 7.61% 而 GNP 前二季依次為 1,600 美元，與
1,620 美元，零售物價上漲率前二季分別為 3.27% 與 3.59%，匯率
趨於安定。綜合上述之分析，再參照經建會所編之領先指標，最
近四個月均是上升型態（一般而言，領先指標可反映未來三個月
的經濟動向），可判斷臺灣明年的總體經濟情勢為「審慎樂觀」，
並且由於匯率安定，資金外流與利率回升、金融投資風氣會逐漸
平靜下來。

㈢臺灣 1988 年之畜牧狀況

1.總體經營環境

(1) 1987 年蘇俄核電廠車諾比事件，大幅提升本省當時之豬價。

(2) 1988 年 3 月對日輸出之豬肉，因有磺胺劑殘留之問題，影響到
國內豬價之行情，間接影響到飼料業的經營。

(3) 1988 年 5 月美國中、西部乾旱現象，影響到國際穀物行情的變
動進而影響到國內飼料穀物原料價格的漲落。

(4) 1988 年 6 月美國火雞肉開放進口影響到國內雞價的行情,使得
養雞業縮減飼養規模，進而殃及飼料廠之經營。

(5) 1988 年 7 月大宗物資開放進口，同時取消玉米、黃豆兩個平準基金，使得國內飼料廠爲因應自由化所帶來的經營危機，紛紛朝向飼料產品垂直整合的產銷模式發展，以降低生產成本。

(6) 1988 年 8 月雞販胡淑惠發生鉅額倒帳風波，中南部百餘家雞場受到嚴重的打擊，大量緊縮養雞的飼養規模。

2. 毛豬供需分佈

根據行政院農委會對臺灣地區養豬戶之調查到 77 年 7 月底養豬戶共計 59,405 戶，而養豬頭數爲 7,139,040 頭，由於：①國內豬肉外銷自 5 月份起逐漸恢復正常，促使豬價急速上漲，農民養豬意願甚高。②種母豬較 77 年 3 月底增加 3 萬 3 千頭（增加 4.38％）。③飼養規模超過 1,000 頭以上客戶較 77 年 3 月底增加 14.26％。故 1988 年毛豬供需量推估如下：

單位：萬頭

季　　　　　別	可供給量	估計內銷需求量	估計可供外銷量
77 年第一季	285	215	70
77 年第二季	263	200	63
小　　　　　計	548	415	133
77 年第三季	275	205	70
77 年第四季	287	210	77
小　　　　　計	562	415	147
77 年全年合計	1,110	830	280

從上述之分析 1988 年下半年毛豬供給量將較上半年度增加 2.1％，頭數增加 14 萬頭，預期下半年毛豬市場的情形爲：

(1)預期豬源增加，對毛豬產銷將構成壓力。

(2)由於國內需要並無顯著性的變動，尚須積極拓展外銷，方可穩定國內豬價。

⑶養豬戶在目前豬價水準大部份有擴大飼養規模之意願。

3.雞、鴨供需分佈

根據行政院所提供之資料：

⑴77年上半年：

　　•雞之供給量為：白肉雞 34,996,000 隻，佔 45%。

　　　　　　　　　仿土雞 31,108,000 隻，佔 40%。

　　　　　　　　　土　雞 11,660,000 隻，佔 15%。

　　•鴨之供給量為：蛋　鴨 1,170,000 隻，佔 6%。

　　　　　　　　　肉　鴨 17,800,000 隻，佔 94%。

⑵77年下半年由於：

　　•速食業的增加，與微波爐上市的影響對白肉雞需求將會持續
　　　成長。

　　•仿土雞由於飼養效率不佳，價格偏低，臺灣家庭消費習慣的
　　　影響將會有萎縮的現象。

　　•土雞由於與仿土雞有替代的關係，需求將會增加。

　　•鴨市場需求變動不明顯，故供需情形與上半年度差不多。

⑶預計77年下半年雞、鴨之供給情形：

　　•雞之供給量：白肉雞 36,000,000 隻，仿土雞 30,000,000 隻，
　　　土雞 12,000,000 隻。

　　•鴨之供給量：蛋鴨 1,200,000 隻，肉鴨 18,000,000 隻。

㈣臺灣 1989 年之畜牧狀況

1.對飼養客戶而言將隨著政府對農業政策的協助，農業產銷結構的
　干預與飼養客戶本身水準的提昇展現較樂觀的一面：

　⑴農業政策的協助：行政院農委會為照顧農民所倡導的協助政策
　　包括：①農業貿易自由化，②農業經營企業化，③農業管理科
　　學化，④農業結構合理化。

(2)農業產銷結構的干預：

- 行政院衛生署所倡導飼料添加物使用準則。
- 行政院衛生署所倡導優良冷凍食品標誌。
- 行政院農委會所倡導的農產品進口預警制度的實施。
- 建立健全產銷體系，如臺灣省養豬合作社的成立，與北、中、南肉雞運銷合作社的成立與協助成立電宰廠與冷凍庫。
- 協助中華民國養豬協會訂定長期供銷合約。

(3)飼養客戶本身水準的提昇：

- 資訊情報的獲取與交流。
- 飼養管理技術的提昇。
- 經營能力的提昇。

2. 對飼料廠而言，將隨著競爭廠牌的逐漸增加，客戶飼養管理水準的提昇，與大宗物資開放進口後，原料價格的波動，經營將愈加困難：

(1)競爭廠牌的增加使得廠商競爭壓力逐漸增加。

(2)客戶飼養管理水準的提昇，使得對產品的價格、品質、服務水準的要求較以前提高許多。

(3)1988 年 7 月 1 日大宗物資開放進口，由原料價格波動所產生的經營風險，將淘汰部份的邊際廠商，促使部份廠商採取垂直整合策略，以降低生產成本。

(五) 肉品加工環境分析：

1. 隨著消費者生活水準的提高與對安全、衛生的重視，將有助於冷凍優良肉品及冷凍調理食品的推廣與生產。

2. 隨著消費者生活型態的改變與國內職業婦女比率之提高，與西式速食業之帶動，再加上電器、微波爐需求的成長，西式肉製品市場需求潛力有逐年上昇的趨勢。

3.從政府對設置電宰廠的重視（例如撥款在北、中、南地區協助養
　雞協會成立肉雞運銷合作社，並興建電宰廠，未來肉品的處理將
　以電宰取代手宰。

二、經營策略

〈壹〉飼料業

　1.提昇高級幕僚人員專業水準的能力與加強對各事業處問題的瞭
　　解，與落實 follow-up 的行動。

　2.飼料業採密集成長策略之市場開發、市場滲透、品質改良策略。

　3.藉行銷企劃人員之市場研究報告並與事業處溝通、協調提出提昇
　　業績的策略方向與問題障礙的澄清、落實。做一件對的事比做對
　　一件事來得重要。

　4.從市場需求潛力、產品邊際貢獻、新延伸產品是否與舊產品在內
　　容、功效上是否有顯著性差異，來考慮產品組合與深度、寬度問
　　題。

　5.對於折讓問題、貨款等問題採漸進式、階段式管制策略，例如首
　　先檢討折讓每噸超過 500 元以上之客戶。

　6.行銷拉力策略
　　①提高雞料後期料的品質邊際效果。
　　②產品線的重整。
　　③提高公司之企業形象。

　7.行銷推力策略
　　①針對不同類型之代表，提供不同之教育訓練。
　　②增強業務主管定量分析能力。
　　③標的客戶、領導客戶、爭取指標之建立。
　　④業績目標與績效獎金發放標準，重新檢討分析。

⑤業務管理制度的檢討分析。

⑥行銷研究系統的建立。

8. 實施利潤中心管理制度：透過分權化管理控制制度、激勵各事業處做到全員經營的理想境界，並以成本利潤、投資報酬率等做爲衡量之基礎。

9. 對於經營制度，在考慮事業處的實際需要，應考慮增補或刪除，提高其邊際效果。

10. 從落實品管圈活動，加強統計品質管制(柏拉圖分析，變異數分析)，達到降低生產成本，產品品質提高，縮短交貨時間，提高顧客使用滿意水準之品質管制的目的,與藉品質管制系統的建立（投入管制、製程管制、產出管制)達到全面品管與人人品管之終極目的。

11. 從對 18 個銷售區域（尤以銷售百分比低於公司平均百分比區域例如 212，213，221，223，224，312，313，314，323) 進行產品結構、顧客結構、銷售範圍、區域規劃情形，進行檢討分析，提高 A 公司在飼料市場之占有率。

12. 爲因應公司多角化成長策略,須落實人力資源發展策略(HRD)，達到職位豐富化與擴大化的目的。包括：現有人力盤點，職務敍述表的撰寫，職務人數表需求統計，未來 5 年人力需求規劃，人員培養訓練，人事薪資電腦化。

〈貳〉肉品加工

1. 元月上市新產品進入市場之策略，在生鮮雞肉應以品牌形象（A 公司）所累積之品牌保證效果 (brand-endorsement) 視爲進入市場之策略；而在中式香腸與丸類應以差異化競爭策略，與生鮮雞肉共同配銷通路策略進入市場。

2. 儘早取得優良肉品標誌審查資格，做爲行銷拉力、推力策略之基

礎，加強差異化行銷效果，並做爲往後電宰競爭廠，進入生鮮雞肉，與肉品加工市場之進入障礙（entry barriers）。

3. 爲降低與 OM 合作之風險與不確定性，並儘早決定行銷組合策略（產品、價格、通路、促銷、實體設備、定位等），與 OM 之接觸態度，應以主動替代被動。

4. 爲落實試銷工作，對於潛在購買者之地區試銷，與口味試銷應落實樣本選取標準，加以評估、分析，做爲往後銷售策略來源基礎。

5. 基於產品上市時間，與人員數量問題，並達到高品質、高價位市場區隔目的，早期進入市場應先把握重點銷售區域（臺北、臺中、高雄），並以直營爲主，經銷爲輔，達到簡單、利基導向之競爭策略，在穩定中求成長。

6. 爲達到垂直整合，與一貫化經營目的，對於契約養雞未達到利潤目的之主要因素：工資給付標準、加藥價格、與飼養規模，每季檢討一次，達到降低生產成本之目的。

三、行動計劃

〈壹〉飼料事業

一、行銷

㈠從分析各區域產品結構、成長變化、目標達成變異，重新檢討各區域行銷組合策略，落實區域行銷管理（area-marketing）。

1. 協調人員：由總經理室專人甲協調各事業處業務部與產銷計劃考核室、出貨組實施。

2. 期初檢討日期：1989 年 1 月 31 日。

㈡藉加強業務代表敎育訓練提昇業務代表之素質與士氣：從新、舊代表不同之需要，編擬不同之敎育訓練課程。

1. 內容：區分：(1)如何提高工作意願（目標達成之企圖心，對公

司政策的配合，工作責任感，工作努力程度)。(2)如何提高工作能力（新客戶開發能力，與客戶之交情，產品專業知識，區域規劃能力)。(3)按各區域不同重點、方向實施（case study)。

2. 由總經理指導，總經理室專人甲負責協調訓練事宜。

3. 預計實施日期：1989 年 2 月中旬。

㈢從市場調查作業的建立來落實行銷研究系統決策的功用。

1. 內容包括：問卷設計、客戶資料的重新建立、業務代表資料收集的訓練、事業處行銷計劃人員資料的整理分析、出貨組人員資料的登錄、編碼、業務主管對行銷資訊的利用等。

2. 協調人員：由總經理室專人甲高專協調各事業處相關負責人實施（包括電腦室)。

3. 預計實施日期：1989 年 1 月底推出計劃草案。

㈣領導客戶與標的客戶之開發，爭取指標之建立。

1. 內容：(1)與事業處相關人員協調各區域領導客戶、標的客戶之名單爭取策略。(2)配合行銷研究系統考慮較多構面，例如：規模、種類、飼養水準、對公司配合程度等，來建立一優先順序爭取指標與機率。提高業務代表爭取之方向與減少爭取之時間與次數。

2. 協調人員：由總經理室專人甲協調各事業處相關人員、業務代表實施。

3. 預計實施日期：1989 年 1 月中旬。

㈤配合市場需求重新評估豬、雞、鴨產品結構、產品線組合、產品線寬度、深度。

1. 內容：(1)豬、雞、鴨產品結構歷史資料分析。(2)與技術部協調、評估各種產品結構、寬度、深度。(3)產品線寬度、深度邊際貢獻、成本、利益、數量分析。

2.協調人員: 由總經理室專人甲協調技術部、會計部與各事業處
相關人員負責實施。

3.預計實施日期: 1989 年 1 月中旬。

㈥行銷理念與操作過程之建立與溝通。

1.內容: 從對銷售、行銷、目標市場、市場區隔、定位、行銷組
合策略等名詞之意義、精神、程序重新加以說明與建立正確觀
念, 來建立 A 公司行銷文化。

2.協調人員: 由總經理室專人甲, 負責協調事業處各相關人員。

3.預計實施日期: 1989 年 1 月中旬。

㈦擬定正確各事業處、各業務部、各區域, 業績目標之估計方式,
達到合理分配業績目標, 建立公平、客觀之績效獎金發放辦法,
提高公司銷售預測之能力與提昇業務人員銷售士氣。

1.內容: (1)包括重新檢討業績目標之估計與建立方式, (2)重新評
估、檢討績效獎金發放辦法, (3)與各事業處相關人員協調溝通。

2.協調人員: 由總經理室專人甲協調各相關人員與業務代表實
施。(包括電腦室)

3.預計完成日期: 1988 年 12 月下旬。

㈧折讓、利息、尾款、問題貨款等問題之檢討與稽核: 為維持公司
之利潤目標與業務管理之目的, 對於銷貨收入減項之折讓與銷售
過程所產生之問題貨款, 須有適當之管制措施。

1.內容: (1)包括上述各項目產生來源與檢討, (2)各區域上述各項
目之檢討分析, (3)各種產品結構 (豬、雞、鴨) 上述各項目之
檢定分析,(4)各客戶對於上述各項目違反公司規定之檢討分析,
(5)降低折讓的策略措施。

2.協調人員: 由專人甲協調財務部與各事業處相關人員實施。

3.預計實施日期: 1988 年 12 月底。

(九)從公司之行銷環境、目標、策略與業務進行綜合性、系統性、獨立性與定期性的行銷稽核（marketing audit），發掘公司可能隱藏的行銷機會與威脅，並提供經營者可付諸行動的建議，做爲改善公司的行銷績效之基礎。

　　1.內容：行銷環境稽核、行銷策略稽核、行銷組織稽核、行銷生產力稽核（獲利率分析、成本效益分析）、行銷功能稽核（包括產品、價格、通路、促銷、定位等）。

　　2.協調人員：由甲協調各事業處相關人員實施。

　　3.預計實施日期：1989 年 1 月中旬。

(十)從加強業務主管定量分析之能力，來落實區域規劃基礎，提高解決問題之能力。

　　1.內容：包括百分比分析、變異數分析、平均值分析、交叉分析。

　　2.協調人員：由甲協調各事業處業務主管實施。

　　3.預計實施日期：1989 年 1 月中旬。

(圭)從市場調查資料之基礎，配合公司發展策略、定位與產品競爭市場之關係來建立 A 公司企業識別系統。

　　1.內容：包括先建立理念識別（MI）、視覺識別系統（VIS）、與活動識別（BI）。

　　2.協調人員：由甲協調公司各相關人員實施。

　　3.預計實施日期：1989 年 1 月下旬。

(圭)在考慮相對成長率與相對市場占有率後，應求落實 A 公司飼料密集成長策略。

　　1.內容：(1)市場滲透策略（market peneration）：從既有產品與現有市場中應積極採市場滲透策略，來提高各業務區產品市場占有率。(2)市場開發策略（market development）：從既有產品中拓展新銷售區域與提高客戶接觸比率,來提高市場佔有率。

2.協調人員：由總經理室協調各事業處相關人員與業務代表實施。

3.預計實施日期：1989 年 1 月下旬。

㈡對於現有 18 個銷售區域，顧客結構、產品結構與業務代表銷售時間的運用與拜訪客戶次數，重新進行評估界定區域之銷售範圍。

1.內容：(1)重新評估 18 個業務區，各區之銷售潛力、成長潛力。(2)重新評估 18 個業務代表，工作時間之分配，拜訪客戶之次數。(3)在考慮上述二項因素後，重新界定各銷售區域之範圍。

2.協調人員：由總經理室專人甲協調各相關人員實施。

3.預計實施日期：1989 年 2 月上旬。

㈢對於客戶訂貨預警作業系統重新加以檢討、分析，提高其正確性，以利出貨組與業務代表，掌握客戶訂貨異動情形。

1.內容：包括對於客戶訂貨數量、週期、異動情形、週轉日數重新加以檢討分析。

2.協調人員：由總經理室專人甲協調各事業處出貨組人員與電腦室實施。

3.預計實施日期：1989 年 1 月下旬。

㈣重新檢討各事業處出貨組功能、組織、作業規則、運輸體系、產銷協調作業等功能。

1.內容：出貨組對於整個事業處生產、銷售、問題貨款、折讓等作業之協助具有重要性之地位，其角色之定位勢必重新檢討分析。

2.協調人員：由總經理室專人甲協調各事業處出貨組主管人員與人事部實施。

3.預計實施日期：1989 年 1 月下旬。

㈤面對產品生命週期處於成熟期的飼料業，產品同質愈來愈高，競

爭日趨劇烈，促銷手段與方法將日趨靈活，在不輕易改變價格策略的前提下，為提高市場占有率，增加銷售量，將重新企劃公司之促銷活動。

1.內容：(1)搜集研究各飼料業目前之促銷活動，(2)重新評估目前公司所用之促銷活動，(3)在考慮成本與銷售的前提下，重新企劃具有競爭力之促銷活動。

2.負責人員：由總經理室協調各事業處行銷企劃人員實施。

3.預計實施日期：1989 年 2 月中旬。

(七)重新檢討、分析、設計日報表之內容、格式，提高業務代表書寫日報表之意願，俾能更落實市場資訊蒐集之意義。

1.內容：(1)對於現有日報表功能、格式、內容重新檢討分析。(2)對於原有開放式之問卷 (open-question) 在不改變原有之功能下，朝封閉式問卷 (closed-question) 設計，以減少業務代表書寫時間。(3)新設計之日報表須能作統計分析決策之用。

2.負責人員：由總經理室專人甲負責設計。

3.預計實施日期：1989 年 1 月下旬。

(六)重新檢討、分析業務管理之制度，對於不適合 A 公司飼料之制度與作業程序加以刪除或增補。

1.內容：(1)對於事業處目前實施作業系統與公司之業務管理制度作一比較分析。(2)刪除不適用飼料行業文化與產品特性之作業制度。(3)重新遞補所需之作業制度。

2.負責人員：由總經理室專人甲協調各相關人員實施。

3.預計實施日期：1989 年 2 月下旬。

(九)針對不同市場區隔之客戶(例如：有些飼養客戶較重視價格因素，有些較重視品質因素等) 提出不同之行銷策略。

1.內容：(1)從市場調查報告中提出飼養客戶市場區隔類型。(2)針

對各地區不同市場區隔類型，提出不同之行銷策略。

2.負責人員: 由總經理室專人甲協調各相關人員實施。

3.預計完成日期: 1989 年 1 月上旬。

㈤將技術部拜訪、輔導過之飼養客戶與試驗農場比較試驗後之成績彙整成有關資訊，提供業務部在爭取新客戶口碑運用（word-of-mouth）策略之基礎與技術部舉辦客戶講習會資料來源。

1.內容: (1)各地區客戶疾病輔導原因資料整理。(2)試驗農場，田間試驗科學化之資料整理。

2.協調人員: 由總經理室專人甲協調技術部相關人員實施。

3.預計完成日期: 1989 年 2 月上旬。

㈥將市場研究報告書、研究結果與事業處溝通協調，協助事業尋找策略的方向與研擬銷售行動，提高銷售業績。

1.內容: 包括業務代表意見綜合分析，業務主管意見綜合分析、客戶意見綜合分析、策略方向與行動計劃的提出與建議。

2.負責人員: 由總經理室專人甲負責協調、溝通與提出報告書。

3.預計實施日期: 1988 年 12 月上旬。

二、生產

㈠建立各級保養制度並推動落實執行。

1.依年度保養計劃訂定月、日保養計劃及定期保養計劃，並付諸實施。

2.依所訂定保養作業計劃，由工務組 IE 負責教育訓練並追蹤執行情況。

㈡藉改善粉碎機效率，強化成品粉碎比標準。

1.由各事業處工務組、製造組、IE 共同搜集分析粉碎機效率，耗電量資料提出分析報告。

2.依據分析資料，提出可行性建議方案，投資效益等報告送呈核

示。

  3.調整製粒條件，提高成品熟化度，增強硬度進而使產能提高。

㈢推動品管圈，提案改善活動，促使員工能參與各項活動達到全面
  品管、人人品管之目的。

  1.從落實品管圈活動，提案改善之活動執行。

  2.舉辦各項講習訓練課程與活動，灌輸員工有關各項活動的觀念
   及應用手法，並定期舉辦成果發表會，使各員工能互相交流、
   觀摩學習並享受成果。

  3.加強主管對不良率統計分析技術之基礎教育訓練，例如產品變
   異來源之分析與追蹤。

㈣從存貨損耗量降低，盤點差異的追蹤來落實存貨損耗之控制。

  1.由駐場會計提供存貨盤點差異分析表，倉儲組、製造組，追蹤
   改善差異原因。

  2.設備不良造成原料製程輸送損耗時，應即刻由工務組進行改善
   修護作業。

  3.協調連絡各原料進倉，領用時間數量，以利控制原料清倉，清
   理盤點作業，能依規定計劃執行。

  4.維護 V.E.M 磅稱系統之準確性。

  5.從原料庫存管制差異表、製程管制差異表、成品管制差異表、
   分段管制，分析差異原因追蹤改善。

㈤藉製造費用降低來提高公司經營利潤。

  1.各事業處工務組訂定設備保養計劃，由各組確實依計劃執行一
   級保養作業，使各項設備能經常保持正常運轉。

  2.各事業處必須在組績效內訂定各項費用控制目標,如修繕費用、
   水電瓦斯費（耗電量）、燃料油費用（耗油量）、薪資、加班費
   用等，做為考核追蹤改善之依據。

3.依各組訂定績效目標，由各組執行，並逐月追蹤檢討改善方案。

㈥藉提高生產效率、設備效率降低加班費用與修繕費用。

1.從落實設備改善、設備保養計劃、標準作業計劃、員工在職訓練等項目執行，來提高生產效率。

2.從生產效率之提高，客訴抱怨之降低，使各項設備操作時間在生產計劃安排時間內完成，減少加班費用。

3.加強零件領用與庫存管理，操作記錄表之分析。

〈貳〉肉工處

一、行銷

㈠基於公司生鮮雞肉產品定位策略為高品質、高價格與南崗廠每日產能的考慮，對於高品質、高價位市場區隔目標之市場需求潛量應儘早完成估計，以利行銷組合策略之擬定。

1.負責人員：由總經理室行銷企劃人員與肉工處產銷計劃考核室業務部進行調查評估。

2.預計完成日期：1988 年 12 月中旬前。

㈡生鮮雞肉市場進入策略之特販功能小組編組行動計劃，儘早完成人員編組與任務作業編排。

1.內容：包括(1)人員功能編組，(2)拜訪對象之時間安排，(3)任務說明及安排工作進度，(4)文字與圖案訴求重點與策略之腳本編寫，(5) VTR 與 SLIDE 拍攝。

2.協調人員：由肉工處行銷企劃負責執行並由相關部門協助實施。

3.預計實施日期：1989 年 12 月底～1 月上旬。

㈢對於肉工事業處產品線寬度、長度之產品品牌策略(多品牌策略、單一品牌策略) 的決定須儘早完成。

1.內容：從產品線的性質、市場競爭狀況、行銷預算、品牌定位

策略，來評估單一品牌策略或多品牌策略。

2. 協調人員：由總經理室專人甲協調各事業處相關人員與廣告公司實施。

3. 預計完成日期：1989 年 1 月上旬。

㈣從肉工處之行銷策略、品牌定位策略、市場區隔策略之評估，確立行銷通路之結構、人員、組織系統。

1. 內容：(1)高品質、高價位市場需求潛量評估，(2)市場區隔策略的決定，(3)配合市場舖貨建立經銷、直營組織系統與正確人員需求數目。

2. 協調人員：總經理室行銷企劃人員、肉工處行銷企劃人員、業務部主管等相關人員。

3. 預計完成日期：1989 年 1 月上旬。

㈤為確保肉工處新產品上市之成功，對於試銷 (market testing) 作業須在年底前完成，並提出評估報告。

1. 內容包括：(1)口味測試(香腸、雞肉丸等)，(2)區域行銷測試(生鮮雞肉)。

2. 負責人員：肉工處行銷企劃人員。

3. 預計完成日期：1988 年 12 月下旬。

㈥對於元月初上市之新產品定價策略在考慮公司之行銷策略、市場競爭狀況、價格需求彈性與目標市場之接管程度等因素，須在上市前，提出定價計劃。

1. 內容包括：(1)競爭品牌定價資訊報告，(2)配合公司行銷目標提出定價策略。

2. 負責人員：由肉工處行銷企劃人員負責提出計劃。

3. 預計完成日期：1988 年 12 月下旬。

㈦肉工處直營業務代表的教育訓練與工作任務之確立，經銷商之激

勵、選擇、評估辦法之建立須在年底前完成。

1. 內容：(1)直營代表銷售責任區域內客戶之規則，爭取策略之建立計劃。(2)經銷商獎勵辦法、評估準則、數目確立、銷售責任區域之劃分等計劃。

2. 負責人員：肉工處行銷企劃人員與業務部相關人員及總經理室業務管理制度負責人。

3. 預計完成日期：1988 年 12 月下旬前。

㈧肉工處近二、三個月業務代表市場調查報告彙整，並提出可付諸行動之建議。

1. 內容：肉工處在各地區所進行之市場調查資料與經銷商之募集資料須於上市前提出報告。

2. 協調人員：由總經理室專人甲協調肉工處行銷企劃人員、業務部相關人員實施。

3. 預計完成日期：1988 年 12 月下旬前。

二、生產

㈠儘早取得優良肉品標誌（冷藏及冷凍禽肉）

1. 內容：(1)檢查分切場合乎優良肉品標誌資格認定標準（77.11.20）。(2)申請並提出初審資料（78.1.30）。(3)現場評核（78.3～4月）。(4)申請標誌籤（每月申請一次）。

2. 負責人員：R & D 及生部門。

㈡建立肉工處採購人員培訓計劃

1. 內容：(1)公司內部調訓，或向外招募(2)初期由肉工處 R & D 代訓原物料採購專門知識(3)人員編制屬採購部，但專責肉工處之原物料採購。

2. 協調人員：採購部經理，並由肉工處研發部經理代訓，由人事部門作業。

3.預計實施日期：77 年 11 月招募，12 月報到。

㈢爲降低生產成本建立廉價原料掌握計劃

1.內容：⑴伺機收購淘汰雞(蛋用及肉種內)，⑵向進口貿易商購入火雞肉，⑶伺機在豬肉低廉時購入，⑷維持適當存量，⑸評估向外租用冷凍庫或增設冷凍空間。

2.協調人員：採購部經理及肉工處研發部經理、契約部經理。

3.預計完成日期：1988 年 12 月下旬。

四、研討

1.試以您個人最有興趣的產業以個案所提供的架構，嘗試加以完成年度經營計劃。

2.從本個案中請思考如何整合總體環境、個體環境後，提出落實行動計劃的要點爲何？

專題討論：公平交易法

一、背景

公平交易法於民國 75 年 6 月開始進行審查,歷經四年半由立法院經濟、法治兩委員會聯席 13 次審查通過的公平交易法草案, 在 80 年元月 18 日經立法院正式通過。並在 80 年 2 月 4 日正式施行, 並成立公平交易委員會。公平交易法成立的背景:

1.維護交易秩序與確保公平競爭而訂立營業的遊戲規則。

2.維護消費者應有的權益。

3.防止具有壟斷地位的大廠商或不正當經營的商人實施獨占、寡占、結合、聯合行為或不公平競爭(仿冒、不真廣告、損害信譽), 或其它妨害公平競爭之虞或顯失公平的行為。

4.對於運用不當之多層次行銷維質方式, 例如「金字塔銷售術」、「老鼠公司」、或「惡德多層商法」、「無限連銷會」, 來騙取消費者或參與人員之不當利得有法律約束依據條文。

實施公平交易法, 並有執行之公平交易委員會後, 業者如果要實施像計程車聯合漲價、拒載短程客戶、春節不當漲價、百貨公司週年慶、百貨公司聯合促銷、果菜中間商的中間剝削、哄抬價格等之不公平競爭方式與不當之聯合、結合行為, 均必須不能觸犯公平交易法。

例如公平交易委員會最近調查瘦身美容中心有廣告不實之疑, 某國內知名美容中心由於聲稱 18 週年慶與實際 5 週年應有差距,並在大型的平面廣告中以「誰說美容瘦身界沒有模範生」為題, 刊出負責人和多位名人合照的照片, 圖片說明中記載「行政院趙守博秘書長、內政部長黃昆輝與負責人受獎合影」。

公平會調查後，說公司的廣告的確有虛僞不實及引人錯誤的表示。

另一個案爲國內奶粉品牌「克寧」和「豐力富」在一連串廣告戰中，相繼違反公交法。由於豐力富奶粉自稱「紐西蘭第一品牌」被公交會裁定違法後，克寧奶粉的代理商及製造商也因爲在廣告刊物中貶損豐力富而違反公交法，若未依法改善最高可處 2 年以下有期徒刑，或科 50 萬元以下罰金。

公平會表示，克寧奶粉的代理商吉時洋行股份有限公司及製造商博登公司，日前被人檢舉散發不實傳單，違反公交法，公平會調查後，發現這兩家公司所發佈的眞愼快報不僅影射豐力富奶粉爲食品加工用奶粉，不同於克寧奶粉食用級奶粉，還聲稱克寧奶粉是臺灣的第一品牌，消費者高達 2,000 萬人。

公平會認爲，被檢舉人對豐力富奶粉有所影射，已違反公交法所規定「事業不得爲競爭目的，陳述或散佈足以損害他人聲譽的不實事情」，被檢舉人聲稱產品受 2,000 萬人喜愛也沒有根據，綜合各種分析，公平會認爲：被檢舉人的廣告，企圖使消費者懷疑豐力富奶粉品質以排除競爭，是以不正當手段從事競爭，已違反公交法，應立即改正。

習 題

1. 請說明當前臺灣行銷環境的變遷在下列因素的影響下:
   ①政治環境: 如解嚴後的選舉活動, 國民黨主流與非主流生態改變, 新黨、民進黨對於臺灣政治環境衝擊。
   ②金融風暴問題: 在擠兌心理、存款保險制度不能普及、金融檢查制度無法落實、超額貸款的陰影下對經濟環境的衝擊。

2. 說明臺灣消費者保護法、著作權保護法、公平交易法的主要精神, 並解釋廠商在競爭觀念中如何配合公平交易法的精神, 廣告在創意表現上如何界定智慧財產權問題, 對於消費者購買過期、不符合產品說明、異常產品, 廠商如何處理顧客的權益問題。

3. Faith Popcorn (爆米花) 行銷顧問公司曾列舉未來 10 大經濟趨勢改變: ①盡情揮霍 (cashing out), ②封閉起來 (cocooning), ③追求年輕化 (down aging), ④自我主義 (egonomics), ⑤幻想冒險歷程 (fantasy adventures), ⑥99 生活型態 (life style), ⑦SOS (save our society 拯救我們的社會), ⑧追求短小 (small indulgence), ⑨保有生命力 (stay alive), ⑩消費者保安員 (the vigilante consumer)。同學可分組按不同產業, 試針對不同產業受上述經濟趨勢轉變有何因應方式。

4. 消費者結構改變是行銷環境變遷的重要性考慮因素, 請說明臺灣消費者 50 年代、60 年代、70 年代、80 年代、90 年代下列人口結構的改變:
   ①年齡結構的分佈, ②人口成長率的趨勢, ③男女性別結構改變, ④

結婚年齡的分佈與新婚率變化，⑤家庭小孩子數目的改變，⑥省籍結構的分佈。並預測臺灣西元 2000 年的上述這些指標的結果為何？

5.一般而言，公司的行銷環境大抵均是行銷部門接觸較多，但公司的組成並非只有行銷部門，如果您是行銷部門主管，如何讓公司其它部門瞭解行銷環境的轉變？並如何建議公司因應行銷環境的變遷？

6.是否可透過分組討論方式並從每一組各組員發表對下列看法來說明文化環境的改變對行銷影響：

①對自己的看法（people's view of themselves）

②對他人的看法（people's view of others）

③對組織結構的看法（people's view of organization）

④對社會的看法（people's view of society）

⑤對自然環境的看法（people's view of nature）

⑥對未來的看法（people's view of future）

第三章　消費者市場及消費購買行為

企業機構的目的，在於創造顧客、及保持顧客。

Theodore Levitt（李維特）

人們買鞋子的目的，不再是保護腳部的溫暖與乾燥，而是藉鞋子讓他們感到他們是有男子氣概的、淑女的、精力充沛的、與眾不同的、有教養的、年輕的、有魅力的，以及時髦的。換句話說，購買鞋子已成為一種情緒上的經驗，於是，我們的事業就不是在銷售鞋子，而是銷售「興奮」。

法蘭西斯・洛尼

有一句西班牙的老諺語說：要成為鬥牛士之前，你需先學做一頭牛。

佚名

第一節　前　言

市場遊戲規則並非競爭者而是在顧客，行銷從最早的生產導向、產品導向、銷售導向到行銷導向，主要的重點就是在說明企業對於顧客、消費者需求瞭解的重要性。從 1970 年以後由於消費意識提昇、消費水準進步，無法掌握消費意識趨勢必定是未來市場的輸家。在 *Marketing 2000 and Beyond* 這本書（由美國行銷知名學者 William Lazer, Priscilla La Barbera, James M. MacLachlan、Allen E. Smith）曾說明未來生活形態趨勢：

(1)照自己的方式過日子。

(2)提升心理自我（psychological self）。

(3)提升身體自我（physical self）。

(4)具備四海一家精神。

(5)追求安全、退避風險。

(6)不安於現狀、持久性低。

(7)重視休閒、希望擁有可自由支配的時間。

(8)改變工作觀。

(9)有遠離一切的念頭。

(10)要求便利與及時滿足。

(11)對產品依賴性增加。

(12)期盼安全的生活空間。

故 marketing people 必須要特別注意未來消費者市場的變化。本章主要的重點取向包括：

(1)從重視生產到重視消費者權利：尤其強調「使用者便利」原則、品質、服務、可換式組件、各項保證、產品修改等。

(2)從大眾到小眾：強調所謂利基、區隔、產品顧客化與個性化，以及彈性生產。

(3)從累積個人資訊到擴大分擔與分享：亦即強調合作、互利、網路溝通、相互結合，以及親身參與。

(4)從物料與產品流通，到資訊、特別資料庫、行銷情報系統、通訊系統，以及知識溝通。

(5)從追求一時的滿足的觀念到保育觀念：亦即重視資源的有效利用、保護環境、降低污染、減少能源消耗、推行資源循環利用。

(6)從國家與區域小格局經濟觀，到全球各經濟體相互結合的大格局觀念，亦即肯定多國籍企業、國際貿易、全球網路、世界一家重要性。

(7)從煙囪工業到高科技工業：其特點為資訊豐富、調適改造力強，以研究發展為導向、以機器人為動力。

(8)從人力和機械掛帥的企業，到教育掛帥的企業：其特色為大批受良好教育的勞工與管理人才投入工作，重視研究、重視軟體建設，充分利用電腦。

(9)從單打獨鬥的個別企業體到完整的企業體系：除了正式的公司組織外，也透過各種較鬆散的聯盟關係，務求提高效率，並增進消費者滿足。

(10)從高度集中化到分散化：亦即強調與消費者走得更近。

(11)從「竭澤而魚」的觀念到「有限度富裕」觀念：認識妥善利用資源的必要性，並避免生活「過度富裕」。

(12)從公司的底線、銷售量、利潤、生產數字至上的觀念，到兼顧消費者滿意程度的一種較平衡觀念。

(13)從追求標準化與同質化，到講究個性化、顧客取向、區別化。

　　而政府為兼顧消費者權益，特別在民國 83 年 1 月 11 日公佈消費者保護法，共分①總則共有四條立法。②消費者權益共分第一節健康與安全保障、第二節定型化契約、第三節特種買賣、第四節消費資訊之規範。③消費者保護團體界定。④行政監督單位。⑤消費者爭議之權利與處理，包括第一節申訴與調解、第二節消費訴訟。⑥罰則。⑦附則。

　　故本章消費者行為分析主要是讓讀者瞭解下列重點：

　　(1)消費意識的時代性意義。

　　(2)何謂消費者市場、消費行為模式？

　　(3)影響消費者行為的變數有那些？

　　(4)不同型態消費行為與行銷策略。

　　(5)消費者購買決策過程。

　　而為對於消費行為有較明確的深入操作過程，特提供運動鞋消費行為個案使理論與實務充分加以結合。

第二節　消費意識的時代性意義

　　西班牙有一句古老諺語：「要想成為鬥牛士之前必須先做一頭牛」。很多的 marketing people 以為行銷的成敗要花很多時間去探討競爭策略，競爭結構，產品開發，最佳產品，最佳品質等議題，其實遊戲規則重點仍在於消費者，消費者選擇重點內容是什麼，消費者選擇產品的考慮因素有那些，消費者對於品牌的決策理念是什麼，消費者對於市場所提供之產品與服務，其消費行為類型有那些。消費者對於確定事項與不確定事項，其消費考慮與消費決策有何不同。可從下列知名人士與事件來說明以消費者為思考主軸的時代已經來臨。

　　(1)過去製造商的座右銘是「消費者請注意」，現在已經被「請注意消費者」所取代。

(2)把產品先擱到一邊，趕緊研究「消費者需要與欲求」，不再賣您所能製造的產品，而要賣人確定想購買的產品。

(3) 1960 年哈佛大學敎授李維特（Ted Levitt）在《行銷短視病》（*Marketing Mypoia*)中說道：「根本沒有所謂成長的行業，只有消費者需要（needs)，而消費者的需要隨時都可能改變。」

(4)傑出市場調查專家喬治・蓋洛普（Dr. George Gallup）博士曾在 1970 年說道：「這就是爲什麼自二次大戰以來，廣告進步不多的原因，因爲廣告只針對產品本身，完全忽略可能購買的消費者」。

(5)定位理論的作者傑克・陶特（Jack Trout）和艾爾・瑞斯（AI Ries）曾說：「是消費者在定位產品，而不是廣告主與廣告代理商在爲產品定位。」因爲行銷的戰場乃在消費者心目中，而不是在行銷企劃室裡，但只有少數人瞭解到其中的精奧。

(6)西北大學敎授舒茲（Pon E. Schultz)在其所著的《行銷整合傳播》（*Integrated Marketing Communication*)，企業對於不同種類的品牌忠誠消費者應有不同的行銷區隔策略，如長期品牌忠誠者應有關係行銷以維護彼此良好的行銷關係。對於他品牌的使用者應運用差異化行銷策略（口碑、意見領袖、參考群體的策略運用）扭轉其消費習慣，嘗試轉移其品牌忠誠度。對於游離群的消費者應運用傳播策略以攫取其心理認知，獲取新的我牌使用者。並強調必須與消費者接觸管理(contact management)如消費者接觸的是什麼媒體，然後將這些訊息溶入綿延不斷的傳播過程中，使得消費者能夠建立或強化過品牌的感覺、態度和行爲。並透過品牌調性與個性（tone's & personality）的塑造而達到區隔與定位目的。

並透過這些章節內容的說明，使讀者瞭解傳統消費行爲研究理論所著重內在因素探討（如消費者個人因素、購買靜態的考慮因素說明、靜態模型分析)，且傳統消費行爲理論面對下列問題的挑戰將如何提出解決

之道：

(1)不同時空背景與消費趨勢轉變，行銷人員如何提出解決之道，例如企業從傳統—現代—後現代整體時空轉變如何能針對消費者現行需要與未來需要提出解決，否則只考慮傳統行銷組合觀點並未能實際解決問題。例如企業不能一直以爲在 10 年前我們產品在當時多好吃、多受消費者歡迎，今天爲何不若當時之盛況，除了競爭結構改變外，消費意識轉變，在當時環境意識下消費者想法，是企業所必須要思考的。譬如說目前消費者並非只重視產品好吃而已，還必須兼顧包裝、品味、流行性的感覺。甚至企業還必須考慮未來消費考慮的因素變化。如目前爲後現代主義盛行時，解釋解放返璞歸眞爲時代主流，企業在產品訴求方向，若還是重視華麗外表，則與當時 tone 是不符合的。

(2)消費者行爲有不同消費行爲類型，這必須從區隔角度而加以思考提出解決方案，而不能用靜態單元模式去解釋：例如 Ⓐ飲料爲尋求多樣變化的消費行爲，消費者在購買時會聯想到一系列相關問題，如喝什麼、到那邊購買、有否替代品，飲料企業必須思考如何讓消費者買得到產品（通路），如何讓消費者重複購買率提高，如何塑造明星化產品以造成趨勢(明星化產品)，Ⓑ購買傢俱爲減少認知失調的消費行爲，消費者在購買產品會考慮使用目的，到那邊購買較方便，傢俱企業必須考慮到傢俱品質服務、優惠方式、如何大量生產始能降低成本的問題。

(3)新產品消費者採用過程與消費行爲有很重要的相關，而不同時期新產品的採用者、各時期消費者的特質又不一樣，在傳統消費者行爲研究理論似乎又未深入加以探討。例如：

(a)新產品新使用者（pioneers）消費者的特質是冒險性（venture-some）。

(b)早期使用者（early adopter）消費者的特質是屬意見領袖（opinion leader）。

(c)早期大眾使用者（early majority adopter）消費者的特質是深思熟慮型（deliberate）的消費者。

(d)晚期大眾使用者（lately majority adopter）消費者的特質是懷疑論者（skeptical）。

(e)落後使用新產品的消費者（lazzard）消費者的特質是傳統保守型（tradition bound）。

(4)消費者傳播理論在二十世紀中已開始被企業重視且已開始被行銷人員視為行銷策略的重要性工具，但此部份在傳統的行銷消費者行為理論一直未被充分性說明如：

(a)消費者認知與偏好問題（perception & preference）

(b)消費者購買行動的決策問題（消費者或潛在消費者）

(c)消費者類別與品牌網路關係（category & brand network）

(d)消費者接觸管理（contact management），如何（how），何時（when），什麼（what）

(e)消費者行為如何改變與消費者態度如何改變（消費者購買誘因 TBI）

(f)品牌調性與個性（tone & personality）與消費者需要如何結合問題。

(5)消費者生活型態轉變與消費趨勢關係：未來消費者生活型態改變如下表，將影響企業如何運用趨勢創造商機的問題，行銷手法如何改變的祕密，產品如何符合消費趨勢的問題，也是傳統行銷消費行為所未能探討的。

(a)繭居。（家是他們的堡壘）

面對外在生活競爭，消費者在家中找到了自己天堂，可以盡情發洩心中不平衡。

(b)夢幻歷險。（活在現實，卻又渴望夢幻式歷險）

消費者雖然活在現實，但是透過消費行為而願意短暫享受夢幻的生命體驗。

(c)小小的放縱。（受之無愧）

消費者購買動機從「想要」轉變成為「值得擁有、受之無愧」。

(d)自我主張。（選擇商品基礎）

消費者渴望買的是「自我」，「走出自己的路」，「做真正的自我」。

(e)逃離都會，積極開拓自我。（為自己而活）

消費者為積極開拓自我，減緩心跳，重拒疲憊的心靈，重另外尋找一個新的生活型態。

(f)人老心不老。（為年齡與行為重新註解）

銀髮代表時髦，消費者正向生理學上年齡分界點挑戰，試圖為年輕、年老重新定義。

(g)追求健康的狂熱。（自我保健，不惜一切代價）

消費者透過追求自我健康來提昇生活品質，從而提昇生命意義。

(h)警戒的消費者。（使廠商更人性化）

曾經是膽小的消費者已搖身一變，用電話、打字、傳真向所有仿冒品、劣質品展開絕地大反攻。

(i)個人角色多元化。（生活多樣，使人同時扮演許多角色）

消費者為了擁有一切，個人角色逐漸多元化，透過追求速度、身兼多職，消費者開始由「我可以過任何我選擇生活」逐漸轉變為「我可以過所有我選擇的生活」，經過如此得到的教訓是，消費者生活簡化、選擇性接受產品、減少負荷。

(j)拯救社會。（環保觀念）

世界能否繼續存在下去的疑問，必將成為接手一代的嚴肅課題，它使得下一代團結起來，消費者購買為了使世界更好的產品。

第三節　何謂消費者市場與消費行為模式

一、消費者市場

在行銷觀念下，瞭解目標市場的購買行為是行銷經理的基本任務。

消費者市場包括購買或取得財貨與勞務，以供個人消費的所有個人與家庭。

在競爭現代企業中，無論行銷部門、生產部門或財務部門，均應注意研究消費者的需要與愛好，因為惟有消費者市場才是真正的最後消費者，其他工業使用者，批發或零售等中間商，雖然其購買量可能超過最終消費者，但是其購買的目的仍是為了最終消費者。因此一個現代企業希望獲得成功與發展，必須澈底認識，瞭解與研究消費者市場，以消費者為中心，儘管其銷售的對象為工業使用者，批發商或零售商，甚至於與最後消費者從不發生直接關係，認識消費者仍十分的重要。

但是研究消費者市場是一件非常困難的事，消費者人數眾多，一個國家如果有兩千萬人，此二千萬人從初生嬰兒到古稀之齡皆是消費者，而由於性別，年齡，教育程度，所得與地理區域等種種影響，使得消費者之購買行為，產生顯著的差異性，更由於消費者不同人口統計總數，而使消費者購買動機亦產生甚大的影響。

消費者購買，絕大部份均屬於小量購買，在小家庭制度下，儲存處空間有限，保存期限問題消費者每次僅能購買一週或二週的需要量。消費者另一個購買的特性為多次性購買，一個住在城市公寓內消費者，一天之中也許要外出採購數次之序。第三個購買特性為重複購買率觀點。

消費者市場的另一個重要特色是非專家購買，絕大多數消費者購買商品均缺乏專門知識，彼等深受廣告與其他銷售推廣方法之影響。而且

現代文明愈進步，根據各種消費者心理反應調查研究顯示，消費者購買時，受情感影響的支配愈來愈大於理智的影響。

二、消費者行爲模式

愈來愈多現象告訴行銷人員必須多注意消費者研究而相關市場的七個O必需是要先瞭解：

1.誰構成這市場？佔有率（occupants）

2.這市場買些什麼？物品（objects）

3.這市場爲何要買？目標（objectives）

4.誰參與了購買？組織（organization）

5.這市場如何購買？作業（operation）

6.這市場何時購買？時機（occasions）

7.這市場到何處購買？標點（outlets）

模式是代表眞實世界的縮影。藉由表達關鍵的特色及忽略不必要的細節，模式可幫助我們解釋複雜的現象。在現今對複雜的消費者行爲進行研究時，模式之運用有相當幫助。若能夠確實掌握顧客對產品不同特質，價格，廣告訴求等之不同反應，則此公司將比其他競爭者較佔優勢。

消費者行爲模式主要是用以企圖描述消費者決策的過程。使用模式主要之好處有下列五點：

1.在詳細的檢查下，仔細整合一個系統的所有成員，使得研究上能具有脈絡可尋。

2.模式指出了一個系統的元素，及其彼此間的相互關係。

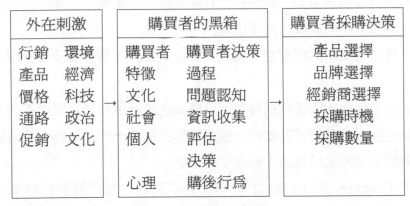

外在刺激		購買者的黑箱		購買者採購決策
行銷	環境	購買者	購買者決策	產品選擇
產品	經濟	特徵	過程	品牌選擇
價格	科技	文化	問題認知	經銷商選擇
通路	政治	社會	資訊收集	採購時機
促銷	文化	個人	評估	採購數量
			決策	
		心理	購後行為	

表3-1　購買行為模式

3.它使研究人員能預測由一個系統所推導出的行為。當某些情況符合的時候，模式也可以用來預測在未來某個時間所可能發生的事。例如，當一個新產品由一個公司的研發部設計出來的時候，管理者將很想評估有多少這類產品將可以銷售出去。

4.它能解釋在一個已設定的系統上，變數如何以合乎邏輯的流程來運作。模式可以幫助我們了解為什麼某件事情會發生。以前例而言，它將幫助公司了解對於此新產品的喜好態度乃是基於購買者對此產品使用的原料具有信心。

5.模式能夠簡化消費者的購買行為，行銷人員需要模式就如同建築師需要藍圖一般。有了藍圖，建築師可以在施工前想像出一幢建築物的各種不同的層面，並且做任何設計結構上的必要修正。此外，基於設計師的需要，藍圖可以畫到不同的詳細程度。

同樣的，消費者行為模式是由許多代表在消費者選擇過程中之重要層面的單位或變數所組合而成的。消費者行為模式幫助分析師指出他們公司在面對消費者時所應改進的地方。至於模式應該包含多少的細節，我們可借用自然科學中的簡約法則，建議模式或理論應該在能夠預測及

解釋消費者行為的原則下以最簡單且最直接的方式表示出來。在一個模式中不應該有相同的成員重覆出現。

6.經由提供新的假設之架構，它可協助研究人員推導及建立理論。

許多全面性的大系統消費者行為模式在表示消費者決策過程的方式都非常的接近，其方式就如同一種電腦的流程圖一般。最為一般研究人員所熟知的大系統模式最主要有下列兩個。

① Howard-Sheth 模式：此模式從購買者之學習過程探討購買行為，其過程受廠牌，社會環境，產品種類等內在投入因素及個人因素，團體關係，社會階層，財務狀況，時間壓力，文化背景等外在投入因素影響。

②鮑爾的風險負擔論說：從購買者所負擔的風險談起，認為顧客之主觀購買知覺風險者有一可容忍水準。若知覺風險在其可接納範圍內，顧客可能逕予購買，但如果風險在不能接受範圍內，則消費者會加以拒絕之。

第四節　影響消費者行為主要變數

一、文化因素

消費者消費行為受到文化、次文化、社會階層等文化因素所影響。

㈠文化，次文化

文化：文化是決定個人慾望與行為最基本因素，人類的行為是靠學習而來的，兒童成長時，透過在家庭及其他相關機構的社會化過程能學到基本的價值。認知，喜好與行為。小明所以會對電腦產生興趣，主要

是因為他生長在一個高度科技化的社會，知道電腦是什麼，懂得用指令來操作電腦，並且瞭解電腦在社會中的價值，而另一種文化裏，例如非洲中某一離遠落後的部落，對電腦可能完全沒有概念，更不具任何意義。

　　次文化：每個文化中包括許多次文化的群體，這些次文化提供成員有特殊的認同感及社會化。次文化可區分為四種：國家群體，如以色列人，波蘭人，愛爾蘭人等民族團體，表現出與眾不同的民族習性與氣質。宗教團體：如羅馬天主教，摩門教，猶太教等則代表有特殊文化偏好及禁忌的次文化。種族團體：如黑人，東方人有特殊的文化風格及態度。地理區域：如美國南部各州，加利福尼亞州，加州有不同特徵的生活方式，形成不同的次文化。

　　一個人對各種產品的興趣來自國家，宗教，種族與地理背景，這些因素也會影響他在食物上的喜好，服裝的選擇和對事業的抱負。

(二)社會階層——美國六種主要社會階層

　　係指社會中同質且有持久特性的群體，每一個群體都有相似的價值興趣和行為，而在購買行為中亦有其類近之處。據恩格爾等人所研究的美國主要社會階層特徵結果顯示，在上上層社會人士之消費行為往往成為其他階層人士的模仿對象，而上下層社會人士之購買行為常常有炫耀性作用。至於下下層社會人士之購買行為常帶有衝動成份，對產品之品質不太重視。此種階層之特性正反映社會環境對購買行為之影響（見表3-1）。

　　社會階層具有以下的幾個特徵：①同一階層的人表現的行為較由兩個不同階層所找出來的人之行為相似。②地位的高低取決於所屬的社會階層。③一個人的社會階層是由許多的變數所決定，如職業，所得，財富，教育及價值導向等諸因素。④在每一個人的生命中，他可能由一個社會階層移到另一個社會階層。

不同的社會階級在服飾，傢俱，促銷活動等產品與品牌的選擇上亦表現出相當獨特的偏好。因此，有些行銷人員會將精力集中在某一個社會階層之上，針對不同的目標階層市場採不同的銷售方式，廣告媒體及訊息的種類。

二、社會因素

消費者的消費行為亦受到參考群體、家庭及社會角色與地位等社會因素所影響。

(一)參考群體

每個人的行為都受到許多群體的影響。所謂參考群體係指對人們的態度和行為，有直接或間接的影響的所有群體。對個人有直接影響的群體稱為成員群體，這些群體和個人皆有互動和互屬的關係。有些是持續性的互動，像家庭，朋友，鄰居，同事等，稱為主要群體，其群體間的關係是非正式的。有些則屬於次級群體，其成員之間的關係正式，而比較不持續的，包括宗教組織，兄弟會和商業公會。

人們經常受其他非成員群體影響，有些人們很想加入的群體稱為崇拜群體，例如青少年希望有朝一日能成為小虎隊的一員；另有一種隔離性群體，這個群體的價值和行為被人拒絕，例如許多人就拒絕與任何黑社會幫派有任何的關聯。

行銷人員必須能辨別目標顧客所屬的參考群體。人們至少受到參考群體三方面的嚴重影響。(1)參考群體使人接受新的行為與生活型態。(2)參考群體可以來影響某人的態度與自我觀點，因為人們通常想要「配合」群體。(3)參考群體創造出順從的壓力，而影響到個人的實際產品與品牌選擇。

參考群體影響力的重要性，隨著產品與品牌而有所不同。例如其在

汽車與彩色電視上的產品與品牌選擇上均有強烈的影響力，但在傢俱與服飾上僅對品牌選擇有影響力。此外參考群體也僅在啤酒及香煙上的產品選擇具有強烈的影響力。

　　當產品在經歷產品生命週期時，參考群體的影響力也隨之改變。當一項產品上市時，購買決策深受他人的影響。在市場成長階段，產品與品牌選擇同時受到群體的強烈影響。在產品成熟階段，只有品牌選擇深受他人影響。而在衰退階段，群體對產品與品牌選擇的影響均弱。

　　對產品與品牌深受群體所影響的製造商而言，他必須決定如何接觸與影響某一相關參考群體中的意見領袖，使得大量市場基於「勢利的訴求」而模倣。但是在社會的所有階層中都有意見領袖，且某一特定的人可以是在某一產品領域上是一位意見領袖，而在其他領域上卻是一位意見追隨者。行銷者常藉著確認相關於意見領袖的人口統計與心理統計特徵，來確定意見領袖所閱讀的媒體。而後將訊息集中傳達給意見領袖，以設法接觸到這些意見領袖。只要這些意見領袖購買了該廠商的產品，其他追隨者便極可能受到影響而採取跟進的動作。

(二)家庭──家庭生命週期及購買行為

　　購買者的家庭成員會對行為有強烈的影響。我們可以將購買者生命中的二種家庭加以區分。一是孕育家庭亦即從個人的雙親瞭解到宗教，政治，經濟的概念，並且影響到個人抱負，自我價值和愛的感覺；即使在離開父母，很少和父母接觸之後，這種影響仍然會不自覺的出現在行為中。而在中國古代的大家庭的體系中，父母終其一生都與其子女生活在一起，其影響更是深遠。

　　此外，對日常生活影響更大的是個人的衍生家庭。包括配偶，子女。家庭是社會組織中最基本的消費單位，也是被研究最多的一個組織。行銷人員對於消費者購買產品及服務時，丈夫，妻子和小孩彼此之間的角

色和影響深感興趣。

丈夫一太太的投入隨著產品類別的不同而有廣泛地差異。傳統上，妻子是扮演著家庭主要採購者，特別是在食品，雜貨與纖維服飾項目上。不過，這種情形隨著職業婦女的增加與丈夫參與更多的家庭採購而有所轉變。因此，便利財貨的行銷者如仍認爲婦女才是他們產品的主要或唯一採購者的話，將會犯下錯誤。

在昂貴產品與服務方面，丈夫與妻子會共同從事購買的決策。行銷者需要決定在選擇各種產品時，通常是那個成員擁有較大的影響力。事實上，這是一個誰擁有更多的權力或更多專門知識，而不是誰是夫或妻的問題。因此，丈夫有時有更多的主宰權，或妻子有時可能有更多的主宰權，或是兩人有相同的影響力。以下是一些典型的產品形態：

- 丈夫主宰型：人壽保險，汽車，電視。
- 妻子主宰型：洗衣機，地毯，非起居室傢俱，廚房用具。
- 平等主宰型：起居室傢俱，渡假，住屋，戶外活動。

㈢角色與地位

個人在團體中的位置可由其角色（roles）與地位（status）來界定。每個角色也可帶有某種地位。人們大抵會選擇其在社會中角色和地位相稱的產品。行銷人員必須要瞭解產品和品牌都有成爲地位象徵（status symbol）。

三、個人因素

購買者的決策也受其個人特質所影響，特別是年齡、生命週期、職業、經濟狀況、生活型態、人格與自我概念。

(一)年齡與生命週期（age & life-cycle age）

　　行銷人員可根據家庭生命週期（family-life cycle）概念與心理生命週期概念（psychological life-cycle concept）來做為區分目標市場或發展產品設計的依據。而家庭生命週期可根據從單身到退休，劃分為不同階段(如單身階段、新婚夫妻、有小孩、子女已長大、退休等)。所謂心理生命週期是指人的生長過程會經歷一些轉變（passages）或轉換（transformation），行銷人員可根據消費者生活環境的改變，來調整行銷策略。

(二)職業（occupation）

　　每個人消費型態也會受到其職業有所影響，例如行銷經理或公司總經理可購買較昂貴的衣服，航空國外旅遊，鄉村、高爾夫俱樂部。很多市場區隔在細分後經常以職業做為市場區隔基礎。例如汽車業已經愈來愈重視職業市場區隔基礎。

(三)經濟狀況（economic circumstance）

　　消費者經濟狀況會影響消費產品選擇，而經濟狀況必須同時考慮消費者可支配所得水準、穩定度、時間性。而可支配所得水準必須與儲蓄負債情形做結合性思考。

(四)生活型態（life style）

　　不同生活型態消費者會影響產品消費方式，所謂生活型態是消費者活動、興趣、意見。例如對流行趨勢較敏感的消費者其在服裝的花費定不同於保守群消費者。

㈤人格與自我概念 (personality & self-concept)

所謂人格是指可以區別的心理特徵,能導致個人以一致並持久的方式來回應其周遭的環境,通常可以用下列方式來描述,如自信、優越、自主、順從、社會性、防衛性及適應性。

自我觀念 (self-concept) 或自我形象 (self-image) 是指消費者實際上如何看他自己,而理想自我觀念 (ideal self-concept) 是指在理想上消費者如何看他自己。

行銷人員可根據消費者人格做適當分類,而分析人格型態與產品或品牌相關程度,以擬定正確的行銷策略,或做為廣告訴求重點。行銷人員也可從消費者對自我觀念的重視而發展具有個性化產品或服務或做為市場區隔基礎。

四、心理因素

一個人的購買決策,也受到四種主要的心理因素所影響,包括動機、認知、學習、信念及態度。

㈠動機

動機 (motive) 或趨力 (drive) 是指一種具有強烈壓力而迫使人們不得不去尋找需要的滿足。人們在需要有些是生理的 (biogenic),如飢餓、口渴。有些是心理上的 (psychological),如認同、尊重、歸屬。

心理學家所發展出來的人類動機理論最主要的有三個,分別為佛洛依德 (Sigmund Freud) 理論,馬斯洛 (Abraham Maslow) 理論及赫茲佰 (Frederick Herzberg) 理論,此三者對消費者行為各有不同的見解。

1.佛洛依德理論:如何克服人類去瞭解眞正的動機理論

　　佛洛依德認為形成人的行為其心理的真正因素是無法意識的，每個人在其成長的過程中都會一再的壓抑自己的衝動，來接受道德的規範，這些衝動既不能減少或完全控制；所以常會在夢中，言談中無意露出口風。例如一個人想買鋼琴，他可能以培養一項嗜好來描述自己的動機。在潛意識中，他可能只是為了使自己覺得很高雅及有氣質。

　　因此當他看到一部鋼琴時，不只是對它的音質，也會對其他屬性產生反應。鋼琴的形狀，規格，重量，材質，顏色，名稱都會激起某種情緒。設計鋼琴的製造廠應該知道視覺，聽覺及觸覺的影響者有可能刺激或阻礙消費者的購買情緒。此派理論認為透過各種投射技術如文字聯想（word association）、文字完成（statement completion）、圖案解釋（picture interpretation）、角色扮演(role playing) 來瞭解人類真正的動機。

2. 馬斯洛的動機理論：透過需求層級解釋人類需求動機

　　馬斯洛嘗試解釋為何人會在特定時間中為特定的需求所驅策。為何一個人所需要的是安全感，而另一個人卻在追求別人的關愛？他認為人的需求是按階層排列，從最多壓力排到最少壓力。馬斯洛的需求層次列在下圖。依重要程度分別為生理需求，安全需求，社會需求，自尊需求及自我實現需求五種。一個人會先滿足其最重要的需求。當一個人成功的滿足一項重要需求時，此需求暫不是一個激勵因子，因此他會試著滿足次一個需求。

　　例如一個飢餓的人(需求1)對去看電影並不感興趣，也不在意別人如何看他或為人尊重 (需求3或4)，甚至也不在乎是否呼吸到新鮮的空氣(需求2)。但是當每個重要的需求滿足，第二個更重要的需求即出現。

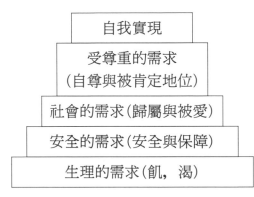

表3-2　馬斯洛的需求層次理論

3.赫茲佰的動機理論：透過單純之滿足與不滿足兩種劃分方式去解釋動機結構

　　赫茲佰發展一『二因素』(two-factor theory)的動機，分爲不滿足因素及滿足因素。例如，假若飛利浦檯燈並不附有保證書，可能會成爲消費者的不滿足因素，但是對某一消費者而言保證書的有無，並非其購買檯燈的滿足因素，而檯燈優美的造型才是此消費者想要購買的主要滿足因素。

　　此動機理論有二個涵義。首先是行銷人員應儘量避免影響消費者不滿足的因素。這些不滿足因素可能是不好的訓練手冊，或差勁的服務政策。雖然這些因素對產品銷售並無直接的關係，但卻會造成電腦不易銷售。第二是廠商應仔細確定出主要的滿足因子或購買的激勵因子是什麼，並努力讓產品訴求有此方面的因子。

(二)學 習 （learning）

　　大多數人類的行爲經由學習而來。一個人的學習經由趨力(drives)，刺激 (stimuli)、動機 (motive)、制約 (conditioned)、暗示 (clues)、反應 (response)、強化 (reinforcement)、類化 (generalize)、判別

(discrimination) 等的相互作用而產生。

1. **趨力**：所謂趨力是引發行動的強烈內在刺激。
2. **動機**：當內在刺激被引導到能減少趨力的刺激客體 (stimuli object) 就變成動機。
3. **暗示**：是指決定個人何時、何地如何購買產品的刺激。
4. **反應**：所謂反應是指當外在訊息刺激消費者時，會影響到消費者的衝動。
5. **強化**：如果消費者使用產品後的經驗得到補償 (rewarding)，則他對產品反應逐漸受到強化。
6. **類化**：消費者會將使用產品的經驗聯想到同一品牌所製造的其它產品。
7. **判別**：所謂判別是指消費者在學習到一組相同刺激下去認清各種刺激間的差異，然後調整他的反應。

　　行銷在學習理論的重點爲教導行銷人員，在建立一種產品需求時，要配合運用消費者內在趨力，激勵性的暗示，並提供正面的強化。在相同的趨力下，一家新公司可採用與競爭者相同的訴求方式，並提供相似的暗示環境來進入市場，這是因爲購買者比較可能移轉其忠誠度至相似的品牌而非不相似品牌(此爲類化作用)。或者，公司可以完全不同趨力組合爲訴求，提供強烈的暗示去誘導消費者，促使購買者轉換品牌（此即爲判別作用）。

(三)認知 (perception)

　　認知 (perception) 可以定義爲：「個人選擇、組織、解釋輸入的資訊，藉以對事物產生有意義的過程。」認知不僅與實體刺激的特性有關，同時也與刺激周遭的環境（完整概念 the gestalt idea）及個人的內在狀況有關。認知對於行銷的重要性在於人們對於一件事物的認識，乃是採

取整體性，不能只從產品屬性或特徵去比較分析而犯了見樹不見林的毛病，譬如"made in Taiwan"與"made in Japan"的觀點，有時顧客在市場上看到某種產品，覺得設計和品質都不錯，價格也十分合理，可是一旦發覺"made in Taiwan"就躊躇不決是否購買了，反過來說"made in Japan"就信心大增。人們對於相同刺激客體之所以會有不同的認知，主要是受下列三種認知過程所造成的：選擇性注意(selective attention)，選擇性扭曲(selective distortion)及選擇性保留(selective retention)。

1.選擇性注意：

所謂選擇性注意是指消費者較可能注意與：①當前需要有關的刺激，②較可能注意他們所期望的刺激，③較可能注意某些大幅偏離正常狀況的刺激。選擇性注意的涵義乃在於告訴行銷人員必須特別用心，才能吸引消費者的注意。例如篇幅較大的廣告，較密集上電視的廣告，或顏色較為新奇，並有強烈對比效果的廣告，才能引起消費者注意。否則行銷人員所傳遞的訊息會被潛在消費者所忽略或遺漏。例如要購買冷氣的消費者會注意大多數冷氣廣告而忽略電視廣告，進去電器專賣店內陳列位置會較注意冷氣所在的位置，會較注意目前正在做大量促銷的品牌而非僅少許減價的品牌。

2.選擇性扭曲 (selective distortion)

所謂選擇性扭曲係指人們將資訊扭曲成與自己想法相同的傾向。因為消費者注意外來的刺激，並非保證他已完全接受刺激所要傳達的企圖。消費者會想調和和自己現有的心理組合 (mind set) 與外來的資訊（刺激）。例如某消費者原本在心理認知就認為 A 品牌冷氣機品質較好，當銷售人員向他推銷 A 品牌、B 品牌時，則他可能只會記得 A 品牌優點而扭曲其缺點。人們習慣於以一種支持其先入為主的觀念來解釋外來的刺激，而非使他們對自己先入為主的觀念產生懷疑。

3.選擇性記憶

所謂選擇性記憶是指人們在學習過程中許多學習過的事物會忘掉，而僅記憶支持他們態度與信念的資訊。例如消費者記得對於 A 品牌冷氣優點，當他在購買冷氣機時或溝通傳播的過程會重拾對於 A 品牌的記憶。

㈣信 念 (belief)

指人對事物的描述性的想法 (descriptive thought)，廠商必須能瞭解產品品牌在消費者心目中描述性想法，而消費者信念可能是建立在下列基礎上，如個人的①知識、②意見、③忠誠度、④情感上，廠商對於消費者實際想法若有大概性瞭解，則對於促銷策略方針指導有很大的幫忙。例如消費者對於某品牌的大概想法若有保守、守舊，則縱使產品具活力、年輕走向，則消費者對此產品缺乏購買力，並非是產品的問題，而是品牌信念的問題。

㈤態 度 (attitude)

指人對某些客體或觀念存在著：
(1)認知評價 (cognitive evaluation)：如喜歡或不喜歡。
(2)情緒性的感覺 (emotional feeling)
(3)行動傾向 (action tendencies)
例如本身品牌給予消費者的態度為低品質／低價格的態度，則為改變消費者態度，可能要重新塑造成為合理價格／合理品質，才有辦法改變消費者的評價、感覺與購買行動傾向，也才有辦法改變品牌定位與消費者偏好。

態度會導引個人對相似的事物有相當的一致行為。態度使得精力與思想得以較經濟的發揮作用。公司最好以產品來配合消費者需求態度，因為改變消費者的態度是很困難的。一個人所持有的各種態度具有相當

一致性，若要改變其中的任何一項態度，可能就需花費相當的代價去調整其它態度。

五、消費者完形定律（Gestalt Theory）

㈠求全律（pragnana）

消費者有追求完美、完全和完整的意思，就是有追求完全狀況和良好完形的心理認知。

㈡完成律（closure）

受外在刺激運動一旦停止，消費者知覺的注意仍會受到動者恆動慣性影響，循環其軌跡，繼續向前進行，完成其未完成的動作。

㈢接近律（proximity）

兩個在時間與空間上彼此接近的人物或事件，易於被消費者認為同類或相關。

㈣相似律（similarity）

即物以類聚，有相似特性的人物與事件，即令時間、空間相距很遠，消費者仍會將它們聯想在一起。

㈤連續律（continuity）

消費者對於整體性意義瞭解較個別性易於接受，例如感情不好的男女朋友若同時在公共場合出現，則消費者很難認為他們感情不好。

㈥熟悉律（familiarity）

消費者對過去經驗中經常出現的人物或事件較容易辨認與聯想或接受。

㈦閉拒律（closedness）

消費者對於外觀封閉的要素易於看成同一個單元，具有排他性；外觀開放的要素則不含排斥性。

㈧客觀動向律（objective set）

消費者若先看到某一形式的組織，即使引起這種原知的知覺刺激已不存在，消費者仍會按照原來的想法去看。

㈨共同命運律（common fate）

消費者針對外觀的部份，如果具有良好的外形和共同特性，則會聯想在一起。

㈩共同運動律（common movement）

指幾個要素在同時作出相似動作時，則會連在一起。

㈩一對稱律（symmetry）

是指一個良好的完形必須具有穩定與規律的特性。而消費者對一個對稱的圖形比一個不對稱的圖形看起來會比較均衡，而均衡對消費者的知覺會較穩定。

(三)簡單律（simplicity）

消費者的知覺的注意有一種朝向最經濟最省事的方向去分配強烈傾向。

從以上認知定律可做如下的分類：

1.凡刺激集中於視覺場域的表面或四周者，稱為表層因素（peripheral factors）。如接近律、相似律、共同運動律。

2.刺激本身先有一套既定的組織型式，然後將此種形式加強於新刺激之上，稱為中央因素（central factor）。如熟悉律、客觀動向律。

3.加強圖形本身業已大致呈現的特性，使其儘量像它所欲表現的圖形，謂之增強因素（reinforcement factors）。如求全律、完成律、共同命運律、對稱律、簡單律。

第五節　消費行為類型與不同行銷策略

消費者對於各種產品的購買決策有不同的思考方式，而市場各競爭品牌提供之產品也有同質性高與低的差別，往往對於金額較低，同質性高，替代性多的產品，如休閒食品與口香糖等，其決策較大而化之，縱使決策錯誤，其影響層面也不會很大。但對於金額高，同質性低，替代性低的產品，如汽車、婚紗攝影、喜餅等產品的購買決策則較慎重且謹慎。因為其日後重複購買機會不多，且支出並非經常性支出，而屬較重大的支出。1987 年美國學者 Henry Assael 曾將消費者購買行為區分為四種類型。依照消費者對於購買行動的涉入度（involvement）與市場上品牌之間產品差異性（difference）而區隔為四種的消費行為類型。

	低涉入	高涉入
品牌間有顯著差異	尋求多樣變化消費行爲	複雜性消費行爲
品牌間無顯著差異	習慣性購買的消費行爲	減少認知失調的消費行爲

表3-3　Assael 之消費行爲類型

分別將各消費行爲類型重點說明如下:

一、 複雜的購買行爲 (complex buying behavior)

若消費者屬高度涉入購買行動，並在市場上品牌之間有顯著性的差異，如汽車、喜餅的消費行爲。行銷人員可運用的行銷策略與行銷運作的考慮因素:

①必須要特別注意外在環境的改變，因爲其高單價相對伴隨著高風險的經營風險。

②消費者認知改變要花時間去觀察研究以掌握效果層面。

③預測能力對於結果，事前性投入資源有很大的影響，先勝而後求戰的觀點很重要。

④競爭結構改變，對於運用行銷策略調整有深層影響。

⑤銷售主張是否具有獨創性很重要。此行業的消費行爲不是用產品在進行區隔，相對用無形的調性 (tone) 與意識型態有非常差異的想法與做法。

⑥價格敏感度對於此行業的推力運作是必須思考的前提，運用好是載舟的觀點，運用不好是覆舟的觀點。

⑦拉／推必須同時兼顧才有好的績效是此種消費行爲很重要的特質。

⑧意識型態的行銷策略: 爲提高消費者自我決策，避免參考群體的

　　干擾，意識型態的行銷策略愈趨重要。

二、尋求多樣變化的消費行爲（variety-seeking buying behavior）

　　若消費者低度涉入且市場品牌之間有差異性，則此種類型的消費行爲爲尋求多樣變化的消費行爲，如飲料、洗髮精這種類型的產品市場領導品牌與挑戰品牌的行銷策略不一樣：

　　①市場領導品牌：可透過控制陳列空間、避免缺貨、作提醒式的促銷廣告、多品牌策略運用，來養成習慣性購買行爲。

　　②挑戰品牌可採用低價、折扣、贈品、免費樣品及強調試用新產品以鼓勵消費者尋求不同種類的產品。

三、降低認知失調的消費行爲（dissonance-reducing buying behavior）

　　消費者雖然高度涉入，但看不出品牌之間有明顯的差異性，高度涉入乃基於該項購買價格昂貴、非經常性購買及購買時有風險等。購買者雖然會收集購買情報，但由於品牌之間並無明顯差異，故購買會迅速。消費者的重點在於購買前的自我認同（self-identification）與購後認知是否失調的問題。因此消費者首先經歷某種行爲狀態，獲得一些新的信念，最後以有利的方式來評估自己的選擇。行銷人員重點在於溝通時提供信念與評價給消費者，以協助消費者能在購買之後對其所作之品牌選擇感到放心。如傢俱、地毯。

四、習慣性購買的消費行爲（habitual buying behavior）

　　許多產品是在消費者低度涉入且品牌之間差異很少的情況被購買，如休閒零嘴食品（snaker）、鹽、糖。消費者對此產品鮮少介入關心，他

們到店裏順手拿起一種品牌就買了。如果他們在尋找一種品牌，是由於品牌熟悉與習慣，並非有強烈品牌忠誠。經常性購買、成本較低的產品經常屬於此種類型的消費行為。消費者的購買並沒有經過正常的信念態度、行為、資訊收集、評估差異，亦未仔細權衡即作成決定，故此種消費行為品牌熟悉度 (brand famility) 比品牌說明力 (brand conviction) 來得重要。對於此種消費行為，行銷人員可利用價格與促銷作為產品的試用誘因，廣告的重點在於符號、印象、音樂，廣告的重點應簡單易記不斷重複。以古典的制約理論 (classical conditioning theory) 為基礎亦即消費者在經過某些產品符號重複不斷地灌輸後，會對該品牌產生認同。

行銷人員亦可嘗試將低度涉入轉成較高涉入的想法，以利差異化行銷策略運用，例如事件、話題等行銷活動的導入。如牙膏與牙齒健康、健康飲料加入添加物使消費者較注意與個人價值觀改變。

第六節　消費者購買決策過程

行銷人員必須瞭解消費者購買決策過程,才能擬定正確的行銷策略。而消費者購買決策過程共分問題確認,情報蒐集,方案評估,購買決策,購後行為。

消費者在購買過程中有五種相關角色:

①發起者 (initiator)：率先或建議購買產品或服務之人。

②影響者 (influencer)：對消費者購買具有影響性消費者。

③決定者(decider)：有關是否購買，購買什麼，如何購買，何處購買實際決定的人。

④購買者 (buyer)：實際購買的人。

⑤使用者 (user)：為消費或使用該產品或服務之人。

一、問題確認 (problem recognition)

當消費者在其實際的狀況與需求的狀況之間感到有所差異的時候，便產生了問題認知。動機與刺激在此極為重要，其中動機受人格，生活型態，文化規範，及價值觀的影響，而刺激則為活動的激發因子。

需求的產生可能是由內在或外在刺激所致。一個人的正常需求，如飢餓，『渴，性等，升高越過『門檻水準』(threshold level) 就成為趨力。從過去的經驗，這個人學會如何去因應這種趨力，以採取行動來滿足所產生的需求。而外來的刺激則像是，經過一家麵包店，看到剛出爐的麵包便激起了飢餓感；看到鄰居的新車子或普吉島的渡假廣告，都會刺激需求的產生。

行銷人員須了解何種情況及什麼原因能激起消費者特定的需求，以及他們如何想到某一特定產品，如此便可發展激起消費者興趣的行銷策略。

二、情報蒐集 (information search)

在需求或問題確認之後，消費者可能會去蒐集資料，亦可能不會。如果消費者的趨力夠強，並且能滿足需求的標的物垂手可得，則消費者便會立即購買；反之，則此消費者的需求會存放於記憶中，在此一期間，消費者將可能會做進一步的資料收集。

對於資訊收集的行動，可以將之分為兩種程度。普通程度的蒐集稱為『加強注意』(heightened attention)，例如想要買電腦的人將會變成較能接受有關電腦的資訊，並加強注意電腦的廣告，朋友買的電腦，以及與朋友討論電腦。另一種情況則是進入一種『主動的資訊收集』(active information search) 的程度。此時該消費者將會閱讀各種有關電腦的書籍，刊物，以電話詢問朋友，並且到相關的經銷商或展覽會

場上，以獲得有關的電腦資訊。至於蒐集行動會做到何種程度，端視驅力的大小，原來擁有資訊的多寡，獲得額外資訊的難易程度，對額外資訊的重視程度，以及自蒐集活動中所得到的滿足感而定。

行銷人員最感到興趣的是消費者主要的資訊來源，以及這些來源對決策的相對影響力。消費者的資訊主要來源有如下四種：

(1)個人來源（personal source）：家庭，朋友，鄰居，與熟人等。

(2)商業來源（commercial source）：廣告，推銷人員，批發商，包裝與展示等。

(3)公共來源（public source）：大眾傳播媒體及消費者評鑑組織等。

(4)經驗來源（experiential source）：曾有處理，檢查，使用產品的經驗等。

這些資訊來源隨著產品種類以及購買者特質的不同，而有不同的相對影響力。一般而言，消費者對於產品的資訊，主要是來自商業來源，此為行銷人員可以控制的。另一方面對消費者最有影響力的資訊來源應是個人來源。每一種來源對購買決策的影響皆扮演著不同的功能角色。商業資訊扮演的是告知功能，個人資訊來源扮演著公正與評鑑功能。

蒐集資訊的結果是，消費者對市場上的一些品牌及其特性都很熟悉。下圖左方就是消費者所能獲得的品牌組合，但消費者熟悉其中某些品牌，稱為知曉組合。該組合中只有幾個品牌符合最初的標準，而形成考慮組合。當消費者蒐集更多關於考慮組合內的品牌資訊後，其中少數的品牌被留下來成為強勁的候選品牌，而成為選擇組合。由選擇組合中，再以所使用的決策評估過程為基礎，得到最後的決策。

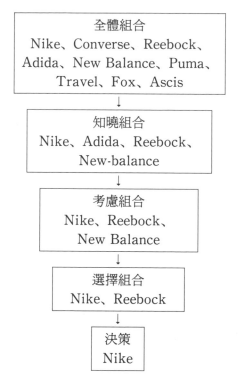

表3-4　運動鞋市場品牌組合概念

三、方案評估（alternatives evaluation）

消費者蒐集相關情報後，便據此評估各種可行方案。而方案評估又包括了五個部份。

1.評估準則（evaluative criteria）即消費者用以評估產品的因素或標準，通常是以產品屬性或規格表示。評估準則的選定，又受到個人內在動機，生活型態和個性的影響。以下是消費者對某些日常用品所感興趣的屬性：

　(1)電腦：記憶容量，軟體的相容性，售後服務，價格。

　(2)照相機：照片的清晰度，快門速度，相機的規格尺寸，價格。

　(3)旅館：地點，清潔，氣氛，價格。

(4)輪胎：安全，耐用性，行駛品質，價格。

　　不同的消費者，會對同一產品的屬性有不同的重視程度，且最注意能滿足需要的屬性。行銷人員可根據不同消費團體的相異屬性來訴求，而將市場區隔化。

　　2.消費者對於各種產品的屬性會給予不同程度的權數，換言之，產品屬性事實上會有顯著性與重要性不同。所謂屬性的顯著性（salient）意指著消費者考慮產品品質時的第一個印象。行銷人員並不能就此宣稱其為最重要的屬性。因為，有些屬性之所以顯著，很可能係因消費者剛巧接觸過一些曾經提及的或相關的商業廣告，自然此一屬性會首先被考慮。

四、購買決策

　　當消費者方案評估完成後，便會選擇一個最能解決原來問題的方案而採取行動。一般而言，購買意願越高的方案或品牌，選擇的機會也越大。但是尚有幾個因素介於購買意圖及購買決策之間，影響實際上的購買行為。

1.他人的態度（attitudes of others）

　　有些消費者會受他人的態度來影響其購買決策，如家人、朋友。但有些消費者則不受他人的影響。

2.非預期情境因素（unanticipated situational factor）

　　消費者對於產品購買常受其預期所得、預期價格、預期產品利益而影響，但如果發生非預期性因素時，有時會改變消費者購買意願。

3.認知風險（perceived risk）

　　認知風險大小受投入金額多寡、屬性不確定性程度、消費者自信程度而有所不同。

4.購買次決策（purchase sub-decision）

消費者購買意願受五個次決策影響為品牌決策 (brand decision) 賣主決策 (rendor decision)、數量決策 (quantity decision)、時間決策 (time decision)、付款方式決策 (payment method decision)。

五、購後行為 (post purchase behavior)

(一)購後滿意 (post purchase satisfaction)

消費者在購買產品後會依下列考慮因素來判斷是否購後滿意。產品期望 (expectations) 與產品認知績效 (perceived performance) 差異的函數。如果產品認知績效低於消費者期望，則消費者會感到失望，如果它符合期望，則消費者會感到滿意。這些感覺判斷會影響到消費者是否再購買，以及告知他人對此產品感到滿意或不滿意。

(二)購後行動 (post purchase actions)

消費者購買產品後，如果感到滿意，則他會重複購買產品，行銷人員經常會說：「最佳的廣告就是滿足的顧客」如果消費者得不到滿意，則會產生認知失調，會造成不良的口碑，如果是在品質與產品有標示不符合事實或品質異常造成對顧客的傷害，則消費者會採取法律行動對廠商取得消費者合法的權益,我國在民國83年一月十一日亦開始消費者保護法，在第七條、第八條、第九條有下列規定：

1.從事設計、生產、製造商品或提供服務之企業經營者應確保其提供之產品或服務無安全或衛生之危險。

2.商品或服務具有危害消費者生命、身體、健康、財產之可能者，應於明顯處警告標示及緊急處理方法。

3.企業經營者於事實足認其提供之商品或服務有危害消費者安全與健康時，應即收回該批商品或停止其服務。

摘　要

一、消費行為與生活型態有很大的相關，更與未來的生活型態有很大的相關，美國知名的行銷學者 William Lazer, Priscilla La Barbera, James M. MacLachlan, Allen E. Smith 曾用 12 個重點生活型態轉變加以說明。

二、影響消費者行為主要的決策變數

1. 文化：乃個人慾望及行為最基本決定因素。

2. 次文化：每一文化皆包含許多更小的次文化體。它們提供其成員更明確的認同感與社會化過程。

3. 社會階級：是指社會中，較具同質性且較具持久性的群體，這些群體按層級 (hierarchical) 排列，每一階段的成員具有類似的價值觀、興趣及行為。

4. 參考群體：

所謂參考群體，係指對人的態度或行為，有直接或間接影響的所有群體。

5. 家庭：

家庭為社會中最重要的消費者購買組織，也是被研最多一種組織。行銷人員對於消費者購買產。

6. 角色與地位：

每一個人在一生中都會參與許多團體，如家庭、俱樂部、組織。個人在團體中的位置可由其角色和地位？

7. 年齡與生命週期：

人在不同年齡對於產品和服務偏好會有所不同，而消費者不僅有家庭生命週期也有所謂心理生命週期。

8.職業

一個人的消費型態也會受到其職業影響。

9.經濟狀況

人們的消費會受可支配所得、儲蓄與資產、借貸能力及對花費與儲蓄的態度?

10.生活型態

消費者生活型態是表現在活動、興趣、意見上的生活方式。生活型態可揭露人們與周遭環境互動的「整體的人」之表現。

11.人格與自我概念

所謂人格是指可加以區別的心理特徵，它將導致個人以一致且持久方式來回應其周遭環境。

自我概念指每一個消費者會為自己描繪一複雜的心理圖畫。

12.心理因素

①動機：動機或驅力係指一種具有強烈壓力而迫使人們不得不去尋找需要的滿足。三種較有名的動機理論：佛洛依德(Freud)，馬斯洛（Maslow），赫茲伯格（Herzberg）。

②認知：指個人選擇、組織、解釋輸入的資訊，藉以對事物產生有意義的過程。人們對於相同的刺激客體之所以會有不同的認知，主要是因為有選擇性注意、選擇性扭曲、選擇性保留。

③學習：個人的學習是經由趨力、刺激、暗示、反應與強化作用，來達到類化與判別過程。

④信念與態度

信念：指消費者對某些事物所抱持的一種描述性想法。

態度：指消費者對某些客體或觀念，存有一種持久性喜歡或不喜歡的認知評價、情緒性感覺、行動傾向。

三、不同消費行為類型與行銷策略

1. 複雜性消費行為

   指品牌差異是顯著的，消費者涉入程度高，例如汽車、喜餅必須
   要能有 U.S.P（獨創性銷售主張做法）。

2. 降低認知失調的消費行為

   指品牌差異不顯著，但消費者涉入程度高，例如傢俱，地毯對於
   交通便利，價格因素運用很重要。尋求多樣變化的消費行為：指
   品牌差異具有顯著性，但消費者涉入程度不高，例如洗髮精對於
   廣告、促銷運用很重要。

3. 習慣性購買的消費行為

   指品牌差異性、消費者涉入程度均無顯著性，例如 snaker 休閒性
   食品。品牌熟悉度是主要的重點。
   消費者購買決策過程共分需要的確認、資訊蒐集、方案評估、購
   買決策及購後行為。

個案研討：從運動鞋市場消費行爲探討新品牌進入市場之行銷策略

一、行銷組合運用：過去現在未來

運動鞋市場——消費行爲的變遷

1.過去

　　①一雙運動鞋跑遍各種運動。

　　②多爲純白顏色。

　　③用途多爲平日上學、上體育課穿著。

　　④大多數消費者買運動鞋時從未注意其功能。

　　⑤缺乏保護足部的觀念。

2.現在

　　①強調功能性且功能愈分愈細。

　　②附加特殊功能，價格攀高。

　　③運動鞋色彩化趨勢。

　　④運動、競賽時穿運動鞋表現極致的新形象。

　　⑤受復古風影響，頹廢色彩的慢跑鞋成了青少年的時髦話題。

3.未來

　　①與服飾潮流將更緊密的結合，不再是爲運動而穿運動鞋。

　　②結合人體力學與科技的發展方向。

　　③要求穿出舒適，休閒的味道，又輕又柔的慢跑鞋會重新有一定的市場。

　　④落實環保（廢棄材質再生），以再生鞋爲號召。

　　⑤著重運動鞋的機能性訴求（舒適、合腳與保護）。

二、運動鞋市場概況分析：從問卷調查，加以分析

1.從消費者選擇那一種品牌運動鞋得知

NIKE 為一領導品牌，市場佔有率約為 25.55%，其次為 Reebok 21.27%，Adidas 為 11.37%，New Balance 10.78%，K-Swiss 9.16%。

若將運動鞋區分為各種功能的運動鞋，則其市場佔有率分別如下：

①籃球鞋：市場佔有率最高的為 Nike 36.08%，其次為 Reebok 23.92%，亞瑟士 15.69%，Converse 9.80%，Adidas 4.71%。

②網球鞋：市場佔有率最高的為 K-Swiss 29.63%，其次為亞瑟士 12.91%，Adidas 11.11%，Nike 9.26%，Converse 7.41%。

③慢跑鞋：市場佔有率最高的為 New Balance 26.09%，其次為 Adidas 19.57%，Reebok 18.70%，Nike 17.39%，K-Swiss 6.09%。

④多功能：市場佔有率最高的為 Reebok 26.81%，其次為 Nike 26.09%，Adidas 10.14%，K-Swiss 8.70%，New Balance 7.25%。

2.消費者目前擁有運動鞋的數量分佈：

①一雙以下佔 28.4%

②二雙佔 47.3%

③三雙佔 14.8%

④四雙以上佔 9.5%

3.消費者對運動鞋使用量之分佈情形

①平均 1～3 個月購買一雙佔 11.9%

②平均 4～6 個月購買一雙佔 31.2%

③平均 7～12 個月購買一雙佔 22.9%

④平均一年以上購買一雙佔 30.3%

⑤新品上市就買佔 3.7%

本研究將消費群依平均購買運動鞋期間長短作以下劃分：

- 平均 1～3 個月購買一雙及新品上市就購買者為→重度使用量（佔 15.6%）

- 平均 4～12 個月購買一雙者為→中度使用量（佔 54.1%）

- 一年以上者→輕度使用量（佔 30.3%）

4.消費者購買運動鞋的平均價格：

①五百元以下佔 2.9%

② 500～1,000 元佔 17.1%

③ 1,000～1,500 元佔最大比例 41.9%

④ 1,500～2,000 元佔 21.9%

⑤ 2,000～2,500 元佔 9.5%

⑥ 2,500～3,000 元佔 3.8%

⑦ 3,000 元以上佔 2.9%

5.消費者在選擇運動鞋時，會考慮到的因素

①價格佔 15.6%

②款式佔 17.4%

③品牌佔 12.1%

④顏色佔 16.5%

⑤舒適性佔 16.5%

⑥實用性（耐穿、功能好）佔 8%

⑦新友介紹／推薦／口碑佔 0.7%

⑧有做廣告佔 0.2%

⑨容易搭配衣服穿佔 7.9%

⑩流行風潮佔 4.2%

⑪其它佔 0.4%

就以上所考慮的因素中以款式佔最大比例（17.4%）、其次分別為舒

適性的考慮（17.0%）、顏色（16.5%）、價格（15.6%），品牌（12.1%）

6.影響消費者最後購買決策的因素：

　　①款式很多佔5.3%

　　②款式新穎佔9.9%

　　③顏色選擇多佔5.3%

　　④穿起來舒適佔20.4%

　　⑤實用性（耐穿、功能好）佔16.1%

　　⑥重量很輕佔6.6%

　　⑦有氣墊佔4.3%

　　⑧產品種類多佔3.6%

　　⑨名牌佔3.6%

　　⑩口碑好佔7.6%

　　⑪有做廣告佔2.6%

　　⑫容易搭配衣服佔13.1%

　　⑬其它（一時流行）佔1.6%

三、新品牌切入市場考慮的因素與行銷組合策略

(一)個案品牌簡介 NEW BALANCE 的發展歷史

　　①西元1906年創立,強調目前唯一仍在美國本土製造運動鞋的傳統
　　　品牌, 不像 NIKE 或 REEBOK 在東南亞, 臺灣有設廠製造, 所
　　　以在同性質的各品牌運動鞋中, 其是屬於較高層次。

　　②西元1976年開發320系列的慢跑鞋,榮獲 *RUNNERS WORLD*
　　　運動雜誌評選為世界第一的慢跑鞋。

　　③西元1980年開始, 發展籃球鞋, 網球鞋, 韻律鞋, 登山鞋等, 各
　　　款運動鞋, 提供消費者更多元化的服務。

④西元 1993 年, AIE 取得在臺銷售代理權, 1994 年其銷售業績震撼
同業。

(二) NEW BALANCE 的產品定位

今日運動鞋市場戰國風雲, 各家廠商莫不使出渾身解數來吸引更多
的消費族群, 而透過消費者對產品的認知來增加銷售業績。在 1993 年 7
月份, AIE 取得在臺的代理權, 並在 1994 年時, 其銷售業績震撼市場,
綜觀 NEW BALANCE 之所以會有如此傲人的成績, 莫過於其產品在
消費者心中代表「流行」的象徵。93', 94'年的時裝界流行著復古的風潮,
走回 60, 70 年代的穿著, 而 NEW BALANCE 進入市場時剛好搭上這
班列車, 其因 NEW BALANCE 在 94'年 5 月份引進了 70 年代的復古
款式, 正投追求流行的消費者愛好, 然而若僅注重追求流行的設計, 其
商品的銷售週期有限, 而且在外國經過調查 NEW BALANCE 的運動
鞋, 是代表舒適、合腳與優越功能的人性化設計, 有鑑於此, NEW BAL-
ANCE 在設計時不但不失流行的風格, 更注重在材質的選用與符合人體
功學的設計, 使消費者在追求流行之際, 也能享受到 NEW BALANCE
人性化的服務。

(三) NEW BALANCE 市場區隔

針對各種不同消費者的不同消費型態, NEW BALANCE 的設計理
念分為傳統 (classic), 現代 (contemporary) 與前衛 (progressive),
來滿足消費者的需求與喜好。

〔傳統 (classic)〕:
其設計款式屬於較保守, 型式較單調, 但其材質堅固耐用, 適用於
較少有習慣購買運動鞋的消費群, 產品生命週期在 12~24 個月之間。

〔現代 (contemporary)〕:

　　其設計較大眾化，為一般大眾所青睞的形式，消費族群為一般上班族與學生，產品生命週期，在 6～12 個月。

〔前衛（progressive）〕：

　　大膽、顏色鮮明活潑的設計，消費族群為追求時尚的年輕人，因追求流行，所以產品替代率高，致生命週期較短，一般在 6 個月左右。

四、新品牌行銷組合策略運用

(一)促銷可行性思考

1.舊鞋換新鞋：（變相的折扣）

　　①時間：8 月中旬～9 月中旬（開學前、聯考後暑假中）

　　②價格：採平均價位×欲折扣數＝1 雙鞋子抵價

　　③舊鞋處理：資源回收、或交給環保單位集中處理。

2.折價券：用意在刺激下次的購買。

3.聯合促銷：

　　①名人助跑，提倡慢跑運動。

　　②提升企業形象。

4.校園推廣：配合在開學、校慶活動期間，在校園做展示推展。

5.贊助國家代表隊選手。

(二)廣告建議

1.廣告概念：經由市調結果在購買前受廣告影響僅 0.2%，在購買後 2%，總之廣告之效果就刺激購買而言，不大。現今的 CF 只有 NIKE 所做的廣告，一般所記憶的印象是 "Just do it"，此次 New Balance 所提出的廣告提案，則是以企業形象品牌為主要重點的廣告。

2.設定戰略：NB 此次所設定的廣告預期目標是希望能達到以下目標：

①希望能造成商品廣告的注目率

②誘發消費者需求的感性訴求

③目的是爲了增進廣告記憶

總之,透過不斷地廣告刺激,讓消費者對 NB 的印象由陌生變成熟悉。

3.廣告的主題:根據 NB 的經營理念, 以「清新、健康的形象,成爲最具創造性及開發性的運動鞋公司」,設計的構想則以此爲出發點。在創意概念上, 廣告構想源出於古代神話故事的「夸父追日」,欲藉故事中的主角爲了追日不惜辛勞, 只管往前跑的意念。而這種 "Never give up!"「永不放棄的毅力」, 正是我們要表達的理念,往往容易在中途迷失, 因此, 我們希望藉由 NB 廣告的推出,提醒每個人隨時檢視自己的生活, 不論何時有此自覺都不會嫌太遲, 也就是我們的廣告最終理念「新生活, 新平衡」。再者, NB 取其譯音, 即爲「新平衡」一語,此與我們的廣告理念不謀而合。而在廣告製作方面, 則以平面廣告及 CF 廣告作說明。

①平面廣告: 以感性訴求, 人性自我探討, 忙碌生活中檢視自己重新思考生活的目的、生命的意義, 欲藉此觸發消費者, 提醒消費者。版面中, 由無數的階梯組成的畫面, 經由一位運動員, 由下往上奔跑, 因爲跑步是一種跳躍的運動, 是一種希望的展現。

②CF: 整支片子以 "Never give up!" 的精神貫穿, 使之有一氣呵成之效果。

畫面: 在山的那一頭, 太陽漸漸西沈, 一位年輕的運動選手, 跑過山川、跑過原野, 在和一個與自然山景結合的畫面中, 鏡頭由遠拉近至運動員, 接著再移至運動員腳上的運動鞋, 畫面的 NB (MARK) 上停格。最後, 畫面停留在片刻, 在音樂接近尾聲的同時, 畫面停止, 音樂聲停住, 一個強有力的聲音出現 "New Balance"。

五、針對運動鞋市場未來走向對 NEW BALANCE 作建議

(一)強化品牌訴求

① NB 本身的行銷概念

「NB 強調的是功能及舒適合腳，而非以流行取勝」。

②研究討論的結果

NB 之所以賣的這麼好，完全是因為流行的關係。它剛好搭上這波流行復古風潮，由於鞋款新穎，容易搭配服飾，所以深植青少年的心。

建議：我認為其實『流行』與『舒適合腳』並不衝突。NB 可以強調『我們的運動鞋不只是流行而且舒適合腳，更是人性化的服務』。

(二)落實環保

①企業形象

環保意識高漲，消費者購物時由開始注意商品本身是否符合環保的要求，於是環保的設計、環保的產品、環保的生產過程以及力行環保的企業形象都成為 90 年代消費者關心的焦點。

②未來商品設計的一個新方向

畢竟現在消費者已逐漸具有濃厚的環保觀念，在選購商品的同時，也開始評估廠商是否注意到環境的保護。許多國家也開始醞釀商品銷售，必須要有明確的棄物回收計劃，這是時代的潮流，也是未來商品設計的一個新方向。

建議：消費者已具有環保觀念，而且這也是廠商自己的社會責任，唯有符合環保要求的商品，才能在未來的市場上立足，因此我們

建議 NB 必須落實環保，一方面做好本身企業形象，一方面尋得消費者對 NB 的認同。

(三)複合式運動鞋

①消費者實際的需求:

消費者基於預算的考量，會想要一雙運動鞋，又具有多重功能用途，這是他實際上的需要。

②何謂複合式運動鞋?

這種運動鞋不同於多功能鞋感覺有多種用途，複合式運動鞋主張選擇設計單純化，但保持特定運動的功能需求是設計的重點。

建議: 我們建議 NB 可將性質相近，如慢跑與休閒結合，生產一種兼具慢跑鞋與休閒鞋功能的新鞋款，配合消費者實際的需要，我們相信這是一個很好的利基。

(四)教育消費者

①專業的觀念

在教育消費者方面，NIKE 做得最好，NIKE 給人的感覺就是它在籃球鞋方面非常的專業，可以說是權威。

建議: 我認為在專業的觀念這方面 NB 做得不夠，其實 NB 的慢跑鞋確實做得不錯，但它並沒有給消費者覺得它是慢跑鞋方面的專業，我們建議 NB 可以多跟消費者做溝通，傳達這方面的訊息。

(五)生活型態的運用

可透過特殊化生活型態的運用，而將慢跑鞋的使用與消費者生活型態結合。

	非常不同意	有點不同意	不同意	沒有意見	有點同意	同意	非常同意
1.使用名牌的籃球鞋，可以提高一個人的身份地位……………………………………………	□	□	□	□	□	□	□
2.穿著名牌的慢跑鞋，會使我有一種傑出運動員的感覺………………………………………	□	□	□	□	□	□	□
3.穿著慢跑鞋時，使我看起來更灑脫，充滿年輕的氣息………………………………………	□	□	□	□	□	□	□
4.當我逛街時，我喜歡穿輕便的運動鞋…………	□	□	□	□	□	□	□
5.穿著慢跑鞋是一種健康的表現…………………	□	□	□	□	□	□	□
6.當我穿慢跑鞋時，會減低我生活上的緊張程度	□	□	□	□	□	□	□
7.人生本來就應該時常冒險，接受挑戰，穿著慢跑鞋會使我更有勇氣接受人生的挑戰…………	□	□	□	□	□	□	□
8.我喜歡平平凡凡的過日子，穿著慢跑鞋時，會使我覺得比別人更平凡……………………………	□	□	□	□	□	□	□
9.身為一個現代人，必須要跟住時代的流行，而穿著慢跑鞋亦是流行生活中的一部份…………	□	□	□	□	□	□	□

六、討論：日後可研究的方向

1.廠商如何教育消費者不同運動種類，必須穿著不同種類的運動鞋？可否在行銷策略上找到此種理論依據的重要性？

2.是否可加以說明未來三年運動鞋研究開發的趨勢重點何在？並說明消費者未來三年需求重點、考慮因素會有什麼轉變？

3.如果您是某新品牌運動鞋的行銷企劃人員，針對目前下列各種運動鞋品牌訴求

　① ASICS TIGER：動得更敏捷、跳得更高。

　② PUMA：解放地心引力。

　③ KENNEX：全面包圍，體貼入微。

　④ ADIDAS：用您的腳，穿出她的味道。

⑤ REEBOCK：其實 REEBOCK 並不是那麼高不可攀。

⑥ NIKE：可 360 度高空轉身、灌藍。全世界的共同語言。

⑦ CONVERSE：因為突出，我們總被視為眼中釘。

ⓐ您以何種訴求的方式來區隔市場，並能有市場利基的存在與功能？

ⓑ可否提出一聯合促銷方案來推廣品牌知名度？

4.市場調查問卷是一重要科學依據，請針對下列此題問卷，您認為可能會產生那些調查誤差與抽樣誤差？

　　以下有一些關於運動鞋的描述，請根據每一個品牌的運動鞋所給您的印象，圈選出適用於該品牌的描述。（每一品牌至多勾五項）

項目	Adidas	Nike	Reebok	Asics	K-Swiss	Converse
1.款式多	☐	☐	☐	☐	☐	☐
2.款式新穎	☐	☐	☐	☐	☐	☐
3.顏色變化多	☐	☐	☐	☐	☐	☐
4.價格合理	☐	☐	☐	☐	☐	☐
5.穿起來舒適	☐	☐	☐	☐	☐	☐
6.耐穿	☐	☐	☐	☐	☐	☐
7.重量很輕	☐	☐	☐	☐	☐	☐
8.產品種類多	☐	☐	☐	☐	☐	☐
9.適合專業人士（運動員穿）	☐	☐	☐	☐	☐	☐
10.適合休閒穿	☐	☐	☐	☐	☐	☐
11.經常推出新產品	☐	☐	☐	☐	☐	☐

註：本個案部份資料參考東吳大學經濟系消費行為研究上課資料。指導老師郭振鶴，參與學生林志昇、吳佩芬、卓偉程、張玉璞、王淑英、江碧玉、謝協季、徐大昕、楊棟梁、澎靜鈺協助部份，特表致意。

專題討論㈠：　生活型態對消費行為影響

一、生活型態

　　來自相同的次文化，社會階層，甚至相同職業的人可能有迥然不同的生活方式。他可能過著「歸屬者」的生活，穿著保守的服裝，花很多的時間和家人共處，對教堂作捐獻及服務；或者是過『成就者』的生活，花大量的時間在工作上，在旅行或運動及盡情的玩樂上。

　　一個人的生活方式就是他表現在活動，興趣與意見的方式。生活方式可揭露人們與周遭環境互動的整體表現；生活方式在某一方面反應出超越社會階層，或在另一方面超越人格的特質。例如我們可以藉由某人的社會階層，來推演出他可能做的事，但是卻無法將他看成獨立的個體。或者我們瞭解某人的人格，而能夠進一步分辨他的心理特徵，但卻無法知道他的真正活動，興趣和意見。生活型態是試著為世上所有人們描繪出行為模式。

　　研究人員努力的發展出一種生活方式的分類，是基於心理的衡量，有多種分類方式已被發展。在此敍述其中二種：稱為 AIO 架構，以及 VALS 架構。

AIO 架構（態度，興趣和意見；Attitudes, Interests, and Opinions）

　　回答者被詢問許多很長的問題，有的問題甚至長達 25 頁，希望藉此測量出他們的活動，興趣和意見。下表列舉出測量 AIO 各元素的構面，以及受測者的人口統計資料：

活　　　動	興　　　趣	意　　　見	人口統計變數
工　　　作	家　　　庭	自　　　己	年　　　齡
嗜　　　好	家　　　事	社會問題	教　　　育
社交活動	職　　　業	政　　　治	所　　　得
渡　　　假	社　　　區	商　　　業	職　　　業
娛　　　樂	娛　　　樂	經　　　濟	家庭人口
俱樂部會員	時　　　尙	教　　　育	居住環境
社　　　區	食　　　物	產　　　品	地理區域
逛街購物	娛　　　樂	未　　　來	城市大小
運　　　動	成　　　就	文　　　化	生命週期階段

資料來源： Joseph T. Plammer, "The Concept and Application of Life-style Segmentation." *Journal of Marketing*, January, 1974, p. 34.

表3-5　AIO 架構

許多問題都是以同意或不同意的方式來作答，例如：

- 我想成爲一位演員。
- 我喜歡參加音樂會。
- 我穿衣服是爲追求時尙，並非僅爲舒適。
- 在晚飯前，我先喝一杯雞尾酒。

這些資料都被送入電腦分析，從中找出特殊的生活方式群體。在芝加哥的廣告代理商 Needham, Harper 和 Steer 已區分十種生活方式：

女性生活型態：

(1)心滿意足的家庭主婦（18%）

(2)灑脫的鄉村婦女（20%）

(3)優雅高貴的仕女（17%）

(4)好挑剔的母親（19%）

(5)老古板的保守者（25％）

男性生活型態：

(1)白手起家的企業家（17％）

(2)成功的專業人員（21％）

(3)熱愛家庭的丈夫（17％）

(4)失意挫折的工人（19％）

(5)退休的老人（26％）

當要發展行銷活動時，行銷人員要先決定產品的對象屬於何種生活方式群體，然後針對該生活方式群體的 AIO 特徵，從事廣告的訴求。

VALS 架構（價值與生活方式：values and life-style）

Arnold Mitchell 最近對 2,713 位美國民眾詢問 800 個問題，得到一種新的生活方式群體之分類，共分為九種生活方式群體。下面將一一加以列舉，並且說明每一類群體佔美國成人的百分比。

(1)醉生夢死者：4％，不如意的人，絕望，沮喪，退縮。

(2)奮鬥者：7％，不如意的人，極力奮鬥想脫離貧窮。

(3)追隨者：33％，這些人懷古，保守，陳舊，沒有閱歷，只能適應生活而不能轟轟烈烈出人頭地。

(4)競爭者：10％，有野心，想向更高的社會階級移動，有地位自覺，凡事追求大且好。

(5)成就者：23％，國家各階層的領導者，掌握事情的發展，在體系中工作，過良好的生活。

(6)獨行者：5％，典型的年輕人，自我為中心，要求一切。

(7)閱歷豐富者：7％，追求豐富的內在生活，希望能親身經歷生活的一切。

(8)社會自覺者：9％，對於社會責任有高度的自覺，希望能改進社會狀況。

(9)集大成者：2%，心理非常的成熟，並且結合內在與外在的最佳條件。

以上分類基礎的建立，乃認為每個人會經過一連串的成長階段。在每一階段都會對個人的態度，興趣和心理求產生影響。人先經過需求動機階段 (醉生夢死者和奮鬥者)，進入一個外在取向 (追隨者，競爭者和成就者) 或是內在取向的階段 (獨行者，閱歷豐富者，社會自覺者)，然後有些人可以達到最後完美的集大成階段。

二、EKB 模式

美國學者 Engel, Kollat, Blackwell 曾說明生活型態對消費者決策影響，Lazer 曾說明生活型態與購買決策的關係，如圖 3-1 所示。

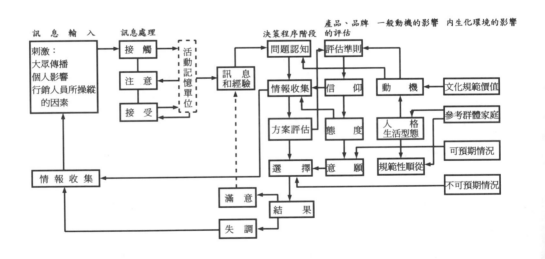

圖3-1　消費行為的完整模式 (EKB 模式)

三、生活型態之用途

生活型態之用途十分廣泛，生活型態的用途如下：

㈠用以發展廣告策略。

㈡用以製定適合目標市場的產品。

㈢用以做為市場區隔研究之用。

㈣用以訂定媒體策略。

㈤用以研究零售通路之顧客。

㈥以為行銷人員對其他消費者分類方法之研究。

四、生活型態的衡量、分析與解釋

Wind and Green 提出一個研究生活型態的一般架構：

㈠決定研究目標。

㈡發展生活型態模式：

1.決定衡量的方式：一般而言決定衡量的方式有下列五種：

(1)衡量一個人所消耗的產品和服務。

(2)衡量一個人的活動 (activities)、興趣 (interests) 和意見 (opinions) 即 AIO 變數。

(3)衡量一個人的價值體系。

(4)衡量一個人的人格特質。

(5)衡量一個人對不同產品水準的態度及他所追尋的利益。其中以
AIO 變數來衡量最為普遍，而 Engel, Blackwell, Kollat 認為
AIO 之定義如下：

①活動(activities)：是一種具體的行動如：媒體的觀賞、逛街購物，或是告訴鄰人有一項新的服務訊息。雖然這些行動都是平常易見的，但是構成這些行動的原因卻很少能直接衡量。

②興趣（interest）：即是對某些主體、事物或主題感到興奮的程度，而且持續且特別去注意它。

③意見（opinions）：是個人對於一個刺激情況的反應給予口頭或書面的答覆。是一個人對事情的解釋、期望和評估，如：對他人意念相信的程度，對未來事物關心的程度等。

2.採用一般化或特殊化 AIO（general AIO vs. specific AIO）：

一般化 AIO 即指決定一個人日常生活的型態和構面，而那些型態和構面是影響個人活動和認知的。如：對生活的滿意程度、家庭導向、價格意識、自信程度、宗教信仰等。特殊化 AIO 即指衡量和產品有關之活動、興趣、意見。如：對產品和品牌水準的態度，使用產品和服務的次數，尋求情報之媒體等。

3.決定生活型態的主要構面：

以避免嚐試和錯誤（trial and error）的過程。Plummer 認為生活型態的衡量應包括下列四個重要層面：(1)人們如何花費他們的時間，(2)人們的興趣何在，對周遭環境重視的程度如何，(3)對自己及對周遭環境的意見如何，(4)基本之人口統計特徵：如：生命週期的階段、所得、教育水準、居住地點等。其構面如表 4-所示。

4.解釋主要構面和假設之間的關係。

㈢辨認並找出生活型態變數：

即是根據上述之層面，每一層面設計一問題，此問題即是其變數，以此來衡量每一生活型態構面。

㈣設計研究工具：

通常以五點或七點的 Likert-type scale 來衡量消費者之意見，另外也有以 Stephenson's Q-Test, successive category sorting, forced choice 等方法來衡量。

㈤收集資料：通常以郵寄、人員訪問或電話訪問來收集資料。

(六)分析資料:

　　1.將資料加以分類:

　　利用因素分析、高次因素分析（higher-order factor analysis）及層次集群分析法（hierachical grouping method）去分析資料，如果問卷設計良好，結果應與原先設計構面相似。

　　2.說明生活型態構面與其他變數之關係:

　　利用複區別分析（multiple discriminate analysis），變異數分析（ANOVA）、典型相關分析（cannonical correlation），找出已建立之生活型態構面和其他變數間之關係，以做更清楚的描述。

(七)情報之獲得:

　　將所得到之結果，做為行銷決策之參考。

專題討論(二): 消費者對品牌評估的決策過程模式介紹

1.期望模式

　　$A_{jk} = \sum_{i=1}^{n} W_{Ik}B_{Ijk}$ 其中 $A_{jk}=$ 消費 k 對品牌 j 的態度分數。$W_{Ik}=$ 消費者 k 賦予屬性 i 的重要性權數。$B_{Ijk}=$ 消費者 k 對品牌 j 在屬性 i 方面所持的信念點數。$n=$ 既定品牌中重要屬性的數目如消費者對於購買洗髮精時有許多品牌，並考慮每一種屬性在消費者心目中的重要性權數。

2.理想品牌模式（ideal brand model）

　　此模式認為消費者會對實際的品牌與其理想品牌作一比較；當實際品牌愈接近理想品牌，則表示愈會受到消費者偏好。可從不滿意程度方式來計算理想品牌水準:

$$D_{jk} = \sum_{i=1}^{n} W_{lk}|B_{ljk} - J_{ik}|$$

其中 D_{jk} 為消費者 k 對品牌 j 的不滿意程度，且 I_{ik} 為消費者 k 對屬性 i 所持的理想水準。當 D 愈低時，則表示消費者 k 對品牌 j 的態度愈喜歡。消費者品牌知覺空間中，當行銷人員在與消費者溝通過程中，請消費者描述其理想品牌時，行銷人員可能得到反應是，有些消費者可清晰地描繪其理想品牌，有些消費者可能會出現二種以上的理想品牌，有些消費者可能難以定義其理想品牌。消費者對於理想品牌個數，有時並非單一考慮。如果洗髮精新品牌訴求能先進消費者心目中理想品牌之一，則對其日後的銷售可能有很大幫助。

3.全面聯合模式（conjunctive model）

有些消費者在評估各品牌時，會在可能接受品牌範圍內為各屬性設定一個最低標準，只有當品牌全部符合屬性標準時，才會考慮該品牌。此模式的重點是在是不強調某一屬性超出最低標準多少的要求。只要它超出最低標準即可。一個比標準高的屬性，並不能彌補比標準低的另一屬性。亦即無法截長補短。

例如消費者在選購洗髮精時會先聯想到 PERT、沙宣、晴絲，然後再考慮所重視的屬性，如價格合理性，購買方便性，雙效合一性等，去做聯合之組合分析，再從中選擇所要購買品牌，此模式的重點在於相信品牌對於消費者購買選擇仍佔有重要性影響。

4.重點模式（disjunctive model）

指消費者只考慮某一屬性超過特定水準的屬性，而不管其它屬性水準如何，這個模式也是屬於非補償性的，因為不列入考慮的屬性，若其水準相當高，亦無法使它們留在可接受的組合中。例如頭皮屑較多的消費者，必定先考慮有去頭皮屑功能的洗髮精。

5.逐步刪減模式（lexicographic model）

　　消費者以重要性程度來排列屬性,且以最重要的屬性來比較各品牌,是一種非補償性的評估過程, 消費者會重複此一過程, 直到選出一品牌爲止。此模式的重點在於消費者在購買產品時不會被品牌知名度所左右,且爲愼重起見, 消費者至少會比較前三個較重要屬性。

6.決定性模式（determinance model）

　　此一模式認爲某一屬性對消費者而言可能很重要, 但若所有產品在這屬性上均有相同程度的水準時,則此屬性將不會影響到消費者的選擇。行銷人員必須確認那些只是決定性屬性, 那些只是重要性屬性而非決定性屬性。此種消費者一般性而言比較有自信與經驗, 且在人格特質上較具主觀性。

7.行銷的重要涵義（marketing implication）

　　上式各種模式顯示: 購買者可用各種方式來形成其對產品的偏好。①一位特定的購買者, 在一特定的購買時機中且面臨一特定的產品類別時, 他可能是一位全面模式的購買者、重點模式的購買者或是其它模式購買者。②相同的購買者在大批購買時, 可能是全面模式購買者, 而在小量購買時, 卻可能是重點模式購買者。或者, 同一購買者在大批購買時, 先是以全面模式刪除一些可能方案, 再以理想品牌模式作最後的選擇。當我們知道市場是由許多不同的購買者所組成時, 要想瞭解上所有的購買行爲, 無異是緣木求魚。

　　雖然如此, 但行銷人員

　　(1)藉著抽樣訪問購買者, 以找出消費者如何評估產品群。

　　(2)行銷人員若發現大多數消費者都使用一種特殊的評估程序, 則行

銷人員可以考慮一種有效的方式，使品牌能顯著地呈現在那些消費者的面前。

(3)必須運用集群分析（cluster）以判斷各品牌之競爭群，或透過因素分析（factor analysis）來找出最重要的顯著性因素。

專題討論㈢：消費者創新事物決策過程模式

1.羅吉斯與蕭梅克在 1973 年著作「創新—傳佈」過程至少包括有下列步驟：①知識(knowledge)：個人得知有某項創新的存在，並瞭解它的功能。②說服(persuasion)：個人對創新產生一種贊成或不贊成的態度。③決定（decision)：個人選擇去採用或拒絕用某項創新。④確認（confirmation)：個人尋求支持以增強他已經做成的創新決定,但如果遇到衝突的訊息，他可能會改變先前的決定。

2.這個模式首先將整個事件區分三個主要階段，即前提（消費者級數與特質)、過程（傳播過程）與結果（對新事物採用或拒絕)。

3.羅吉斯認為新事物創新傳播過程通常會考慮下列因素：①相對優勢（relative advantage)：新事物人們使用後得利益愈多，則被採納的可行性愈高。②相容性(compatibility)：一項新事物或觀念如果與個人的價值體系、過去經驗相協調時，就較容易被採用。③複雜性(complexity)：如果新事物太複雜，人們接受情形相對就較少。④可試性(triability)：可試性高，被接受機會較高。⑤可觀察之顯著性(observability)：如新事物能明顯被觀察出，則被接受機會較高。

4.創新消費者的特質：①成就動機較高（achievement)，②成就慾較強(aspiration)，③較不同意宿命論，④較支持教育，⑤較支持變率，⑥較能處理不確定與冒險性，⑦智力較高，⑧較講理（rationality)，⑨較能應付抽象事物（abstractions)，⑩較不墨守成規（dogmatic)，⑪

較能設想他人角色（empathy）。

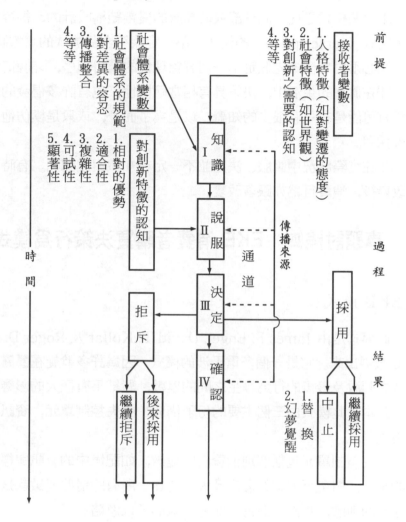

圖3-2　羅吉斯與簫梅克的創新——決策過程模式，指明了知識、說服、決定和確認等四個步驟（Rogers and Shoemaker, 1973）

運用 Roger & Shoemaker 模式應注意的要點：

⑴這個模式是從一個外部或較高層的變遷結構設計的，很容易是一個指定式（perscriptive）的模式，不一定能符合隨機式的實際狀況。

⑵必須思考模式先假定了一個直線理性的項目順序，事前都有計劃。

⑶在眞實的生活中，決策具有相當隨機性，也有許多倡發的元素，創新有可能是在只有很少的知識，或是爲了面子，或只是模仿他人的情形被採用。

⑷在實際狀況中說服、決定並不一定在知識與確認間。有時消費態度改變後，消費行爲亦跟著改變。

專題討論㈣：EKB 消費者購買決策行爲模式

1. EKB 模式

此模式是由 James F. Engel, David T. Kollat 及 Roger D. Black-well 發展出來。它是一個多重干涉的模式，因爲許多斡旋在暴露於剛開始時之刺激及最後的行爲發生之間的變數，對結果有極大的影響。

基本上此模式由三個主要的份子構成：中央控制單元，資訊處理及決策過程。

中央控制單元包括個別消費者的變數，如記憶中的資訊與經驗，感知的屬性，對可行方案的態度及人格特質。所有的這些變數都是用以過濾進來的刺激，將部份保留，並將其他的予以忽略。

在資訊處理的部份，進來的刺激同樣的經由暴露，注意，了解及記憶等過程與中央控制單元進行持續的交互作用。

在決策過程的部份涉及了問題認知，內部搜尋，可行方案評估的操作，購買過程及其結果。而結果有二，一爲購買後的評估，另一爲進一步的行爲。

2.模式架構重點

(1)輸出

主要是指廠商為達其行銷之目的而運用各種媒體，以達到其對消費者散播訊息之目的。

(2)資訊處理

在資訊處理上可以分為五個基本的步驟。這些步驟是依據 William McGuire 所發展的資訊處理模式而來的。其定義如下：

a.接觸：到達某刺激源附近，而使一個人的五官有被刺激的機會。

b.注意：對於存在刺激物的察覺能力。

c.了解：對於刺激所做的解譯。

d.接受：此刺激物對一個人知識或者態度的影響程度。

e.保留：將所解譯的刺激轉化為長期的記憶。

(3)決策過程

EKB 模式中消費者決策過程的五個階段為：問題認知，情報蒐集，方案評估，選擇，及購買結果。此模式強調在消費者實際購買前，購買程序早就開始了，且購買之後還有後續行為。這模式鼓勵行銷人員重視整個購買過程而非僅重視購買決策。

故消費行為在 EKB 模式中可解釋其定義為個人直接參與獲取及使用經濟性財貨勞務的行為。

3.EKB 模式消費決策行為各程序的重點

(1)問題認知（problem recognition）

當消費者心目中理想認知與實際現象有了差異之後，就會發生問題認知來源有外在的刺激與動機。

(2)情報的收集 (search)

當消費者認知問題後，便會去收集解決問題的情報。消費者會自問是否有充足的情報，如果情報充足他會根據訊息和自己的經驗，去評估可能的選擇方案。如果情報不足，消費者會透過大眾傳播媒體、朋友的意見和行銷人員所操縱的因素，經過接觸、注意和接受後得到的訊息去選擇評估方案。

(3)方案的評估 (alternative evaluation)

當消費者收集了情報後，便要評估各種可能的方案，以達成購買決策。方案的評估有兩個主要變數：①評估準則：是消費者用以評估產品和品牌的標準，評估準則直接受到動機的影響。②信仰：是連結產品和評估準則間的一種意識，產品試用是取得消費者信仰的重要途徑，因此信仰的形式和改變是行銷策略的最主要目標。

態度和意願亦是重要的變數，當信仰形成後態度也跟著改變了。態度是經由學習後對於一個給予方案，喜歡或厭惡的反應。而意願則是消費者選擇某一特殊產品或品牌的主觀機率。消費者購買某一產品的購買意願又受到二個外在環境變數的影響：①規範性順從 (normative compliance)：如參考群體、家庭和社會的規範。②預期情況 (anticipated circumstance)：如個人所得。

(4)選擇 (choice)

消費者評估了各種可能的方案後便會選擇一最適的方案，並採取購買行動。但當消費者遇到一些不可預期的環境變數如：所得的改變、家庭環境的改變、方案後來的不可行等因素，則消費者會保留原來的意願以後再購買或改採新的方案。

(5)結果（outcomes）

　　當消費者做了選擇以後，有二種可能結果：(1)滿意（satisfaction）
——由其先前的信仰和態度所導致滿意的結果，則此結果會導入其訊息
和經驗，並影響將來的購買決策。(2)決策後失調（postdecision dis-
sonance），則消費者會懷疑過去的信仰，並明白其他方案可能具有符合
他所需的產品屬性，因此他會繼續收集情報，以尋求最滿意的方案。

習 題

1.消費行為類型與行銷策略的運用。

2.試說明臺灣消費者未來生活型態的轉變。

3.何謂選擇性注意、選擇性扭曲、選擇性保留?

4.消費者購買決策過程。

5.影響消費者行為的主要決策變數有那些?

6.解釋下列名詞
　①理想品牌決策分析
　②品牌聯合性分析
　③重點式分析
　④逐步刪減模式分析
　⑤決定式品牌分析

7.消費者生活型態的定義? 生活型態對消費者支出行為有何影響?

8.何謂 EKB 模式分析?

9.何謂消費者動機、認知、學習、信念與態度?

10.何謂品牌組合概念? 並說明全體組合、知曉組合、考慮組合、選擇組合, 決策如何分類?

第四章　市場區隔的劃分、選定及定位

　　智者善用今天，以求明天，不會將他全部雞蛋盛在一個籃子裏。

Miguel de Cervantes（賽萬提斯）

　　將你的全部雞蛋放進一個籃子裏——切記小心那隻籃子。

Mark Twain（馬克吐溫）

市場區隔重要性

(1)目標的動態觀點：目標的增減與廠商對於市場區隔的選擇有息息的相關性，如 BMW 跑車型的市場開發、花王絲逸歡高價位市場區隔開發。

(2)成長的動態觀點：成長策略設計已不再是比例、直線性的思考，而是一種市場區隔細分化的動態性思考。在於成長策略選擇時，有較具體性基礎。

(3)定位的動態觀點：消費者對於品牌或產品的認知與偏好與市場區隔選擇有重要相關存在。

(4)策略性行銷觀點（strategic marketing）亦即 STP 行銷區隔（segmentation），目標（targeting），定位（positioning）。它的重點有：

區隔： (a)瞭解市場區隔的變化，並確認市場區隔

　　　 (b)描述各市場區隔的輪廓

目標： (a)評估每一市場區隔的吸引力

　　　 (b)選擇目標市場

定位： (a)為每一目標區隔確認可行的市場定位

　　　 (b)選擇、發展、表現出定位的觀點

市場上幾乎不可能有一個品牌能滿足所有之市場區隔，區隔是指將廣泛的消費市場，根據共同的特徵、偏好等，以最低之成本能含括最大的銷售潛力，區分為可加以管理的幾個市場的選擇過程；經由有效之區隔可降低競爭壓力，尤其當競爭者不能提供適合該區隔需求之產品。

但是必須特別注意不能因過份強調市場分析所用之區隔方法，而影響行銷之宏觀視野，因為就行銷而言，無限的延伸是行銷者應有之策略觀點。

第一節　市場區隔化

一、市場區隔化的程序

公司不論其區隔之基礎爲何，若要使市場區隔能有效地被發覺，可經由策略之程序來達成，此程序包括下列三步驟：

1. 調查階段（survey stage）：對消費者做訪問與深度訪談，以取得消費者的動機、態度與行爲。經由試訪後再整理出一份正式之問卷發給樣本消費者填答，以收集：1.產品之屬性及重要性評點，2.品牌知名度和品牌評點，3.產品使用型態，4.對產品類別的態度，5.受訪者之人口統計、心理統計及接觸媒體分析。

2. 分析階段（analysis stage）：區隔化之分群可從第一階段所得之資料，應用因素分析等多變量之統計方法來消除資料中彼此高度相關之變數，再利用集群分析（cluster analysis）來產生最大之區隔數目，使每一區隔中之觀察值之內部一致性高，且與其他集群間有差異存在。

3. 描繪階段（profiling stage）：根據第二階段所區隔出之集群之特有態度、行爲、人口統計變數、心理統計變數，以及媒體習慣加以描述，並依各集群主要顯著特徵加以命名。例如流行性消費群、中性消費群、保守消費群。

二、市場區隔化的方法

一般採用兩種方法，即消費者特徵（consumer characteristics）來形成區隔，通常指地理區隔、人口統計、心理變數等，接著再考慮不同之區隔對產品之不同反應；另一方法爲先由消費者反應（consumer response）區隔，例如所尋求的利益、使用時機和品牌忠誠度，一旦區隔分出後，再了解各區隔是否有不同的消費者特徵之差異點。

主要之區隔變數

㈠地理區隔變數：將市場區分爲不同的地理單位，食品飲料業經常以此做爲市場區隔的基礎。例如：

　　1.行政區之分類：區、鎮、縣、省等

　　2.氣候之分類：北部、南部等

　　3.密度之分類：都市、郊區等

　　4.城市人口或面積之大小。

㈡人口統計區隔變數：依據一些基本的人口統計變數，將市場分成數個群體，可依下列變數區分：

　　1.年齡，例如 12 歲以下、12 歲至 18 歲、18 歲以上……

　　2.性別，例如男，女……

　　3.家庭人數大小，例如 1 至 2 人之家庭、3 至 4 人之家庭、5 人以上之家庭……

　　4.家庭生命週期，例如年輕單身、年輕已婚無小孩、年輕已婚最小小孩小於六歲……

　　5.所得，例如年所得 15 萬以下、15 萬至 30 萬……

　　6.職業，例如作業技術工、經理、農夫、店員、職員、學生……

　　7.教育程度，例如國中以下、高中畢業、大專畢業……

　　8.宗教，例如天主教、基督教、佛教、回教……

　　9.人種，例如白種人、黃種人、黑種人……

　　10.國籍，例如美國、中國、日本……

　　大多數公司會同時採用兩個或更多的人口統計變數來區隔市場，即爲多數人口統計變數區隔化（multi-attribute demographic segmentation)。例如在流行服飾市場，廠商無法以年齡來界定流行消費群、中性消費群、保守消費群，必須以年齡與北、中、南進行交叉分析(cross-tab analysis) 多重區隔來界定全省各區域的區隔市場。

㈢心理統計變數：可依下列方式區分

1. 社會階級 (social class)，例如下下階層、下上階層、工作階層、中等階層、上中階層、下上階層……

2. 生活型態(life style)，例如平淡無奇型、時髦型、感性浪漫型……所謂生活型態，根據行銷學者 Lazer 定義為是一種系統性觀點，它是某一社會或某一群體，在生活上所具有的特徵，這些特徵足以顯示出這一社會或群體與其它不同群體的差異點，而具體表現在動態的生活模式中，所以生活型態是文化、價值觀、資源、法律等力量所造成的結果，從行銷觀點來看消費者的購買及消費行為就反映出一個社會生活型態。而根據 Kotler 定義：生活型態就是個人在真實世界中，表現個人活動、興趣、意見的生活模式。

3. 人格 (personality)，例如被動型、創造型、專斷型……

㈣行為反應變數：可依下列方式區分

1. 時機，例如一般時機、特別時機……

2. 利益，例如品質追求、服務要求、經濟合乎成本效益……

3. 使用者狀況，例如不使用者、過去曾用者、潛在使用者、初次使用者、一般使用者……

4. 使用率，例如輕度使用者、中度使用者、高度使用者……

5. 忠誠度，例如低度、中度、高度……

6. 準備階段，例如對產品完全不知、知曉、有興趣、對產品渴望、企圖買……

7. 對產品之態度，例如對產品熱心、肯定、無差異、否定、敵意……。

三、有效區隔的條件

而一個要有效或具吸引力的區隔方法，先要注意其所考慮的變數與組合後的結構選擇，而這些變數得具備四條件：

1. 可衡量性（measurability）：指特定購買者特性之資料數據易於獲得之程度，並可衡量所取得市場區隔大小和購買力。不過通常許多重要的特性或變數，不是很容易被衡量，例如汽車購買者其可能考慮的因素主要同時考慮經濟、地位和性能，較難衡量出各區隔市場大小，而最具可衡量的變數通常多為人口統計變數（demographic），例如年齡、所得、職業等。

2. 可接近性（accessibility）：指公司能效集中力量所選定區隔之程度，所形成的市場區隔能有效地接觸與服務，並非所有區隔變數都能做到這一點。如果廣告能集中針對意見領袖，無疑其效果將會最大且成本最低，但問題是意見領袖的媒體習慣或其他特性可能與非意見領袖之消費者無顯著差異，故若以意見領袖當區隔變數，就大多數產品而言，在運用行銷組合時，執行上會有困難。

3. 足量性（substantiality）：指經該區隔變數來區隔之各區隔市場之容量夠大或其獲利性夠高，而達到值得去考慮個別行銷開發之程度，一個區隔必須是實行個別行銷方案的最小單位，因此，必須有足夠大的市場及發展潛力,例如在 10 年前老年人市場不具吸引力，但隨著人口之老化，平均壽命之延長，老年人市場便發展成具有足量性的市場。

4. 可行動性（actionability）：指行銷計劃可以完成吸引與服務該區隔之程度，所區隔之市場足以制定有效的行銷方案來吸引並服務該市場。例如，一家小飲食店將全世界各國皆列入其各個目標區隔，顯然不太具可行動性，因為其人手、經營 Know-How、資金

等都明顯不能支撐該區隔後所擬之行銷計劃。

5. 可差異化的 (differentiable)：可針對不同區隔採取不同行銷策略，如果已婚、未婚女性對衛生棉使用習慣不同，則他們是可差異化的市場區隔。

第二節　市場對象化 (市場區隔目標化)

一、如何評估各種不同的市場區隔

廠商在決定選擇服務何種區隔之前,必先評估各種不同之市場區隔；其評估之方法必須注意三項因素，分述如下。

(一)區隔規模與成長

當公司在評估區隔大小規模之前必先考量本身之條件，故區隔規模指的是相對的概念，亦即大公司與小公司所選擇之規模相異，而區隔若具成長性則更具吸引力。

(二)區隔結構的吸引力

若區隔深具規模且有成長之趨勢，但可能並非理想之區隔，因為該區隔可能不具獲利性，主要是因為該區隔具五種威脅：

1. 激烈的區隔競爭：一區隔可能包括了積極或強大之競爭者，或有競爭者進行大量產能之擴充、或固定成於過高退出困難、或競爭者在該區隔有高度之影響力等，都可能引發價格戰、促銷戰、新產品上市等，使公司之競爭成本提高。

2. 新加入者之威脅 (threat of new entrant)：若進入區隔之障礙高且廠商報復的企圖心強，則該區隔便不具吸引力。而進入容易，

但退出困難之區隔亦容易使廠商產能過剩與利潤之壓低。

3. 替代品的威脅(threat of substitute products)：一區隔若存在著實際或潛在的替代品，則此區隔便不具吸引力。

4. 購買者談判力量增強之威脅 (threat of growing bragaining power of buyers)：當區隔中之購買者容易集中或組織在一起、或購買成本很高、或產品無差異性、或購買者轉用其他品牌之轉換成本很低、或購買者對價格很敏感、或購買者可向後整合時，皆可造成購買者談判力之增強，則該區隔較不具吸引力。

5. 供應商談判力量增大時 (threat of growing bargaining power of suppliers)：若區隔中之供應商、工會、銀行、公共事業等集中組織一起或市場中僅有少數替代品可用、或公司重要原料被供應商控制、或供應商可向前整合時，該區隔便不具吸引力。

(三)公司目標與資源

公司在評估各市場區隔時可能會發現許多就成長上、規模上、或是結構吸引力皆具很好之條件，但是不能與公司之長期目標相契合或是可能將公司資源轉移遠離公司目標時，仍要放棄該區隔，即使符合公司目標，仍必須考慮自己是否具備必要的技巧與資源，以在該區隔中成功，如果公司要在該區隔成功，還得研究出某些比競爭者優越的優勢。企業絕不可跟風進入本身無法產生某種型態優秀價值的市場或市場區隔。

二、如何選定市場區隔

市場區隔的選定，其主要考慮因素如下所述。

1. 公司資源：公司所願或所能提供的資源，對於戰場的大小具有決定性的影響，也就是說公司所願意且能夠提供之資源愈多則所選定之區隔便可愈多，反之則愈少。

2.市場地位：即公司目前在整體市場所處之地位。公司處於市場進
　　　　　　入階段，或是市場滲透階段或是市場成熟階段，其所
　　　　　　選定之重點區隔會不一樣。

3.市場潛力：在選定區隔之前，必須要比較各區隔之發展潛力，以
　　　　　　了解機會最大之區隔。

4.本公司與競爭者優劣勢：可儘量選擇能將公司優勢發揮到最大或
　　　　　　避開競爭者強大優勢。

三、從市場區隔說明無差異行銷、差異行銷、集中行銷的行銷策略

目標市場選擇型態計有以下五種型態：

1.單一區隔集中化（single-segment concentration）

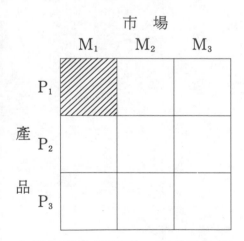

在最簡單的情況下，公司只選擇一個區隔。

2.選擇性專業化（selective specialization）

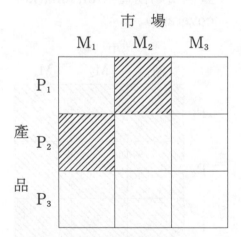

係指公司選擇許多區隔市場，而每個區隔皆甚具吸引力，且都能配合公司目標、資源。

3.市場專業化 (market speciali-zation)

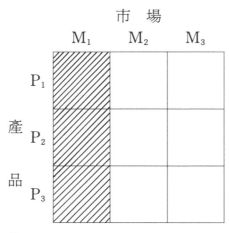

指公司針對某一特定市場的服務，且需要各種產品線支援。

4.產品專業化 (product speciali-zation)

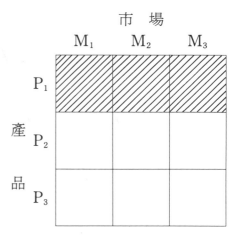

係一種產品供應各不同區隔市場。

5.整個市場涵蓋 (full market coverage)

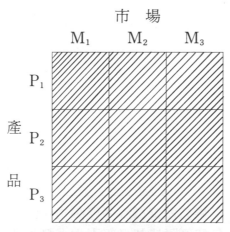

以所有產品來服務全部市場。

圖4-1　目標市場選擇型態

1.所謂之無差異行銷策略乃指企業推出一種產品且僅使用一種行銷策略，而打算吸引所有的消費者。在此策略之下，廠商並不想去辨認組成市場之各種市場區隔，企業視市場爲一個整體，注重人們需求之共同處而非差異處。其使用大量之配銷通路、大量廣告媒體和一般性主題來迎合廣大之購買者。企業認爲在人們心目中，創造對該產品的特別良好印象，不管是否基於任何實質的差異。

無差異行銷策略主要是基於成本之經濟性，採用此策略，可用標準化與大量生產，可降低許多營業成本。產品線狹窄可抑制生產、存貨、及運輸的成本，大量使用媒體可享受折扣，並可節省因爲市場區隔投入之行銷研究成本，並可降低產品管理之費用。

2.在差異性行銷策略之下，各企業推出多種產品且設立多個市場區隔，並爲每一區隔分別設計不同之行銷方案。藉著不同的產品和行銷，希望得到更多的銷量，且於每一個市場區隔內有深入的地位，並能有更多忠實與重複性購買。本策略比無差異行銷更能創造出較高的銷售額，乃由於較多之產品線及配銷通路，但同時此策略會使產品改良成本、生產成本、管理成本、存貨成本、促銷成本增加，因而此策略之優勢，很難下定論。

3.集中性行銷策略乃選擇一個細分市場或少數幾個市場爲目標，集中全力經營，以爭取在部份市場中擁有很大的佔有率。當企業資源有限時，可應用此策略以取得局部優勢而建立特殊之聲譽與市場地位，由於它在生產、分配和促銷的專業化，因而可享有許多經營上的經濟。如果它能正確選擇市場區隔，定能得到很高之投資報酬率，但是此策略會具較高之風險性，因此一集中性區，在競爭者突然投入時，利潤可能變壞。

第三節　市場定位化

一、何謂產品定位？品牌定位？

　　產品定位是行銷策略中有關產品決策中最重要的課題，亦可說是產品策略之核心，尤其需將產品定位在所選定之區隔上，主要任務是觀察該公司之產品在市場上是否處於有利地位，亦即研究出公司產品在消費者心中之知覺。

　　而所謂品牌定位係指將本公司之產品特性和競爭者之品牌特性相較，而將其定位於較有利之位置。也就是將某一品牌置於能比競爭者品牌更被消費者喜愛接受之某一市場地位之活動。

　　不過產品定位的定義到目前仍相當分歧。而自從由利斯（Al Ries）及仇特（Jack Trout）兩位廣告行銷專家在 1969 年首度發表有關定位的文章，鼓吹所謂的『定位策略』（positioning strategy），產品定位便開始是行銷策略中有關產品決策中的最重要課題，一般而言，定位始於產品，但舉凡一件商品，一項服務，一家公司，一所機構，甚至於個人，皆可以定位。但是『產品品牌定位』，並不是針對產品本身，而是針對潛在顧客內心的研究，也就是在潛在顧客心中所建立的產品形象。因此，產品品牌定位可能導致產品名稱、價格或包裝上的改善，目的是希望能在潛在顧客的心目中，佔據有利的形象地位。

　　產品定位應被定位在與競爭者分開之地位，定位可經由行銷組合變數，特別是經由設計及溝通，產品之差異化可經由定位更顯而易見。而有些產品定位可經由有形差異因素(例如：產品特性)，而有許多卻可藉由無形屬性因素來完成。

二、定位的步驟

企業在市場區隔化之後才能制定產品定位策略，若尚未區隔市場則將會造成定位模糊，經過選定市場區隔後，才可進行產品定位，實際上產品定位作業程序大致可分爲八大步驟。

㈠了解環境狀況，定位之前要先掌握及研究環境的變動

無論是經濟景氣或是不景氣，總是會造就出許多行銷機會及威脅，因此產品定位必須先配合環境作一基本之思考方向，經由此一步驟才能避免浪費時間及資源於企業無法改變的因素，且可產生一個大致之環境影響所可能對企業之衝擊，以使後續之定位程序能更實際。

㈡比較產品策略與企業策略之關係

第二步驟則爲思考定位與企業整體策略之關係及其相對之資源與限制，唯有經過此一步驟，定位才能與企業整體定位策略取得一致性，唯有如此，才能確保當產品定位策略成功時不至於對企業反而產生負面之影響，且可利用企業原有之優勢。

㈢了解目標顧客所關心之事項

定位所要重視的就是能打動目標顧客的心之事物，透過此一步驟之發展，往後之定位程序才有一具體方向，在開始時可能可列出一連串顧客所關心之屬性，此時可利用簡易之座標圖來標示各屬性及各區隔市場之位置，甚至可利用多變量方法，例如因素分析或多元尺度等計量方法，經由顧客問卷調查所得之資料取得定位知覺圖，可有利於往後定位之參考。

(四)了解公司現有產品之定位

了解了顧客後，接下來就是要注意公司目前之定位是否需調整及有何優劣勢，以供是否需重定位等事項，此步驟可利用上一階段所產生之知覺圖(可經由數量方法、主觀判斷或憑空想像)，如若仍無產生知覺圖，即可利用銷售人員或顧客口述之回饋及對競爭者之分析而得到公司現有產品之定位。

(五)找出最佳之產品定位

在評估競爭者與顧客對公司產品之相對定位之後，企業可找出最佳之產品定位，此階段之方法要依市場情況之複雜性、企業可容許之經費及時間而定，之後企業可確認要如何在目標區隔心中之定位，例如描述定位之語文或圖形；不過要找出最佳之產品定位可能很複雜，因為這需要對市場結構之了解，對科技之認識，對通路配銷等之掌握等等。

(六)發展定位聲明 (positioning statement)

到此階段，企業可定義出產品要讓消費者心中產生何種之認知，以及主要之行銷目標是如何，例如是要以低價來定位，或是高品質來定位產品，通常是常被考慮的定位聲明。如果公司發展定位聲明不是靠靈感，則可透過六種方法來提出：1.考慮目標區隔所可能被打動之訴求；2.描述出待解決之問題點 (例如，需要對實地作調查分析之工作)；3.描述佔有定位之具體行動方案；4.描述對此定位聲明會關心之人員特性；5.混合組合上列方法所提出來之結論；6.將上列之結果再加以簡化。

(七)找出產品定位上之缺點

到此階段，企業儘可能找出定位之弱點及競爭者可能之反應，可從

競爭者之立場或挑剔之潛在消費者之立場來一一分析之。

㈧測試產品定位聲明是否可以有效地被溝通

產品定位有七種定位策略可供選擇，茲分別如下所述。

1. 屬性定位（attribute positioning）

以產品屬性做為市場區隔基礎。例如汽車之操作性能。

2. 利益定位（benefit positioning）

帶給消費者之利益做為定位。例如喜美汽車之省油性。

3. 使用／應用定位（use/application positioning）

以消費者多重應用目的做為定位。例如商業車與小轎車之合併使用。

4. 使用者定位（user positioning）

以顧客層做為定位。例如中產階級適合開喜美汽車。

5. 競爭者定位（competitor positioning）

可宣稱比競爭品牌更好的競爭定位。例如 Avls 宣稱比 Hertz 服務更好的租車業。

6. 產品類別定位（product/category positioning）

產品類別之差異性定位。例如 BMW 不僅是小型豪華車，也是一種跑車。

7. 品質／價格定位（quality/price positioning）

例如高品質／高價位之市場定位與低品質／低價格之市場定位不一樣。

企業可依據經費之多寡依序進行下列測試。

①自我檢視；②公司同事之檢試；③銷售人員或通路成員之檢試；④消費者集體意見測試；⑤消費者購買行為模式化之模擬，此法花費可能不少；⑥市場實際試銷。

　　經由以上之步驟，產品定位便可確立，除非特殊情況，否則定位最好保持一致性，不過一旦企業針對市場執行其定位策略之後，可能因為市場之競爭，新品牌之加入市場其定位可能正好與本公司之產品定位重疊，並對公司之市場佔有率及經營績效產生不利之影響；或是原市場區隔中之顧客對產品偏好產生變動；或是新顧客偏好群被發現；或是企業發現其原有之產品定位策略決策有重大缺失或偏差，此時便需要進行所謂之產品重定位。一般而言，對原有產品顧客群重定位乃在賦與產品新特質訴求，以配合產品配合趨勢變化持續創新，以延長產品生命週期，若能發揮效果，則更可增加企業之投資報酬率。若對新的顧客群做重定位，其目的乃在於提供產品之多樣訴求，以吸引原先不偏好本公司之品牌之顧客，通常可利用階段性重定位之方式，常見到一些名牌階段性提出新品號即是利用此策略，例如洗髮精公司，可能剛推出時以治頭皮屑為定位訴求，但在被消費者接受後，便可重定位(此時應該是擴大定位)為不只能治頭皮屑，且質地溫和，不傷髮質。

　　以上係實務上之定位作法，若從理論上來分析，則可歸納成下列三階段：

(一)確認可供利用的可能競爭優勢組合

　　一個企業可經由集結競爭優勢而與競爭者有所區別，也就是定位基本精神之來源，通常由波特（Porter）之價值鍵來確認潛在之競爭優勢，亦即由廠商之五個主要活動及四個輔助活動來分析，主要活動指的是購入原料的後勤活動、營運作業、出售產品的後勤活動、行銷與銷售活動、服務活動等次序，輔助活動則是指廠商發生主要活動時皆會發生之活動，包含企業內部結構(企劃、管理、財務、會計、法律公關等)、人力資源管理、科技發展、採購等活動，廠商可由這些活動中找出其成本效益，並尋求改進，若比競爭者之成本效益高，則為該企業之一項競爭優勢，

另外企業亦可從企業外部之供應商、配銷商、最終顧客的價值鏈處尋求競爭優勢，不過價值鏈之應用須注意產業之本質，例如圖 4-2：

形成優勢的強弱

	弱	強
多	零碎產業 （fragmented）	專門化產業 （specialization）
少	受困型產業 （stalemate）	量產型產業 （volume）

獲得優勢徑之多寡

圖4-2　波特的價值鏈

1.在量產型之產業通常只有降低成本為其最具有效之優勢，因其造成優勢之來源有限，但一旦造成則可削價來打擊競爭者，形成很大之競爭優勢。

2.專門化產業中，形成優勢的機會很多，因此可能小公司也和大公司一樣獲利，最主要之策略應防止競爭者達成同樣之競爭型態。

3.受困型產業只能造成極小之競爭優勢。

4.零碎型產業則有許多差異化之機會，可惜其優勢皆很小，故較可行之策略為將投資設法回收，保有原有之地位，小心擴充。

所以企業在確認競爭優勢之前，須了解產業本質，依序推出合適之競爭優勢策略，以達成企業目標。

通常企業除了可選擇低成本做為競爭優勢之外，仍有許多方法可供消費者或顧客順利分辨一個企業或其產品，例如：

1.開發獨特的產品或服務，讓顧客、配銷商對產品有明顯之高質感

2.提供優良之服務或技術服務協助，對訂單快速處理或提供整體解

　　　決方案

3. 利用強勢品牌，取得配銷通路或採購上之有利優勢

4. 提供高品質之產品以強化顧客的忠誠度，並減低其對價格之敏感性

5. 在具有一次採購特性的市場上提供全線產品（full line），建立完整系列商品或服務之購買行為。

6. 運用廣大之銷售通路，使產品銷售到各地

7. 利用新科技推出具創新性的商品

　　以上觀之，並非所有競爭上之差異皆為競爭優勢，而是應以顧客的眼光來確認，是以外在之角度，不是企業內部來衡量的。

(二)選擇正確的競爭優勢

　　若企業發現具數個潛在競爭優勢待發展，則可運用一系統方法來評估並選擇，例如企業可先選出產業之 KSF（關鍵成功因素），針對這些因素來評估公司本身地位、競爭者地位、可達到及負擔之速度與程度、需要改善之重要性、競爭改善之能力，最後可決定是繼續維持優勢或是保持觀察或是加強補強此一優勢等。

(三)有效向市場傳達廠商的定位觀念

　　有了上列二定位步驟之分析，公司的定位需要實際之行動，而不是空談，必須有具體之配合措施來建立並宣傳公司之產品定位，為了能有效向市場表現廠商之定位觀念，必須避免下列三種可能之定位錯誤：

1. 定位過低（underpositioning）：定位不明顯，消費者印象不能感到與競爭者之差異點。

2. 定位過高（overpositioning）：定位太過狹窄，讓消費者以為公司所提供之產品僅是少數幾種。

3. 定位混淆 (confused positioning)：消費者對公司之產品之印象，
   眾說紛紜，使得沒有一個具體之定位形象。

接下來便是針對企業如何透過行銷組合來向市場傳播產品定位。

三、定位與行銷組合的關係

行銷組合活動可顯著影響產業之競爭態勢，可表現出相對於現有產品之定位，是廠商對競爭環境所發出之市場信號之形式。

定位要能經由行銷溝通方案傳達至消費者心中才有意義，甚或經由產品本身、定價、廣告等方式來表現差異化。

McCarthy 認為 4P 可以有效地構成行銷組合，4P 乃指：產品 (product)、地點 (place)、推廣 (promotion)、價格 (price)，而這四者緊緊環繞著消費者身上，以 4P 來爭取目標市場，而推廣所要完成的工作是與消費者溝通，使其瞭解：好的產品以合理的價格在適當的地方出售。以經濟學理論來解釋，實施推廣活動的目的在於移動需求曲線，使其現存的需求曲線變得更沒有彈性 (more inelastic)，或者使需求曲線向右移動，甚而兩者同時發生，至此吾人可瞭解推廣在行銷組合中扮演著整合其他 3P 之角色，其重要性不言而喻。

公司之產品定位如何讓潛在顧客知道，則必須要依賴推廣活動組合。推廣活動所要達成之目的是企圖與消費者作好溝通工作，使得公司所要傳達的訊息能為消費者所接受到，而且也能傳遞消費者需求的訊息，做為公司生產的參考。許士軍（民國 72 年）認為：「市場上供需之間，存在有嚴重之溝通缺口。一方面，供給者不瞭解市場的需要；另一方面，顧客也不知廠商能供給他們怎樣的產品或勞務。行銷活動及其機構存在之價值，即包括有一項溝通功能，以彌補或解決此一缺口問題，這乃是有積極貢獻的」。

而產品定位必須透過有效行銷組合對消費者溝通，其步驟基本上如

下所列：

①確認目標聽眾。

②決定溝通目標。

③設計溝通訊息。

④選擇溝通（媒體）通路。

⑤分配推廣促銷預算。

⑥決定推廣促銷組合。

⑦衡量推廣效果。

⑧管理與協調行銷溝通的過程。

摘　要

以往大衆化行銷轉變爲差異化行銷，現在又從差異化行銷傾向於目標行銷，主要是因目標行銷可以發現市場機會及發展有效之行銷組合。

而目標行銷主要之步驟可分爲市場區隔化、目標市場選定與產品定位。市場區隔可利用地理變數、人口統計變數、心理變數、行爲變數等等消費者特徵來形成；而在區隔市場時要考慮到該區隔必須是可衡量的、可接近該區隔、足量的、可行動的；在選定目標市場時則要注意公司資源、所處之市場地位、市場潛力、競爭優勢等因素；待選定後可決定要採無差異行銷或是差異化行銷、集中行銷等策略方向；最後則需執行產品定位。

至於定位之方法至少可利用屬性、價格／品質 (price/quality)、用途別、產品使用者、產品種類 (product class)、競爭者 (competitor)來當成定位訴求之重點；而定位策略之步驟可分成：(1)確認可供利用的可能競爭優勢組合；(2)選擇正確的競爭優勢；(3)有效向市場傳達廠商的定位觀念。經由以上步驟公司才可開始規劃其競爭策略了。

個案研討：國產汽車市場分析

一、市場沿革

(一)國內不同特性的消費行爲

1.隨著經濟型態轉變的消費行爲

　　臺灣昔日屬於農業社會，普遍收入多不高，即使有能力買車，也只是買對自己有實用的貨車，轎車可說是有錢人的專利；隨著經濟的快速成長，我們漸漸地由農業社會轉變爲工業社會，國民所得日益強烈，轎車幾乎成了必需品，不再是奢侈品，購買高價的高級進口轎車反而成爲標榜身份及財富的象徵。

2.具有民族性的消費行爲

　　中國人具有『愛面子』的特性，『崇洋』的心理亦相當嚴重，因而喜歡以擁有高級進口轎車向親朋好友炫耀，突顯自己的生活環境，而這些心理的特性，造成了國產高級車的發展始終無法突破的結果。

3.金融時代的消費行爲

　　隨著金融體系竹蓬勃發展，金融小具的日新月異，買車不再需要等到籌足車款才能行動，不論是汽車公司的優惠購車服務或者向金融機構貸款購車等，都能讓想買車的人輕鬆且快速地擁有車子，提早享受駕馭奔馳的樂趣。

4.新新人類的消費行爲

　　新新人類是現代社會中的一支新型態消費族群，特殊品味及高消費能力是其主要特性，因而當他們在購車時，車子的品牌、性能、配備、外型等屬性並不重要，對他們來說，『對車子的感覺』才是最重要的。這

是一種較抽象、具意識形態的消費行為，因而一支好的汽車廣告往往能得到意想不到的效果。

5.特殊社會型態的消費行為

在臺灣有兩種特殊的社會型態：一種是俗稱『田喬』的地主型暴發戶，他們喜愛購買高級進口轎車以顯耀財富，特別是『賓士轎車』，非常鍾愛；另一種是俗稱『兄弟』的黑社會人士，這些人特別喜愛『寶馬轎車』，據說是車子跑的快，『跑路』較方便。但因警察喜歡攔檢寶馬轎車，現在已棄舊愛換新歡，改開賓士轎車。

6.季節性的消費行為

不同的季節以及特別的民俗節日期間，汽車消費者的購買行為受到不同程度的影響。以小客車為例：從 84 年 1 月到 85 年 2 月小客車掛牌的統計資料來看，每到農曆春節的前一個月（通常是一月），汽車銷售到巔峰；而在八月（通常是農曆七月，即俗稱的『鬼月』），大多數人仍因迷信而不願買車，汽車銷售因而跌至谷底；十二月適逢會計年度終了，大家忙著軋現，因而產生另一波的汽車銷售低潮。

(二)臺灣汽車市場發展史

一部臺灣汽車市場發展史，雖稱不上血肉相搏，但可稱得上是淚汗交加，由一家獨大進而百家爭鳴，好不熱鬧！國內汽車產業的演變，也反應出臺灣四十年來的經濟發展，更由於國民所得逐年提高，使得臺灣汽車市場已成為群雄爭奪的主戰場，汽車市場之戰國時代於是來臨。為能鑑古以知今，瞭解汽車產業之走向，謹先概述市場沿革如下。

1.40～50 年代

由於中央政府初遷來臺，百業待興，尚無國產車，舉目望去只能看到寥寥無幾的進口車，當時除政府用車外，民間只有少數的大亨們才有私家座車，一般人則為無車階級。

2.50～60 年代

在此階段政府停止黃包車的使用，除了以步代行外，機動車輛逐漸被使用，由於計程車行業的興起，連帶使汽車市場需求擴大，1953 年裕隆汽車公司成立, 開始生產柴油引擎, 是爲我國第一家汽車廠，並於 1957年與日本日產汽車公司訂定技術合作合約，開始組裝國產車。

3.60～70 年代

由於經濟起飛，外匯存底增加，中產階級興起，一般人消費意願提高，政府同時開放新車廠的設立，三陽及三富汽車公司也於此時進入國內汽車市場。

4.70～80 年代

由於經濟成長幅度大於汽車供應量的成長，國內汽車市場進入黃金時代，1970 年豐田汽車公司赴臺設立六和汽車公司生產可樂那轎車，惟因中日斷交隨即撤離，由福特汽車公司接手，福特公司因此正式登陸臺灣，並於 1973 年起在臺產製歐洲福特系列產品，三陽汽車公司亦於 1976年，以 1,200 cc的喜美轎車投入國產小型車市場，並且拜能源危機之賜，打敗福特汽車，但其國產小貨車市場卻拱手讓給中華汽車公司。

5.80～90 年代

由於國內汽車市場供過於求，再加上國產車廠家數快速增加，使得汽車市場由賣方市場變成買方市場，豐田汽車公司重返臺灣車壇，使臺灣汽車市場競爭進入白熱化。

二、市場簡介

目前國內生產汽車廠商多達十餘家，「組裝」性質多於「製造」，各廠家均採與國外車廠技術合作之方式，以做爲汽車工業技術移轉的主要途徑，茲將國內各廠家與國外車廠合作之情形，彙整如表 4-1, 其中共計有十二家汽車公司，但實際品牌則有十四種，其銷售通路、據點數及去

年銷售量佔市場比重均如表所示,其中福特六和汽車公司銷售據點最多,國瑞次之;銷售量亦爲福特第一, 國瑞次之, 裕隆緊隨在後。這其中豐禾及慶眾公司只產商用車。

本國汽車公司	國外合作對象	據點數	83年轎車總銷售量	市場佔有率
裕隆汽車	日本日產	117	51,106	17.7%
福特六和汽車	歐洲福特 日本馬自達	140	65,890	22.9%
三富汽車	法國雷諾	81	6,576	2.3%
三陽工業	日本本田	132	43,709	15%
中華汽車	日本三菱	113	30,968	10.7%
羽田機械	日本大發 法國標緻	107	15,375	5.3%
大慶汽車	日本速霸陸	85	2,918	10%
國瑞汽車	日本豐田	100	51,855	18%
太子汽車	日本鈴木	59	8,878	3.1%
豐禾汽車	法國雪鐵龍	只產商用車		
國產汽車	德國歐普	87	11,073	3.8%
慶眾汽車	德國福斯	只產商用車		

表4-1　國產汽車市場廠商簡介

三、市場區隔

在國產汽車市場上我們以排氣量大小來區隔市場,概分爲三個等級,排氣量 1,400 cc以下爲輕型車(又稱迷你車), 1,800 cc以上稱中型車, 在兩者之間即 1,400 cc～1,800 cc稱爲小型車, 在做市場競爭現況簡介之前, 我們觀察自民國七十九年至八十二年國產汽車銷售量(如圖一), 小

型車每年銷售比例均佔五成以上，故本組僅以國產小型車市場做競爭現況之分析。

四、市場競爭現況

(一)國內汽車市場消費群分佈情形

如以消費者購車時所考慮的「性能」、「安全」、「經濟實用」及「豪華配備」等主要因素為座標軸，可標出國內汽車市場消費群之分佈（如圖4-3），其特性及要求如下：

　　A族群：通常是指單身貴族、職業婦女及由機車族升級的第一次購車者，所要求的是一部經濟實用、好開、好停的小車。

　　B族群：通常指家庭人口簡單、具穩定收入的青壯年族群，所要求的是一部乘坐性佳，家庭適用的中性車。

　　C族群：通常指企業主管、事業成功者或高收入者，所要求的是一部能表彰成功與身分地位的高級車。

　　D族群：通常是指追求時髦，有個性、有主張的年輕消費群，所要求的是一部性能好有個性的車。

　　E族群：通常指追求速度感、喜愛自我表現者或汽車玩家，所要求的是一款拉風的高級跑車。以上五個族群中，以B族群所佔比例最高。

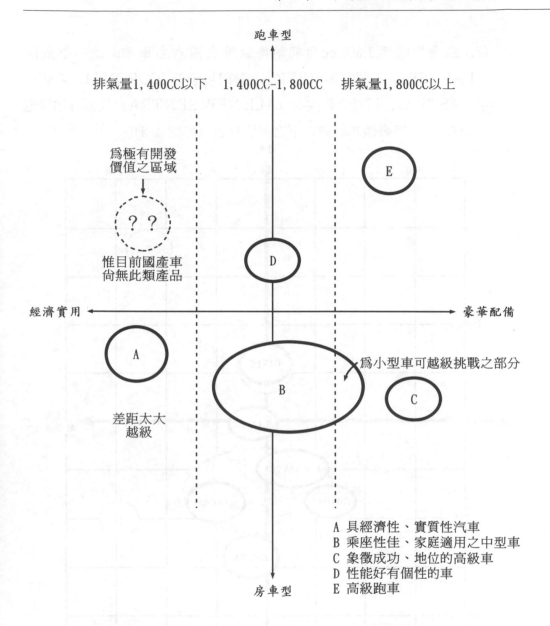

圖4-3　國內汽車市場消費分佈及市場區隔圖

㈡國產 1,600 cc主要車款市場定位分析：

　　就資料顯示，1,600 cc汽車之目標消費群包括B族群的大部分及D族

群，茲選擇國產 1,600 cc 目前銷售量排名前六名車款，及中華菱帥（LANCER）、三陽喜美（CIVIC）、豐田可樂那（CORONA）、歐普精湛（ASTRA）、裕隆全新尖兵（ALL NEW SENTRA）及福特你愛他（LIATA）等幾個車款做以下之定位分析（如圖 4-4）。

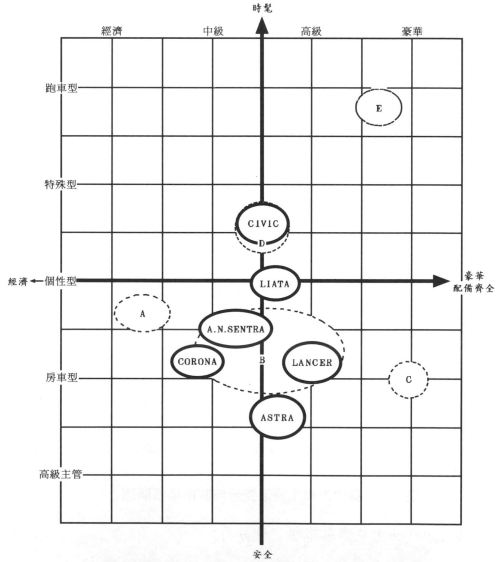

圖4-4　國產 1,6000cc 汽車市場主要車款定位圖

1. LANCER: 最好的組裝品質、最完整的配備,結合其家庭房車之訴求, 以針對B消費群為主, 故定位在高級小型房車。

2. CIVIC: 車身線條流暢、具跑車性格,馬力輸出為同級車之冠,係針對 D消費群, 故定位在性能最佳者。

3. CORNONA: 上市時間較久, 款式較為保守, 但價格實惠配備實用, 主要針對B消費群靠左者, 故定位為實用之小型房車。

4. ASTRA: 以安全性為主要訴求, 車身鋼板厚、底盤堅固, 具雙重防撞 鋼樑、主動式收縮安全帶及安全氣囊等, 期吸引B消費群 靠下方者, 故定位為最安全的車款。

5. A. N. SENTRA: 在全新的包裝、平實的價格及與家庭結合的訴求 下, 期吸引B消費群的左上方及中間部份, 故定位為實惠、 好開之中價位房車。

6. LIATA: 最新的車款, 同時強調圓潤流線的外型、豪華的配備及高安 全性, 企圖同時吸引B及D兩個消費群, 定位不明顯。

(三)以上六車款市場競爭優劣勢比較 (如圖 4-5)

1. 性 能: 喜美以其一二五匹馬力壓倒其餘各款, 表現最為突出, 具競 爭優勢。

2. 安 全: ASTRA 以其最安全配備及訴求, 獲得此項競爭優勢。

3. 舒適性: A. N. SENTRA 以最長之軸距及座椅良好之支撐性,獲得此 項之競爭優勢。

4. 操控性: 評價均佳, 無顯著差異, 競爭優勢不明顯。

5. 外 觀: 各車款均有偏好者, 且係消費者主觀認定, 較難區別競爭優 劣勢。

　然其中 ASTRA 雖在安全上具競爭優勢, 但其馬力輸出較其他車款 明顯落後, 卻是十分不利之競爭因素; LANCER 雖在個別項目上無最

佳表現，但其總體表現最佳，這也說明了該車銷售量爲何始終居高不下。

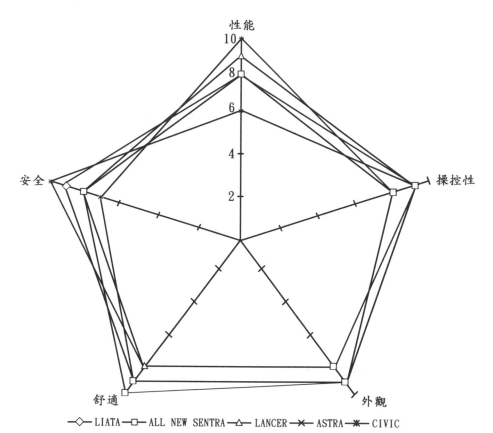

圖4-5　國產 1,600cc轎車優勢比較圖

㈣競爭現況（自八十三年一月一日至八十四年四月三十日止）

　　各車款期內銷售變化圖（如圖 4-6），可充份說明各車款在期內的整體表現及市場競爭狀況, 謹先就影響整個市場銷售表現的因素加以說明:

　　1.季節性因素:

　　　　(1)國人對農曆七月（即俗稱鬼月）的傳統禁忌觀念依然濃厚，在鬼月時, 各車款訂車及交車輛, 均明顯下降, 可由圖中八十三

年八月單月銷售變化中讀出。

(2)年底購車時所考慮「年份」的問題，年底購車因隔月即跨年，
　汽車價值立即折舊一年，故多數消費者寧可等待至隔年年初購
　買；另一方面在農曆年前，由於年終獎金所造成的所得效果，
　使得一般消費者更具購買力，而可能提前購買，這充份說明了
　為什麼八十三及八十四年元月份各車款銷售量均明顯成長，而
　二月份銷售量卻又相對下滑的原因。

　　故在受季節性因素負面影響較大之月份，不宜大力促銷，守成即可，
以免事倍功半，勞民傷財；然在元月份買氣較佳時，則應大力促銷，吸
引劇增之消費群，將可獲致意想不到之佳績。

2.除了以上季節性因素，影響各車款銷售表現者還包括汽車改款、
　促銷活動，然對市場衝擊最大，可使市場重新洗牌者，則為新車
　推出之效應，此點稍後將做詳盡介紹。

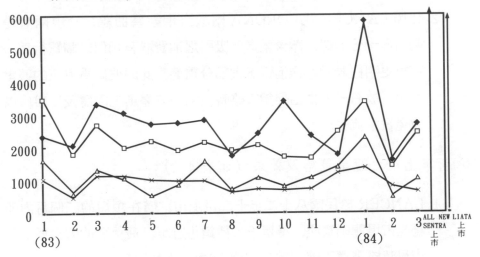

圖4-6　國產 1,600cc 汽車市場主要車款 83 年元月迄今之銷售量比較

㈤由銷售量變化圖形中找出眞正的競爭對手

1.比較 CIVIC 及 LANCER 兩車款銷售曲線之變化：發現 LANCER 曲線變動較爲明顯，尤其是對季節性購買因素十分敏感，如八十三年八月份銷售量下滑程度較大，顯示 LANCER 所吸引之消費群較重視傳統忌諱，另其在八十三年十二月下滑趨勢及八十四年元月上漲趨勢均較爲明顯，顯示渠等較爲精打細算，其購買特性應較爲成熟，年齡層較高，故可判斷 LANCER 買主應以 B 消費群爲主；而 CIVIC 銷售曲線較爲平緩尤其對鬼月效應較不敏感、對年底購車之考慮亦不若 LANCER 車主精打細算，顯示其較爲有主張且較年輕之消費特性，故可判斷其買主應多爲 D 消費群，由於兩車款所針對消費族群同質性較低，故彼此對對方進行促銷活動時，不必太過緊張，應以強化原有訴求，穩定原有消費族群爲主。

2.比照 LANCER 及 CORONA 兩款汽車銷售曲線：發現兩者變動情形十分類似，隱含兩者所吸引之消費群有類似之購買行爲，或可更明白表示目標消費者大部分重疊，此即彼此爲眞正的競爭對手，故有一方推出促銷策略時，另一方需馬上因應及反擊，以避免買主流失。

㈥新車上市之競爭策略及效果（如表 4-2）

1.LANCER 於民國八十二年十二月上市，僅在短短的三個月內即穩坐市場龍頭寶座，獲單一車種銷售冠軍，最重要的因素爲進入市場時機選擇正確，在進入市場時對手車款蜜月期均已接近尾聲，在未遭遇強烈抵抗情形下順利獲銷售冠軍，爾後一年內對手亦未推出車款，致 LANCER 蜜月期長達一年餘，此外其訴求、所採

不同傳統之競爭策略及效果均如表 4-2 所示。

分析 廠牌	進入 時間	競爭優劣勢	進入市場策略	廣告 訴求	效果
中華 LANCER	82年 12月	1.進場時機佳，無強大競爭對手。 2.企業形象佳，且具原有商用車之強力銷售網。	1.採電影處理手法，完美將房車與家庭結合爲一。 2.由高價位、高組裝角度切入，抬高全車價值並越級挑戰。	家的感覺，全員尊重。	83年總銷售量 3 萬餘輛，榮獲當年單一車種銷售冠軍。
裕隆 ALL NEW SENTRA	84年 3月 中旬	1.具眾多使用者。 2.銷經費7,000萬。	1.提前造勢，搶先接單 2.改變CIS手法。 3.採相對低價策略。 4.加強與原有車主溝通，鞏固品牌忠誠者。	新好男人的優質房車，人性化科技。	迄四月底訂單已達10,000張。
福特 LIATA	84年 4月 中旬	優：1.龐大促銷預算 2 億元。 2.良好售後維修通路。 劣：受到 ALL NEW SENTRA 新車效應之排擠。	1.推出懸疑廣告吸引焦點，引起消費者興趣及話題。 2.藉歐洲旅遊抽獎及抽樣試車，網羅潛在消費群。 3.強力廣告促銷，結合巨星及主打歌曲，增加暴光率。	浪漫的你愛他。	上市當週訂單達2,000張，至四月底已達6,000張。

表4-2　新產品進入市場策略

2. 另於今年上市的 ALL NEW SENTRA 及 LIATA 均爲未上市
先轟動，一場激烈的廣告促銷戰提前上場，兩車款各有斬獲，A.
N. SENTRA 能較原訂計畫提前一季上市，確可搶得機先，提高
訂單數，其上市效應之排擠效果亦使 LIATA 大受威脅，但就基
本面而言，福特汽車擁有口碑良好及 CQC 售後維修體系，大大增
加消費者支持程度，後市看好，其廣告訴求、競爭優勢、策略及
效果等均如表二。

由 LANCER 及 ALL NEW SENTRA 上市成功案例來看，進入市
場時機實爲影響車款上市成敗之關鍵因素。

(七)由產品生命週期判其未來調整方向（如圖 4-7）

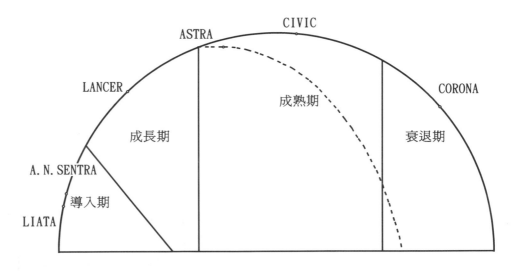

圖4-7　國產 1,600cc 汽車市場主要車款生命週期圖

ALL NEW SENTRA 及 LIATA 兩款新車僅相差一個月上市，新
車效應確對市場生態造成極大之影響，然單就各車款而言，影響程度不
一，未來調整方向亦應不同，茲分述如下：

1. ASTRA

(1)此波新車效應中受害最深者，由其競爭優劣勢而言，安全性原爲此車款競爭優勢，而兩款新車上市均強調更高之安全性，其中 LIATA 更以加裝雙安全氣囊及高剛性車體來凸顯其安全訴求，使 ASTRA 原有之競爭優勢更顯模糊；再加上兩款新車皆強調其性能訴求，使得 ASTRA 原有馬力落後之缺點更爲明顯，致其失去市場利基，而生命週期之衰退期將提前來臨。

(2)未來應以強化引擎輸出性能爲優先調整方向，並藉強調其德國血統來塑造其高性能、高品質及安全之訴求，並以「平民價的德國車」爲定位，相信在日系產品充斥之國產汽車市場中，必能區隔出一獨特市場。

2. CIVIC

(1)因產品定位較特殊，強調個性化及高馬力，消費群以 D 群爲主，與甫上市之 ALL NEW SENTRA 及 LIATA 訴求之 B 消費群差異較大，故爲此波新車效應中受影響最小者。

(2)然由於上市新車之動力性能均已大幅提昇，大大縮短與喜美之差距，故喜美高馬力之優勢，預期在不久之將來面臨挑戰，所以就喜美而言，應以強化安全及提昇配備爲主要調整方向，期延續產品生命。

3. LANCER

(1)事實上剛上市的兩款新車，原本鎖定的主要對手 LANCER 就產品本身而言，擁有新一代的工業科技，配備完整、組裝品質佳，整體表現良好，相形之下兩款新對手車種僅能以「新鮮感」取勝。

(2)然臺灣汽車市場極易喜新厭舊，如何保持消費者之熟悉度及新鮮感，則有賴促銷活動及小改款，LANCER 上市一年半似乎已有小改款必要，並以不斷的促銷來強化消費者的知覺。

4.CORONA

(1)為舊車款，已踏入生命週期中之衰退期，非價格促銷活動所引起銷售量增加彈性較小，毋須投入大量資金從事促銷，而應撤換舊款，改推新款。

(2)事實上豐田汽車公司早已在其國產主力中型車種 EXSIOR 系列中加推 1,600 cc EXSIOR，期將順利取代 CORONA。

五、產業前景和未來調整方向

(一)量少樣多，不具生產規模

據估計，一個車種需年產十萬輛始能有規模經濟，而在臺灣的十二家車廠尚需來自全球的三、四十種品牌分食一年五、六十萬的市場大餅，因此不易達到經濟效益，而零件廠偏多、規模過小，生產成本因此而居高不下，缺乏國際競爭力。

(二)缺乏設計開發能力

國內雖有十二家廠商生產所謂「國產車」，在合作母廠技術轉移的箝制和本身開發能力薄弱的情形下，充其量不過是裝配廠而已，難以擺脫對合作母廠的依賴，尤其日系車種居多，關鍵零組件多來自日本，以致在日圓不斷升值後，國內車價終於也在五月中旬因抵擋不住成本上漲的壓力而全面調高，由此也可看出我國汽車產業對日本依賴的程度。

(三)亟待開發外銷市場

國內汽車市場已達飽和，排名前五名的車廠市場佔有率雖已達88％，但仍然經營困難，更遑論其他廠家，如三富、羽田等廠去年虧損皆在新臺幣十億元以上,未來在入關後各廠家所能分到的市場將再縮水,

經建會預估未來五年內國內汽車市場將因入關壓力而淘汰掉三家廠家。

(四)因應之道

1. 爭取我國與對手國採取「互惠出口」協議──即同一數量配額汽車或等值關鍵零組件優先輸出的談判。

2. 工業局已和業者結合全力推動共同引擎計畫，一旦開發完成，將可帶動電子點火系統、變速箱等關鍵零組件的發展，使各廠家擺脫對日本的依賴，取得外銷的主導，目前中華已選擇「威利」、裕隆選擇「MARCH」爲使用共同引擎的目標車種。

3. 進行整合，使資源運用更有效率，也可增加產量，符合產能需求，不過車廠合併有其實際上的困難，第一各廠有其不同之技術合作對象，母廠是否願意放棄在臺灣的生產基地？不同技術來源、生產裝備是否能順利的共用？均會影響到彼此的合作意願，尚待進一步克服。

4. 開放汽車整車赴大陸投資，目前國內仍禁止整車赴大陸投資，但因汽車業近來虧損嚴重，業者要求開放投資的呼聲越來越高，工業局對此也正在研究檢討中，未來應可在適當時機開放。

六、建議

本組針對國內汽車廠商面臨創意僵化之困境，提供策略三則，做爲各廠擬定促銷策略之參考：

(一)對象：擁有駕照卻不敢上路者。

說明：許多消費者考獲駕照後，並未立刻上路，時間一久，空有駕照而無技術，自然影響購車上路之意願。

創意：廠商以提供「保證上路」爲訴求，採與駕訓班合作或本身成

立相關部門，來配合指導買主熟練道路駕駛，提高其購車意
願。

(二)對象：苦於沒有車位者。

說明：居住在市區內的消費大眾，最大的困擾便是停車問題，買了
車而沒有車位倒不如不要買車。

創意：(1)廠商以賣車並負責替買主找車位，無論是租、是買，均由
車商出面代尋，使車主無後顧之憂。

(2)廠商可在市區內找數個據點，興建立體停車場或機械停車
庫，提供專屬車種的車主利用，使車主有歸屬感，並可以
做爲活廣告，同時也符合政府所獎勵興建停車場之政策。

(三)對象：學生族群。

說明：由於購車方式越來越普及化，低頭期款、低利率之促銷策略，
儼然已成爲市場主流，消費群年齡也逐年下降，購車越來越
容易。

創意：製造出雙人超迷你汽車，配備陽春即可，並定位爲摩托車的
替代品，除了遮陽防雨，同時更較摩托車多一層保障，家長
爲了子女安全，還有不捨棄機車而屈就此一車款嗎？　　　唷

參考資料來源：

1. 本個案部份資料引用東吳大學經濟系夜間部消費行爲上課筆記內
容，由郭振鶴老師指導，參與學生爲楊明益、祁亨生、高坤盛、
黃奇聰、曹俊麒、林維俊、姜偉、楊盛洧，協助部份特表致意。

2. 八十三年元月至八十四年五月之汽車情報、汽車鑑賞、汽車雜誌、
行遍天下、一手車訊、汽車百貨等雜誌，及最新產業調查等資料。

討論：

1. 以本個案而言，您認為國產汽車在與國外品牌競爭時，所具備的競爭優勢與競爭劣勢何在？

2. 以促銷角度而言，今天國產汽車目前所使用的汽車促銷方法可能問題點何在？如何提昇促銷對消費者吸引力，您個人意見又如何？

3. 以本個案圖二國內汽車市場消費群分佈及市場區隔圖而言，針對不同區隔：A.經濟性，B.家庭型，C.地位特徵，D.個性化，E.跑車型的消費者市場，廠商可採用的行銷策略為何？

4. 以產品生命週期而言，目前汽車市場廠商如何考慮規模經濟、經驗曲線與推陳出新三種經營策略。

專題討論㈠：新女性——後現代主義作風巨星瑪丹娜

1. 不同型態瑪丹娜 tone & manner

下列 10 個形容瑪丹娜作風的形容詞經常被使用之：

①獨領風騷尖端女星。

②描述叛逆少女未婚懷孕與父親的心結。

③吟唱情竇初開少女心事。

④百變，展現性感媚態，並掀起內衣外穿。

⑤嗓音略帶稚嫩性感且十分吸引人的美國熠熠紅星。

⑥天生才華加上後天苦練自修以及本是亮麗性感嫵媚外表。

⑦充滿活潑的魅感，容易親近，令人眼花的舞臺表演，站在舞臺忘情舞著，聚光燈的照射下，渾身解數，盡情唱著。

⑧才華不只是歌唱，她是多才多藝的。

⑨是象徵，SELEN、START，神話 4 個名詞的代表人物。

⑩在身體、歌聲均是性感的象徵。

2.瑪丹娜巨星生涯發展過程

①瑪丹娜，擁有空前電影及演唱會票房記錄及突破二千五百萬張專輯和單曲唱片記錄，同時瑪丹娜又在各方面表現了她獨特個性之才華，如歌手演員，製作人，作曲家，演奏家，都表現得有聲有色，瑪丹娜似乎全身充滿了精力及創意頭腦，使人感覺到她是那麼新潮與刺激。

②大家對於她的要求，鞭策了她自己更好，而她也沒讓大家失望，更加的趨於完美，這就是成為演藝人員的重要因素，瑪丹娜可以說是這時代優秀之星。

③宛如處女，desperatory…，拜金女孩，爸爸別說教，這些字意表面是流行歌曲及電影上的潮流，在另一方面也隱約表現人的野心及憧憬。

④瑪丹娜所代表的即是現代人所謂的新女性，在她的技藝裏，我們可以發覺知性及幽默，甚至活力及寬容之意，有人說『瑪丹娜是美國的創造物，第一眼，你就會感受到那份野心及決斷力，她是會成功的一塊瑰玉，內在的她，又是那麼纖細，宛如真珠中一顆明亮耀眼的寶石，外在內在的瑪丹娜，表現出的魅力，真是耀麗逼人』。

⑤她扮演的就是新時代中摩登而且智慧型女郎，這就是被稱為神話的意思吧。

⑥瑪丹娜出生在中產階級家庭中，是義大利籍的美國人，由於生長於大家族，使得瑪丹娜獨立，躍躍欲飛，實現願望是必然性的，七歲時，她的母親去世，破碎的家庭使得她更加早熟，她學習跳舞，演奏，表演，用無限的活力表露了她的無限感情，直到她成為一位巨星。

⑦高中時代，她學習芭蕾；畢業後，她領了舞蹈的獎學金並進入密西根大學，她更進一步學習了現代舞，爵士舞，成了大學裏有名的舞蹈團一員。

⑧但這以上的發展，對於十七歲的瑪丹娜來說，並不能滿足，為了更上一層的追求，在 1977 年，她帶著口袋僅有的三十五元美金，來到了紐約，到了紐約，她告訴司機：『帶我到城裏的中央去』，司機就把她帶到紐約的時代廣場。

⑨才能加上運氣，瑪丹娜進入一家舞蹈公司，一邊工作一邊繼續學習，她曾是編舞及指導老師，她一直督促自己，再經過原有的舞蹈，音樂基礎，她鞭勵自己能有更加新穎獨創的表現。

⑩在這幾年間，她學習了許多樂器的演奏法，歌唱法，作曲法，同時她也嘗試搖滾，回到紐約後，瑪丹娜白天醉心於舞蹈，古典曲調的研究，她把藍調及基本的搖滾樂一起演奏，再加上她獨特啟發性的舞步，她捕捉到自己的個性表現法，晚上，她則參加俱樂部巡迴表演，就在 1982 年，她的才能被肯定；於是跟 SIRE 唱片公司簽了合同。

3. 瑪丹娜「不停的變成為她唯一的不變」

唱片製作者針對美國消費聽眾從 1980～1990 時代趨勢轉變到後現代主義的主張：解構 (deconstruction)，差異 (difference)，不連續性 (discontinuity)，反總體性 (detotalization)，反中心化 (decentrement)，運用表象策略與符號遊戲將瑪丹娜塑造成為矛盾、複雜、曖昧、衝突的化身，我們可從「真實、大膽：與瑪丹娜共枕」、「宛如處女」、「宛如祈禱」等作品特色：如

①瑪丹娜如變色龍永不停止轉換其外觀造型，頭髮忽黑忽黃，身材忽纖細忽剛健，從露臍短罩到鐵甲胸衣，決不拘泥窒礙於一點。

②在她的叛逆過程，流轉於舞臺上的神父、舞臺下的父親，象徵保守道德力量與梵蒂崗之間，用十字架當裝飾，拿佛經唸珠當腰帶，與其是要冒瀆神明，不如說是要掏空這些宗教所運載的意義與價值。

③爲凸顯性幻想、權力的複雜糾葛，瑪丹娜扛著「藝術創造自由」的招牌，不擔心詆毀，堅持「性倒置」(inversion)、「性異常」(perversion)，「性顛覆」(subversion)。

從對傳統保守潛意識的挑戰，瑪丹娜運用她的美貌，遊走於慾望權力危險邊緣，遂使得她成爲家喻戶曉的歌手，與流行趨勢的代表。

專題討論㈡：流行之王——Michael Jackson

1.生平

麥可傑克森 (Michael Jackson) 1958 年 8 月 29 日出生於美國印地安那州 (Indiana) 葛瑞市 (Gary)。5 歲時便顯露其在歌唱及舞蹈方面的才華，在父兄有心的促成下與四位兄長共同組成了 The Jackson 5(傑克森五兄弟) 樂團，並隨著年齡增長，益發展現其表演技巧，無形中脫穎而出成爲團中的靈魂人物。1970 年 The Jackson 5 獲有色人種民權促進會 (NAACP Image Awards) 所頒發的最佳歌唱獎。

2.用心突破傳統作風的麥可傑克森

(1)麥可傑克森到底是怎樣的一個明星？這個問題應該在每個流行音樂迷心中存在了很長的一段時間。

(2)這位巨星 (現在大家叫他「KING OF TOP」) 在長大以後總共也只出過五張專輯，跟貓王、披頭四這種每年出片可以好幾張的巨

星相比數量少得可憐；他深居簡出，平常人想要見他一面難如登
天。

(3)他雖然結婚，但是名字仍然出現在各種花邊新聞的頭條；他雖然
　已年過三十，有時行徑卻比小孩難以接受；他雖然致力於保護兒
　童，卻有人控告他對兒童性騷擾。

(4)凡此種種到現在沒一個定論，恐怕永遠會是個謎。不過唱片是騙
　不了人的，就讓我們從音樂的角度來了解這位巨星中的巨星，少
　描寫男女情感，這可能跟他個人的心理有點關係。

(5)很明顯的麥可想要跳脫音樂的僵局，所以在唱片中用了許多 Rap
　和 Acid Jazz 舞曲中常見的取樣技巧，多處的旋律和節奏都有跡
　可尋。

(6)各種音樂素材的大量利用也是一個重點，「History」前奏的「展
　覽會之盡」片段是取自奧曼第指揮費城管絃樂團的版本；而「Lit-
　tle Susie」前面的合唱片段是羅伯蕭指揮的 Duruflg 安魂曲，曲
　中的絃樂片段更是大家耳熟能詳的「屋頂上提琴手」插曲「Sunrise
　Sunset」；「2 Bad」的主歌部份則很容易可以聽出是美國軍人唱歌
　答數的曲調。凡此種種，正說明了麥可對這張專輯的用心良苦與
　突破的決心。

3.Thriller 使麥可傑克森成爲眞正超級巨星

(1)麥可很可能是個音響迷，他的唱片錄音每次都爲流行音樂留下新
　的典範。前一張「Dangerous」中音質的純淨已經叫我吃驚，
　「History」更採用 Spatializer 技術混音，造成難以形容的空間
　感。

(2)如果您對自己的音響還有自信的話，注意聽聽看，你會發現許多
　聲音會從你的後方傳出來，而層次感也比一般錄音優秀許多。其

實，光看看他所用的錄音器材和請到 Bemle Grundman 作母帶處理就該知道他對音響方面的重視了。

(3)也許你對麥可傑克森這個名字感覺會有點俗氣，也許你不太諒解他的為人，但是我們不妨拋開成見，讓音樂的歸音樂，這的確是一張流行音樂史上的重量級專輯，值得細心品味。不要讓唱片公司的諸多贈品與熱鬧的促銷活動影響了你想認真欣賞音樂的心情，放開心胸來分析，你會發現他的用心，努力與進步所在。

(4)真正讓麥可成為超級巨星的專輯當然是 1982 年的「Thriller」，這張打破史上賣座記錄的唱片，同時開創了另一個文化的出現——MTV。在這之前雖然也有音樂錄影帶，但是大多是屬於小成本的低級製作，直到這張唱片後，MTV 變成歌曲不可缺少的賣座因素，成本也越來越大。到了「Thriller」一曲，麥可找來拍過「美國狼人在倫敦」的約翰蘭迪士和他的特技小組，配上陣容龐大的舞群，成就了一部特效傑出的歌舞片，也促成了以後他以大成本製作 MTV 的慣例。

(5)「We Are The World」的參與作曲更使他樂壇第一人的地位得以確定。

(6) 1987 年的專輯「Bad」讓全世界掀起了一陣熱潮，新歌 MTV 發表成為全世界的大事，他更在這部影片中大膽的開創了用手觸摸私處的獨特舞姿。裡面所出的暢銷單曲之多，也創下了新的記錄。

(7) 1992 年「Dangerous」專輯的問世，放克節奏理念更加鞏固，全世界首映的 MTV「Black or White」，更是成為報章雜誌的焦點。

(8) 1995 年「History」專輯中，史無前例的花了巨資只為了拍宣傳短片（不是 MTV 喔!）。而這張精選集／新專輯更為麥可的歷史作了個見證。

(9)第一張精選集中總共選錄了他四張專輯中共十五首的歌曲，雖然

也可以說是他一個蠻完整的回顧，卻還遺漏了我自己喜歡的幾首歌，像「Human Nature」、「Smooth Criminal」、「Dirty Diana」等等，不過我想這裡面選的歌曲也夠讓你回味了。很遺憾的，我把這張金 CD 跟原來的專輯比較，發現還是原來的專輯聲音透明度較好，看來母帶重新製作沒有很用心。

(10)從這些歌曲中我們可以看出來，麥可的幕後製作人昆西瓊思在塑造麥可的形象上眞的是下了很大的功夫，早從「Off The Wall」專輯中，他就請來了當時錄音室中最紅的吉他手 Larry Carlton 爲他彈奏，而後來每張專輯中都少不了知名吉他手助陣，最有名的是「Beat It」中的 Eddie Van Halen（裡面精彩的吉他點弦在當時成爲吉他手爭相學習的絕技），後來還有 Steve Stevens（知名作品有電影「捍衛戰士」主題曲）、Slash（Gun'N Roses）、Steve Lukather（Toto）等當紅吉他手也爲他效力。除了吉他手之外，其他的樂手也都是當代的第一把交椅，各位不妨對照名單，看看你能認出幾個？

4. 麥可傑克森整合音樂三大要素：旋律、節奏、和聲 ——獨創性銷售主張

(1)另外一張 CD 才是重點所在，這張唱片中包含了十五首新作，有十三首歌曲是全新的創作曲（所有中文說明都誤寫爲十四首，忽略了最後一首「Smile」是卓別林的名曲），在以前累積太多記錄的龐大壓力之下，這張作品當然是卯足了全力。

(2)在音樂三大要素：旋律、節奏、和聲中，麥可的作曲才華大多集中在節奏一項，把麥可的幾首冠軍作品剖析一下，你會發現大部分都是節奏強勁、新奇能夠吸引人的歌曲，像「Billy Jean」、「Beat It」、「Bad」、「Black or White」、「Remember The Time」等

都是這一類的作品，若你把這些旋律獨立出來，可能就沒有這麼吸引人了。當然，他也有寫出一些媲美天籟的旋律，但那些歌曲能寫的人太多了，在上一張唱片中麥可已經將他拿手的放克（Funk）發揮得淋漓盡致，但在這次他顯然又更上層樓，不得不讓我佩服。聽聽像「D.S.」、「Money」這一類的歌曲，這樣集強烈與輕快自然於一身的節奏眞的也只有他能寫得出來（不過「D.S.」中用的是 Yes 冠軍曲「Ownet of the Lonely Heart」的節奏重新混音）！這張專輯中還多了一些動人的旋律如「Earth Song」、「Childhood」等等；「Little Susle」的旋律更是美到令人心碎。

5. 黑白麥克、蛻變傑克森

　　搖滾巨星麥可傑克森擅長運用青少年反叛心態，標榜超越性別、階級、種族的變形主題而造成家喩戶曉的搖滾巨星，例如〈黑或白〉（Black or White），〈比利金〉（Billie Jean），〈驚悚〉（Thriller），〈鏡中男人〉（Man in the Mirror）。運用後現代思潮與消費者溝通訴求重點爲：

　(1)例如他崇拜黛安娜羅絲（Diana Ross）在他的歌詞對愛的詮釋爲「愛她就是要像她?」

　(2)爲探討後現代流動認同中的性別與種族政治。在〈危險〉專輯中以一中產階級家庭背景爲始，小鬼麥考利金爲了反抗父親對其聽搖滾樂的干涉，用巨型音響將父親轟出屋頂，飛降在非洲草原，鏡頭便轉接正與非洲土著共舞的麥可傑克森，只見他一下踏進印地安人群，一下舞進泰國女郎堆，又一下跑進俄國舞者圈，接下來更是電腦合成技術將「世界一家」種族大融合的文化理想視覺化：只見黑人變白人、男人變女人，各種臉型、膚色、輪廓的人都可自由轉換。結束更用後設手法，將鏡頭拉回攝影棚，凸顯一

切皆爲虛構之影像。

(3) MTV 在早期美國一向以白種青少年爲主要之訴求對象，在選播歌曲及歌手方面更充滿各種種族歧視，直到 1983 年〈驚悚〉專輯才打破，麥可造型打扮動作舞姿不僅黑人青年爭相模仿，連白種青年也趨之若鶩。在〈黑或白〉一曲更是強調流動式的種族融合，意圖消弭任何歧視或壓迫。

麥可傑克森唱片公司運用後資本主義社會創造出一種神話、一種傳奇。當他的身體在後現代遊樂中成爲可透過科技而千變萬化、隨意捏塑的影像時，身體做爲性別、種族、階級權力戰場的一面便相對地隱蓋不彰。他一方面似乎歌頌陰陽同體、流動性別的自在流暢，一方面卻強化由男孩到男人過渡階段的性及暴力啓蒙。在突顯冒險、反叛的青少年次文化的同時，卻服務了主流意識形態中的性別規範。換句話說，他在父子權力階段上反父親，卻不能在男女權力階層上反父權，而他在陰陽同體的訴求必須時時回歸男人、性及暴力的主流性別意識聯繫中。同樣地，當自在逍遙地大肆鼓吹種族融合、世界一家的理想時，似乎忘記了現存美國社會中的種種不公平以及跨越種族界限的各種如登天般的阻難。

習　題

1.請針對下列產品提出有效之區隔市場之方法：

　　茶飲料　　咖啡

2.何謂產品定位？產品定位時應考慮那些因素？品牌定位之意義又是什麼？

3.何謂差異化行銷策略與無差異化行銷策略？其特徵爲何？

4.企業產品在何種情況之下，市場區隔變得不可行？

5.企業是否會在應該改變其目標市場時，錯失良機？

6.請問下列之產品較適合採用市場專業化或產品專業化之策略？
　　　a.公車　　　b.照相機　　　c.橘子　　　d.機車

7.產品定位作業程序有何要項？

8.市場區隔變數可大致區分為哪些？

9.有效區隔之條件，請説明之。

第五章　產品策略

誘使你的競爭對手，勿投資於你打算投入的產品市場及服務。是為經營策略的基本要義。

Bruce Henderson（波士頓顧問羣創辦人）

蘋果電腦公司不是遊樂事業或玩具事業，而是電腦事業……蘋果電腦公司的專長，在於能將「高成本的創意」，轉變成一種「低成本、高品質」的解決方案。

John Sculley（蘋果電腦）

在工廠中，我們製造化粧品；在商店中，我們賣的是希望。

查理士・雷弗森（Charles Revson）

　　產品是指能提供至市場上而被注意、取得、使用、消費，滿足需求或欲望的任何東西。產品觀念的建立是企業在進行行銷組合規劃方面首要基本的一環。凡是有能力滿足消費者需求者皆謂之產品。也因此，產品非僅單純局限於實體與服務方面，其亦涵蓋人、地方、組織、活動、理念等因素。本章將對產品逐一定義，並將不同分類下的產品特性與行銷規劃予以連結說明。企業處於不同的產品生命週期階段時，如何預應（proactive）並做相關助益的決策？企業如何考量產品線延伸、寬度與深度的對企業的效益？或如何發展與評估新產品的可行性決策？而相關的品牌如何系統性思索，單一品牌或家族品牌、多品牌或品牌重定位的相關決策，將在本章有充分說明。例如：

①產品的開發與市場策略是息息相關，以 BCG（Boston consulting Group）而言，若公司原本之產品結構

　　ⓐ產品結構直線比例思考方式能否符合 PIMS（profit impact of marketing strategy，市場策略對利潤的影響）觀點。

　　ⓑ要邁向極大化、多元化行銷管理過程（maximum marketing）各種不同類型產品結構如何調整才能兼具平衡市場佔有率與市場成長率。

	低	問題兒童 佔比： 25%	明　星 佔比： 25%
相對市場成長率	高	看門狗 佔比： 25%	金　牛 佔比： 25%
		低	高

相對市場佔有率

圖5-1　BCG 模型

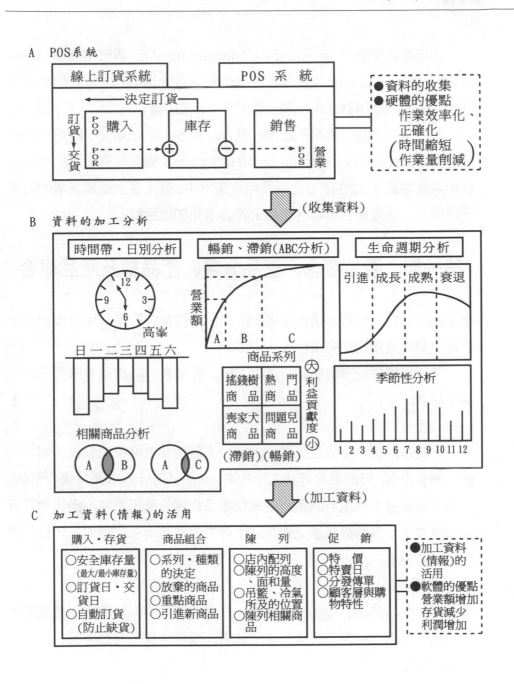

圖5-2　產品通路之 MIS 系統

②新產品開發（new-product development）、新市場開發（new market development）、多角化經營（diversification）、垂直、水平整合如何與產品結構調整做一整合性思考、策略規劃。

③如果與通路、情報系統做一整合，如 point of sale（POS）則如何運用 MIS（marketing management system）觀念而有一系統規劃的管理系統如圖 5-2。在所有之產品組合策略中，最重要也是最基本的因素便是產品，故而對於相關之產品定義必須先加以探討。

第一節　產品概念、產品分類、產品線及產品組合

產品的定義：係指可提供於市場上，以引起注意、取得、使用或消費並滿足慾望或需要的任何東西。

若根據買賣雙方對產品特徵之了解，產品設計時必須考慮有三個主要之層次。

1.核心產品：

也就是消費者所眞正想買的，亦即滿足消費者慾望的服務。如：一個人購買電腦，可能要提昇其工作效率，而提昇工作效率便是核心產品。行銷人員便是要敏銳地洞悉到隱藏在產品背後的眞正需求，滿足消費者此深層需求，讓消費者感受到產品所帶來的利益所在。例如：化粧品賣的是「希望」。

2.有形產品：

行銷者應將核心產品設計轉變成有形的產品，亦即改成具體五項特性（品質水準、特色、式樣、品牌名稱、及包裝）等有形產品。

3.擴大產品：

若產品再提供額外的服務和利益，如此就成了擴大產品，如安裝、售後服務、保證、供運送和信用付款條件等，許多大型電腦公司賣給企

業的不僅是電腦本身，甚至提供管理顧問諮詢等服務，這便是擴大產品，最終目的無非是提供顧客一個更優良之整體消費系統，進而提供更具優勢之產品。

　　以上係產品三個層次，但若從滿足基本需要延伸到能滿足各種需要的特殊項目，則可細分成七個階層，由下到上分別為：

　⑴品目(item)：是一品牌或產品線內之明確單位，可依價格、尺寸、外觀或其他屬性來區分，有時亦稱庫存單位或產品項目。

　⑵品牌 (brand)：產品線上一種或多種品目的名稱，用來辨認這些品目的來源或特性。

　⑶產品型 (product type)：一條產品線內可能有許多不同產品型式。

　⑷產品線 (product line)：產品類中一群非常相似的產品，它們功能可能類似，售給相同顧客群或經由相同的行銷通路，或是相近之訂價範圍。

　⑸產品類 (product class)：指在產品族中有某些相似功能的產品群。

　⑹產品族 (product eamily)：所有之產品類或多或少都能有效滿足一核心需要。

　⑺需要族 (need family)：在產品族之核心需要，如安全。

　　茲以一例來說明以上七種階層之關係：由於對「美麗」的核心需要，便產生了化粧品之產品族，該族中有一產品類稱為美容化粧品類，其中有一產品線是唇膏，其又有許多產品型式，如筆式唇膏，筆式唇膏中有一品牌稱為「嘉麗寶」，此品牌中又有許多不同顏色或價格之品目。

產品分類若依消費習慣則可分成：

1.便利品 (convenience goods)：

通常是經常地、立即地購買，並且不花精力去比較和選購，若再細分，則可分為①基本型便利品，指消費者例行性購買之產品，例如牙膏、衛生紙等。而②衝動性的產品則是事先沒計劃或花精神去尋找下所購買之產品，例如口香糖、飲料等。③緊急性便利品指當有緊急需要才會被購買之產品，例如一個人出門未帶傘，突遇大雨，則可能會去買一把傘，儘管家中已有許多傘了。

2.選購品 (shopping goods)：

此類型產品消費者在選購過程，會特別去比較各項功能價格、品質和產品型式，例如家電、傢俱、較正式服裝等，又可分為同質產品或異質產品，同質產品通常消費者重視的是價格，異質產品消費者重視的是多樣化選擇、更多的產品資訊及服務與建議。

3.特殊品 (specialty goods)：

指具有獨特之特性強勢產品或高度知名度之產品，消費者要購買此類產品時，可能會不辭勞苦前往銷售地點購買，故而廠商為這類產品設通路時考慮重點在於通路地點之告知優先於通路便利性之提供。例如：特殊型式的照相器材組件。

4.冷門品 (unsought goods)：

指一般消費者通常不知道或不會主動想去購買，例如人壽保險、百科全書等，廠商必須加以運用廣告與人員推銷來增加銷售，進而脫離冷門產品。

若依產品之耐久性、有形性，則產品可分成三類：

1.非耐久財 (nondurable goods)：

此類產品消耗快，且需時常購買，（例如肥皂、鞋子、糕餅等）其合適的策略是使消費者很方便可買到，利潤不宜太高，並以大量廣告引起消費者之採用與建立偏好。

2.耐久財（durable goods）：

此類產品通常可使用多次，耐用年限長（例如汽車、冰箱、電腦等），此類產品通常需較多之人員推銷與服務，毛利較高，且需要較多之售後服務。

3.服務（service）：

包括可銷售之活動、利益或滿足（例如理髮、餐飲、企管訓練等），它是無形、無法貯存、變動的、個人性的，因此需要更好的品質管制、商譽、及一致的水準。

若依工業品進入生產過程及相關成本性來分類，可分成三大類：

1.原料與零件：

係指完全進入製成品內的財貨，其中原料又可分成農產品及自然產品（如魚類、原油、木材等）。

2.資本項目：

指部份進入最終成品的財貨。包括設備和輔助裝備兩類。

3.物料與服務：

指完全不進入最終產品的項目，其中物料又分成作業物料（如潤滑劑、打字紙等）及維護修理項目（如油漆、釘子及掃帚等）。

接下來介紹何謂產品組合，所謂產品組合又稱產品搭配，乃指銷售者提供給購買者所有產品線及項目的集合，一個公司之產品組合可建立在某一廣度、深度、長度和一致性上。

而產品之寬度（width）乃指企業所擁有之不同產品線，例如一家科技銷售公司可能涵蓋印表機（printer）、數據機（modem）、個人電腦（PC）、迷你系統、大型電腦等不同產品線，則此公司之產品線寬度為五條產品線。

產品的長度(length)是指公司對品目之總數，例如某個人電腦公司所提供之產品可能從 XT、286AT、386、486，到筆記本型電腦皆銷售，此爲公司產品線長度。公司可以有系統多種方式來擴大產品線長度：即產品線延伸及產品線塡補；產品線延伸又可分爲向上延伸（如統一速食麵向上延伸爲滿漢系列）、向下延伸（如大型電腦之王 IBM 向下延伸至個人電腦市場）、雙向延伸(如喜悅汽車原從中級車向上向下各推出高低價位之各型車)。而產品線塡補（line-filling decision）則只在現有區間增加更多之品目而予以加長產品線。

產品組合之深度（depth）等指每一產品線中產品有多少之變體，例如，某牙膏公司有三種尺寸之牙膏，每種尺寸都具有二種口味，則稱該產品線之深度爲 6。

產品組合之一致性及指各產品線的最終用途、生產條件、分配通路及其他方面具有密切相關之程度。

以上四種產品組合之構面有助於公司訂定產品策略之發展方向，例如公司可考慮增加產品線，以加寬產品組合；公司可增長現有產品線，使公司成爲完全產品線之公司；公司亦可增加更多之產品變種，以加深產品組合之深度；最後公司可決定產品組合之一致性。而產品線決策有下列之類型：

1.產品線延伸決策

①向下延伸（down-ward stretch）

主要的目的是增加低等級一端的市場乃在塡補市場的空隙，否則此空隙會吸引新的競爭者進入。

②向上延伸（upward stretch）

主要的目的是被較高的成長率、較高的邊際利潤所吸引，或只是想將自己定位成具有完整產品線公司。

③雙向延伸（two-way stretch）

主要的目的是爲了市場上的領導地位與市場佔有率的考慮。

④產品線塡補決策（line-filling decision）

主要的目的是達到增加利潤的目的；設法滿足那些抱怨產品線缺少某些品項而損失銷售機會的中間商，想利用剩餘的的產能，想成爲完整產品線的領導廠商，塡滿空隙以避免競爭者有機可乘。

2. 產品線現代化決策

在快速變遷產品市場中，不斷從事產品現代化是不可或缺的。公司可規劃產品改良，以誘使顧客轉移至較高價值產品線。配合改良機會。

3. 產品特色化決策

在產品線中選擇一項或少數幾項品目做爲號召。例如以較低價格作爲來客數增加號召，或以較高價格以提昇品牌形象。

4. 產品線刪減決策

刪減的原因有下列因素①從銷貨收入與成本關係找出沒有希望的項目，或沒有利潤的項目。②當公司產能不符合需求時，可視邊際貢獻加以適當的調整。

第二節　產品生命週期

產品生命週期（product life cycle, PLC）乃是在產品銷售史上，所可能展現的各明顯階段（distinct stages），而在這些階段中，會產生各種有關行銷策略與利潤潛力之明顯的問題與機會。藉由觀察許多產品或產業發現產品正如動物，會有出生、成長期、成年期、老年期，最後是死亡之各種階段，而且各種階段各具特色，並有各種不同之銷售策略，以四個觀念來說明。

(1)產品的生命是有限的。

(2)產品的銷售歷經數個不同階段，而在每個階段均有銷售者所須克

服的各種挑戰。

(3)在不同的產品生命週期階段，利潤有上升的時候，亦有滑落的時
候。

(4)在不同的產品生命週期階段，須採用不同的行銷、財務、製造、
採購及人事策略。

茲說明如下：

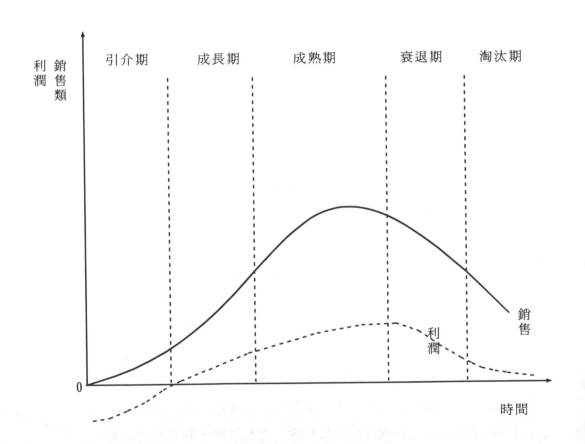

圖5-3　產品生命週期

一、產品生命週期的階段

(一)上市: 產品最重要的問題是在何時上市

　　當新產品一次運送至通路給顧客採購時, 便已進入上市期, 此階段由於要用高水準之促銷努力來通知潛在消費者有此新產品, 並誘使消費者試用產品以及取得通路, 故低銷售額及高配銷及促銷費用使本階段之利潤很低, 甚至為負數; 再者因為新產品之產出率仍低使成本增高, 而在生產上之技術可能尚未完全掌握; 以及要高利潤來彌補高成本之特性, 故此階段之價格偏高。

(二)成長: 在效果上掌握成長期是最重要階段

　　在此階段銷售快速上昇, 新競爭者開始陸續進入市場, 並造成市場進一步之擴大, 當需求快速成長時, 價格維持原狀或降低, 公司也會維持或稍提高促銷支出, 以因應競爭及教育市場, 由於促銷費用佔比率之降低, 故利潤上昇, 成本由於經驗曲線效果, 成本亦會降低, 公司此階段所要小心的是成長的速度此時會從遞增變成遞減之「轉曲點」。

(三)成熟: 在市場競爭問題上, 成熟期是最劇烈階段

　　產品的銷售成長率到達某一點後會降下來, 產品也會進入成熟期, 大多的產品都屬於成熟期, 所以大多數的行銷管理主要是處理成熟產品的問題, 成熟期又可細分為三個期間, 第一個期間為成長成熟 (growth maturity) 期, 銷售成長開始下降, 雖然在此時仍有些新購買者加入, 但是公司已無新通路需要開拓; 第二個期間為穩定成熟 (stable maturity)期, 由於市場已趨飽和, 大多數的潛在消費者已試用過該產品, 因此未來人口之成長衰退和替換需求程度決定其銷售走勢; 第三個時期為

衰退成熟期 (decaying maturity)，銷售水準開始下降，而顧客也開始轉向其他產品與替代品。

㈣衰退：在行銷組合策略上，衰退期是最靈活階段

　　大多數產品的形式及品牌之銷售到最後終究會衰退，產品到此階段之特徵有：廠商數目減少、產品之附加價值降低，廠商甚至從較小之市場區隔撤退或放棄較弱之通路，並進而降低行銷預算與降價。而之所以會造成銷售退步之原因很多，例如新科技之出現，消費者口味之改變，以及國內外競爭之增加等都可能導致降價、利潤之減少或產能之過剩。

㈤淘汰：在利潤調整上，淘汰期是最需決策性思考階段

　　當產品生命週期到達衰退期之後，若公司不能發展出一套良善之政策來扭轉其銷售狀況，且該產品可能花費管理者不成比例之時間，需做多次之調撥或存貨之調整，甚至產品之不合適會導致消費者之不安，並對公司產生不利之形象，則此時公司便可考慮淘汰該產品。

二、產品生命週期不同階段的行銷策略

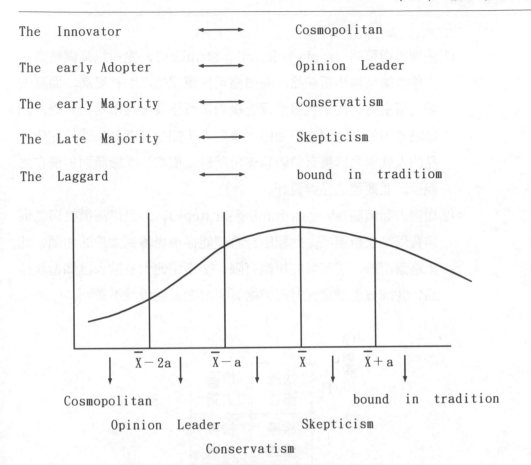

The Innovator ⟷ Cosmopolitan

The early Adopter ⟷ Opinion Leader

The early Majority ⟷ Conservatism

The Late Majority ⟷ Skepticism

The Laggard ⟷ bound in traditiom

Cosmopolitan

Opinion Leader

Conservatism

Skepticism

bound in tradition

圖5-4 產品生命週期不同階段的行銷策略

㈠上市期：行銷策略重點在於如何成功地進入市場。

　　新產品在上市期之市場規模不大，成長緩慢，產品知名度低，競爭不激烈，利潤通常為負，因為上市期之業績不高，但要投資於促銷、上架、鋪貨、建立經銷網、鼓勵零售點進貨等，而本階段所要注重之控制問題乃在於對於產品之技術問題及區隔問題再度之確認，因此本階段之行銷策略可採二種方式：

1.市場去脂定價策略（market skimming pricing strategy）

　　去脂定價依促銷費用之高低，可分為：

(1)快速去脂策略（rapid-skimming strategy），是指以高價格與高促銷水準來推出新產品，高價格可使每單位之毛利提高，而高促銷費用主要是用來說服消費者接受該價格及加速市場之滲透，此策略適用於：①潛在市場中大多數人不知道該產品；②若知道產品的人就會急於擁有並願意支付所訂之價格；③廠商面對潛在之競爭，並要建立品牌偏好。

(2)緩慢去脂策略(slow-skimming strategy)，則是以高價格與低促銷費用來出新產品，此種組合希望能從市場得到大量的利潤；此策略適用於：①市場的規模有限；②市場的大多數人已知道該產品；③購買者願意支付高價格；④潛在之競爭並不激烈。

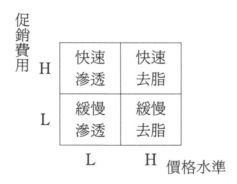

圖5-5　上市期行銷策略

2.市場滲透定價策略（market penetration）

此策略依促銷費用之高低可分成二類

(1)快速滲透策略(rapid-penetration)，以低價格與高促銷費用來推出新產品，當下列情況成立時，此策略可產生最大之市場佔有率及快速之市場滲透。①市場很大；②市場尚未知道該產品；③大多數購買者對價格敏感；④潛在競爭很激烈；⑤公司的單位生產成本隨生產的規模與累積的生產經驗而降低。

(2)緩慢滲透策略 (slow-penetration strategy) 則以低價格及低促銷
水準來推出新產品，此時是因爲廠商認爲市場之促銷彈性很小，
對價格彈性很高，此策略適用在下列情況: ①市場很大; ②市場
已非常熟悉該產品; ③市場對價格敏感; ④市場存在著一些潛在
之競爭。

(二)成長期: 行銷策略的重點在於如何建立有規模經濟之市場佔
　　　　　有率。

　　此階段之銷售量開始攀昇; 除了早期使用者之外，中間大眾消費者
也開始跟隨採用，新競爭者受到大規模生產與利潤機會之吸引，亦開始
進入市場。當需求快速增加時，價格可能維持原來之水準或降低，而公
司爲因應競爭及教育市場，促銷費用可能增加或保持，但由於銷量之增
加，故促銷對業績之佔比會降低，如此利潤會提高，尤其若由於經驗曲
線 (experience curve)，單位製造成本下降之速度，可能會高於價格下
降之損失，故利潤又可提昇，但要注意的是成長之速度將由盛而衰，廠
商必須注意到由遞增轉遞減之時機，以準備新策略來配合，本階段所要
注意之控制問題乃在於對品牌定位、整體市場空隙、新的區隔市場及競
爭性之定位之重點。

　　在此階段之廠商由於要採一些擴張之手段來增強其競爭地位，故必
須面臨利潤與市場佔有率取捨之困擾，若欲取得一主宰地位，必須花大
量之金錢於產品之改良、促銷與配銷 (如下列) 之上，故而當期利潤會
減少; 通常廠商可採下列方式來維持市場成長:

(1)改良產品品質，並增加產品特性或改進樣式

(2)增加新樣式或側翼產品

(3)進入新的市場區隔

(4)進入新通路

(5)廣告重點可從產品知名度建立，轉移到有關產品說服及購買上

(三)成熟期：行銷策略的重點在於如何重新定位、擴大利潤效果以
延伸生命週期。

大多數的產品多處於本階段，此時銷售量成長率到達某一點後會下降；在此一時期競爭者通常從事低價或低折扣活動，提高廣告與促銷費用以獲取競爭優勢，所重視之控制問題在於消費者之重購率、產品之改良、市場之擴大及新促銷方法等。也就是說廠商所要注意的是除了產品改善 (product modification)、行銷組合之調整 (marketing mix modification) 及組成市場調整 (market modification) 之兩大因素來爲其品牌擴大市場。

第一個因素爲品牌使用者數目之擴增；共有三種方法：

(1)**轉變未使用者成爲使用者** (convert nonuser)：例如公共汽車公司會做一些廣告，希望將一些開自用車之上班族改變成爲以公車爲主要上班之交通工具。

(2)**進入新的市場區隔** (enter new market segments)：公司可設法進入使用同類產品但不使用該公司品牌的新市場區隔，例如嬌生公司成功地促銷其嬰兒洗髮精給成人。

(3)**贏得競爭者的顧客** (win competitors customers)：公司可設法吸引競爭者的顧客來試用或採用其品牌。例如妙管家清潔劑就使用原穩潔之廣告明星，並強調「現在我都改用妙管家」之訴求，就是希望將競爭者之顧客轉移到自己之品牌上。

第二個因素是藉著鼓勵目前品牌使用者去增加其對品牌的使用量，可經由三種方法來達成：

(1)**更頻繁的使用** (more frequent use)：亦即使顧客更頻繁使用產品。例如某果糖公司可能宣導消費者各種可以使用該產品之時機，因而增加

對產品之使用頻度。

(2)在每個時機使用更多的份量 (more usage per occasion)：設法使顧客使用更多的份量，例如洗髮精廠商會告訴消費者，使用二次會比一次更有效去除頭皮屑。

(3)新且更多樣化的用途 (new and more varied uses)：公司可設法發現產品的新用途，並說服顧客對其產品更多樣化的使用。例如一家玉米罐頭公司，舉辦利用罐頭玉米之各種烹調方法之競賽，並進而提醒消費者來擴大消費者對其產品用途之認知。

　　產品改善方面可吸引新使用者或使現有使用者更多地使用產品，故有以下數種方式：

(1)品質改進 (quality improvement)：主要是增加產品的功能效能，即其耐用性、可靠性、速度或口味等之更新或改良。

(2)特性改進 (feature improvement)：主要是增加產品新的特性 (例如尺寸、重量、材質、添加物、附屬品)，以擴大產品的多樣性、安全性或便利性。經由特性之改進，至少有以下之優點：新的特性可使公司建立進步與領導地位之形象。新特性可贏取某些市場區隔的忠誠度。新特性可為公司帶來免費的公共報導。新特性會激起銷售人員與配銷商的興趣。
但特性之改進容易為人模倣，除非有專利，否則可能不值得。

(3)式樣改進 (style improvement)：主要在增加產品的美感訴求。本方式雖可得到某一市場之認同，但亦可能不為人所喜愛，故若同時停止舊樣式，可能會失去某些喜歡消費者之風險。

　　行銷組合調整 (marketing-mix modification)，公司應設法透過一個或多個行銷組合來刺激消費，例如可經由下列方式來調整：

(1)價格之調整，例如標價降低、特價、數量或預約折扣、寬鬆之付款條

件或配送條件等，有時甚至可調高價格以暗示高品質及高級感。

(2)配銷通路之調整，例如公司在現有通路可有更多之陳列機會或滲透更多之商店，甚至打入新型之通路。

(3)廣告之調整，例如廣告之支出是否增加，廣告訊息或文案是否改變，媒體組合是否變化，廣告規模、次數、時段甚或是合作之廣告商是否撤換等。

(4)銷售促進 (sales promotion) 之調整，例如對經銷商之激勵措施、特價、打折、保證、贈品及競賽等。

(5)人員推銷之調整，例如銷售人員之數量或素質是否提昇，專業化之基礎是否改變，銷售推廣計劃是否調整，區域銷售計劃是否修正，銷售人員之誘因是否加以調整等。

(6)服務之調整，例如交貨之速度、付款之信用條件或提供客戶更多之諮詢或技術服務。

㈣衰退期：行銷策略的重點在於如何調整明確之衰退產品線。

在此階段，公司可考慮逐漸除去弱勢產品，例如廠商可增加投資來主宰或加強其競爭地位或是維持其投資水準直到不確定性已獲解決，刪減無前景之顧客群，同時維持有利利基甚至加強投資於有利之客戶群，另外廠商亦可選擇收割，也就是快速回收資本之法，而控制要點在於仔細觀察各產品衰退之徵象及充份之情報，以決定是否要從產品線中消除或放棄。

㈤淘汰期：行銷策略的重點在於採取明確之剔除決策。

在此階段如果產品仍有強勢之配銷或商譽，則可考慮將其賣給較小之廠商，否則只有放棄該產品。

第三節　新產品發展策略

　　由於經營環境的快速變遷，企業面臨到消費者需求的改變、或競爭結構之消長轉變的現象，抑是基於維持或擴大企業既有的市場佔有率、提高企業的利潤水準、資源運用的經濟規模等可能因素的考量時，企業發展新產品，是滿足消費者的新需求、維持競爭優勢、改善企業經營成效的方式之一。

　　而獲得新產品的方式，一般企業不外是透過①外求：購併廠商、OEM 廠商合作模式、購買專利權，或是②內部研發：企業研究發展部門自行發展而成。所謂的新產品，乃是指企業的全新產品、改良產品、修正產品或新品牌。其可區分為六大類：

(1)新問世之產品：乃指創造一全新之市場產品，對公司而言或對新市場新奇的程度都很高。

(2)新產品線：公司進入現有市場的新產品。

(3)增加現有的產品線：乃指可強化既有產品線的新產品。

(4)改良或修正現有之產品：能改良現有產品之功能或提供更高之價值之產品。

(5)重新定位之產品：以新市場或新區隔為目標市場的現有產品。

(6)成本降低之產品：有同等性能但成本較低之新產品。

　　在新產品發展失敗率甚高的風險中、需投注巨額成本花費的負擔下，以及新產品構思與創意效果性難求下，企業進行新產品研發時更需有一套審慎縝密的系統評估流程與管理，能貫徹企業的經營政策與策略觀。另外，培養敏銳地洞悉競爭結構與消費者需求變換的敏感度，及切入核心解決問題的能力。若此，將使企業在發展新產品時的失敗風險趨減。

　　新產品發展過程，可分為八個步驟：構想產生、構想篩選、觀念發

展與測試、行銷策略發展、商業分析、產品發展、市場試銷、商品化。

一、新產品構想產生（idea generation）

　　新產品的誕生是奠基於豐厚、新穎的創意上，而創意乃是由眾多的構想中萃取、激盪、聯合形成。任一構想都可能與新產品發展產生關聯，然而，未經過重組、組織、串聯銜接、系統整合取捨處理的構想易流於龐雜、零散，無法形成有意義性、效果性、突破窠臼的創意。以下介紹十五種產生新創意的方式：

1. 堆積 PUP(pile up)：將各種要素逐步堆積到產生構想，儘量考慮所有可能要素，且各種要素需達一定水準。

2. 增加 ADD(add)：不夠要素必須增加足夠產生構想，尤其是在事實與條件的增加。

3. 組織 ORG(organization)：各種要素要能加以組織，適當的要素分群，透過接近、合併、類似群化定律改變認知結構。

4. 連結 CON (conjunction)：要素之間要能上下串聯，注意連結時，是否能超越常識範圍、符合目的意識使用。

5. 組合 COM(combine)：不同東西互相組合產生新構想，透過消費者需求、願望。例如：橡皮擦、原子筆。

6. 分離 DIV (divide)：將要素分離後可產生不同構想：可依要素附加價值高低、有否必要性而加以分離。

7. 去除 OMIT (omit)：將不需要的要素去除，看清所要的構想。

8. 定焦點 FOCUS (focus)：集中在問題點目的之相關要素。

9. 倒轉 REV(reverse)：將各種因果要素倒轉逆向思考，以產生新構想、新機會。

10. 移動 SLIDE (slide)：在不同時空要素的新構想：time lag、space lag。

11. 取代 IC (interchange)：有否其它替代要素。

12. 擴展 EXP (expand)：各種構想可否再展現新的構想：放大 (enlarge)、推廣 (spread out)。無限地腦力激盪 (endless brain stormming)。

13. 繞行 DET (detour)：主副要素位置互相調整，迂迴、嘗試的方式，先確認效果。

14. 遊戲 PLAY (play)：遊戲規則需要的要素：隨機 (random) 自由地思考。

15. 回歸根本 RTB (return to basic)：回歸到根本目的討論問題。

　　新產品尋求創意之過程並非毫無計劃或開放式的，最好高階主管能先界定產品開發之目的為提高現金流量、或是掌握市場佔有率以及資源投入之方向，之後，公司負責新產品開發相關部門便可依此而收集各種新產品構想之資料，其來源可來自：顧客、科學研究者、競爭者、銷售人員、中間商等通路成員和高階主管。

　　(1)顧客：行銷之主要目的便是滿足顧客（含潛在顧客）之需求，因此公司可經由直接調查法、投射法、集體討論法、顧客之客訴建議電話或信函來取得公司新產品開發之構想依據。

　　(2)科學研究者：許多科技公司產品因牽涉到高科技之技術問題，因此許多新產品構想，便需得自科學研究者或各研究機構。

　　(3)競爭者：公司必須隨時監控競爭者產品之動向並且觀察顧客之接受程度，必要時公司通常會購買競爭者產品做一深入研究，而許多新產品之構想便來自對競爭者產品之分析。

　　(4)銷售人員及中間商等通路成員：銷售人員及中間商因隨時接觸顧客，因此消費者之第一手需求資料及抱怨，常常是公司新產品開發構想的來源。

　　(5)高階主管：有些公司之高階主管因對產品技術之充份了解，甚而

個人主導公司產品技術創新之方向，但這種方式有時易導致另一
種看法無法獲得其應有之重視，而使新產品構想可能與行銷環境
不能緊密配合。

其他來源：除了以上列舉之來源外，發明家、專利代理人、大學或商業
實驗室、產業研究專家、廣告代理商、行銷研究公司、專業
出版物。

二、新產品構想篩選（screening）

經過第一階段後，必須開始謹慎評估新產品的構想，篩選構想時需
審慎考量構想是否與公司的目標政策方向、策略觀、可運用資源、公司
定位、形象符合，另外，考慮其競爭狀況、目標市場情形、市場潛力、
製造成本、預估發展的時間與成本在市場、企業自身能力得宜否、預期
的報酬性如何後，依企業實際狀況對上列各因素設定權數比重，進行取
捨。確認那些構想應予保留，而避免有採納錯誤的情況發生。因採納錯
誤，將導致企業龐大的損失、資金回收無期，甚至可能失去既有市場。
另一方面，那些不宜的構想應儘早放棄，以避免隨新產品程序的進展，
企業已投注的資金大幅提高而血本無歸，避免放棄錯誤的情況發生。

經篩選後漸萃取確立的新產品構想雛型，企業內部明顯地瞭解將可
能推出怎樣的新產品至市場上。

三、新產品觀念發展與測試

1.新產品觀念發展

界定競爭對象的是產品觀念，而非產品創意。

產品構想只是以廠商本身立場來看要提供何種產品給市場，但消費
者不會去買產品構想，而是要買產品觀念，所以廠商就要將產品創意進
一步發展成對消費者有意義的觀點，進而發展形成消費者要的實際或潛

在的產品的特別形體。等公司完成產品觀念後，便需進行觀念測試。

2.新產品觀念測試

在顧客導向的行銷趨勢下，而非生產導向時代，不是企業構思推出任一新產品至市場上，消費者便會全盤接受。新產品的成功應是要能同時兼顧達成①企業發展新產品的目的（可能是追求經濟規模降低平均成本、或是鞏固或擴張市場佔有率、或是希望能有助於企業經營利潤水準的提升……等考量目標）與②深入洞悉消費者的需求變化、能滿足消費者的需求、讓顧客滿意。若此方是互利雙惠。而所謂的測試，即是將產品觀念展示於目標市場的消費群中，在經過消費者一連串的測試後，觀察消費者的反應情況，是否如企業預期？企業可從這些處理後的訊息中瞭解新產品觀念對消費者的吸引力如何？有助於企業調整、選擇目標的市場。而其展示的方式可以是初步模擬的實體雛型、或語言文字、圖畫。一般而言，以實體的雛型其測試的明確度較高，因愈具體可避免雙方意會差異的問題。另外，企業考慮所需的時間性、資源投入、經費，及新產品類別，在測試方法上調整。

現在我們安排適當、適量的目標消費群進行測試，從企業與消費者這兩個主要方向對新產品觀念進行測試。

(1)需要 level：該產品觀念是否能觸及、符合消費者的需要？

(2)缺口 (gap) level：該產品觀念是否能填補企業的既有的缺口？企業的缺口可能是：①基於市場補足的用意，在競爭者已發展出新產品、且該新產品在市場上已普遍為消費者接受。此時，企業會為了維持既有市場佔有率的狀況下，亦推出新產品，與競爭者競爭。②配銷通路的完備發展，有時是應中間商需求之故。③之前既有產品的邊際貢獻率、獲利率偏低，發展有助於升揚邊際貢獻率或利潤水準的新產品。④企業的平均成本仍高居不下，藉由資源可共用的新產品的推出，增加企業規模經濟效果。⑤或是發展

一獨創性、新主張的全新產品。

(3)價格↔價值：即使產品投注的成本相仿，然而並不意謂著產品價格相當，有時會產生極大的差異。關鍵影響在於這些所謂有別於其它競爭者或創新的產品特質能否讓消費者深層感受到、且滿足其需求，這是一種消費者認知度的探索。消費者會衡量該產品所帶給的效益做為產品價值度考量。藉由此測試，企業可研判後做為訂價的參考。

(4)消費者接受的程度如何？是否能激發消費者的購買意願？

(5)目標消費群及使用頻率（target/frequency）：
確立目標市場消費群及瞭解消費者使用頻度高低, 做為預估市場、銷售量大小的參考。

四、行銷策略發展

在企業形成新產品觀念並予以測試調整後，企業對於先前規劃新產品發展的目標、信念更加堅定外，關於未來面臨的競爭對象、產品目標市場的消費群的接受程度、購買意願、消費者對產品價值與屬性的認知等有一整體輪廓式的概念。

接著，企業將針對新產品的可能上市，建構規劃一套詳整的行銷策略。我們從下列七個方向縝密地構思研討，將新產品目標市場消費群的多寡、消費行為及購買類型、產品定位、銷售量的大小、產品價位、銷售額的成長、計劃實現市場佔有率、潛在的獲利額、競爭優勢等逐一分析說明。讓企業資源的投注運用效果、效率兼具下，達成企業發展新產品的目標。

1.新產品潛力的程度（potential）

在此部份，責任單位可以就新產品①商圈潛力程度、與②消費者的潛力程度兩方面來界說新產品其目標市場的大小、目標市場消費者的結

構，其可能創造的銷售量多少。

⑴商圈潛力程度

商圈中目標與潛在消費者量足夠性、腹地廣狹、與既有商圈重疊程度、及商圈中同業競爭結構等因素，皆是具有影響性的判斷因子。

⑵消費者的潛力程度

消費者的購買力、影響消費者購買決策因子的可掌握度、購買頻度的彈性、消費者觀點轉換的速度等因素皆是具有影響性的判斷因子。

2.消費者的購買行爲類型（consumer buying behavior）

此外對於此新產品的目標消費群其購買行爲類型的瞭解，有助於企業有限的資源做最有效果效率的運用、促銷時拉力與推力著重的重點清楚、明確，使企業易收立竿見影之效。

	高度介入	低度介入
差異顯著	複雜類型 complex	尋求多樣化類型 variety-seeking
差異甚小	降低認知失調類型 dissonance-reducing	習慣類型 habitual

（品牌之間的差異性）

圖5-6　消費者的購買行爲類型

一般來說，消費者購買行爲類型，有四種類型，分別是複雜類型(高度介入、明瞭現有品牌之間有顯著差異)、尋求多樣化類型（低度介入、明瞭現有品牌之間有顯著差異)、習慣類型(低度介入、不瞭解現有品牌之間有顯著差異)、降低認知失調類型(高度介入、不瞭解現有品牌之間有顯著差異)。若購買的產品屬於價格昂貴、購買決策風險性高、不須經常性購買、代表高度的自我表現，則稱爲須消費者高度介入的產品，例

如：汽車、房子、電腦。反之，則稱爲低度介入的產品，例如：日常生活必需品牙膏、鹽或餅乾。

(1)若新產品的消費者購買行爲屬於複雜類型

此類消費者購買前會做審慎的評估，於是企業在拉力方面，應著重於要告知消費者，讓其了解此新產品優於其他品牌的關鍵功能爲何、及教育消費者相關產品功能的知識。此可透過雜誌、報紙長篇幅的文案與印象深刻的電視廣告共同運用。另外，發行產品功能詳盡解說的 DM 輔助。

(2)若新產品的消費者購買行爲屬於尋求多樣化類型

此類消費者購買不會多做評估，轉換品牌僅是喜歡嚐新求變而已。企業在擬定的行銷策略會因在市場地位不同而策略有異。領導廠商要著重於供貨的連貫性、不斷提醒消費者重覆購買的廣告刺激，讓消費者能轉換成習慣性購買。非領導者的廠商，則傾向於折扣、贈品、加強外包裝、免費試用等方式訴求。

(3)若新產品的消費者購買行爲屬於習慣類型

此類消費者的購買，完全是基於高度熟悉感，而非有愼重的評估與訊息搜尋，故企業在拉力方面，應朝向使消費者短期間印象深刻鮮明、容易記憶地訊息爲主、與持續性地刺激。

(4)若新產品的消費者購買行爲屬於降低認知失調類型

此高風險的購買決策，由於消費者沒意識到不同品牌間產品屬性功能間的差異性，以至於時常有購買後發生後悔的情形。對於此類消費者，企業在行銷溝通上應著重於教育消費者如何相對評估、及予以堅定的信念，減輕其疑惑。

瞭解消費者行爲後，重點在於如何在消費者心中定位，且此定位能較競爭者突出、有差異之處，及如何與消費者有一系列地接觸規劃，而能清楚地說服消費者，讓其感受到企業提供的產品利基所在。

3.在市場佔有率 （M/S marketing share） 上扮演的角色

消費行為類型 消費者採用過程	habitful	variety seeking	reducing dissonance	complexity
attention	(✓)	(✓)		✓
interesst		(✓)		✓
desire			✓	(✓)
memory	(✓)	(✓)	(✓)	✓
action	✓	✓	✓	(✓)
	↓	↓	↓	↓
	snack	洗髮精	傢俱	冷氣機

圖5-7　整合消費行為類型，消費者採用過程，新產品使用者的決策思考模式

　　在 PIMS （profit impact of marketing strategy） 研究中，企業經營績效良窳受到企業行銷策略的關鍵性影響，企業行銷目標中市場佔有率與獲利率二者間有著顯著的關連性。當市場佔有率每差距 10%，則企業間的稅前獲利水準就有近 5% 以上的落差，當市場佔有率超過 30% 以上，同業間稅前獲利水準差距拉大約 10%。

　　於是企業推出新產品的經營目標確立下，所規劃的行銷策略將關係到其成敗。採取防守？ 或攻擊策略？ 企業目前經營的狀況可做為決策者的參考，一般企業在經營的利潤水準大於零、或處於成長階段時、或只要邊際貢獻為正的情形下，企業多採取攻擊策略。在利潤水準高的經營情況下，多採防禦、鞏固既有市場佔有率為主。

4.產品的定位 （position）

　　產品定位，即是消費者心中相對於競爭產品下，對公司產品的一種知覺、印象、感受的複雜組合。透過產品定位，讓消費者瞭解公司產品的意義與提供的利益所在，使消費者能容易地區隔辨別公司產品與競爭

產品間的差異。讓公司產品的定位能較競爭者更易接觸到消費者需求、偏好的市場區隔上。

新產品該如何定位呢？可先瞭解消費者主要偏好的產品屬性為何，目前區隔市場上滿足消費者偏好的產品屬性其分佈態勢與空間為何，及分析目前競爭者產品的定位核心所在後，選擇可發揮公司競爭優勢、滿足消費者偏好、市場潛量大的空間為新產品定位重心，以達到企業經營成效極大。

5.獲利問題（profit）

新產品對企業邊際貢獻如何？是產生淨利呢？或僅有助於回收企業的固定成本而已？此外，在新產品加入後，對既有產品的發展與整體獲利是相抵或是相乘影響呢？是責任單位在規劃中須逐一分析，提供決策單位明瞭。

一般可運用波士頓顧問群（BCG）的成長—佔有率模型針對企業產品進行深入剖析，可以知道那些產品屬於問題產品（高成長率、低佔有率）、那些屬於明星產品（高成長率、高佔有率）、那些是金牛產品（低成長率、高佔有率）、那些是苟延殘喘產品（低成長率、低佔有率）。瞭解企業產品在各產品類型的分佈情況後，①評估企業的金牛產品數是否多到足以產生充份的現金挹注於鞏固獲利性高的明星產品或提攜較有希望的問題產品？或是適量資金用以維繫享有經濟規模、高利潤的金牛產品,以免金牛產品疏忽大意地轉成苟延殘喘產品失去充份現金的供應力？或是將問題產品予以撤退？②評估需淘汰那些產品、需將那些產品扶植至其它產品類型、或是企業需再開發新產品，而加入新產品後，新產品扮演的角色如何？對公司利潤水準的貢獻期許？須有一目標計劃。

6.行銷組合（marketing mix）

當新產品定位確立後，公司用此定位來指導行銷組合策略，如此規劃上有較大的行銷空間，與消費者溝通的理念與表達層面不致於受局限

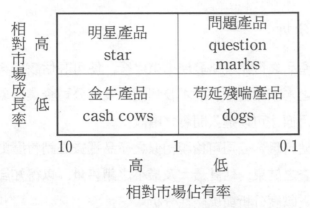

圖5-8　BCG 成長——佔有率模型

漸行漸窄而阻礙公司成長。

7. 競爭力 (competitive)

企業在規劃新產品時，應分析外在競爭者狀況、環境趨勢、消費者需求最新狀況，找出新產品推出時的機會點與問題。衡量企業內部組織力、資源、行銷人才、成本結構，發掘新產品的競爭優劣勢。而能事先系統規劃問題的以預應減緩劣勢的威脅，明確勾勒出新產品的不敗持久的競爭力。而其關鍵是讓消費者能夠認知感受到公司新產品不同於競爭廠商優勢爲何？如何去維繫此優勢不受環境態勢變遷而消逝，是行銷人員的要務。

(1)顯著性(significant)競爭力，即此新產品須具備此同類產品領域中重要的成功關鍵的特性，是同業廠商所不及或很難達成的。

(2)差異性 (differential) 競爭力，即是企業發展出有別於競爭者的產品，形成與眾不同、差異之處，是競爭者望塵莫及的。然需特別留意的是此差異性須是消費者能認知到的,否則亦是徒勞無功、不具影響力。

(3)持久的 (sustainable) 競爭力：此優勢須是持久地，非競爭者短期間可模仿取代的。

五、商業分析

一旦新產品之行銷策略發展出來之後，便可評估該提案之吸引力。若是該提案之未來銷售額、成本及利潤以及對公司企業形象之影響，能符合公司之目標才可以進入開發之階段。

(1)估計銷售量：公司可檢視相似之產品過去之銷售歷史，再因應市場調查之結果，估計最大及最小之銷售量，以得知風險之大小。

(2)邊際貢獻度分析與風險性分析

考慮研發部門、製造部門及行銷部門對新產品所預期投入之成本及財務部門之現金流量預測及相對公司其他產品之互補或替代性之補償性貢獻、淨貢獻、或是評估損益兩平點或是風險模擬等分析與估計。

衡量所推出新產品的成本方面，若與公司既有的生產設備規模能夠共用下，能協助分攤公司已投入的沉沒成本，則在評估新產品值得投資面與否時，可考量與公司其它產品間變動邊際貢獻度，做為公司內替代性產品評估。此外，若為與公司為互補性產品，可將增加此新產品所致的產能規模經濟效益綜合評估，以瞭解此新產品對公司成本結構、利潤、損益兩平的影響，並由安全經營結構中分析，企業推出新產品的負荷度、風險性為何，讓企業有一經營全面性考量。

六、產品開發

前面之階段僅是分析而已，到此階段才能把產品具體化，也就是發展出一符合下列標準之原型：①可將消費者所關心之關鍵性產品屬性表現出來。②在正常使用及情況下操作安全。③可在預算下之成本生產。

有了原型尚不夠，尚必須經過嚴格之功能測試（functional testing），經由實驗室而現場實際使用，以確定操作是否安全及有效地運作。

另外也需經過消費者測試（consumer testing），可將消費者帶至實驗室試用產品或給消費者在家實驗試用，例如室內產品設置測試（in-home product-placement tests）常被用於家電、地毯等新產品開發上。

七、試銷

公司為了要知道消費者及經銷商對新產品如何處理，使用及重覆購買一市場規模及潛量等訊息，經由對產品加上品牌名稱、包裝及相關之行銷方案，以在更具體之情況下測試。而試銷會根據工業品或消費品而其重點有所不同：

1. 消費品試銷：重點在得知試用反應、第一次重購行為、採用行為及購買頻率，而其方法依所花費，由少到多，依次為：

    (1)銷售波動研究：提供給最初免費使用該產品之消費者，可依競爭者價格或更低收費來供應，但要注意其再次買公司產品之數量及滿意程度，有時亦可注意廣告對重複購買之影響有多大，此法可快速進行，可藉此法得知不同促銷誘因下之試用率及從銷售商得到配銷及有利貨架地位之各品牌地位權力之大小。

    (2)模擬商店技術：（亦稱實驗室試銷、購貨實驗室或加速試銷），邀請30至40位消費者，先請他們觀看一些涵蓋各種不同產品著名之商業廣告片及新完成之影片（其中亦包括新產品廣告，但不能提醒或暗示），再給消費者一些金錢，請他們購買產品或保留金錢，之後再調查這些人不買或購買產品之理由，此法可了解新產品廣告及競爭品牌廣告的相對效果，數週後再以電話訪問消費者，調查對產品態度、使用情形、滿意程度、再次購買之意願。

    (3)控制式試銷（又稱迷你市場試銷）：選定一些可控制之商店樣本來賣新產品，可依據控制貨架位置、商店地點位置、接觸面積、展示及購買點促銷、定價等來研究商店內因素對新產品之影響。

(4)市場測試：公司可選定一些代表性之城市，試著將產品推銷給經銷商，並進行全面之廣告與促銷活動，此法之價值不在於銷售預測，而是學習了解與新產品有關的未考慮的問題與機會，並可預試各種行銷方案之效果。

2.工業品試銷：可經由下列方式進行

(1)產品使用測試：選擇一些潛在客戶，同意在有限期限內使用新產品，技術人員觀察顧客如何使用新產品，測試後再要求客戶表達其購買意願及其他反應。

(2)商展：可看出顧客對新產品之興趣及對各樣式及條件的反應是如何，及多少人表達願意購買之意願或下訂單。此外亦可在配銷商的展示室測試，可放於競爭者產品旁，可測試正常銷售情境下，顧客偏好及情報，缺點是上門之客戶不能代表整個目標市場。

(3)控制式或測試行銷：生產有限之產品交給銷售力有限之地理區域銷售，公司亦給予促銷支援、產品目錄等。

八、商品化

經由上一階段之測試，公司便可決定是否商品化，通常商品化時主要考慮之重點為：

(1)時機，例如是要率先進入，以建立商譽之領先地位，或是與競爭者同時進入，以降低促銷成本，或是延後進入市場，以減少教育消費者之成本及了解市場規模，或是等公司舊產品出清以後再引入市場，或是配合季節引入。

(2)地理策略，決定在單一地理區域或是全國性區域，甚至是國際性區域為銷售市場。

(3)目標市場，將配銷及促銷源瞄準目標客戶，例如早期採用者或是重度使用者或是意見領袖等。

(4)上市策略，公司需發展一系列行銷計劃將產品引入市場，因此須
　　將行銷源分配至各行銷組合並排列各活動之順序。

　　經由以上之新產品開發程序並不能保證新產品就能被市場接受，有
許多企業發展新產品卻面臨失敗，其可能之主要原因可能有如下數項：

①市場分析失當：包括高估市場潛力、對買者之購買動機及習慣無
　　法測定，市場產品需求型態的誤判。

②產品本身不良：例如不良之品質或所提供之功能不足，尤其是新
　　產品無法提供勝過競爭者現有產品的好處。

③缺乏有效的行銷工作：不能在提供介紹性之行銷方案後續加以跟
　　催後續動作，以致於未能把握商機，或有為新產品訓練行銷人員。

④超出預期之成本，導致必須提高價格，而提高價格又可能降低需
　　求量。

⑤競爭者之攻勢及反應之行動：新產品一推出便被模仿，於是市場
　　馬上充斥，造成被掠奪的現象。

⑥引入新產品之時機錯誤：例如太晚介紹新產品給市場。

⑦技術或生產方面之問題：無法生產足量之新產品以應付市場之需
　　求，以致於使得競爭者趁機而入。

第四節　品牌決策

　　品牌之於產品的重要性就好比是姓名之於人一般，品牌（姓名）它
代表著產品（個人），兩者間畫上等號。它是消費大眾（別人）辨識、瞭
解產品（個人）時溝通的共同代名詞。品牌將企業其不同於競爭者產品
的特質屬性、品質、價值等理念做一完整的代言與傳達，無形中將產品
定位傳遞予消費者、與消費者溝通。所以品牌的重要與建立的不易，使
得企業對品牌莫不竭力的維護與鞏固，並積極於創造品牌的魅力。因為

產品將因品牌魅力的締造成功，而引發創造出更大的產品附加價值。另一方面隨著品牌形象深刻烙印於消費者記憶中，讓消費者對產品的支持忠誠度加強與根深柢固。因此，品牌在企業永續經營下，已形成企業的一寶貴的無形資產，品牌決策在行銷領域中已扮演著重要角色是無庸置疑。

在討論品牌決策之前，先要定義一些重要名詞：

(1)品牌 (brand)：用來確認一個銷售者或一群銷售者的財貨或服務，且能與競爭者區分出來，其可以是一個名字、一個名詞、標誌、符號、設計或以上幾種的混合使用。

(2)品名 (brand name)：品牌中可發音之部份，例如黑松、白蘭等。

(3)品標 (brand mark)：品牌中可辨認但不能發音之部份，例如一個符號、字母、設計或特殊之顏色等，例如米高梅之獅子、花花公子之兔子等。

(4)商標 (trade mark)：可能是一個品牌的全部或其一部份，已有專用權，並受到法律保護。

(5)版權 (copy right)：是再售製、出版、銷售有關音樂、文藝、藝術作品與形式之獨家權。

一、品牌決策相關因素的考慮

企業是以無品牌方式上市呢？或是引用下游知名廠商、中間零售商的品牌上市？或是自行為其產品發展一品牌呢？若是企業自行建立品牌，則如何命名？後續的新產品是採品牌延伸方式或採多品牌方式等，或是捨棄新品牌發展，僅需對既有品牌予以重新定位即可？皆是企業在進行品牌決策時須考慮到的。並不時地環顧企業既有資源、企業的目標與政策、市場環境變遷與消費趨勢的最新動態，以求適切地調整讓品牌價值發揮最大效益。

品牌可增加產品的極大價值，故品牌決策之建立要考慮下列因素：

1. 首先要決定的是公司是否要賦予產品品名，雖有時無印良品 (generic line) 競爭力頗大，但有自己之品牌仍有許多優點，例如使銷售者易處理訂單及追蹤問題，可具專利及法律之保護，避免被模仿，可規劃控制行銷組合及使消費者產生忠誠度，品牌建立可區隔市場並建立公司形象及打廣告。

2. 而品牌擁有者可為製造商本身，亦可以別人特許之品牌 (licensed name brand) 或是有私有品牌之中間商或是混合使用。

3. 家族品牌決策

   當企業決定自創品牌時，其可有四種發展空間：

   (1) 個別品名 (individual brand names)，採此方式係因公司不必將它的聲譽與顧客對產品的接受性連在一起，且產品不良或失敗時，不會損及公司。

   (2) 全產品家族品名 (a blanket family names)，用此法係因上市成本可利用原有之知名度而降低，尤其當原品牌已樹立良好口碑與形象時，對此引介的產品助益更大。

   (3) 全產品個別家族品名 (separate family names)，當公司產品類別相當不同時可考慮用此方法，以避免混淆。

   (4) 公司名稱結合個別產品名稱 (company trade name combined with individual product name)，例如桂格超脆燕麥片，福特天王星轎車等例子，主要考慮是因公司名稱使產品正統化，個別名稱又可使產品具個性。

二、品牌延伸策略 (brand extension strategy)

品牌延伸就是運用企業既有已經成功的品牌，推出修正改良過的產品或新增產品。其方式可以是①授權許可 (licensing)，即是經過企業篩

選後，准許他人使用企業既有的品牌或商標，而被授權的對象通常是與企業既有品牌完全不同的產業或產品類型。此方式以「迪斯耐製片公司」進行地最爲成功，全世界數百的製造廠商向「迪斯耐製片公司」買到特許權，可自生活周遭常接觸使用到的用品中可窺得，譬如：在襯衫、家具、書籍、唱片、鞋子、食品、電視臺、睡衣、床單、玩具、杯組等產品上有「迪斯耐」的名字、造型或人物。此外麥當勞、可口可樂、Playboy 成功地引用此模式。另一方式，是②自企業原有的品牌延伸出一條產品線的新產品。而延伸的產品若與核心產品有連帶的關係將較易成功。可口可樂公司推出的「健怡」可口可樂（低糖不含酒精飲料）即是一成功例子。

品牌延伸對企業的好處即是：①節省新產品推出時的龐大促銷、廣告費用。②使消費者對新產品快速熟悉。擔憂之處，是唯恐新產品不受歡迎，連帶的對原品牌產生負面影響。

三、多品牌策略（multibrand strategy）

多品牌策略是指公司在同一種類產品項目中，同時擁有兩個或多個以上的品牌。而採多品牌策略的產業產品特性，可能是該產品係同業間產品差異性低、新 MOIK 產品或新廠商進入障礙低，基於防禦與鞏固市場佔有率的領先，企業會傾向於多品牌的方式，追求整體效益極大化。即使原品牌銷售因此稍受影響，但整體銷售情況來說是提升，仍有利於企業。例如寶鹼（P&G）公司，之前在洗潔劑市場推出 Cheer 品牌與 Tide 品牌，及目前在洗髮精市場上陸續推出飛柔品牌與沙宣品牌。皆是多品牌策略的成功運用者，成功地瓜分到競爭者的市場。

企業採取多品牌策略目的，主要是藉由不同的產品來滿足不同市場區隔，以追求企業整體經營的成長，使整體銷售額不致變動幅度過劇的同時，並可避免單一品牌遭受競爭廠商威脅，而提升市場佔有率與獲利

率。其餘採行的原因可能如下：①在市場區隔明顯下，單一產品品牌想吸引足夠數量的消費者，已是無法達到。爲了要掌握住足夠的消費者，採多品牌是一方法。②掌握週期中品牌轉換的消費者。③希望能掌握更多的陳列架空間的優勢。但要注意的是，若原品牌較具強勢，則效果將更佳。反之則否，企業得投注較多成本。④激發出內部良性、高度競爭的士氣。

不過企業採行多品牌策略時，對於產品市場區隔範圍的界定方面，須審慎周延以避免企業內各品牌間相互競爭，市場相呑食，而缺乏綜效。因此各品牌間的產品設計與行銷訴求，應予以特性化，儘量不要重疊。

四、品牌重定位策略

要維繫一成功的品牌，須不斷地檢視市場經營環境的變化、注意消費者的需求偏好改變的動向、競爭結構的消長變化、競爭者與企業品牌的形象認知距離，以瞭解是否對企業品牌需求有負面影響，而且能不時地調整甚至重新定位。若消費者偏好改變或是競爭者推出接近公司品牌定位之產品，搶走市場，則公司要考慮重定位。尤其在發展新產品之前，需對此部份詳盡評估，市場上有否發展新產品之需？或是針對原有產品品牌及賦予新生命的定位。若有品牌重定位之需，應要確保在吸引新消費者外，仍能保有舊的顧客群。

在品牌重定位時，Joe Marconir 建議企業對以下進行問題重新思索一番，分別如下：

(1)分析當初這個品牌從無到有的突破點爲何？或是當初機緣使然碰上的消費者需求是什麼？它們顯然已消失了，是什麼改變所致？

(2)重新審視行銷計畫，使其能與市場環境脈動相連結。

(3)實際地行動！進行市場調查，分別就有無競爭者狀況下，找出消費者是否對企業產品態度已改？是否認爲企業品牌已代表著一過

去年代？

(4)維持高的曝光率，尤其在時機與業績不佳之際更應持續。

(5)切勿假設企業品牌旣已在市場上銷售相當長期間，而理所當然的認爲目標消費者一定知道企業的存在與企業提供產品特性爲何？企業必須時時重新評估產品的售價／品質／形象，若結果尚稱滿意，則應予以持續。反之，則重新界定品牌的價值，並將努力加強結果傳達給消費者。

(6)切記企業產品的獨特銷售主張 (USP, unique selling proposition)，因爲此是消費者想購買企業產品的關鍵。

(7)擁有積極的態度、成功的欲望、良好的行銷計畫與強而有力的財務支援決心，將能使高品質的品牌存續下去。

第五節　包裝決策

包裝即是指設計或製造產品的容器與包材材料的一系列相關活動。隨著自助式超市與量販店經營型式的快速擴增，包裝在行銷方面扮演任務愈趨重要。該如何吸引消費者的注意與影響其購買意願、或是藉由包裝來凸顯企業形象、或提升產品附加價值，是企業進行包裝決策時須一一考量。而就包裝程度而言，其可分爲三種層次：

1. 基本包裝：即產品的直接容器，例如：盛裝香水的外瓶。
2. 次級包裝：用以保護產品基本包裝，裝飾美化的用途。
3. 裝運包裝：用以運送、辨識用的。例如：配送時對精緻易碎的香水往往加一保麗龍等材質予以保護。

一般來說，優勢產品（即所得彈性大於一的產品）與奢侈品的包裝較愼重與講究，其包裝所創造的附加價值高，然帶給企業的利潤貢獻度則會受包材成本高低幅度而呈非規律性的關係。故企業在包裝決策階段

時，須將包裝在此產品的任務、企業因此所需付出的成本、社會環境、市場上對包裝的反應要求予以綜合考量。

第六節　服務決策

一、商品的五種特質

商品之轉移並非其主要功能等，其具有下列五種特質與行銷活動有關:

(一)不可分割性

即服務的產品與服務的提供者間具有不可分割性。服務通常是隨作隨買，不能與銷售者分離，例如美容師理髮洗燙，出售勞務時，顧客亦同時購買其勞務，此暗指「直接銷售」為其唯一之配銷方式，也就是說，每一個出售勞務的人不可能在許多市場同時出售其勞務，甚至同一市場都難將其勞務分售給不同之主顧。

(二)無形性

即消費者在消費之前，看不到產品的效益。無法在被購買之前讓人見到、嚐到、感覺到、聽到或聞到。例如病人在治療之前很難預測到結果，因此消費者在購買前為了降低不確定性，會根據所看到之有形事物，如地點、人員、設備、價格等來推論該項服務之品質。

(三)可變性

服務產品的品質缺乏一致性，易受外界環境、服務提供者的變化而異。例如同是外科醫師，每次之手術是否成功，決定於由何人操刀，及

其時間及地點，一旦這些因素有所改變時，服務品質通常也會跟著變化。所以服務廠商可透過優良人員之選擇與教育訓練，以及透過建議與抱怨系統、顧客調查、比較參觀來比較顧客之滿意度，以期能查覺及改正不良之服務。

(四)易毀性

由於服務不能儲存，例如空公車之載客量之服務不能留到上班尖峰期再用，冷清電影院等，均為服務業之損失，尤其是需求不穩定時更會遇上難題，因此許多廠商為了克服此一問題點，在需求方面以差別取價、培養離峰需求、附加性服務(complementary services)、預約系統等方式來管理需求水準。在供給方面則以兼差人員、在尖峰期間使工作進行更有效率、增加消費者之參與共享服務、預留將來擴充之用的設施。

(五)過程性

服務產品是由隨時間推進的過程累積組合而成的，是生產與消費同步發生，過程的管控得當與否，關係到服務產品的品質。經歷整個過程，方能領會到完整的產品效果。

由以上可知人員的素質決定了服務行銷的品質，企業內高階主管對服務行銷理念的看法與支持度影響著企業服務行銷的層次，服務人員對產品本身的意義、範疇、定位的瞭解透徹與否將關係著服務行銷的成敗，服務行銷的有形面會影響消費者對該定位的判斷。是而人員在服務行銷中扮演著關鍵因素，人員的教育訓練更是不容等閒忽視。

二、售前、售中、售後服務

(一)售前服務

　　找出顧客重視的服務項目及其相對性，以設計其設備及服務以符合顧客之期望，當然要提供到何種程度，端視競爭情況與廠商願意且能夠提供之水準而定。

(二)售中服務

　　乃指顧客開始與公司接洽至交易完成之期間，廠商對顧客所提供之服務。

(三)售後服務

　　包含維修、訓練服務及相關之慰問賀卡等。

摘　要

1. 產品策略最能直接反應出企業之使命，產品策略之選擇與公司之行銷策略息息相關，因此在瞭解產品策略之前，產品組合、產品分類及概念必須先定義清楚。大多數公司不只賣一種產品，故而產品的深度、長度、廣度及一致性是發展公司產品策略之工具。

2. 產品設計時，須考慮產品的三個層次：①核心產品，消費者眞正想要的。②有形產品，即由核心產品轉變而成的具體產品，具有品質水準、特色、式樣、品牌、包裝五種特性之產品。③擴大產品，是滿足消費者基本需求，同時提供更完善周全的服務與利益，讓消費者感受到整體消費系統。

3.將產品依消費習慣、持久與否、有形無形、使用用途的過程分類，瞭解各分類產品的特性，藉由對產品特性的分析，使企業在產品策略擬定、資源投注、行銷組合上，能適切地與產品特質連結。一般依消費習慣可將產品分為便利品、選購品、特殊品、冷門品。或依持久性與否，將產品分為耐久品、非耐久品、服務。工業品則依生產過程分為原料與零件、資本項目（設備）、物料與服務。

4.每一上市的產品都會經歷引介期、成長期、成熟期、衰退期、淘汰期的生命週期。在每一階段產品發展上，企業會面臨不同的機會與問題，洞悉產品在每一階段的特性（銷售之勢、成本、獲利、消費者、競爭結構），設定調整階段性行銷目標(認同、市場佔有率、利潤率……)，規劃擬定最適切的行銷組合。

產品生命週期的目標、特徵、策略，彙整如附表一。

5.新產品發展的過程可劃分為 8 個階段：

①構想、創意的產生。思考方式的突破，透過堆積、增加、組織、連結、組合、分離、去除、定焦點、倒轉、移動、取代、擴展、繞行、遊戲、回歸根本的 15 種方式產生新創意。而在創意產生的源頭主要來自顧客、科學研究者、競爭者、銷售的前線人員或中間商通路成員、高階主管等。

②構想篩選。企業在此階段要將初步的構想與公司目標政策、策略、資源、公司定位、形象、市場競爭狀態、目標市場……等要點綜合考量，萃取出符合上述考量的新產品雛型的構想。

③新產品觀念的發展與測試。截至目前為止，企業發展出的創意是公司自己認為可能推出至市場的產品構想，而非消費者認知的產品觀點。此階段即是要發展消費者可意會的產品觀點。並從 a.需要 level, b.缺口, c.價格／價值, d.消費者可接受的程度, e.目標消費群及使用頻率五個方向對新產品測試。

特 性：

銷 貨	銷售額低	銷售額快速成長	銷售達到高峰	銷售額下降
成 本	每位顧客的成本高	每位顧客的成本中等	每位顧客的成本低	每位顧客的成本低
利 潤	有虧損	利潤增加	利潤最大	利潤下降
顧 客	創新者	早期採用者	中期大眾	落後者
競爭者	少	數目逐漸增加	穩定的數目但開始減少	數目減少

行銷目標：

	產生對產品的認知及試用	力求市場佔有率最大	最大的利潤，並保護市場佔有率	減低支出，並榨取此品牌的剩餘價值

策 略：

產 品	提供基本產品	擴展產品的廣度並提供服務及保證	品牌及樣式多樣化	逐步撤出弱勢產品
價 格	利用成本加成法	滲透市場的價格	配合或反擊競爭者的價格	減價
配 銷	建立選擇性配銷	建立密集式配銷	建立更密集式的配銷	剔除無利潤的出口
廣 告	使早期接受者及經銷商建立對產品的認知	建立大眾市場的認知與興趣	強調品牌的差異與利益	減少支出，保持極忠誠顧客即可
促 銷	大量促銷以吸引試用	減少促銷多利用消費者的強烈需要	增加促銷以激勵品牌的轉換	減至最低水準

附表一

④行銷策略發展。潛力程度評估、消費者行為、市場佔有率、定位、獲利分析、競爭力的審慎規劃。

⑤商業分析，評估此新產品在商業上的吸引力（其銷售預估、成本投入的預計、風險性評估……）。

⑥產品發展階段。此階段將正式把構想轉換為實際產品，研究其可行性、測試其功能、口味、成本支出。

⑦試銷。在實際的市場情況下測試產品，亦提供企業檢視行銷方案的機會，減緩潛在的問題。

⑧上市規劃。何時推出、於何地、以誰為主要目標市場，並決定用什麼行銷策略將新產品引導上市。

6.品牌決策是產品策略中重要的環節，良好的品牌為企業帶來附加價值。舉凡既有產品是否發展自有品牌？或是使用製造商品牌？自行發展品牌是採個別單一品牌或家族品牌呢？在新產品發展後是延用原品牌或是另創，或是對原品牌予以重新定位，是企業必須審慎評估。

7.近年來包裝決策已由傳統上的附帶的行銷決策轉換為一重要的行銷工具，行銷人員須發展產品的包裝觀念，自功能上與心理上加以測試，在平衡效果、成本支出、社會期望三方面，達成想要的目標。

8.服務決策，完整的產品消費體系，涵蓋售前、售中、售後服務提供，並予以強化，增加產品的外溢效果。由於服務的易毀性、不可分割性、無形化、可變性、過程性，使得提供服務的人員素質、理念及對產品的瞭解度，影響著服務的品質、水準。因此人員教育訓練是服務決策中主要環扣。

個案研討：速食麵產品發展的機會分析

一、前　言

　　臺灣經濟發展大約從民國 60 年代，進入了高成長的時代，而速食麵也隨著整個經濟社會的轉型、外食人口的大量增加，速食的消費習慣日益蓬勃發展而進入每一階層的生活之中。自從民國五十六年照門公司從日本引進一種名為「生力麵」的速食麵，速食麵產業即在臺灣奠定它的發展基礎，經過本組的調查結果，顯示在過去一年間，曾經食用過速食麵的比例高達 97%，而在 1994 年速食麵產業的銷售額約有 75 億元，由此可知速食麵是一項重要的國民食品，而且亦是食品工業中重要的一項產品。

　　速食麵至今已有 28 年的歷史，憑藉其食用的便利性、口味的多樣化以及價格便宜的競爭優勢，在臺灣食品市場中打下它的地位，但是社會大眾對於速食麵傳統認知仍是停留在多吃會有礙健康，不夠營養的印象，也是阻礙速食麵發展的重要障礙，但由於臺灣速食麵的市場未達到飽和狀態，仍有發展空間，誘使業者不斷地開發新產品，以滿足市場的需求，提高市場佔有率，也吸引許多大型食品公司投入速食麵的產銷行列之中。

　　在如此激烈的競爭環境之下，使得臺灣速食麵市場由早期的無差異行銷轉變成注重市場區隔的行銷手法，由於消費者口味多變及對新口味的要求，使得開發新產品成為業者主要的行銷策略，傳統的牛肉、豬肉、海鮮仍佔有市場的七成左右，但是創新口味的產品的佔有率正在逐步上升之中，在價格方面，由傳統低價位 10 元以下，到中、高價位 15 到 35 元，直到目前的超高價位 40 到 50 元，似乎消費者對於高價位速食麵產品的接受越來越高，也使得業者更敢於投資發展質精味美價高的產品，

來滿足消費者對速食麵的需求。

在包裝方面，由於古早的塑膠包裝發展至碗裝、杯裝，直到目前的大碗、大桶裝，可看出早期注重價低而後變為講究方便的碗、杯，直到目前強調可以當作正餐的大碗桶裝，亦可表現出速食麵的發展趨勢。

二、速食麵發展沿革

	第一期(56～65)	第二期(66～74)	第三期(75～83)
市　場 著名品牌	生力麵 統一肉燥麵 統一肉燥米粉 維力炸醬麵 味王原汁牛肉麵	統一滿漢大餐 金味王紅燒牛肉麵 中華麵 統一蔥燒牛肉麵 味味A排骨雞麵	浪　味 來一客 小廚師 家傳系列 漢朝生鮮拉麵
價　格	3～5	6～35	17～50
包　裝	塑膠包	塑膠包、大、小碗裝	塑膠包、碗裝、杯裝、桶裝
產品特色	首先上市 內容包括麵身、調味油包、調味粉包	產品強調真材實料容量大、調理包	調理軟罐 生鮮麵體
市場特點	屬於開創口味式產品 都用塑膠包裝 大多屬低價、簡單產品 市場區隔以口味為主	朝向多重品牌發展 市場出現更方便的碗麵 出現含有調理包屬於高價位的產品	電視媒體開始大量運用 朝向單一品牌口味多樣化 市場出現以環保為訴求的紙杯包裝 出現超高價位仿真麵產品

表5-1　速食麵發展沿革

三、速食麵現今市場的競爭狀況

	價格	包裝	內容	口味		產品調性	競爭優勢或劣勢
肉燥麵	8	塑膠包	基本配料	單一	老	價廉清淡熟悉	牌子老通路廣
米粉	8	塑膠包	米粉麵體	單一		同上	配合搭售
來一客	17	保麗龍杯(小)	脫水蔬菜	五	小	方便好攜帶	小巧攜帶方便
小廚師	35	保麗龍杯(中)	真空調理包	多	俏	口味多樣化	美食專家印象
家傳	50	大型紙杯	調理軟罐	二	精	精緻料理	特殊調理手法
阿Q	25	保麗龍杯(大)	基本配料	四	大	量大	容量大、價格連接性
維力	8	塑膠包	炸醬包	單一	醬	口味特殊	特殊吃法
大補帖	50	保麗龍碗(大)	細麵米酒包真空調理包	四	補	氣味醇正酷似真品	口味獨特
隨緣	25	保麗龍碗(小)	勾芡粉包	單一	素	單身品味高	追隨時尚
王子麵	5	塑膠包	僅調味粉包	單一		零食	無法轉型
漢朝	50	大型紙杯	生鮮麵體調理軟罐	二	鮮	創新生鮮	上市中
龍捲條	40	大保麗龍碗附湯匙	粿仔條體真空調理包	二	美	高格調傳統小吃	購後認知低

表5-2 現今市場的競爭狀況

四、速食麵產品市場區隔

利益區隔	人格特質	品質要求	年齡	忠誠度	廣告影響	代表性產品
口味（口味創新多樣化）	對事物要求較高，有獨立的思考、見解，勇於嘗試新的事物。	對品質要求較高，相對地較不在乎價格；不論對麵體、調味料皆有較高要求，要能不斷創新產品及品質迎合其需求。	多分布於18至30歲	對品牌忠誠度相對地較低，有新產品上市，可能就會嘗試；是屬於移轉忠誠者、游離忠誠者。	受廣告影響較大容易受精美的廣告所吸引。	家傳大補帖小廚師
價格（價廉）	行事風格較為保守，容易依循傳統經驗行事，屬於較老成之個性。	對品質要求較低，相對地較在乎價格；偏好於傳統口味，新產品對其吸引力較小，改良產品反而容易使顧客不適應。	多分布於25至40歲	對品牌忠誠度較高，會重覆購買相同品牌之產品，是屬於高度忠誠或適度忠誠。	受媒體廣告影響較小，而是由傳統認知影響其購買的決策。	肉燥麵肉燥米粉維力炸醬麵

表5-3　市場區隔表

五、市場定位分析

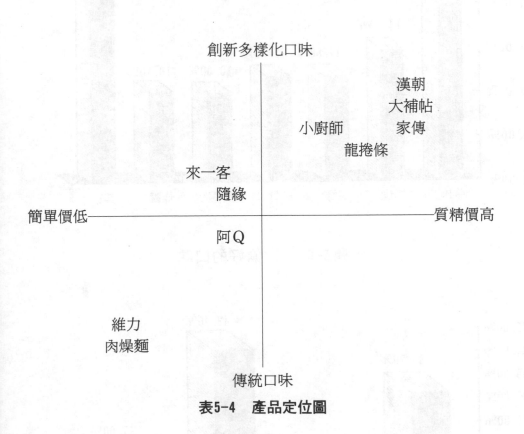

表5-4　產品定位圖

六、市場研究

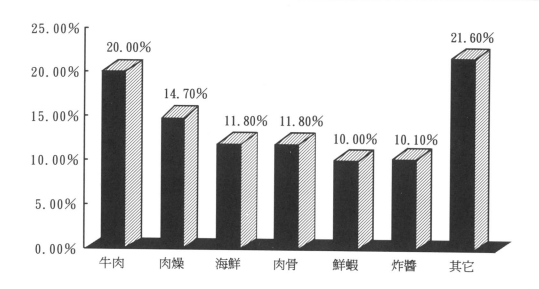

圖5-9　　　偏好的口味

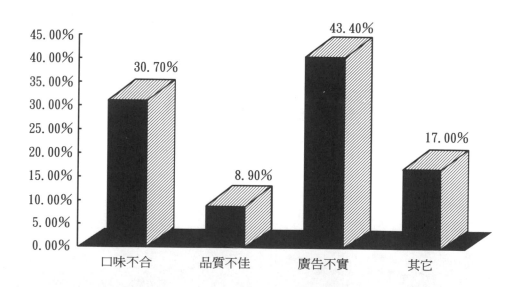

圖5-10　　食用後不滿意的原因

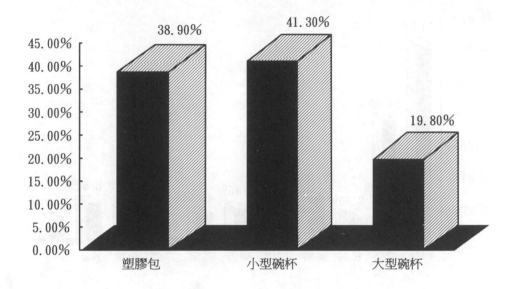

圖5-11　　　包裝與購買量的關係

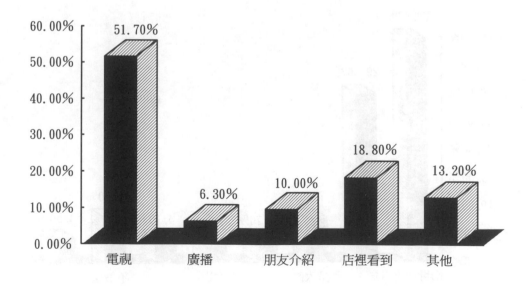

圖5-12　　　產品的訊息來源

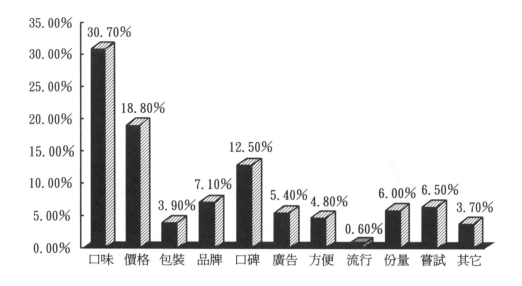

圖5-13　　　購買速食麵的考慮因素

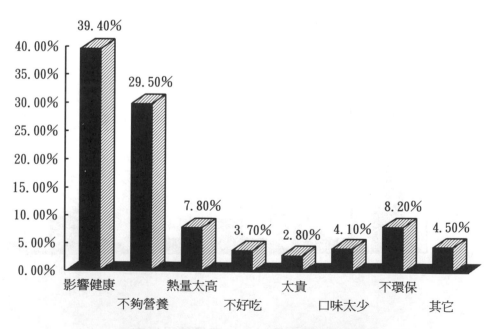

圖5-14　　　速食麵的缺點

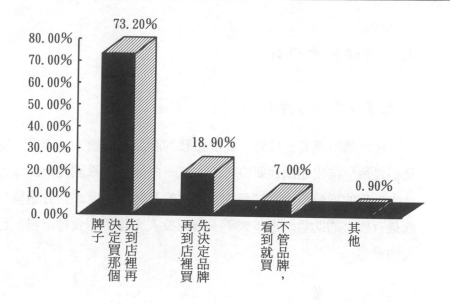

圖5-15　　　購買速食麵的決策模式

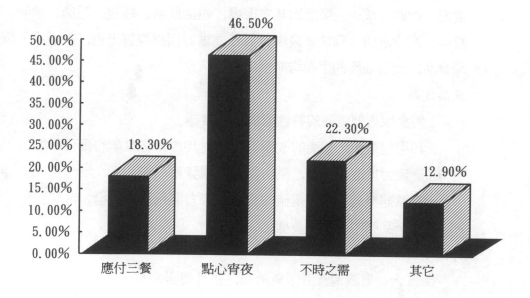

圖5-16　　　購買速食麵的原因

七、行銷機會研討

㈠ 培養主力明星產品

速食麵市場有一特點，高度熟悉的產品占有很大的市場，這些產品莫不是最早推出開創性新口味，如統一肉燥麵的鞏固江山，又如味王原汁牛肉麵的瓜分市場，培養主力產品的品牌熟悉度，對於穩固公司業績成長有極大的助益。近年來不少廠商投入大陸的速食麵市場，已經有很大的獲益。

㈡ 多角化經營

速食麵作為副食仍舊是此一產品的消費形態，因此當廠商在這市場裏擁有穩定的佔有率後，應著手進行多角化經營，增加此一產品的附加價值，例如：統一企業進軍其它市場，包括飲料、麵包、超商、量販、證券、壽險，總合為統一集團。另外，維力因為炸醬出色，進而投入罐頭食品，食用油脂的生產均頗為出色。

產品方面：

1.將食用方便省時的特性繼續加以發揮。

2.利用包裝標示逐漸的改變消費者對其含有防腐劑的舊有印象。

3.應致力於改善品質，模仿真麵，開發新口味。

4.嘗試開發具有營養價值的產品，努力開拓正餐市場。

5.單一品牌中，口味多樣化。

行銷方面：

(1)廣告：要讓消費者印象深刻，並且覺得好吃，勿過份誇大。

(2)通路：力求普遍，以消費者活動區域與便利商店為主。

未來新推出的產品，應順應高價位，多口味，仿真麵的趨勢，切入

市場。

註：本個案在部份資料參考東吳大學經濟系消費行為上課筆記，指導老師為郭振鶴，參與學生為黃蕙芬、黃福賢、羅文芳、蔡文斌、周武華、黃成鵬、江文華、徐國斌、梁玉珠，協助部份特表致意。

八、討論

1.可針對目前市場速食麵每個品牌調性與產品特性進行市場收集相關資訊做小組研討並彙整成重點圖表以利分析。

2.對新產品發展機會可再進行創意性探討。

3.是否可從現今市場速食麵各產品、品牌分佈情形討論市場機會與威脅。

4.可否就速食麵購買的動機考慮模式、考慮因素探討此市場是屬於習慣性購買的消費行為或尋求多樣變化的消費行為。

5.從目前消費者意見對於口味不合佔30%，品質不佳佔9%，廣告不實佔44%，可探討新產品開發方向，就機會分析與替代分析加以探討。

6.從本個案的分析是否可加以說明市場調價與高價位空間的利基何在？

專題討論：嬰兒紙尿褲新產品未來發展策略

一、紙尿褲市場之基本分析

市場佔有率與市場概況

國內紙尿褲市場量每年約有 58～62 億元的規模,市場銷售量從七十

九年的 6.5 億片到八十一年的 8.6 億片，近三年平均每年成長率 12% 以上。目前臺灣紙尿褲的使用率已達 58%，預估今年銷售量可增加 10 萬片，而突破 9.6 億片。而目前臺灣大約有 25 臺紙尿褲機臺，以每臺 600 萬片的產能來看，只需 15 臺即可滿足國內每年 8～9 億片的需求量，加上日本進口品牌以低於該國價格傾銷至國內佔有 30% 的市場，使得整個市場的供給大於需求，致使國內紙尿褲業者紛紛以降價等促銷方式來增加其銷售。在這競爭如此激烈的市場中，市場佔有率最高的首推美商幫寶適，其市場佔有率約為全臺灣嬰兒紙尿褲市場的 45% 左右。

生產廠商	寶鹼	全日美	嬌聯	花王	金百利
品牌	幫寶適	噓噓樂	滿意	妙而舒	金貝貝
市場佔有率	40.8	22.5	11.2	10.2	4.7

生產廠商	達永	金百利	千幼	嬌聯	
品牌	樂芙爽	好奇	PIPI	母嬰寧	可康美
市場佔有率	3.5	4.7	1.8	0.5	0.5

圖5-17　各品牌市場佔有率一覽表

年　　度	74	75	76	77	78	79	80	81	82
市場實際銷售量	0.78	1.13	1.98	3.31	4.56	5.50	6.44	7.38	8.32
普及率%	5.0	8.4	12.7	21.2	29.2	35.3	41.3	47.3	53.3

註：1.總潛在市場需求量＝15.6 億元
　　2.普及率＝年度實際銷售量／總潛在市場需求量

圖5-18　臺灣紙尿褲市場普及率之成長及推估

二、競爭品牌之行銷策略

競爭品牌之優勢

　　噓噓樂爲以「價格優惠」作爲競爭優勢，此外亦改良其產品，新推出「全新噓噓樂」嬰兒紙尿褲，期能藉此提升產品形象，鞏固市場佔有率，「全新噓噓樂」紙尿褲，除擁有尿溼顯示的功能外，更加強防漏立體褶邊、彈性伸縮腰圍兩大特色，寶寶無論俯睡、仰睡、活動時均不會外漏，尿濕時更是一目了然，適時更換尿褲，保持寶寶皮膚的健康。此外，該產品經重新設計，不但包裝體積縮小，且外表更精緻，期能提高產品的購買率。

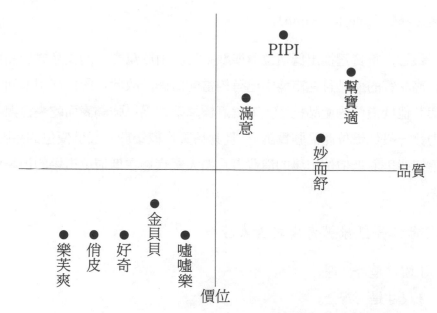

註：外國品牌多落於高品質、高價位間，且與國內品牌明顯區隔。

圖5-19　紙尿褲市場屬性分析

三、未來產品發展策略思考

(一)品質 (quality)

根據消費者文教基金會對實際使用者的問卷調查統計結果顯示，在吸水量、吸收速度、表面乾爽性等方面的試用結果，幫寶適皆排名前幾位。且其依嬰兒的年紀將產品區分成四個成長階段，並針對寶寶的活動力與成長期的不同來加強產品各方面的功能。在新一代幫寶適超級系列中，則為針對活潑好動的寶寶來設計，產品多了彈性側腰褶邊和雙重膠帶，且為不同於傳統紙尿褲的褲型紙尿褲，使寶寶穿了更合身，使用更方便。

(二)產品線 (product-line)

最近，幫寶適推出低價位標準型系列。由於幫寶適的產品屬於高價位、高品質的產品且在市場中已有相當的口碑，故此次的標準型系列定能與其他低價位的產品抗衡。幫寶適標準系列為以強調表面乾爽性與吸收力比一般低價位產品強為訴求，且其品質也較優於一般低價位的品牌，相信定能爭取低價位市場的消費者，擴大幫寶適在低價位市場的市場佔有率。

(三)父母選擇紙尿褲考慮之因素瞭解

1. 價格是否合理。
2. 尺寸是否齊全。
3. 吸水量和吸收速度。
4. 防漏效果。
5. 使用後處理方便性。

6.環保觀念。

7.剪裁是否合身（包含是否適用於學走路的嬰兒）。

㈣以寶寶的立場強調

1.產品表面的乾爽性與它的吸收力。

2.不易得尿布疹，且能讓寶寶感覺舒適。

3.根據寶寶成長階段作設計，較符合人體工學。

4.以孩子為導向，利用廣告表現孩子使用的安適及舒服，藉此強化父
　　母的 image，使消費者認為幫寶適即是紙尿褲的專家。

㈤以環保立場強調

1.回歸自然，寶寶吃母乳比吃奶粉不易得尿布疹，且能增進親子間的
　　感情。

2.強調產品丟棄方便，不易造成污染，給後代一個乾淨的環境。

㈥產品市場區隔化

1.為因應同質化、差異性小的市場趨勢，幫寶適可設計出寶寶成長階
　　段的 U.S.P.，用以強調幫寶適的產品為最符合人體工學的產品。

2.改良產品：加強產品內外的包裝，使消費者使用後處理方便、衛生
　　且易於丟棄。

3.使市場區隔明顯化：如針對活動量大的寶寶，在原有的產品大小
　　再區分出日用型及夜用型，並加強其功能。

習　題

1.產品策略性規劃思考架構。

2.新產品構想有何主要來源？

3.何謂產品改良？何以廠商要進行產品改良？又其策略為何？

4.請分析各產品生命週期之行銷組合策略之差異點。

5.何謂服務？它有那些特質與行銷活動有關？

6.請考慮除了利潤因素而要刪除某條產品線外，是否還有其他可能之理由，請討論之。

7.一個企業在何種情況之下及本身應具何種條件，才較適合採用多品牌策略？

8.請思考企業新產品發展策略適合採用主動出擊，或採被動式之時機？請從其市場之競爭態勢面、市場成長機會面、市場規模面、創新保護程度等層面來探討。

9.新產品發展的程序為何及其可能失敗之原因有哪些？

10.請討論一個處於成熟期的產業中之廠商，其各品牌之競爭策略。

11.新產品在試銷時所考慮目標市場因素時,如何結合消費者採用過程、消費行為類型，做一整合性思考。

第六章　價格策略

　　每一個企業機構對其本身的產業均應有一項概念
……不同的企業機構對產業的概念不同，正表示其在業界
中的決定性的競爭力量。回顧 1921 年的汽車工業，情況正
是如此。在福特先生的概念中，汽車工業是一種靜態的車
型，於市場中的價格應為最低；是為其 T 型車，應可風行
市場。其他的業者則有其他的概念；其中約二十餘家業者
皆認為產量不大，則價格偏高。此外還有部分業者，認知
的則是價格居中的各式車型。

Alfred P. Sloan, Jr. (通用汽車公司)

　　一股強大的力量，驅使整個世界步向日益集中的共同
點；這力量便是科技……其結果，一種新興的商業現實因
而出現──那是標準化消費者產品以亙古未見的巨大規
模，出現於全球性的市場。企業機構配合此一新的事實，
從有關生產、配銷、行銷，及管理的巨大規模經濟中，獲
得了利益。這些企業機構再將其所取得的利益，還之於價
格降低的型態，遂所向披靡，沒有競爭對手。

Theodore Levitt

　　價格的訂定是企業經營上的重要步驟之一，傳統的價格決定，是在於買賣雙方討價還價的結果。在整個行銷策略上，價格的高低，則對於產品的設計、分配的通路、推銷的方法，有著密不可分的關係。

　　不過，定價並不是一件很容易的工作，它必須考慮市場需求、競爭情形、消費習性，甚至於政府法令、規章等因素；所以欲決定一個具體的價格，並無一定的模式可循。而是必須配合企業本身的條件，隨時注意環境的變化，而加以調整改變。例如考慮定價策略時以今日動態經營環境，必須考慮的因素有：

1. 傳統的定價觀念會思考價格與數量在一條需求曲線上變化，而今天動態性定價會考慮兩種結構上價格策略變化：①因消費者需求偏好改變而使得價格與數量變化如圖 6-1，②考慮經營結構損益平衡下價格策略運用如圖 6-2。

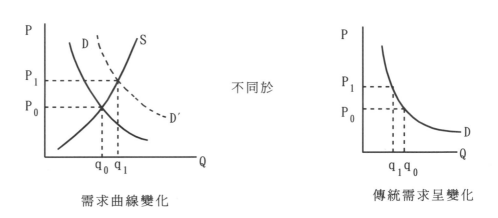

需求曲線變化　　　　　　　　　傳統需求呈變化

圖6-1　消費者需求改變的影響

　　行銷人員主要著眼點在於如何運用差別化行銷戰略求改變需求曲線。而達到價格可提高，銷售數量可增加的雙贏策略。

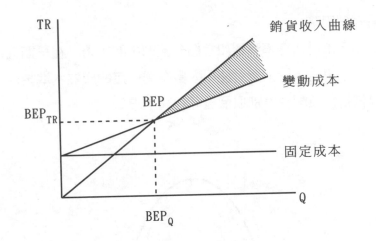

圖6-2 損益平衡下的價格策略

BEP (break even point) 損益平衡點，今天行銷人員不僅需瞭解市場面相關問題，也需瞭解財務經營結構面。每個公司均有其經營結構，公司必須超出損益平衡以上的銷貨收入才有可能產生對利潤正面貢獻。而價格就扮演關鍵角色，TR＝P×Q 價格調整。

(1)如果在價格需求彈性小於 1 時，則價格提昇對於利潤將有正面增加性，反之則為負面影響。

(2)如果銷售數量在 BEP 之下，則所運用的價格策略需比較保守（例如採中低價格），使得 Q 較有彈性增加到 BEP 機會，這個時候若提高價格或採高價格策略，對於經營水準均較有幫助。

2.價格策略與產品本身的定位有顯著的相關如 BCG (Boston-consulting group)的分群分類明星產品(star)，金牛產品(cash ow)、問題兒童 (question mark) 與看門狗產品 (dog)。對於金牛性產品價格策略宜採提高收入價格策略。對於問題兒童產品宜採提昇業績佔比的價格策略。對於明星化產品宜採穩定與成長的價格策略。對於看門狗產品宜採重定位的提昇價值或改變產品生命週期觀點的價格策略。

3.市場佔有率策略

如果為擴充市場佔有率滲透如常態分配的中間市場，在早期宜採中低價位的價格策略，待消費者使用人數有達一定的成熟水準後，再逐步的提昇價格，並配合差別取價提昇利潤水準。

(1)

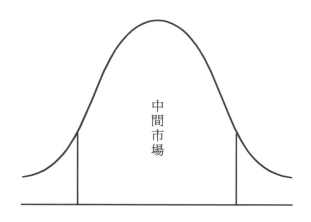

中間市場

圖6-3　中間市場

(2)價格需求彈性：若需求彈性小於 1, 則隨價格的上升, 收益會因而增加, 即 $|\epsilon_d| < 1$　$P\uparrow \Rightarrow TR\uparrow$　$|\epsilon_d| = \dfrac{\Delta Q/Q}{\Delta P/P}$　因 Q (市場較大), 受價格調整影響較少。

(3)差別取價 (price discrimination)：

不同市場需求彈性, 有不同的價格策略。差別取價的數學步驟：① 先建立 TR 函數 $(TR = P_A Q_A + P_B Q_B)$, ②次建立 TC 函數(如 $TC = a + bQ + cQ^2 = a + b(Q_A + Q_B) + c(Q_A + Q_B)^2$), ③再建立總利潤函數 $(\pi = TR - TC)$, ④次建立每一市場的邊際利潤函數 $\left(\dfrac{\partial \pi}{\partial Q_A} = 0, \quad \dfrac{\partial \pi}{\partial Q_B} = 0\right)$,

⑤由此而得到最大利潤下 Q_A、Q_B, P_A、P_B，運用 Lagrangian multiplier
求 Q_A, Q_B 與 π

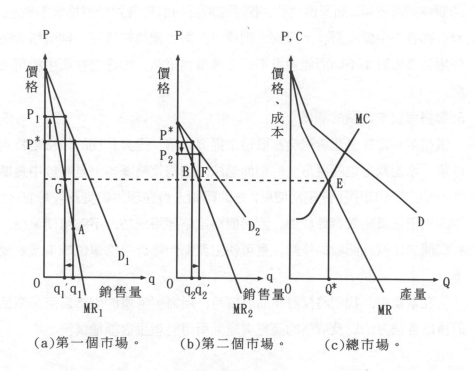

（a）第一個市場。　　（b）第二個市場。　　（c）總市場。

圖6-4　差別取價

$$MR = P\left(1 + \frac{1}{\epsilon_p}\right) = P\left(1 - \frac{1}{|\epsilon_p|}\right)$$

$$MR_A = MR_B \quad 即\ P_A\left(1 - \frac{1}{|\epsilon_{pa}|}\right) = P_B\left(1 - \frac{1}{|\epsilon_{pb}|}\right)$$

如果 $|\epsilon_{pa}| > |\epsilon_{pb}|$，則 $P_A < P_B$。亦即若需求彈性大（小），則應定出
較低（高）的價格，以求取最大利潤。

4.行業特性、顧客特性、消費者敏感度

　　某些行業如汽車、囍餅、家電市場、像俱市場、債券股票行業，消費

者對於價格敏感度很高，有些行業如 snaker 與餅乾市場消費者對於價格敏感性不高。則價格策略選擇必須能針對不同行業特性消費行為。有些顧客如高所得、高身份地位、有特殊需要的消費者對於價格較不敏感，有些顧客如中低所得、上班族、消費者，對於價格較敏感，則價格策略運用必須因對象不同而能考慮不同市場價格策略。如好自在衛生棉可考慮。

5. 價格與成本之間的關係　　　　　　　　　　　　　　　　　　(5)

　　價格策略尤其是想透過提高價格來提昇業績、提昇利潤的做法要特別注意「水能載舟也能覆舟」的兩面想法，價格策略基本上是屬於中長期性做法，在短期中不宜經常使用，好的行銷人員在理論與實務較紮實後，則運用價格策略較容易成功。因為價格策略運用成功，不僅可使業績、利潤能成比例或函數的變動，且可使生產部門降低平均單位成本或總成本。

　　在本章中，我們將探討產品訂價時，所需要考慮的因素為何、產品訂價的各種方法以及價格的調整與變動所可能產生之種種情況。

第一節　產品訂價的考慮因素

　　一般廠商要決定一產品價格時，通常都會考慮下列各項因素：

一、產品

　　產品的獨特與否，往往是決定價格的重要因素。如果該產品並沒有任何特別性質存在，即與其他競爭品相比較之下，毫無特色可言，那麼企業所能訂價的空間便受到限制，恐怕只能做價格的接受者 (price-taker) 而非價格的決定者了。故公司對於產品的塑造時必須能考慮品牌形象所附加的價值與產品特性獨創性銷售主張 (unique selling proposition)。

二、需求

對於既有產品，估計其需要特性是比較容易，因為我們可以利用歷史資料來加以估計；而對於新上市的產品，則顯得比較困難。

不過，一般消費者若對於某一產品的需求強烈時，價格的考慮已非必要，或由於促銷成果而造成需求增加，而使定價時，已具有很好的優勢地位。主要公司在思考的問題點是很不容易跳脫出需求量變動方式的思考。

三、成本

成本和價格的關係，究竟是什麼？的確很難予以界定。基本上，成本是指公司為產品定價所設的下限，公司希望此價格能回收製造、配送、出售此產品所需的成本，並包括正常的投資報酬率在內，所以公司必須看緊其成本，如果企業所生產的產品較同類產品在成本上來得高，則該公司必須訂定較高的價格，如此一來此產品便居於競爭的劣勢了。而成本對於價格策略的影響必須要特別注意沈沒成本的思考：不能因為投資在設備、折舊等產生的沈沒成本一直轉嫁到產品的價格上。機會成本的思考：替代方案的選擇可使競爭力相對性提昇。

四、供給

由於價格的決定，通常是藉著市場的供需達成均衡時所產生，因此供給和需求在訂價時，同樣都需要去考量。不過先前曾提到需求的估計，是很難準確地評估出來，所以企業要提供適量的供給量也不是很簡單；如果企業過度膨脹市場需求，將會造成生產過剩，不僅失去價格的主控權，還得多出許多成本負擔（如倉儲費用之類），實在不是一種好現象，

反之，低估市場需求，將會造成供不應求，雖然會擁有價格的決定權，但生產成本及其他成本（加班費、運費等）也會增加。因此唯有適度的市場供給與需求，方能讓價格得以穩定。

五、競爭

在價格的訂定時，市場的競爭狀況不同會有不同的情況發生。

(一)完全競爭市場

由於買方和賣方都很多且產品的性質都相同，因此廠商和消費者都是價格的接受者，而非價格的決定者。所以在這市場中，賣方的售價不能比一般市價來得高，因為買方可以市價在別處買到他們所需要的數量；同時，賣方也不必要以低於市價的價格來出售，因為他們可以市價將所有產品銷售完。

所以只要市場存有完全競爭的情況，價格策略便無任何作用。因為市場情報充分流通性。

(二)壟斷競爭市場

基本上壟斷競爭和完全競爭很類似，不同的地方在於市場產品並非同質，所以買方會因對該產品的感覺不同，而願意支付不同的價格。因此賣方只要能提供不同於競爭廠商的產品，便可獲得高於平均水準的利潤。

(三)寡佔競爭市場

這類型市場，除賣方人數少之外，產品可為同質或為異質，寡佔廠商對於彼此間的訂價策略相當敏感：一旦有廠商因降價而獲利，其他廠商必定馬上跟進；反之，如果有廠商提高價格時，其他廠商絕對不會跟

進，以免失去原有的市場。這是市場相互依存度的問題思考。

　　因此處於寡佔市場的廠商在擬定價格策略時，要隨時注意消費者及競爭者的行為。

㈣獨占競爭市場

　　獨占廠商可能是國家經營或者民間企業獨佔，基本上，廠商對於其產品之產量，具有完全之控制權；至於價格的訂定，可能基於買方無力負擔所有的成本而該項產品對買方又十分重要，故將產品的價格訂在成本之下，也可能依成本或加上相當的利潤定價；在不同的情況下，其定價的原則也會有所不同。

六、政府法令規定

　　世界各國目前對於價格，大都有某種程度的規定。有的是保護性質、有的是監督性質、有的是限制性質。以美國為例，聯邦法律有所謂 Clayton Act, Robinson-Pactman Act 取締造成獨占之價格歧視（註：許士軍，《現代行銷管理》）。除此之外，類似關稅徵收、配額及其他管制措施，也都會對價格的訂定產生影響，務必要加以注意。臺灣政府為維持交易的公平性，目前行政院也推出公平交易法與成立公平交易委員會。

七、其它影響價格敏感度可能因素

　　影響價格敏感度可能因素：
　　⑴獨特價值效果（unique value effect）：產品獨特性愈高則價格的敏感度愈低。
　　⑵替代性知曉效果（substitute awareness effect）：購買者對替代性產品愈不知曉，則其價格敏感度愈低。
　　⑶不易比較效果（difficult comparison effect）：當產品品質不易

相互比較時，則價格敏感度愈低。

(4)總支出效果 (total expenditure effect)：當購買產品的費用佔購買收入的比率愈小，則價格敏感度愈低。

(5)最終利益效果 (end benefit effect)：如果費用支出佔購買者最終使用產品成本的比率愈小，價格敏感度愈低。

(6)分攤成本效果 (shared cast effect)：如果產品部份成本能以其它名目計入，則價格敏感度愈低。

(7)沈入投資效果 (sank investment effect)：如果產品為配合原有資產使用，則價格敏感度愈低。

(8)價格品質效果 (price quality effect)：如果產品被認定應該是高品質、高貴象徵或炫耀性時，則購買價格敏感度愈低。

(9)存貨效果 (inventory effect)：如果購買者愈無法儲存產品時，則其價格敏感度愈低。

第二節　產品定價方法

目前定價方法大致可以分成供給導向及需求導向定價法兩種。

一、供給導向定價法

(一) 成本加成定價法 (cost-plus pricing method)

最基本的一種定價方法，它是根據產品的成本加上毛利的一定成數，然後除以同期所生產的產品數，即為該產品的價格。例如，某一機器的進貨成本為二十萬元，而以三十萬的價格出售，這就是 50%的成本加成，通常加成的成數常會因貨品的性質不同而有所不同。

至於加成定價法是否合理？一般來說是不合理。因為定價如不考慮

當時的競爭狀況和市場需求時，將難以定出合理的價格。

加成定價法之所以會盛行，主要的原因有以下幾點。

(1)產品成本總比產品需求來的確定，若將價格釘住成本，則可簡化定價過程，如此銷售者可不必因需求的改變而常常調整價格。

(2)同行若亦採相同的定價方式時，只要他們的成本及加成成數相同，他們所定的價格必然相似，如此彼此間的競爭程度必然會減到最低；反之，如果廠商依其需求的變動來制定其個別的價格時，必定會引起激烈的價格競爭。

(3)加成定價法會使銷售者和消費者皆感到比較公平，當消費者有強烈需求，銷售者不會占到什麼便宜，但卻能獲得適當的投資報酬率。

(二) 損益兩平定價法 (break-even pricing method)

此種方法，係假定在某一價格時，廠商必須達到一定的銷售單位，方能使收支平衡；若不及此銷售水準時，將會發生虧損，反之則會產生利潤。此一銷售水準即所謂的損益兩平點，公式如下：

$$損益兩平點：\frac{固定總成本}{單價-單位變動成本}$$

現舉例說明之：假定價格為 $1.5，固定總成本為 $30,000，變動成本為 $0.9；所以每銷售一單位，將對於固定成本有 $0.6 的貢獻。依上列公式：

$$損益兩平點 = \frac{\$30,000}{\$1.5-\$0.9} = 50,000 （單位）$$

(三) 投資報酬率定價法 (target-return pricing method)

廠商根據某一目標利潤來訂定其價格，這種方法是將所預期的投資報酬率視為成本的一部分。

現以一例來說明：

固定成本　　＄500,000

投資總額　　＄300,000

預期報酬率　10%　即＄30,000

因此固定總成本　＄530,000

假定本年度銷售量　20,000 單位

則包括投資報酬在內之平均固定成本爲＄26.5

如單位變動成本爲＄30，則價格可定爲＄56.5。

(四) 平均成本定價法 (average-cost pricing method)

此種定價方法，先將各種數量下之平均成本曲線求出，在此平均成本中，將利潤視爲固定總成本的一部分，或視爲單位變動成本中的一部分。然後廠商決定所擬銷售之單位數，根據此一曲線，發現在此數量上之價格。如採取此一價格，則不但可收回成本，而且也能獲得一定的利潤。

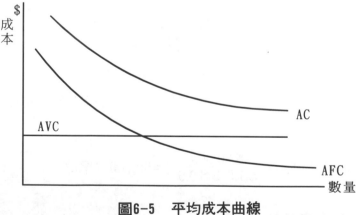

圖6-5　平均成本曲線

(五) 邊際成本定價法 (marginal-cost pricing method)

所謂邊際成本，乃指每增加一單位的產出所增加的成本。另一方面，

邊際收入則指每增加一單位的產出所能增加之銷售收入；因此唯有在邊際收入超過邊際成本時，廠商生產才有利潤可尋。所以這種方法常用於短期價格戰爭之上。

　　以上所舉之各種成本定價法，都有其缺點，即忽略市場對於價格的可能反應。

二、需求導向定價法

(一)競爭導向定價法

　　當公司主要以競爭者之定價為基礎而設定價格時，這種定價方式便稱之。

(1) 現行價格定價法（going-rate pricing method）

　　這種定價法是廠商將其價格釘住產業之平均價格水準，主要的原因在於：

　　①當成本不易衡量時，現行價格可代表集體產業的智慧，同時能產生合理的報酬。

　　②比較不會破壞產業之和諧。

　　這種定價方式主要應用於同質產品市場，因為在同質產品市場中，廠商很難自定價格，而是藉由大多數的消費者與銷售者共同來決定。

(2)投標定價法（sales-bid pricing method）

　　這種定價方式是指廠商為了獲得合約,只考慮競爭對手的價格高低,而不考慮成本或市場需求。因為廠商的主要目的在於是否能取得合約,所以其價格必須比競爭者低,但是價格也不能低於某一水準(邊際成本),因為會有損公司的利益；然而從另一方面來看,若是價格報得比成本高,雖然可以增加利潤,但無形中卻削弱了獲取合同的機會。

(二)市場競爭類型定價法

(1)市場領導者

身為市場領導者，不能隨意決定其產品價格。他必須詳細分析本身成本結構和整個產業需求量及彈性等。萬一定價過高，其他競爭者並不跟進，則此一價格領袖將冒有損失市場佔有率的危險。萬一定價太低，威脅其他競爭者之生存，則後者可能以更低價格報復，導致價格戰爭。因此，身為市場領導者必須謹慎地決定本身產品的價格。

(2)市場挑戰者

市場挑戰者，通常在產業內排名老二，它有能力發動正面攻擊的策略。例如，百事可樂攻擊可口可樂。

(3)市場追隨者

市場地位不如第二名的廠商，可能不願採取正面攻擊的策略，因為本身力量不夠強大，或恐怕市場領導者採強烈報復。所以儘量追隨領導者的定價，並非謂其定價必須和市場領導者完全相同，而是保持一定之相對地位。

(4)市場利基者

在產業裡的小廠商，發掘一個易於防守的小市場，避免與大廠商發生衝突，通常市場利基者會以低價吸引消費者，並利用其專業化的知識針對大廠商所忽略的市場提供有效的服務。

第三節　價格調整與變動

通常廠商在定價之後，會因以下不同情況的產生而有所謂價格的變動。

(一)市場需求的變動

　　一般貨品需求增加，價格會上漲；需求減少，價格會下跌。如果換個角度來看，若貨品價格上漲，則會減少需求，若下降，則會增加需求。由以上的因果關係可知，調整定價可調節供需，亦可抑低非常之需求。

(二)市場的供給量

　　在市場需求量不變之假定下，供給增加，則價格會下跌，供給減少，則價格會上升。

(三)景氣循環

　　貨品價格遇到經濟景氣時，可能供不應求，而價格上漲。反之，遇到景氣蕭條時，一般購買力弱，則必須降低價格方能刺激市場。

(四)政府措施

　　民間企業的定價，常會因政府所採的財經政策變動而調整，如政府公營事業費率提高，常使民間企業成本提高，因而不得不調價，以維持合理的利潤。

(五)通貨膨脹

　　由於各種生產因素價格提高而使成本大幅提高，若維持原來價格，可能會產生損失，故只有調整價格。

(六)競爭情況

　　若遇到競爭者在同類產品上削價求售，廠商若不降價，通常會失去許多銷售量。當然這種跟進式的降價，要看是否能與成本互相配合。否

則不要輕易跟進，以免遭受損失。

　　由以上的結果，我們不難發現：價格若調高，則產品的數量銷售將會減少。反之，則銷售會增加。不過，價格的調整對於產品數量的變動，其眞正的影響程度端視該產品的價格需求彈性大小。

　　價格需求彈性愈大者，對於價格調整的敏感度較爲強烈；另一方面，價格需求彈性愈小者，則對於價格調整的敏感度便不是那麼強烈。因此，廠商在考慮價格調整時，除了本身的成本是否能配合，以及競爭者與消費者的反應之外，該產品的需求彈性特質亦應納入考慮。

　　至於價格的調整是否會有利潤產生？一般而言，若數量的增加能彌補價格的損失或者是價格的增加能彌補數量的損失（在成本固定的前提之下），廠商會有利潤出現。

摘　要

㈠產品定價需考慮因素有：

　①產品因素

　②需求因素

　③供給因素

　④競爭因素

　⑤成本因素

　⑥政府法令因素，非單方面的思考，必須考慮多元化組合思考。

㈡廠商採取定價的方法有：

　⑴供給導向定價方法：包括

　　①損益平衡定價方法

　　②投資報酬率定價方法

　　③平均成本定價法

　　④成本加成方法

　　⑤邊際貢獻定價方法。

　⑵需求導向定價方法：包括

　　①市場競爭導向定價法

　　②市場競爭類型定價法。（領導者、挑戰者、利基者）

㈢價格調整與變動策略：

　企業可充分掌握價格機能、調價時機、結合供給因素、景氣循環、政府法令、通貨膨脹、競爭考慮因素擬定適當價格調整策略，使企業利潤達到極大的功能。

㈣面對低價競爭企業，企業必須能有差別化因應策略，如防禦策略、行銷組合方式改變、產品策略改變、組織力強化，以達攻守均衡的要點。

本章專題中有充分說明。

個案研討：運用管理科學分析提高邊際貢獻

一、損益平衡點的意義與分析

(一)損益平衡點 (break even point) 的意義

損益平衡點也就是損益分界點的銷貨收入或銷貨數量。也就是說，在此一銷貨收入或銷貨數量時，不賺不賠，超過此點時，則產生利益，低於此點時，則造成損失。公司或者銷售產品，或者提供服務，以這些手段來創造利益。將一個一個的產品銷售出去之後，就能夠創造利益，但是在公司的經營上，卻需要支付一定的經費。例如，總公司的辦公費用等。

一個一個的產品銷售之後，所獲得的利益，累積起來，可用來支付總公司的辦公費用。在支付了總公司的辦公費用之後，如果依然有多餘的利益，那麼此種利益才稱得上是真正的利益。每一階段的利益，並不一定與整體的利益相關聯。所謂損益平衡點，追求的是整體的利益，而非單一階段的利益。也就是就整體利益而言，不賺不賠的銷貨收入。

公司以創造利益為目標，在經營上若無法產生利益，則公司會倒閉。因此，在事先如果能夠知道在多少銷貨收入以上，才能產生利益的話，那麼對經營者來說，是非常有用處的。能夠讓經營者在事先知道多少銷貨以上，才能產生利益，就是損益平衡點。

$$損益平衡點的銷貨收入 = \frac{固定費用}{1 - \dfrac{變動費用}{銷貨收入}}$$

茲說明這個公式是怎麼產生的：

銷貨收入＝總費用，爲損益平衡點。

總費用＝固定費用＋變動費用

銷貨收入＝固定費用＋變動費用

銷貨收入－變動費用＝固定費用

變動費用＝銷貨收入×變動費率

變動費率＝變動費用÷銷貨收入，因此

變動費用＝銷貨收入× $\dfrac{變動費用}{銷貨收入}$ ，所以

銷貨收入－銷貨收入× $\dfrac{變動費用}{銷貨收入}$ ＝固定費用

銷貨收入× （1－ $\dfrac{變動費用}{銷貨收入}$ ）＝固定費用

假設銷貨收入爲 S，固定費用爲 F，變動費用爲 V，則公式爲：

$$BEPS = \frac{F}{1 - \dfrac{V}{S}}$$

損益平衡點，也就是要計算出不賺不賠的銷貨收入額，所以，首先需要將費用分解爲兩個部份。損益完全平衡的那一點，也就是銷貨收入與總費用完全相等的意思。費用，依其性質可分爲兩部份。一個部份是與銷貨的增加作同比例增加的費用，另一部份是與銷貨的增加毫無關係的費用。

例如，原料費用等即與銷貨的增加成正比例。銷貨量增加，原料費也跟著增加。產品的送貨費，也具有相同的關係。銷貨量增加，送貨費也隨著比例而增加。相反地，建築物的租金、折舊費等並不隨著銷貨量的增加而增加，但是，必須支付一定的金額。這些費用與銷貨的增減沒有關係，因此，從費用與銷貨的關係上來看，可以將費用分爲兩個部份。

前者與銷貨量成正比例增加的費用，稱之爲變動費用，與銷貨量的

增減沒有關係的費用，稱之爲固定費用。損益平衡點的銷貨收入，也就是固定費用除以（1－變動費率）即可。

㈡損益平衡點圖形分析

以圖表求算損益平衡點：首先畫出如圖①所示的正方形，從左下角往右上角，畫出對角線。此一對角線用來表示銷貨收入。銷貨收入，從左下角往右上角，逐漸增加。橫軸表銷貨數量，縱軸表銷貨收入與費用。

因爲固定費用不會隨著銷貨量的增加而增加，因此，如圖②所示，也就是固定費用，用一條與橫軸平行的線來表示。銷貨量不論增加多少，固定費用的金額本身，不會改變。

如圖③所示，畫出表變動費用的線，變動費用會隨著銷貨量的增加而增加。變動費用會隨著銷貨的比例而增加；因此愈往右側，變動費用增加得愈多。

損益平衡點圖表，就是用這些圖表組合在一起製成的。

參閱圖④。首先畫出表固定費用的線，然後再畫出變動費用的線。固定費用與變動費用的合計額，即爲總費用。總費用與銷貨收入線的交點，即爲損益平衡點。也就是總費用與銷貨收入相等之點。

此一圖表也可以用圖⑤的形式來表示，也就是說，先畫出變動費用的線，然後再畫出固定費用的線。圖形雖不同，內容是一樣的。使用那一種圖形都可以。

畫出表銷貨收入的對角線　　　　畫出表固定費用的線

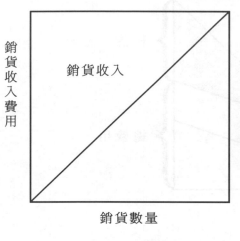

圖6-6　　　　　　　　　　圖6-7

畫出變動費用的線　　　　將變動費用與固定費用合在一張圖上

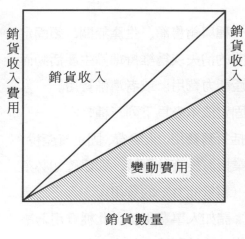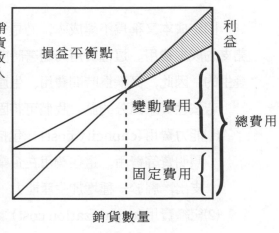

圖6-8　　　　　　　　　　圖6-9

另一種圖示方法

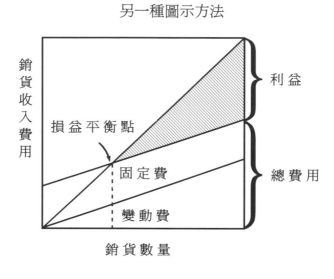

圖6-10

(三)何謂固定成本？何謂變動成本？

　　固定成本又稱爲不變成本，乃是一種與銷售額、生產無關，須固定開支的成本費用。這種費用乃隨著時間的消失或爲維持準備生產活動而發生的，因此，又稱爲時間費用、生產能力費用、或者準備費用。

　　若按性質來區分的話，我們可將固定成本分爲下列三種：

　　(1)能力費用(capacity cost)：包括折舊費用、火險費、固定資產稅、照明費等費用。這些費用在企業擬訂投資計劃時，即已確知必須支出，屬於一種增加生產能力（經營能力）的費用。

　　(2)組織費用(organization cost)：諸如人事費用等；此種費用乃是在擬訂人員需求計劃且決定實施這個計劃時，就出現的費用。因此組織費與能力費都屬於一種難以控制的費用，不過，人事費用中的加班費，則是可以加以管理控制的。

　　(3)政策費(policy cost)：諸如廣告宣傳費、接待交際費、旅遊交通

費等，這種費用可以加以管理控制的，所以又稱為可管理控制的
費用。

如圖所示，固定成本和銷售額的多少是毫無關係的。以平均每一單
位的金額而言，銷售量多，則其平均單位的固定成本就少，銷售量少，
則其平均每單位的固定成本就多。

固定成本費用和銷售額、銷售量的關係：

銷售額	銷售量(個)	固定成本	平均每單位變動成本
10,000	10,000	6,000	600
20,000	20,000	12,000	600
30,000	30,000	18,000	600
40,000	40,000	24,000	600
50,000	50,000	30,000	600
60,000	60,000	36,000	600
70,000	70,000	42,000	600

表6-1　銷售量和變動成本的關係

銷售額	銷售量(個)	固定成本費用	平均每單位固定成本
10,000	10,000	20,000	2,000
20,000	20,000	20,000	1,000
30,000	30,000	20,000	667
40,000	40,000	20,000	500
50,000	50,000	20,000	400
60,000	60,000	20,000	333
70,000	70,000	20,000	286

表6-2　固定成本費用和銷售額、銷售量的關係

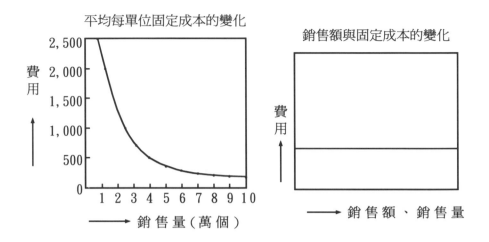

圖6-11

　　變動成本：和固定成本相對的變動成本又稱爲可變動成本。銷售額和生產量增加時，變動成本也會跟著增加，相對地，銷售額和生產量減少時，變動成本跟著減少。是一種和銷售額及生產量多寡成正比的費用。不過，這種費用必須利用到固定成本，所以也可稱爲能力利用費。變動成本乃隨著銷售額、生產量的變化而發生變化，其平均每一單位的金額和銷售量的多寡無任何關係，總是固定不變。

銷售量和變動成本的關係：

平均每單位變動成本的變化

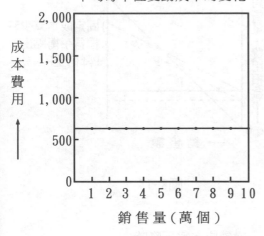
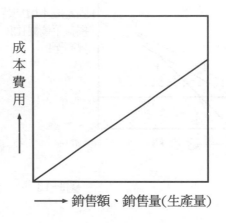

圖6-12

（四）損益平衡點爲什麼會移動

(1)固定成本增加時：改善或擴充設備、增加人事費用、增加貸款額，
　　導致支付的利息增加等等，都是固定成本費用趨增的原因之一。
　　當固定成本增加而變動成本費率又未減少時，損益平衡點就會如
　　圖 6-13 一樣往上升。

(2)固定成本減少時：削減管理人員及間接人員、大幅裁減各項費用，
　　都會使得固定成本往下減少，此時損益平衡點就會像圖 6-14 一樣
　　往下降。

(3)變動成本率升高時：由於材料費或燃料費的增加，或銷售策略的
　　運用而降低產品價格或提高產品品質，導致產品成本增加，邊際
　　利益減少時，損益平衡點就會像圖 6-15 所示的一樣往上升高。

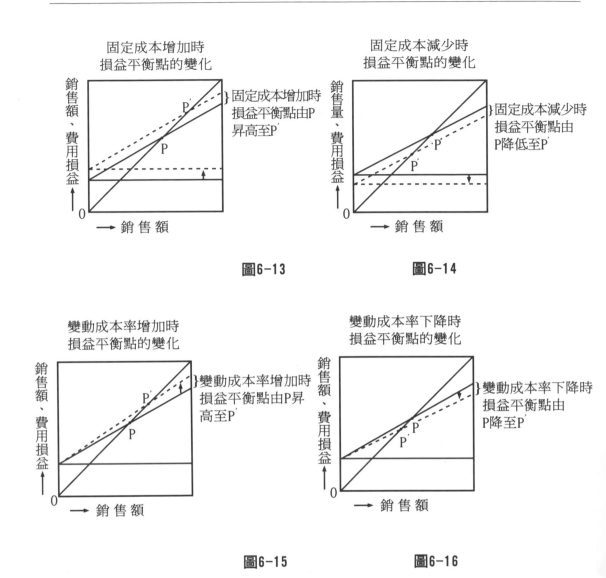

固定成本增加時
損益平衡點的變化

固定成本減少時
損益平衡點的變化

}固定成本增加時
損益平衡點由P
昇高至P'

}固定成本減少時
損益平衡點由
P降低至P'

圖6-13　　　　　　　　圖6-14

變動成本率增加時
損益平衡點的變化

變動成本率下降時
損益平衡點的變化

}變動成本率增加時
損益平衡點由P昇
高至P'

}變動成本率下降時
損益平衡點由
P降至P'

圖6-15　　　　　　　　圖6-16

(4)變動成本率下降時：由於銷售單價提高，或改採低成本材料，或
　　減少加工手續等，導致變動成本費減少時，邊際利益增加，損益
　　平衡點也會像圖 6-16 所畫的一樣往下低落。

(5)固定成本和變動成本率都變動時：(1)至(4)項分別說明了損益平衡
　　點的變動原因，事實上：
　　(a)固定成本增加—變動成本率增加
　　(b)固定成本減少—變動成本率增加
　　(c)固定成本增加—變動成本率減少
　　(d)固定成本減少—變動成本率減少
　只要出現上述這四種組合，損益平衡點就會移動。

二、不同損益平衡結構企業如何經營診斷與對策

(一)高固定費用低損益平衡點的企業類型

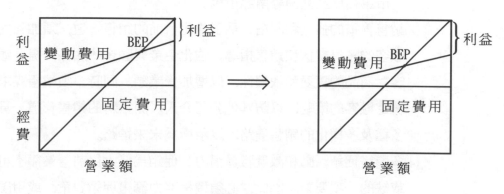

圖6-17

高收益型企業的類型：
1.型態：(1)固定費用佔 40%～50%
　　　　(2)損益平衡點比率在 6%～70%
2.診斷對策：
　(1)投資商品開發贏得未來：獲益力良好時，應積極從事商品和技

術的開發，替將來舖路。

(a)就目前市場情況做延伸發展：觀察目前市場環境，那些屬於成長型，仍處於發展性的市場。

(b)加入新市場的開發領域：當現有市場已臻至高峰成熟期或是呈所謂的「夕陽市場」時，應往此方向。

(2)擴大現有市場、開拓新市場：擴大目前市場，增加營業額，可使損益平衡點降低，提高獲利力。

(a)轉移消費市場：如由汽車業進軍家電業；或由男性市場轉至女性市場。

(b)擴展地區消費市場：如由內銷市場進軍外銷市場；或由臺北市場拓展至臺南等南部市場。

(3)銷售管道的強化和開拓：為了強化目前的銷售管道，須加強對顧客的銷售支援和銷售指導。強化企業與顧客的關係，提高顧客對商品的喜愛和依賴性，以增加營業額。同時，須積極謀求穩定顧客的策略，以防其他公司介入。開拓新的銷售管道，具多種及多樣化的銷售通路，以積極為未來舖路。

(4)多舉辦促銷活動和激發職員潛力：促銷為擴大目前營業額不可或缺的一項要素。因此，必須積極努力籌畫促銷對策，或用廣告宣傳，來加強消費者印象，或用犧牲打折方式來吸引顧客的注意，均是可行之道。因此，在獲益力高的時候，應該在編列預算之時，多撥出一些經費，置於廣告宣傳或展示會等的促銷活動上。

(二)低固定費用高損益平衡點的企業類型

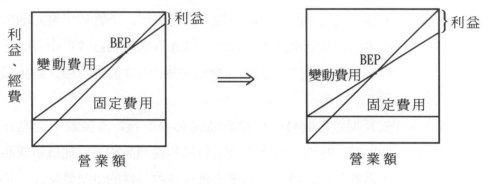

圖6-18

慢性赤字型企業的類型：

1.型態：(1)固定費用只占營業額的 10%～20%。

　　　　(2)變動費用約占營業額的 80%。

　　　　(3)損益平衡點比率高達 90%以上，邊際利益甚低。

2.診斷對策：

　(1)降低變動費用比率：對承攬企業言，降低營業額和售價中主要
　　部份的材料費和外包費用；而銷售公司，則降低銷貨成本的支
　　出。

　(2)挑選能創造利潤的商品和顧客：去除利潤不佳的商品，並選定
　　具市場銷售力的商品。由於市場和顧客的需求關係，商品種類
　　一多，即會影響全體性利益。因此，每年必須對各商品的利益
　　率高低，做一個檢討，對各類商品，加以選擇和挑選。同時，
　　也必須就利益率觀點，對顧客做整理、選擇的工作。

　(3)檢討各營業人員銷售行為的利益率：營業人員若缺乏交涉能
　　力，遇到顧客殺價，往往因勉強出售而降低利益率。因此，應
　　自營業人員著手，個別檢查其利益率。相同的銷售商品，由不

同的營業人員執行，會有不同的效果。

(4)改善利益率方能擴大營業額：唯有先提高利益率之後，才能採取擴大營業額的對策。利益率低的時候，不管如何努力地擴大營業額，也無濟於事。因此，應先謀求以利益率為中心的「效率經營」，待建立了此種經營體制後，方才能進行擴大銷售額的策略。

(5)就長期觀點開發高利潤商品為必要措施：當損益平衡點升至80%時，長期策略應考慮開發高利潤商品和高附加價值商品，因為此時，此類型企業才能建立高收益性的企業體質。

(三)低固定費用低損益平衡點的企業類型

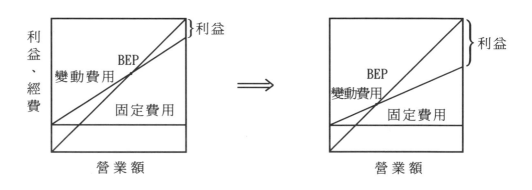

圖6-19

安定收益型企業的類型：

1.型態：

2.診斷對策：

(1)開發利潤商品：為了提高獲益力，開發高利潤商品及附加價值高的商品，是此類企業的重要課題。為了創造「明日商品」，今天就必須積極投資開發。

(2)利用價值分析法 (VA) 改良商品：此類型的製造業，在開發新商品時，須對目前商品加以檢討和改良。尤其對於利益率低的商品及銷路不理想的商品，要重新估算其繼續存在的價值。運用價值分析法，訂出一降低材料成本費的對策。

(3)降低運費等變動費用的支出：檢討時，宜從金額較鉅的支出開始，看其是否有降低的可能性。運費在成本方面所佔比例頗大，若能有計劃地作定期配送，可節省不少成本。

(4)擴大現有市場和開拓新市場：此類型企業目前具有相當的獲益利，所以應積極地擴大市場。

對於中小企業而言，此時應特別注意，選擇適合自己公司規模的市場。其市場策略必須嚴禁廣泛攻擊和浮面攻擊，應著重於重點攻擊和深入攻擊，先建立點而後成線至面，做一步步有計劃的攻城掠地行動。同時，為了加強與顧客的密切關係，必須積極支援銷售，以提高顧客對商品的喜愛和依賴性，及自己公司商品的交易比例。其次，必須設法了解顧客，進而穩定顧客，以摒除其他公司介入競爭。

(5)領航員商店（天線商店）的設置：最近有些消費製造廠商，為便於消費者調查和收集資訊，新設置了一種所謂領航員商店，可直接獲知消費者反應，在商品的開發方面，有相當大的助益。

㈣高固定費用高損益平衡點的企業類型

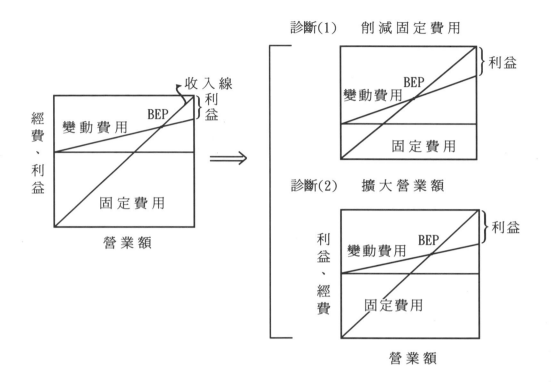

圖6-20

危險性企業的類型:

1.型態: (1)固定費用佔營業額的 40%～50%。

　　　　(2)損益平衡點的比率超過 90%以上 (損益平衡點比率
　　　　＝損益平衡銷售額／營業額)。

2.診斷對策:

　(1)爲降低損益平衡點, 縮小規模是第一步驟:

(a)賣掉不能賺取利潤的閒置資產

(b)削減經費

(c)裁掉部份人員

(2)擴大營業額、強化營業部門是根本對策第二步驟，對高危險性之經營結構高固定費用在短期已是屬於企業的沈入成本（sunk cost），為降低此平均費用，提高業績創造收入是提高企業利潤的重要對策。

如何從損益表與損益平衡點診斷企業問題：

(1)損益平衡的型態與經營對策。

(2)如何診斷企業之獲利性與安定性。

(3)不同營業額不同利潤率結構之經營對策。

(4)從損益平衡點不同結構診斷企業問題與對策。

　①高固定費用、高損益平衡點類型──危險型企業。（散漫經營）

　②高固定費用、低損益平衡點類型──高收益型企業。（積極經營）

　③低固定費用、高損益平衡點類型──慢性赤字型企業。

　④低固定費用、低損益平衡點類型──安定收益型企業。

(5)如何診斷不同損益平衡點比率與因應對策。

①損益平衡點比率在 60%以下時。

　重點：獲利情形良好，此時與其降低成本費用，不如將重點放在增加銷售額上。

　對策：(a)增加銷售數量對策，(b)開發新產品。

②損益平衡點比率在 60%～80%時。

　重點：應盡量降低損益平衡點比率,且在致力於增加銷售額的同時，還要降低變動成本費。

　對策(a)：增加銷售數量。

　對策(b)：轉換替代材料。

對策(c)：採用集中購買或長期契約購買方式，以降低材料的價格。

對策(d)：減少不必要的存貨，節約倉庫費用。

對策(e)：提高生產率、縮減工作時數。

③損益平衡點比率在 80% 以上時。

重點：盡量採取降低損益平衡點，並削減變動成本費與固定成本費
以求平衡。

對策(a)：進行人事費用整理（例如將固定薪資改爲效率給薪制，研
討退休金問題）。

對策(b)：削減利息支出。

對策(c)：研討折舊費和機器運轉的效率。

對策(d)：對於變動費用較大的廣告費、促銷費加以檢討。

對策(e)：充分利用休閒資產和機器設備。

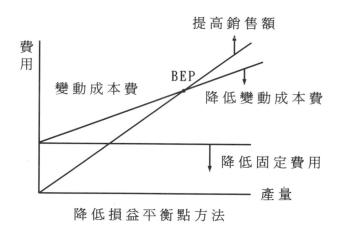

降 低 損 益 平 衡 點 方 法

圖6-21

$$損益平衡點 \downarrow = \frac{固定成本費 \downarrow}{邊際利益率 \uparrow}$$

邊際利益 $\uparrow$ ＝銷售額 $\uparrow$ －變動成本 $\downarrow$

銷售額 $\uparrow$ ＝銷售價格 $\uparrow$ ×銷售數量 $\uparrow$

三、研討

1. 從損益平衡點角度而言，提高價格對於損益平衡點比率幅度變化為何？經營安全率變化幅度為何？

2. 在損益平衡分析中，銷售量增加對於固定成本的影響為何？對於損益平衡點位置移動方向為何？

3. 不同經營結構中若固定成本佔比較高的企業，則企業如何降低損益平衡的位置？

專題討論㈠: 面對低價競爭的行銷策略

一、 低價競爭可能產生的原因

1. 挑戰品牌採取追隨領導者定價方式 (follow-the-leader pricing)。
2. 由於市場佔有率下降 (decling market share) 所引起。

二、 面對低價競爭市場的防禦性做法

1. 在不影響利潤水準下, 可選擇與低價競爭品牌相同的價格策略。
   不過此種方法必須要經過模擬分析與廠商有較完整的產品線始能
   運用之。
2. 運用差別化 (differential) 的行銷組合來進行防禦做法。例如提
   昇品質認知 (raise perceived quality) 可改善產品服務與溝通。
   比低價的品牌品質服務來得較好。
3. 運用決策理論評估應採取維持原價或降價的策略。決策理論包括:
   ①競爭品牌低價策略可滲透多少市場。②低價的市場區隔佔比有
   多少。③低價所引起的未來競爭結構改變的情形。④對於利潤結
   構可能產生影響。⑤銷售人員信心度的問題。會採維持原價格是
   因相信若降價, 可能會對利潤產生損失, 對於競爭品牌降價不會
   失去太多市場, 若有局部失去市場, 日後可再奪回失去之市場。
   若採降價的措施可能考慮的原因為降價可使成本隨產量的增加而
   遞減, 市場對降價敏感, 若不降價將損失更多的市場佔有率。市
   場佔有率的重要性而不願使競爭品牌有滲透的機會。
4. 漲價並改進品質 (increase price and improve quality)。廠商可
   透過對產品生命週期觀察、消費行為解析、競爭結構瞭解、運用

新產品策略與新品牌策略。

新產品策略：可針對價格敏感的市場區隔，運用高價格／高折扣的兩面方法來進行防禦。

新品牌策略：可引入新品牌成為戰鬥性品牌，在不影響原來品牌的市場定位下，運用新品牌的彈性做法來進行市場的保衛戰與滲透性做法。

三、低價的陷阱

採用低價格的策略可能必須承擔一些風險：

1. 低品質陷阱（low quality trap）：消費者在認知上可能會認為低價格品質較差。

2. 零散的市場佔有率陷阱（fragile market share trap）：由於消費者品牌忠誠度經常需透過品質、服務、口碑而建立，運用低價格如果有其它競爭品牌運用更低的價格，則很容易滲透市場顧客與市場佔有率。

3. 自食惡果的陷阱（shallow pockets trap）：如果競爭品牌的財力雄厚，且選擇低價格的策略則可支撐較久的邊際利潤下降，運用低價的廠商將得不償失。

專題討論㈡：面對成本上漲的價格策略

一、成本上漲的原因

1. 外部原因：例如通貨膨脹（inflation）與原物料成本上漲導致成本上漲。

2. 內部原因：因管理不當或決策錯誤而導致經營成本上漲或損益平衡點的位置提昇。

二、 成本上漲的價格策略

1. 縮減產品的量以代替漲價。

2. 以較便宜的材料或成份取代。

3. 減少或去除產品的一些特性以降低成本。

4. 減少或去除某些產品服務。

5. 使用較便宜包裝材料成本。

6. 減少所提供式樣與規格種類。

7. 創造經濟性品牌。

三、 成本上漲價格策略調整的考慮因素

1. 公司目前的市場佔有率。

2. 目前以及計劃的產能。

3. 市場成長率。

4. 顧客對價格的敏感性以及對認知價值的敏感性。

5. 市場佔有率與獲利力二者的關係。

6. 競爭者可能的策略性反應與行動。

7. 公司預測每一種行銷策略對於銷售額、市場佔有率、成本、利潤以及長期投資等，可能產生的影響。

專題討論㈢：市場價格機能——電影票價調整分析

一、 前言

最近某新成立航空公司為招徠客戶實施一塊錢由臺北飛高雄，某電影戲院最近在早場戲院時段實施「一塊錢看電影」的促銷專案。運用價

格策略來刺激需求量能否達到效果，本專題針對價格機能的特性加以說明。首先，先來回顧以前電影票價調整過程。

二、民國八十二年電影票價調整過程

1. 公平交易法才正式實施半年，電影業者以公平法禁止聯合行為為由，紛紛宣布調高票價，結果在三個月之內，各電影院票價平均飆漲五成左右。

2. 片商公會因此要求政府容許恢復統一定價，消費者團體也呼籲公平會研究放寬聯合行為認定，讓業者協議合理的電影票價。

3. 在外界一片指責聲中，公平會並未鬆動立場，始終堅拒容許業者聯合定價的主張。

4. 經過三年的時間，偏高的電影票價畢竟難以支撐，在觀眾改看錄影帶或流向二輪戲院之後，已不得不向消費者可以接受的價位調整。

三、價格調整均衡與安定會影響其目的、需求與供給均衡　之安定性討論

需要與供給相等決定均衡價格及數量。均衡之特性在於買賣主雙方均有保持現狀之默許：市場上沒有使人改變行為之因素。然而，均衡點的存在並不足以確保能達成均衡。若訂約時市場並非均衡，則難以保證即可達到均衡價格。當然，更沒有理由假設一開始的價格即為均衡價格。甚且，消費者偏好之改變通常使需要曲線移動，而創新則使供給曲線移動。這都會干擾已有的均衡狀態。變動後可能有新均衡，但却難保一定可以獲得均衡。

通常，只要實際價格與均衡價格不同，就有干擾因素。干擾後若仍能恢復均衡則為安定均衡(stable equilibrium)；反之，若不能恢復均衡

則爲不安定均衡 （unstable equilibrium）。

有均衡點存在並不一定能保證一定可達成均衡。對均衡安定性分析即考慮干擾時之影響。若干擾後能恢復均衡，則爲安定均衡，否則爲不安定均衡。安定性之靜態分析只考慮到干擾後調整之方向，但動態分析則同時考慮其調整幅度或強度。靜態分析與動態分析之結論頗不相同，甚至靜態分析爲安定的市場在動態分析概念下可能爲不安定的。這兩種分析皆對買賣主行爲予以假設。根據華爾拉斯安定性條件之假設，買賣主因超額需要而行動。但若根據馬夏爾之假設，賣主因超額需要價格而行動。此等假設並不一致，而且其孰優孰劣有待證諸事實。當市場供給延遲時，就產生特殊的動態問題。這種市場的買賣主皆因價格而行動。若供給函數斜率爲正，則市場價格波動之時間歷程成蜘蛛網似的形狀。同時，若供給曲線比需要曲線陡，則均衡爲安定的。這種分析可推廣到分析兩個關聯市場之特殊情況，其安定性條件可用同樣方法引申。

四、尊重市場機能有競爭才有進步

尊重市場、鼓勵競爭是處理經濟事務最好策略，偏高的電影票價畢竟難以支撐，在觀眾改看錄影帶或流向二輪戲院後，不得不向消費者可接受價格調整。任何拒絕這場市場法則而企圖繼續維持偏高價格的電影業者，終難逃淘汰命運。

五、電影票價由業者統一制定，改爲各自決定

由一度調高而被迫自行調降，具有兩項涵義：①價格機能終究是值得信賴的。任何商品或服務價格，由管制走向開發時，雖不免出現波動，但最終仍將由供需雙方決定最適價位。②政府推動自由化過程中難免面臨市場暫時不能適應而產生壓力，此時更需堅持才不致於功虧一簣。當初公平會若同意電影業者恢復統一訂價，則公平法有關聯合行爲禁制的

規定固然形同具文，業者們更透過協議逐步調高票價的意圖得以實現，恐怕喜好電影的觀眾現在可能要忍受更高的票價。

習 題

①請説明價格與需求曲線 (demand curve) 之間的關係，並説明有何種行銷策略可以提高價格，亦可刺激需求量。

②試評論下列兩種定價方式的思考
    A.依產品的成本評估後再按各公司的經營結構轉換成爲價格，請市場部門加以推廣。
    B.市場部門依照顧客需要擬定產品開發建議案，經設計部門依照市場需求 tone 與特性，交給財務部門擬定成本與售價。

③沈入成本 (sunk cost) 與機會成本 (opportunity cost) 對於成本與價格策略影響度。請加以分析。

④廠商使用提高價格策略或降低價格策略時考慮的因素有何不同？對市場佔有率與獲利率兩種策略有何不同的影響？

⑤以行銷組合觀點 (marketing mix) 價格、通路、產品、促銷做組合式的思考，下列問題可加以討論：
    A.爲何低價格的品牌其市場佔有率並不一定較好。
    B.波爾休閒茶與 Mr. Brown 均爲休閒式的定位，爲何波爾休閒茶市場佔有率遠差於 Mr. Brown？

⑥試説明定價的計量分析程式，並以下列模式説明假設一家廠商生產三種產品 A、B、C，而廠商的利潤公式 $= (P_1 - C_1)Q_1 + (P_2 - C_2)Q_2 +$

$(P_3-C_3)Q_3-f$ 其中 P_i 是價格，C_i 是變動成本，Q_i 是價格在 P_i 時的銷售量，f 是固定成本。試說明如果廠商想增加利潤，能改變的項目是什麼？試將所有可能列舉出來。

第七章　配銷通路

由於採行垂直整合時，經理人應將大量資本投注於新業務，因此如果公司沒有確切的把握，不能確定收併後必能節省成本，則此項策略便將一無是處。

Robert D. Buzzell

中間商並不是製造商所創造連鎖中受雇的一環，而是一個獨立的市場，它為一大群的顧客進貨，並成為顧客注意的焦點。

菲力浦麥威

第一節 前 言

誰掌握通路就是掌握市場，通路對於企業市場佔有率銷售組織功能發揮有很重要的影響，故對於下列課題：①通路結構變化，如李維的牛仔服裝，除有自己的專賣店外，更邁入百貨公司實施銷售。②產業中各種行銷通路的結構分佈，如化粧品市場中除設有專櫃經營外，像雅芳直銷方式有所謂的推銷部隊可直接售予使用人。③在行銷通路中，誰擁有一定的控制力，控制力是否發生轉變，例如服裝業和傢俱業的行銷通路是掌握在零售業者的手中，而酒類、汽車、家電則因業者本身已經建立有品牌的概念，所以製造業本身擁有較大控制力。④行銷通路可能有甚麼改變的趨向，在各種不同通路中，有那些主要通路的重要性可能逐漸增大，已經有什麼新的通路出現，或可能出現。

marketing people 或企業主必須有深入探討與研究，才能建立不敗的競爭優勢。

1987 年美國著名的商管學報 *Harvard Business Review* 曾提出一篇名為〈顧客導向行銷配送系統〉("Customer-Driver Distribuition System")，作者為 Louis W. Stern & Frederick D. Sturdivant，內容主要為企業如何修正現有通路系統，使其邁向更理想境界，有七個主要的步驟：①在沒有限制條件下，尋找目標顧客所需要的通路服務。②設計出能提供此種服務之配銷系統。③評估一個理想配銷系統之可行性與其成本。④蒐集公司高級主管對配銷系統的看法與目標。⑤在管理當局的標準及顧客的理想配銷系統兩者之間，就公司的可行方案進行比較。⑥要求管理當局面對現有與理想系統之間所存在的差距事實，在必要時可加以改變。⑦準備可行執行的計劃案。

企業掌握通路就是掌握市場。通路結構的變化可從臺灣目前行銷零

售通路結構變化而加以瞭解。八十四年十月經濟部統計資料，商業公司家數爲十四萬九千八百四十八家，綜合零售商爲一千二百五十七家，零售業爲十三萬三千七百十一家，批發業爲一萬四千八百八十家，總家數較八十三年成長 14.74%，其中綜合零售業較去年同期減少了 37.86%。經營體質不佳，逐漸被淘汰，經營體質較佳，仍能創造營業的佳績，以八十四年七月份之營業額而言爲 195 憶。

本章主要的目的在說明：

①行銷通路意義、轉變、管理決策。

②百貨公司的品牌定位、競爭優勢、消費行爲分析。

③連鎖業的分類與未來發展趨勢。

④批發業的分類、功能、動態的經營策略。

⑤零售業的分類、行銷決策、未來發展趨勢。

⑥加盟店的關鍵成功要素、契約內容討論、戰略討論。

而爲使研究理論與實務上加以充分結合，在專題討論上有臺北市百貨公司品牌定位、競爭策略分析，在個案研究上有餐飲店的商圈評估選擇。

㈠行銷通路現代化管理決策的思考架構

行銷通路決策已經是二十世紀企業最重要的決策之一，在未介紹本章內容前，目前通路趨勢管理決策演變已逐漸走向下列模式：連鎖店管理科學化分析模式。目前連鎖店發展已成爲重要趨勢，爲達到管理科學化的標準，可考慮各連鎖店成長率與階段達成率，利用管理科學分析方法如迴歸分析 (regression analysis) 與相關分析 (correlation analysis) 而達到策略性控制目的。

1.如圖 7-1 總公司 $Y = A_1 + A_2 + A_3 + A_4 + A_5 + A_6$

(1)目前總公司達成值截距爲 0.175，成長趨勢爲 0.1308（表斜率），

　　　　資料分析為從連續半個月每日業績的觀察樣本，我們可用每一
　　　時期的觀察值而建立迴歸表統計分析如圖 7-2。
(2)連鎖店掌握效果、效率的管理模式。
　　①在目前進度落後總公司的連鎖店為 A_3, A_4, A_6，則連鎖母公
　　　司應採取提昇成長率之行銷策略。
　　②在目前成長趨勢落後總公司的連鎖店有 A_2, A_3, A_5, A_6，
　　　則連鎖母公司應採取提昇成長率之行銷策略。(詳細分析模式
　　　請參考本章之專案討論)

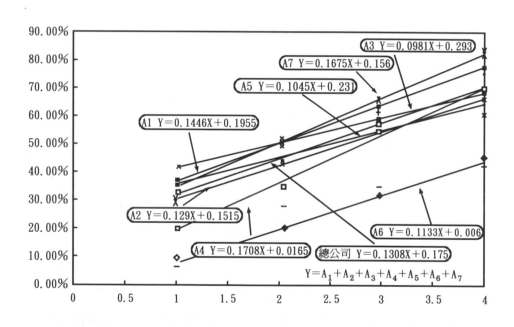

圖7-1　掌握效果、效率　連鎖店管理科學分析模式

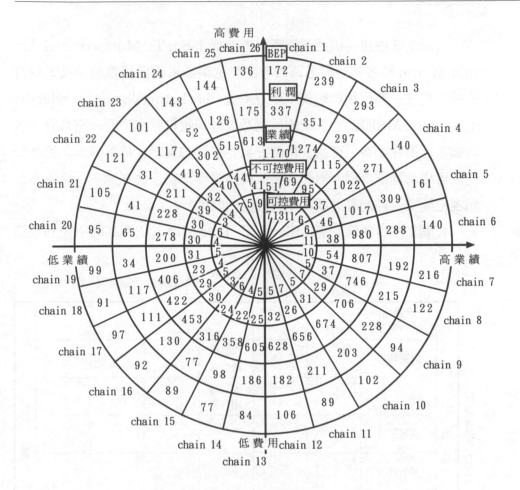

圖7-2　連鎖店利潤結構統計分析

2.圖 7-2 為 26 家連鎖店透過定位分析結合損益分析而得到之圓形

圖分析：從中可得知

(1)高業績高費用之連鎖店管理重點。

(2)高業績低費用之連鎖店管理重點。

(3)低業績高費用之連鎖店管理重點。

(4)低業績低費用之連鎖店管理重點。

3. 圖 7-3 根據美國通路管理學者 Rowland T. Moriarty and Ursula Moran 將各種行銷通路的方法與企業需求的任務做個交叉式組合分析，建立一套行銷與銷售生產力系統 (marketing & sales productivity system, MSP)，此系統的建立乃以行銷資料庫爲中心，它含有許多與顧客、潛在顧客、產品、行銷方案等有關的資訊。依此方式，那麼公司便可成功地結合混合矩陣通路架構與管理系統，而在成本、涵蓋面、顧客化衝突及控制等方面，達到最佳化的地步。

4. 圖 7-4 爲美國學者 Miland M. Lele 倡導，依產品的不同的產品

		領先創意產生	合格的銷售	銷售前服務	完成銷售	售後服務	客戶管理
行銷通路與方法	經銷商	全國性客戶管理						顧客
		直接銷售			大型的顧客			
		電話行銷			中型的顧客			
		直接郵購						
		零售商店						
		配銷商		小型顧客與非顧客				
		經銷商與附加價值的零售商						

混合格矩

資料來源：Rowland T. Moriarty and Ursula Moran, "Marketing Hybrid Marketing Systems," *Harvard Business Review*, November-December 1990, p. 150.

圖7-3　創造需求的任務

生命週期演變而改變其行銷通路，產品生命週期在：①導入期，可藉由
特殊通路吸引早期消費者。②成長階段，大量通路便可逐漸開始。③成
熟階段，將產品逐漸轉移到較低成本的行銷通路。④衰退階段，成本更
低的通路（如郵購公司、減價商店）便開始出現。

　5.圖 7-5 爲多重通路與成本結合考慮，透過通路邊界（channel
boundaries）的明確的確立，可以利用最具成本效益的通路，以接觸不
同類型的目標購買者區隔，亦可透過通路邊界的確立來避免各種行銷通
路衝突（channel conflict），而通路邊界的考慮因爲顧客特性，地理區域，
產品特性，整合性考慮。

　6.圖 7-6 爲考慮通路設計時考慮的標準經濟性標準（economic
criteria），控制性標準（control criteria），適應性標準（adaptive criter-

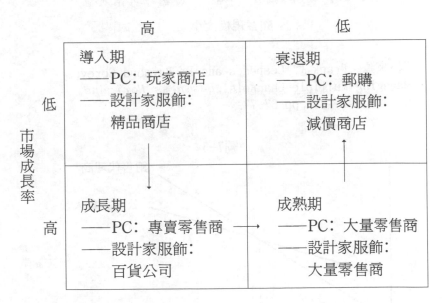

資料來源：Miland M. Lee, "Change Channels During Your Product'
　　　　　s Life Cycle," *Business Marketing*, December 1986, p. 64.

圖7-4　通路的附加價值

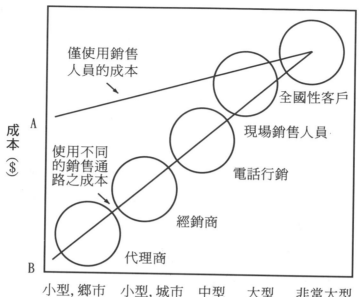

成本（$）

僅使用銷售
人員的成本

全國性客戶

現場銷售人員

電話行銷

使用不同
的銷售通
路之成本

經銷商

代理商

A

B

小型,鄉市　小型,城市　中型　大型　非常大型

顧客規模大小

資料來源：Frank V. Cespedes and E. Raymond Corey,
"Managing Multiple Channels", *Business Horizons*,
July-August 1990, pp. 67-77.

圖7-5

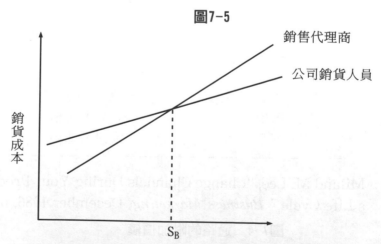

銷售代理商

公司銷貨人員

銷貨成本

S_B

圖7-6　在公司銷售人員與代理商間做損益平衡點分析

ia) 各種不同行銷通路的成本效益分析，若銷售水準低於 S_b 時，則銷售代理商將是較佳的通路方案，若銷售水準高於 S_b 時，則以成立公司的營業處的方案較優。通常，大廠商或小廠商在較小的銷售區域銷售產品時，因爲銷售水準、空間較小，故會採用銷售代理商較爲合適。

(二)配銷通路

　　行銷通路決策是管理當局所面對的重要決策之一。公司所選定的通路，對於其它行銷決策會有密切的影響。所以，管理人員在選擇通路時，不僅需注意到目前的銷售環境同時也需注意到未來之銷售環境之可能變化。

　　近年來，經濟快速發展，國人所得提高，消費者的消費習慣逐漸轉變，通路系統也跟著發生許多變革。

　　超級市場逐漸爲國人接受，業者以連鎖經營的方式，迅速增加銷售點，並由城市擴展至鄉鎮地區，有取代傳統市場的趨勢。

　　大型百貨公司相繼成立，開設地點也遍及各大都市，業者並邀請日本百貨業者入股，成爲投資夥伴，使得市場瀰漫著火藥味，一場爭奪戰似一觸即發。

　　便利商店由統一食品與美國南方公司引進，並開設統一超商 7-Eleven，接著味全安賓 AM/PM，國產全家福 Family mart，豐群富群 Circle mart、萬海航運日光 Nice mart（後爲泰山企業購併改名爲福客多）等便利商店系統，陸續進入臺灣，一時熱鬧非凡。

　　萬客隆批發公司、高峰批發世界七十八年底陸續開幕，引起批發業的恐慌，其他企業也相繼計劃加入批發陣容，似乎批發業的變革在即。

　　無店鋪行銷逐漸興起，各大企業陸續投入經營。

　　事實上，在競爭日益激烈的行銷環境中，消費趨勢逐漸醞釀變化，各企業均欲掌握趨勢，領先同業，而通路的變革，正顯示其重要性，掌

握通路，便有助於企業競爭力的提升，以佔取更大的市場。對於行銷通路之特性,可從配銷通路結構之相關要素加以分析配銷通路功能與流程，配銷通路階層數目，配銷通路設計決策配銷通路管理決策、實體配銷作業流程。

第二節　配銷通路結構

大體而言，通路結構的改變，就是能以較有效的方式，亦即能由經濟活動的組合與分離，來提供目標顧客更有意義的產品搭配。而在消費過程中，消費者需求的產品，必須在適當的時間、地點移轉至消費者手中，產品才能在市場流通，企業才能持續經營；因此生產者無不希望能結合行銷中間機構或者由生產者本身獨自建立──產品的配銷通路，所以，我們將「配銷通路」定義為「將特定產品或服務從生產者移轉至消費者過程中，所有取得產品所有權或協助所有權移轉的機構和個人」。

一、配銷通路的功能與流程

產品經由配銷通路成員移轉至消費者，可減少生產者與消費者兩者之間在時間、地點……等等的各種差距；因此，配銷通路的成員具有某些功能：

(一)提供市場資訊

消費者對產品的反應，產品的需求變化，價格的動向，流行的趨勢，競爭品牌的資訊……等等，生產者除了以市場調查取得外，可輕易的由通路成員獲得上述資訊。

(二)集中歸類

產品經由配銷通路成員收集、歸類、整理、組合，可消弭生產者與消費者對產品需求數量、種類、時間及地點的差距。所謂「收集」，指通路成員（中間商或批發商）向各個生產相同產品的生產者購買產品，藉以達到大宗購買者的需求。如：穀物的大宗市場，須透過通路成員向農民逐家收集購買，才能在市場供應大量的穀物。

歸類──是指通路成員（批發商或零售商）因應各個不同的消費市場需求，將收集的大批產品，分裝爲小數量的產品，以便適合消費市場。

整理──是指通路成員（批發商或零售商）將其歸類的產品，再按等級、色澤或大小的不同，更進一步的分類，以符合各種不同消費者的需求。

組合──是屬於零售商的功能，是指依消費者的需要分別購進各種不同的分類產品，以便消費者可依不同的品牌、價格或產品式樣等等來購買所需要的產品。

(三)減少總交易次數

通路成員的介入，不僅可減少交易次數，且可降低分配費用。例如：三家不同的生產者，要將其產品賣給五個消費者，若無零售商，則生產者必須與消費者直接交易，則交易次數爲 $5 \times 3 = 15$ 次，若零售商介入，生產者只須與零售商交易，消費者也只須與零售商交易即可，故交易次數僅爲 $3 + 5 = 8$ 次。

(四)資金融通

對生產者而言，若無通路成員的介入，可能會因爲生產過程及銷售過程中所需資金的積壓，使它無法繼續從事生產的工作，所以在整個交

易活動中，由於各階段通路成員的介入，來分擔生產與銷售過程中的資金積壓。

(五)產品儲存與配送

通路成員的介入，可增加產品儲存量，與配送區域的廣度，以達到適時提供產品的目的。

(六)風險的分擔

產品由生產者移轉到消費者的過程中，可能會產生破損、腐敗、變質的損失風險，也可能因價格下降、過時、倒帳而導致損失，但隨著通路成員介入，成員級數越長，風險轉移至通路成員便愈大。

構成配銷通路的中間機構可形成幾種不同類型的通路流程，重要的有實體流程，所有權流程，付款流程，訊息流程和促銷流程。

「*實體流程*」──指由原料至最終顧客的實體產品流通過程。

「*所有權流程*」──指產品所有權，由某一通路成員至另一通路成員的流通過程。

「*付款流程*」──指顧客透過銀行或其他財務機構付款給通路成員的流程。

「*訊息流程*」──指在通路組織中訊息的交流過程。

「*促銷流程*」──指通路系統上促銷影響力的傳送過程。

以「普銷市場」製造商為例；如附圖，在整個流程中，通常是一個個階層的逐級傳送，但仍有並行的狀況產生；如在促銷流程中，製造商可向經銷商促銷，也可直接對顧客做促銷，來影響經銷商。

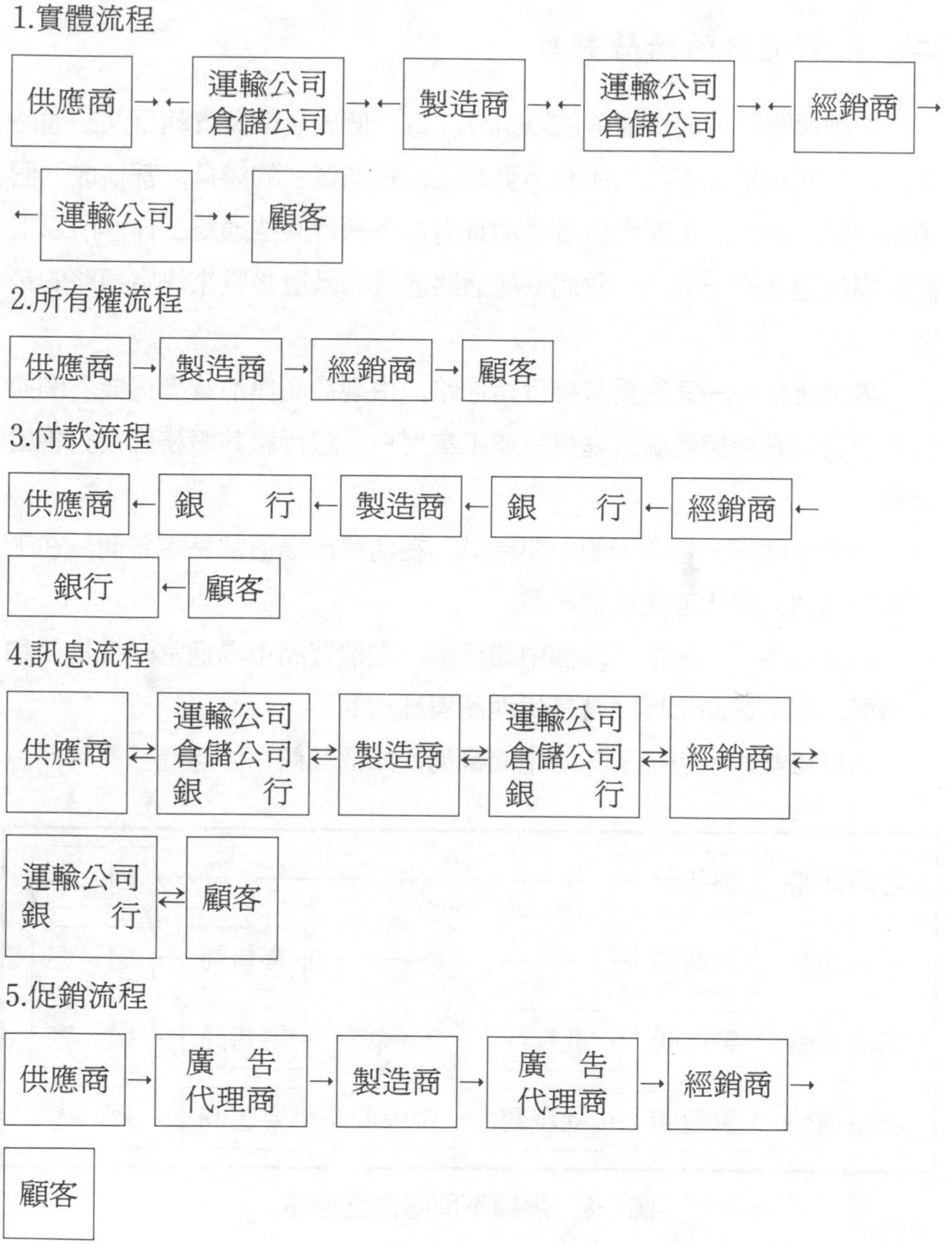

1.實體流程

供應商 ←← 運輸公司倉儲公司 ← 製造商 ←← 運輸公司倉儲公司 →← 經銷商 →

← 運輸公司 →← 顧客

2.所有權流程

供應商 → 製造商 → 經銷商 → 顧客

3.付款流程

供應商 ← 銀　　行 ← 製造商 ← 銀　　行 ← 經銷商 ←

銀行 ← 顧客

4.訊息流程

供應商 ⇄ 運輸公司倉儲公司銀　　行 ⇄ 製造商 ⇄ 運輸公司倉儲公司銀　　行 ⇄ 經銷商 ⇄

運輸公司銀　　行 ⇄ 顧客

5.促銷流程

供應商 → 廣　告代理商 → 製造商 → 廣　告代理商 → 經銷商 →

顧客

圖7-7　普銷市場不同行銷通路流程

二、 配銷通路的階層數目

配銷通路可依成員層數加以區分。每一個成員都負責執行某些通路工作，因此凡是使產品及所有權更接近最終消費者的成員，都構成一個通路階層。另外，生產者與最終消費者都有執行某些通路工作，所以他們均屬於通路的一部份。我們依據通路成員的階層級數來決定通路的長度。

零階通路——又稱為直接行銷通路，由製造商與消費者構成。例如自來水公司直接銷售給家庭用戶或工業用戶，銀行將其服務直接銷售給顧客。

一階通路——包含一個中間機構，在消費市場通常是零售商，在工業品市場通常是代理商或經紀商。

二階通路——包括了二個中間機構，在消費品市場通常是批發商和零售商，在工業品市場通常是代理商與經銷商。

三階通路——包括了三個中間機構，如批發商→中盤商→零售商。

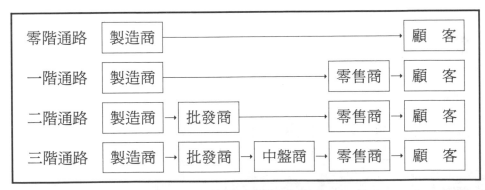

圖7-8　幾種不同階層之通路

此外，還有更高階的通路，但比較不常見，從製造商的觀點來看，通路的控制問題會隨著階層數目之增加而升高，製造商通常只能顧慮到

較接近他本身的通路階層。

三、配銷通路設計決策

設計行銷通路的首要步驟必須要先瞭解目標市場顧客購買什麼 (what)，如何購買 (how)，何處購買 (where)，何時購買 (when)，為何購買 (why)，亦就是要瞭解顧客需求的服務產出水準 (service output level)，大抵要思考下列項目：批量大小 (lot size)，等候時間 (waiting time)，空間便利性 (spatial convenience)，產品多樣性 (product variety)，後勤服務 (service backup)。

通常企業開始經營時，多從當地或地區性市場切入，因資本有限，所以大都利用現有的中間商，這時最佳的行銷通路可能已不是問題，而是如何說服現有的中間商願意銷售你的產品。

如果你的企業經營成功了，它將延伸至其他新市場，可能使用不同型態的行銷通路；在規模較大的市場，可能要透過經銷商；在鄉鎮地區，可能透過雜貨店；在另一地區，可能透過所有願意銷售該產品的中間商。因此，生產者的通路系統必須能適切地反應當地的狀況及機會。

所以，通路設計除了須建立通路的目標及限制，確認主要可行的配銷通路外，對於各通路成員亦須加以評估。

(一)建立通路的目標和限制

有效的通路規劃，首先須決定公司所欲達到的市場及目標，這些目標包括所欲達到的顧客服務水準及要由中間商完成的功能。每一生產者都須在顧客、產品、中間商、競爭者、公司政策以及環境的限制下發展其通路目標。

(1)顧客特性：當顧客數目多且分配區域廣大時，需要較長的通路。顧客數目不多時，可使用較短的通路。

(2)**產品特性**: 易腐壞的產品為避免延遲、重覆處理所增加的風險，應採取直接行銷的方向或較短的配銷通路。體積龐大的產品，通路的安排時，應減少生產者至消費者的搬運距離及處理次數。單位價值高的產品，多由企業自己的銷售人員來銷售，而非透過中間商。

(3)**中間商的特性**: 通常中間商在處理促銷、儲存、連繫和資金融通上，各具有不同的能力，所以，通路設計時要能因應各種任務執行，中間商所須的優缺點，而去思考通路目標的設定。

(4)**競爭者特性**: 競爭者的通路特性，會影響公司的競爭策略擬定，通路的設計須與公司的競爭策略緊密結合；是採取與競爭者相同的通路且是在緊臨的貨架上；亦或是採取完全不同的通路，以便滲透市場或直接攻擊市場。

(5)**公司特性**: 公司特性在選擇通路時扮演了極重要的角色。公司的規模決定了目標市場的大小和獲得理想經銷商的能力。企業的財務狀況決定了那些配銷功能由公司本身來做，那些交給經銷商去執行。公司的政策更是直接影響到通路的設計，如一項為顧客快速運送的政策，將影響到生產者要中間商承擔的功能，以及最終階段通路出口的數目、存貨量及選擇的運輸工具。

(6)**環境特性**: 當經濟蕭條時，生產者希望運用最經濟的方式將產品送到市場上，可能採取較短的通路，並減少不必要的服務。

(二)確認主要可行的配銷通路

公司若已經確定其目標市場及所期望的市場定位，再來就是確認幾個主要可行的配銷通路。一個可行的配銷通路，首先要確定中間商的型態，其次決定中間商的數目，最後擬定通路成員間的責任與條件。

(1)**中間商的型態**: 公司首先得確定需要那些型態的中間商來完成通路工作；如在工業品市場，生產者可以由公司人員直接銷售、代理商或

經銷商來銷售產品。

(2)**中間商的數目**：因應公司的競爭策略及通路目標，公司必須決定每一階層的中間商數目，其可行策略有：

①密集性配銷：指盡可能將產品置於通路出口，使產品具有地點效用；通常便利品或一般原料的生產者通常採用此種配銷方式，如香煙，從一般便利商品、雜貨店，以至檳榔攤都可見到香煙的販售，可見它擁有的中間商數目是多大。

②獨家性配銷：指少數經銷商，在各自的銷售地區內被保證擁有獨家銷售該公司產品的權力，生產者同樣地也會要求經銷商不得銷售其他競爭者的產品。例如：汽車、家電、某些品牌的服裝，都可見到這種獨家配銷的方式。獨家配銷的方式，經銷商在銷售較積極用心，生產者在定價、促銷、融資以及服務政策有較大的控制力，另外獨家配銷可加強產品的形象，並且獲得較高的毛利。

③選擇性配銷：是介於獨家配銷與密集配銷之間的配銷方式，指利用一個以上但非全部願意銷售公司產品的中間商。有條件的選擇中間商，一方面有助於雙方面的工作關係，另一方面在銷售努力程度上，也會高於一般水準。選擇性配銷方式能夠使產品具有適當的涵蓋面，也有較大的控制力，而且比密集配銷的成本更少。

(3)**通路成員間的責任和條件**：生產者必須決定通路成員間的相互條件及責任，在通路運作中，最重要的因素有價格政策、銷售條件、地區配銷權及每一成員應履行的特定服務。

(三)評估可行的配銷通路

生產者若已確認幾個可行的通路後，須對這幾個通路進行評估，並選出一個最能滿足公司長期目標的配銷通路。然在評估可行的配銷通路時，須考慮以下因素。

(1)經濟性 (economic criteria)：每一可行的配銷通路都將產生不同水準的銷售量及成本，應在銷售量及成本間，在考慮過長期目標後，選擇一最佳銷售量及成本組合的可行通路。

(2)控制性 (control criteria)：對幾個可行之配銷通路的控制層面，也應加以考量。因為中間商在以自己利潤極大化下，可能忽略了某特定製造的重要顧客，或者不願意積極配合製造商的行銷策略。

(3)適應性 (adaptive criteria)：每一種通路在合約上都有銷售期間的約定,因而失去某些彈性；在合約期間內若其他的銷售方式較為有效，但由於合約的限制，卻不能捨棄原有的中間商不用。所以，如果行銷通路受長期合約之約束，那麼它在經濟性與控制性的標準，必須特別優於其他可行的配銷通路。

四、配銷通路管理決策

力量(power)是指通路中某一成員促使另一成員執行一些原本未做好之能力。而製造商必須倚賴某些力量來源，以獲得中間商的合作。這些力量包括：尊重力量 (referent power)，專家力量 (expert power)，法定力量 (legitimate power)，獎勵力量 (reward power)，強制力量 (coercive power)，對公司而言，中間商大都是屬於公司外部的法人組織，故在配銷通路中，匯合了一群有別的組織體，為相互的利益結合為一體，依公司的行銷策略來滿足消費者的需求。所以，公司必須對配銷通路作有效的管理。包括選擇、激勵、評估做法。

(一)選擇通路成員 (selected)

製造商吸收合格的中間商作為通路成員的能力不一，有些廠商不費吹灰之力就可找到中間商。有些廠商得費盡心血，才能找到所期望的中間商數目。例如，生產食品的小廠商常會發現它很難在食品店的陳列架

上佔得一席之地。

　　不論生產者徵求中間商難易與否，他們都必須分辨中間商的優劣。例如：中間商歷史的長短、銷售的產品項目、成長及獲利記錄、償債能力、合作性及聲譽等等都可作爲評估的準繩。若公司準備給予獨家配銷權時，必須評估其店址適當與否？未來的潛力如何？以及顧客的型態如何？

(二)激勵通路成員 （motivated）

　　生產者與中間商爲兩個不同法人組織，各爲其相互利益而結合，但雙方的立場卻非完全一致。例如，生產者經常批評中間商「無法專注於某一品牌，銷售人員產品知識欠佳，忽視某些顧客，沒有善用製造商的廣告……等等」，而中間商卻是「並非受僱於製造商，它自己決定經營方式，進行爲達到自己目標的功能，對於顧客要購買的任何產品，中間商都有興趣銷售……等等」。

　　所以，各生產者在處理和中間商的關係上並不相同，主要可區分爲三種：

　　(1)合作：由製造商對中間商提出各種激勵手段,例如：較高的利潤、贈品、合作廣告津貼、陳列津貼及銷售競賽等等；如果正面的激勵手段不能收到效果，製造商會採取一些制裁手段。例如：降低銷售利潤，削減服務或終止契約關係等等。

　　(2)合夥：針對經銷範圍、產品供應、市場開發、爭取客戶、服務提供及技術指導等有關涉及雙方利害關係的事項，由製造商與中間商建立一項協議，並擬定推行此項政策的權利與義務。

　　(3)配銷計劃：指「建立一個有計劃、專業化管理的垂直行銷系統，以結合製造商及中間商的需要。」此時，製造商在行銷部門內設立「配銷計劃」單位，針對中間商的需要，擬定交易計劃，並幫助每一中間商維

持最佳的營運。這個部門須與中間商共同規劃交易目標、存貨水準、產品陳列計劃、所需的銷售訓練以及廣告、促銷計劃等等。使中間商由購買者的立場，改變爲利潤的贏取者，而成爲垂直行銷系統的一部份。

(三)評估通路成員 (evaluated)

爲達到預定的行銷目標，廠商必須定期評估中間商的績效，評估的品項包括: (1)銷售配額達成度，(2)平均存貨水準，(3)交貨時間，(4)對客戶所提供的服務，(5)推廣方案的合作度，(6)對公司訓練方案的合作度等等。

製造商定期評估中間商的績效，才能瞭解通路系統的問題點，中間商優缺點，給予建議或獎勵，方能持續的成長，並得到中間商的支持。

五、實體配銷 (physical distribution)

產品如何配送到各種通路系統以符合顧客需要與經營目的，已經是企業的重要經營管理課題。圖 7-9 表示實體配送的流程表示是企業從銷售預測到提供給顧客服務時，必須要考慮的供應系統 (supply chains) 與相關考慮因素。函數關係 $D = T + FW + VW + S$ 爲考慮實體配銷系統中成本的考慮因素、運輸成本多少、存貨持有成本、倉儲費用，其它的成本如訂單處理、顧客服務、配銷管理成本。

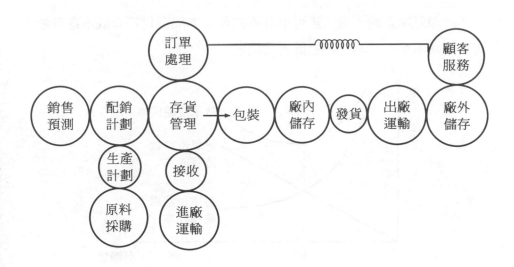

圖7-9　實體配銷

$$D = T + FW + VW + S$$

式中

D＝該系統的總配銷成本

T＝該系統的總運輸成本

FW＝該系統的總固定倉儲成本

VW＝該系統的總變動倉儲成本（包括存貨）

S＝在該系統下，因平均運送延遲所造成的銷售損失之總成本

　　在選擇一個實體配銷系統時，必須先探討各系統的總配銷成本，然後從中選定其總配銷成本最少的系統。另外，如果式中的 S 不易衡量的話，則公司可以在達成既定目標顧客的服務水準之下，求配銷成本 T＋FW＋VW 之最小值。

　　以下我們將分別探討下列幾個主要的決策課題：(1)如何處理訂單（訂單處理決策）？(2)存貨應存放在何處（倉儲決策）？(3)應保持多少的存貨水準（存貨決策）？以及(4)貨品如何裝運（運輸決策）？

最適訂購量的考慮因素可由訂單處理成本與存貨持有成本在各種不同的訂購水準，求其總和最低者而決定。

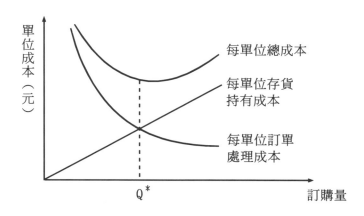

圖7-10 最適訂購量的決定

實體配銷的相關決策思考:

(1)廠內配銷 (inbound distribution) 與廠外配銷 (outbound distribution) 的決策思考。

(2)訂單匯款週期思考 (order-to-remittance cycle)。

(3)私人倉庫 (private warehouse) 與公共倉庫 (public warehouse) 思考。

(4)儲存倉庫 (storage warehouse) 與配銷倉庫 (distribution warehouse)，自動化倉庫 (automated warehouse) 決策思考。

(5)訂單點 (order point) 與再訂購點 (reorder point)、安全存量 (safety stock) 決策思考。

(6)訂單處理成本，準備成本 (set-up cost) 與營運成本 (running cost) 決策思考。

(7)顧客需求與供應準備的決策思考，如即將生產方式 (just in time)，預測式供應系統 (anticipatory-based supply chain)，顧

客反應式供應系統(response-based supply Chain)，快速回應系統（quick response system）。

(8)選擇產品配送考慮的決策思考：速度（speed），頻率（frequency），可靠性（dependability），運輸能力（capability），可及性（availability），成本（cost）。

(9)運輸方式決策思考，如契約式承運（contract carrier）與一般承運（common carrier）。

第三節　零售業通路介紹

商店式零售商包括許多種類型如：專賣店、百貨公司、超級市場、便利商店、超級商店、綜合商店、特約商店、哲扣商店、倉儲商店，以及型錄展示店等。這些商店型態各有不同的壽命，目前各處於零售生命週期的不同階段。依據零售輪迴說法，如果在品質、服務或價格等方面無法與同業競爭，則某些零售類型將面臨被淘汰的階段。

台灣自民國六十八年統一食品公司與美國南方公司，以 7-Eleven 便利商店在臺灣經營，經過持續數年的虧損；隨著經濟的發展，國人在所得提高下，夜間活動逐漸增加，消費時間隨著變動，統一超商也改變它的經營策略與定位——24 小時營業，全年無休的經營型態，並快速增加它的銷售點，正好提供了時間與地點的便利性；於是，統一超商轉虧為盈，成為零售業的巨無霸，引起一般雜貨鋪的恐慌，更吸引其他產業介入便利商店的經營——國產汽車的全家福 Family mart、味全安賓 AM/PM、萬海航運日光 Nice mart（後為泰山企業購併改為福客多）、豐群富群 Circle mart 等，形成便利商店的戰國時代。

一、零售業的本質與重要性

零售指「包括所有直接銷售產品或服務給予最終顧客，作為個人或非營利用途的各種活動。」消費品是零售業的標的物，工業用品的銷售不包括在零售的範圍之內；消費品是指產品與服務而言；例如：汽車、冰箱、食品、服飾、家電修理、人壽保險、醫生的診療等等。零售的銷售方式包含店鋪銷售與無店鋪銷售，後者係指利用自動販賣機、挨家挨戶、或郵購等等的銷售方式。

一般零售業具有下列特性：①直接與消費者接觸。②提供時間便利性。③購買少量、頻度高。④提供地點便利性。⑤投資僅須少量資金。

零售業是全國主要的行業，它所僱用的員工總數，它的銷售總值，都佔有重要地位與影響力；試想遠東百貨、統一超商、麥當勞、旅館業，它們的僱用員工數、銷售值，以及它們在你生活中所提供的產品與服務，即可知它們的重要性了。

二、零售業的類型與行銷決策

零售商數目極多，形式及規模不一，且由於零售所承擔的配銷功能可經由不同方式的組合，而產生新型的零售機構。例如：金石堂經營型態由書籍文具，又再加入服飾的販售。

零售商的分類可依據：①所提供服務的多寡。②所銷售的產品線。③價格的相對強調度。④經營店鋪的有無。⑤銷售據點的控制程度。如圖 7-11。

(一)依所提供服務多寡劃分

不同的產品需要不同的服務，而不同的顧客所偏好的服務程度也有差異。

依所提供服務之多寡	依銷售之產品線	依價格之相對強調程度
完全自助 有限度服務 完全服務	專賣店 百貨公司 超級市場 便利商店 混合商店、超級商店 與特級商店 服務零售業	折扣商店 批發零售店 目錄展示商店
依經營之店面有無	依零售據點之控制	依商店聚集之形式
郵購與電話訂貨零售 自動販賣 購貨服務 到府零售	所有權連鎖 自願連鎖與零售商合 作社 消費合作社 特許加盟組織 商店集團	中心商業區 購物中心區 社區購物中心 鄰近購物中心

圖7-11 零售商店的幾種分類型態

(1)**自助服務**：顧客為了價格因素願意以自助方式來完成「尋找→比較→選擇」的購買程序，採取這種服務的方式，特別是用在便利品、全國性品牌、或快速流動的選購品上。

(2)**有限度服務**：它能提供較多的服務協助，這是因為消費者需要更多的資訊去選購產品，例如：家電、服飾，當然隨著服務增加、營運成本跟著增加，售價自然也較高。

(3)**完全服務**：顧客在「尋找→比較→選擇」的過程中，銷售人員隨時準備提供必要的服務，例如：專賣店或高級百貨公司，這種商店營運成本高，零售價也高，但近年來這種零售業已日漸式微。

(二)依銷售產品線劃分

根據產品組合的寬度及深度可區分幾種主要的商店型態，其中最主要的有：(1)專賣店、(2)百貨公司、(3)超級市場、(4)便利商店。

(1)**專賣店**：產品線窄而長，如：服飾店、運動器材店、傢俱店等。由於市場區隔細分化，目標市場的選擇以及產品專門化的採行日廣，專賣店將日漸增加。

(2)**百貨公司**：百貨公司是以部門化為組織架構的大型零售業，它銷售許多的產品線，且各產品線互為獨立營運，如：服飾、家用產品、化粧品等等，提供消費者多樣的選擇，且提供一次購齊所需要產品的便利性，隨著經濟的發展及百貨公司增多，競爭日益激烈，及其他類型的零售商出現，百貨公司的經營型態也跟著轉變，如：食品街的出現、超級市場加入百貨公司等等；儘管如此，百貨公司仍繼續尋求更佳途徑，來提升它的競爭力，以維持它的成長。

(3)**超級市場**：指一個大型、低成本、薄利多銷、採自助方式販售的零售業，其主要在「提供消費者所需要的食品、清潔用品及家用器具等」，在經濟成長發展下，有逐漸取代傳統市場的趨勢。而且超級市場經營的品項也逐漸增多，並以連鎖經營，擴大經營店面，強化服務及提供設備，以提升競爭力。此種食品零售業已擴及其他產品，如：藥品和玩具。

(4)**便利商店**：指以出售週轉率高的便利品，且營業時間較其他零售店長的商店。如：統一超商、全家福、統一麵包、福客多等等。這種商店提供了時間及地點的便利性，目前便利商店設點位置，逐漸轉移至鄉鎮區中心，並與加油站結合，提供服務如：代客傳真、郵寄等等，以取得「你的好鄰居」的企業形象。

(三)依價格的相對強調度劃分

以低成本、低服務，並以低於正常價格來銷售其產品，主要的商店型態有：①折扣商店、②批發零售店、③目錄展示店。

其特徵：經常以較低的價格銷售產品，強調全國性品牌，採取完全自助式經營，租用較低廉地段的零售店。其差異點主要是在販售方式的差異；目錄展示店——除了樣品展示外，還採取郵寄目錄方式經營；批發商店——以倉庫為經營地點，以量制價；折扣商店——與一般商店類似，只是價格較低，服務較少。

以上三種零售店，在臺灣僅是起步階段，經營特徵並不完全一致，如：上新聯晴、和高電器、泰一電器等家電量販店有類似而已，另外，三商行經營之目錄郵寄也是耕耘時期而已。

(四)依經營店鋪的有無劃分

絕大多數的產品和服務是透過店鋪銷售出去的，而近年來「無店鋪銷售」正在快速成長當中；無店鋪銷售之銷售型態有：郵購、電話訂購、自動販賣機、到府零售及家庭銷售會等等。

(1)**郵寄目錄**：係指銷售者將目錄郵寄給事先挑選的顧客。目前各大百貨公司均致力開發郵寄業務，以提供更有效時間便利；另外，其他產業也逐漸採取郵寄目錄的銷售方式，以增加銷售量；例如：畫廊、服飾業等等。

(2)**自動販賣**：係指利用自動販賣機，投入特定的交易媒介（如硬幣或電腦記錄卡），而完成產品或服務的銷售；例如：自助洗衣、電動遊樂器、自動計時停車器均屬之。在國內，自動販賣機仍以飲料為大宗，但由於「道路管理規則」的規定，擺設不當，往往會慘遭沒收，所以業者先以休閒遊樂場所及公共場所等做為經營重點；未來，自動販賣在法律

規定制定完成後，將快速成長，成為零售業的重要一環。

(3)家庭銷售會：係指利用社區或團體裡的意見領袖出面邀請，舉行聚會或派對來銷售產品。藉由輕鬆愉快的氣氛，來推薦或示範產品，較不會形成銷售壓力，比較適合隱密性、複雜性須要示範講解的商品，如內衣、健康食品等。

(五)依零售據點的控制劃分

零售店依據點控制可劃分為：(1)連鎖店及(2)獨立經營的商店。連鎖店——我們將在第五節中再作詳細說明。至於獨立經營的商店指零售店的所有權及經營控制權均屬一個人所有，在國內幾乎大多數的零售店都是獨立經營的零售店，如：雜貨店、服飾店、食品店等等。

(六)零售商的行銷決策

零售商是面對最後消費者的通路成員，其主要的行銷策略有：(1)目標市場、(2)產品搭配與服務、(3)定價、(4)促銷、(5)地點；以下逐一說明：

(1)**目標市場決策**：零售商首先必須剖析目標市場，並決定其在目標市場應如何定位；而它的產品搭配、服務、定價、廣告、店面裝潢以及其他決策，都必須一致支持零售商在其區隔市場的定位。例如：麥當勞速食店——兒童是其主要市場，它便塑造了麥當勞叔叔及快樂氣氛的企業形象，在店內裝潢中加設兒童遊樂區，它的廣告及促銷皆以麥當勞叔叔與兒童愉快興奮的食用它的產品。

(2)**產品搭配與服務決策**：零售商須決定三種主要的產品變數——產品搭配、服務組合及商店氣氛。

零售店的產品搭配必須配合其目標市場的需求，它必須決定產品搭配的寬度與深度及產品品質的高低；以及要提供顧客什麼樣的服務組合；最後，它必須決定塑造怎樣的商店氣氛。例如：自助餐廳——寬而

淺的產品搭配，僅給予少量的服務或完全自助，在商店氣氛上以明亮、乾淨、簡潔、快速，在餐飲業中別樹一格。

(3)定價決策：零售商的價格是一重要因素，它反應出其產品品質與服務水準。零售價的高低係取決於產品的成本，因此採購是零售成功的重要因素，除此之外它們謹慎的決定價格。例如：統一麵包加盟店，即是為了達到以量制價，來降低進貨成本，所結合而成的。

(4)促銷決策：零售商常使用廣告、人員銷售、銷售推廣及公共報導等一般促銷工具來接觸消費者。零售商利用報紙、雜誌、廣播及電視，也時常使用直接信函或散發傳單；人員推廣需要妥善的訓練銷售人員，使其瞭解如何接待顧客，滿足顧客的需求，並處理疑問與抱怨；銷售推廣包括了展示活動、點券贈送、摸獎……等等；公共報導通常以提升企業形象或告知促銷活動為主。

(5)地點決策：零售地點的選擇是零售吸引顧客的主要競爭武器，而且建造或租賃店面所費的成本對該店的利潤也有很大的影響；因此地點決策是零售商的重大決策之一。小型零售商可能自行評估選擇地點，大型零售商則可能聘用專家進行開店地點的評估與選擇。

三、零售商的未來發展趨勢

人口成長與經濟發展的趨緩，表示零售商不能再依靠現有或新市場的自然擴張而達到銷貨與利潤的成長，成長必須來自市場佔有率的增加。但是來自新零售商及新零售方式的競爭，將會使零售商不易維持現有的市場佔有率。消費者的人口統計變數、生活型態和購物態度變化迅速，同時零售市場愈分愈細，零售商必須審慎選擇目標市場及定位，才能成功。

資金、人工、能源和商品研究發展的不斷提高，使得有效率的作業和優良的採購成為成功零售的基礎。另外，電腦化結帳和存貨控制等新

科技發展，將提高零售業的效率，並提供更新、更好的服務顧客方式。而「公平交易法」的實施，使得零售商在經營時必須注意消費者的福利。

在追求提高零售業的生產力時，產生了許多零售的創新，以解決零售業高成本與高價格的問題，這種創新有如「零售業輪迴」一般。許多新型的零售業採取低利潤、低價格的低姿態經營方式，向成立已久的零售商挑戰，後者因多年來成本與利潤不斷的增加而變得遲鈍。新零售的成功使其逐漸增加設備並提供額外服務,結果導致成本增加與價格上漲,最後新零售商取代原先的傳統零售商。

第四節　批發業

一、批發業的本質與重要性

(一)本質

所謂批發業（wholesaling）是指銷售產品或服務給某些對象，以供其再銷售或商業使用的所有活動而言。批發（wholesaling）與零售（retailing）有下列幾點的差異：

(1)批發商的銷售對象主要是商業客戶而非最終消費者，對於促銷活動、商店氣氛、地點選擇較不重視。

(2)批發商的交易數量通常比零售商大得多，且涵蓋的地區比零售商來得廣。

(3)政府在法律與課稅的措施上，對批發與零售有不同課稅基礎。

(二)重要性

(1)銷售與促銷（selling and promotion）

比製造商較低的成本接觸顧客，與顧客距離可以縮短，較容易獲得顧客信任。

(2)購買和產品搭配的建立（buying and assortment building）

為零售店與顧客選擇產品項目與搭配，省了中間零售商或顧客不少時間。

(3)整買零賣（bulk-breaking）

產品購入打散可為顧客節省購買成本。

(4)倉儲功能（warehousing）

減低顧客與供應商的倉儲費用與風險。

(5)運輸功能（transportation）

通常較近製造商，可以快速運送貨物給顧客。

(6)融資（financing）

可供顧客融資，並給供應商融資。

(7)風險承擔（risk bearing）

承擔存貨被偷竊、損毀、腐敗、陳舊所支付的成本。

(8)行銷資訊（marketing information）

供應商與同業競爭者、產品、活動、價格等資訊。

(9)管理服務與諮詢（management service and counseling）

訓練零售商店員，店頭設計與佈置陳列，建立會計制度，存貨控制，提高營運效率。

二、批發商的類型

批發商可分為四類：①商品批發商、②經紀商與代理商、③製造商銷售分公司與辦事處、④雜項批發商。如圖 7-12。

商品批發商

完全服務批發商
　批發商人（廣泛商品、縱深產品線、專門產品線）
　工業產品配銷商
有限服務批發商
　現金交易運輸自理批發商
　承訂商
　貨架中盤商
　生產合作社
　郵購批發商

代理商與經紀商

經紀商
代理商（製造代理商、銷售代理商、採購代理商、佣金商）

製造商與零售商的分公司或辦事處

銷售分公司或辦事處
採購辦事處

雜項批發商

農產品集散商
石油產品分裝場與末梢站
拍賣公司

圖7-12　批發商的分類

(一)商品批發商

　　商品批發商係擁有產品所有權的獨立經營企業，在所有批發商中爲數最多；依提供服務程度，可再細分爲：(1)完全服務批發商，(2)有限服務批發商。

　　(1)完全服務批發商：它提供一套完整的服務，包括囤積存貨、運用銷售人員、提供融資、負責送貨及提供管理協助。它又可分爲：①批發商人、②工業品配銷商。

　　①批發商人：主要銷貨給零售商並提供完全服務。依所批發的產品線寬度可分爲：(a)廣泛商品批發商——其產品線眾多，以迎合多線產品零售商與單線產品零售商的需要；(b)縱深產品線批發商——擁有一條或兩條產品搭配極深的產品線，例如：五金批發商、服飾批發商；(c)專門批發商——只持有某產品線的一部份，但其項目却很多，例如：健康食品批發商、汽車零件批發商。

　　②工業產品配銷商：主要銷貨給製造商而非零售商的批發商人，他們提供囤積貨品、信用融資及運送貨物的服務。其可能經銷多類產品或一條縱深的產品線、或專門的產品線。例如：有些工業品配銷商集中於經銷維修產品，有些集中於經銷零件設備(如滾珠軸承、馬達)，有些集中於經銷機具設備（如手工具、堆高機）。

　　(2)有限服務批發商：爲供應商及顧客所提供的服務較少，又可分爲幾種型態：①現金交易運輸自理批發商、②承訂商、③貨架中盤商、④生產合作社、⑤郵購批發商。

　　①現金交易運輸自理批發商：其產品線有限，多爲週轉迅速的產品，交易對象爲小零售商，一律現金交易，不提供融資，也不替顧客送貨。例如：小魚販駕車至魚貨批發商買幾箱魚，立刻付現，並載回店內銷售；近年來，萬客隆、高峰所展現的是產品線寬廣，銷售對象以會員爲主(零

售商、餐廳、旅館業)，也是屬於此類。

②承訂商：大都是大宗產品業如：煤、木材或重型設備；承訂商並沒有實際握存或處理產品，若有人訂貨，只要找到製造商，並使製造商依約定的條件和時間，將產品直接送給顧客，承訂商只須承擔從接獲訂單起至貨物送到客戶中間的所有權及轉移風險。

③貨架中盤商：主要是爲雜貨及藥品零售商服務，產品項目多非食品類。這些零售商不願訂購產品，貨架中盤商就將產品運送零售商處，配合貨架，將產品陳列標價，並作好存貨記錄。貨架中盤商多爲寄銷性質，仍保有產品的所有權，在零售商將產品銷售後，才向零售商收款。在臺灣，服飾業常以此種方式銷售。

④生產合作社：如臺灣之農產運銷社，將農產品集中後，銷售到地區性市場。

⑤郵購批發商：將產品目錄送給零售商、工業產品用戶及機關團體等，以進行銷售活動。郵購批發商不用銷售人員拜訪顧客。顧客在收到目錄後，利用信件或電話訂購，產品大都以郵包寄送給顧客。

(二)代理商與經紀商

代理商及經紀商與一般批發商有兩點不同：(1)不擁有產品所有權，所提供的服務比有限服務批發商還少；(2)其主要的功能在促進產品的交易，藉此賺取 2%至 6%的佣金。

(1)經紀商：其主要功能是撮合買方與賣方，協助雙方議價並完成交易，向雇用者收取佣金。經紀商不持有產品，不涉及融資或負擔風險。常見之經紀商如：不動產經紀商、保險經紀商、證券經紀商等等。

(2)代理商：代理商比較長久性的代表買方或賣方，但其也是不持有產品所有權，僅提供少許的服務，其又可分爲：

①製造代理商：其通常代理兩三家產品線互補的製造商，並與製造

商訂有正式的書面合約，內容包括：定價政策、營業區域、訂單處理程
序、送貨服務及保證以及佣金比例。大多數製造代理商是屬於擁有少數
銷售人員的小型企業；但他們在特定區域內，有良好的顧客關係及銷售
經驗，製造商仍然需要製造代理商來打開新市場，或者製造商無力雇用
全職的銷售人員，而須委託製造代理商來銷售產品。

　　②銷售代理商：係指製造商授權銷售代理商來銷售該公司所有產品
的代理商。此時，銷售代理商在價格、付款及其他交易條件有較大的影
響力，通常也沒有營業地區的限制，多用於紡織、機器設備、煤、化學
藥品等產業。

　　③採購代理商：通常與購買者有長期契約關係，代其購買產品，並
包括收貨、驗貨、倉儲及運輸的服務。

　　④佣金商：係實際擁有產品，並進行買賣交易的代理商，其與顧客
通常沒有長期契約關係。此種代理商在美國多見於農產品市場，農民透
過佣金代理商以卡車運送產品至市場上，以一適當價格出售，扣除佣金
及費用後，將餘款交還農民。

(三)製造商分公司與辦事處

　　此類的批發商是由製造商或銷售者自己進行批發作業，而不透過獨
立的批發商。其可分為：

　　(1)銷售分公司與辦事處：製造商自行設立分公司或辦事處，以改善
存貨控制、銷售與促銷作業。銷售分公司通常擁有存貨，如：文化用紙
或工業用紙的銷售。辦事處並不儲存貨品，在美國多見於衣料雜貨或縫
紉有關的行業。

　　(2)採購辦事處：以美國為例，許多零售商在主要交易中心如紐約、
芝加哥設立採購辦事處，這種採購辦事處的功能與經紀商或代理商類似，
所不同的是其屬於購買者的組織中。

㈣雜貨批發商

在經濟體系中，常出現一些專業批發商，以迎合經濟體系中的特別需求。例如：農產品集散商從農民手中收購農產品，匯成大宗轉運給食品加工者、麵包店及政府採購機構。

批發業的行銷決策

1.目標市場決策：目標市場的選擇可根據規模標準（如只針對大型零售商）、顧客類型（如只針對便利食品店）、所需要的服務（如需要信用交易的客戶），或是其他的標準。在目標市場中，批發商可尋找最有利可圖的顧客，提供其更完善的服務，以建立彼此間的良好關係。批發商可提出自動再訂購系統、管理訓練及諮詢系統，甚至發起自願連鎖等。另外，他們對於較無利可圖的顧客，可施以要求大量訂貨以及少量訂貨需付額外費用等手段，使其減少。

2.產品搭配及服務決策：批發商的『產品』即是指他們的產品配備。今天的批發商正重新檢討究竟應保持多少產品線，並選擇只銷售最有利可圖的產品線。以 ABC 的分類基礎將其產品項目加以分群，其中 A 是表示最有利可圖的產品，C 表示最無利可圖的產品。而存貨保持水準也隨這三類產品而不同。批發商也應檢討最需依賴那些服務來建立強有力的顧客關係，又有那些可以省去或那些可以向受惠者收費。最重要的關鍵是要找出一個顧客認爲有價值的獨特服務組合。

3.訂價決策：批發商通常依照一般傳統的比率在其貨品成本上加成。有時爲了爭取重要的新顧客，不惜犧牲某些產品線的利潤，例如向供應商要求優惠價格，但同時也以增加供應商的銷售量作爲交換條件。

4.促銷決策：批發商需要發展整體的促銷策略，同時也需要大量使用供應商促銷素材與方案。

5.地點決策：批發店通常座落在租金便宜，租稅低廉的地區，並且甚少花錢作實體擺設與辦事處所的裝修(今天可能不一樣)。發展的方向必定走向自動化倉儲作業。首先將訂單輸入電腦，然後由機器設備把需要的項目挑揀出來，並利用輸送帶送到發貨月臺後加以組合。目前大部份批發商已經使用電腦來執行會計、帳務、存貨控制，以及銷售預測等工作。

6.必須不斷地提高服務或降低成本。

7.必須不斷提高批發店的形象。

第五節　連鎖業

掃瞄我們的日常生活，從買報紙、服飾、一日三餐、配副眼鏡、美髮……等等，都可以發現——這些商店在全省都有，而且數目還不少；這就是連鎖店，是末端通路的大躍進。

一、連鎖業的本質與重要性

所謂的連鎖店乃是指「兩家或兩家以上的零售店，將所有權或控制權合而爲一，銷售類似的產品線，採取統一的採購和銷售方式，商店的裝潢也採取同一格調，如此的企業組織，稱之。」

連鎖店在各類型的零售業都可見到，如：超級市場、百貨公司、便利商店、餐飲業、服飾業、藥品業……等；在美國，連鎖店的銷售額，如：在百貨公司方面佔 94%，藥品方面佔 50%，鞋店方面佔 48%，女裝店 37%。在臺灣雖無明確的統計，但以百貨公司而言，遠東百貨、來來百貨、永琦百貨、中興百貨、大統百貨系列、崇光百貨、力霸百貨、大

亞百貨等等，遍及全省各大都市，其銷售額已超過該業 50%以上；而且連鎖店也在其他類型的零售業，逐漸發揚光大。

連鎖店比獨立經營商店優越的地方是——效率。1.規模經濟——透過統一採購(將批發與零售功能結合在一起)，可降低進貨成本。藉由規模的擴大，連鎖店較有能力聘請專家做整體的定價、促銷、存貨控制……等規劃來提升競爭力。2.分散風險，單店經營所面對的風險是百分之百，而連鎖經營則可由多店的設立來分散風險，避免將所有的雞蛋，全放在一個籃子裡。3.較經濟的促銷方式，因為其廣告成本，可經由多店來分攤；且較容易透過廣告及多店與消費者接觸，來建立鮮明而一致的形象。

二、連鎖業的類型與行銷決策

國內連鎖業在民國 60 年代，在社會經濟結構的轉變下，連鎖式的經營陸續出現，如：寶島鐘錶眼鏡，海霸王餐廳；三商百貨等；至 70 年代，連鎖經營蓬勃發展，且國外連鎖體系紛紛跨海來臺，如：速食業之麥當勞、肯德基，日本之百貨業，八百伴、崇光等。至此，各類型連鎖紛沓而來，其主要有：

(一)直營連鎖 (又名所有權連鎖)

其特性是所有權與控制權皆為總公司所擁有，且販售產品線趨於一致。由總公司集中負責採購、人事、經營管理、廣告促銷等，並整體承擔各店的盈虧。由於所有權統一，所以控制力強，執行力佳，具有統一的形象，對分店的管理與約束能力也較強。但是，直營連鎖都是由同一企業經營，則開店的腳步受企業財務的限制無法加速，且公司必須投入大量資本，形成財務負擔。這類型的連鎖店如：三商巧福、金石堂書局等。

(二)合作連鎖

是由性質相同的獨立商店共同組成，並投資設立「管理公司」，負責聯合採購、促銷等工作。其興起的原因是基於強大的連鎖體系侵入市場或爲降低進貨成本，乃攜手合作，建立連鎖體系，如：家電業的優盟、租車業的世界聯合。

合作連鎖其優點在於能迅速建立起龐大的連鎖體系，降低進貨成本。但缺點是經營主權及營業利益全在各店本身，「管理公司」的控制、約束、執行能力較弱，所以其連鎖形象也不鮮明。

(三)自願連鎖

是經營能力較弱的獨立商店，加入中大型企業或已具知名度的連鎖體系所發起的加盟徵召行動，並接受其輔導或資助，訂立契約，來銷售該企業總部所提供的產品或服務，所形成之連鎖店。如：味全純青加盟店，統一麵包加盟店等等。

自願加盟連鎖體系的優點在於經營投資較少，發展迅速，風險較低，其形象較合作連鎖鮮明。缺點是企業總部對加盟店的約束力有限，對加盟店主的素質也較難要求，且容易因利益衝突導致各自發展，失去整體效益。

(四)商店集團

是組合數個不同零售方式，在統一的所有權下，配銷及管理也有部份整合。如：遠東百貨系列、大統百貨系列、三商系列、寶島系列等。

商店集團的優點是擁有所有權，控制、約束、執行能力較強。缺點是零售方式不同，在整合的過程中，容易造成顧此失彼，難以週全；且資源容易分散，規模擴展更爲不易。

㈤授權加盟連鎖

授權者擁有一套完整的經營管理制度，以及一種經過市場考驗的優異產品或服務；加盟者則須支付加盟金及保證金，與授權者簽訂合作契約，接受其經營 know-how，訓練與指導，並定期支付權利金。如：麥當勞、必勝客、統一超商。

授權加盟連鎖其優點是總部（授權者）可藉由連鎖店的擴張，來延伸自己的勢力與利益(加盟金、保證金及權利金的取得)，並透過契約的約束力，控制連鎖體系的營運。缺點是消費趨勢轉變時，連鎖體系的轉變成本偏高。

三、連鎖業的行銷決策

連鎖業考量的行銷決策，主要有：①目標市場決策、②產品搭配與服務決策、③定價決策、④促銷決策、⑤地點決策。

㈠目標市場決策

連鎖業雖是多店經營，它仍須慎重剖析市場，選擇市場區隔，決定目標市場與定位，以進一步發展產品搭配、定價、促銷及店面裝潢等等。獨立商店選擇目標市場與定位，僅須在小區域中區隔市場，尋找利基；而連鎖業就不能從小區域中去區隔市場,因為它銷售的產品線是相類似,它必須由大區域中切入，甚至是由全國的角度來區隔市場，進而選擇目標市場與定位。

例如：統一超商的店面位於各種地理區域內，早期即因定位不明，如商業區與住宅區即產生衝突，產品結構無法滿足消費者需求，而進展不順利；後來，統一超商調整作法──24 小時經營，全年無休，是您方便的好鄰居的定位，並調整產品結構，從此進入佳境。

(二)產品搭配與服務決策

連鎖業仍須決定其產品搭配的寬度與深度及服務組合。但由於是多店經營，且須維持統一的形象，所以其人員須有一貫同樣的教育訓練及統一的規範，或工作說明書，來維持其對外的一致形象；另外，它必須能因應各區域的差異，修正其產品搭配，滿足消費者需求。

(三)定價決策

連鎖店的服務水準及市場定位，是影響其定價的主要因素。部份連鎖店的興起即爲了聯合採購以降低進貨成本，以提升競爭力及利潤率。事實上，達到經濟規模即是連鎖業的特色之一，而最後的定價決策仍須取決於定位與競爭的考量。

(四)促銷決策

連鎖業在利用廣告、銷售推廣及宣傳報導等一般促銷工具來接觸消費者，較獨立商店使用促銷工具，其成本相對之下較爲低廉；甚者，獨立商店無法負擔之媒體，如電視廣告，透過連鎖的結合，電視廣告可能成爲其媒體主力。另外，連鎖業在做促銷決策時，仍須考慮區域的差異及定位決策，並做適當的取捨。

(五)地點決策

地點的選擇對連鎖業而言，仍是一重要的決策，其關係著入店人數、建造或租賃店面所需的成本及該店的成長與獲利；通常連鎖業都聘用專家進行設店評估與找尋，且訂有地點選擇的標準與模式。

四、 連鎖業的未來發展趨勢

在前面零售業的未來發展趨勢的介紹中，我們曾提到人口成長與經濟成長的趨緩，使得零售業不能再藉現有或新市場的自然擴張而達到銷售額與利潤的成長，而必須透過市場佔有率來增加。連鎖業也是屬於零售業的一支，同樣地，也受其限制；但連鎖業的特質——由多店的聯合達到經濟規模，降低成本，分散風險；使得連鎖業在這樣的限制之下，展現它的競爭力，成功的提升市場佔有率，而成為零售業的主流。

連鎖店數目快速地成長，並使得更多的零售類型商店引進或加入連鎖體系；隨著連鎖店數目的增加，其逐漸有壟斷市場的能力；因此，以連鎖店為品牌的產品在市場中陸續出現，與製造商品牌互相競爭。

由於連鎖店的擴張，漸漸地，取得市場優勢，且足以左右市場的價格，有可能使消費者及生產者的權益受損。因此，有關連鎖業的立法(如公平交易法) 會加以建立，以規範連鎖業的經營。

連鎖店較獨立商店優越的地方是其效率，但隨著電腦結帳系統、存貨控制系統及物流配送系統等科技不斷的進步下，高效率的批發商將隨之出現，進而提升獨立商店的競爭力，威脅連鎖業的生存；而且更有效率的連鎖體系也將逐漸淘汰低效率的連鎖體系。整個零售業即在這不斷淘汰、遞補的過程中，演化新的零售方式與零售商店。

第六節　加盟店的特色與成功關鍵因素、流程與範例、經營戰略

一、 加盟店的特色

加盟店：

加盟制度的開發

網路、物流體制

加盟店開發之基本戰略、理念

加盟制度組織營運	命運共同體制的設立	分別通路之組織機能

溝通制度

加盟範例之開發

訂定契約書

資材、商品提供的開發

店鋪企劃

販促 (SV)

教育研修制度

商品流通、交貨流程

顧客管理 (開拓)

支持加盟店之制度

各種手冊之整合及準備

情報提供

事業部展開之策略

事業投資預算之計劃

圖7-13 加盟制度及範例的流程㈠

```
┌──────────────────────┐     ┌──────────────────────┐
│   簽約同時所提          │     │   契約期中所提          │
│   供規範內容           │     │   供規範、內容          │
├──────────────────────┤     ├──────────────────────┤
│ ⑴市場調查(立地選定)    │     │ ⑴商品提供(貸與)、提供原料│
│ ⑵開店前教育(店東研修會) │     │ ⑵販促技術指導(代理廣告宣傳)│
│ ⑶區域設定             │     │ ⑶指導派遣(定期巡迴服務)  │
│ ⑷向金融機關借款之保證介紹│     │ ⑷手冊整合、製成         │
│ ⑸提供開發專知(know-how)│     │ ⑸業務指導(拓增客群)     │
│ ⑹建築、改裝指導實施技術指導│    │ ⑹數據管理指導          │
│ ⑺備品提供             │     │ ⑺品質管理指導          │
│ ⑻保險加入             │     │ ⑻會計事務代理          │
│ ⑼資材提供             │     │ ⑼道具租借、融資制度      │
│                      │     │ ⑽教育研修(員職教育)     │
└──────────────────────┘     └──────────────────────┘
```

範例的確立

(1)資材開發　　　　　　(5)販促
(2)店舖企劃　　　　　　(6)金融(貸款、分期付款、租借)
(3)商品、服務　　　　　(7)利潤計算
(4)研修教育　　　　　　(8)經營管理

圖7-13　加盟制度及範例的流程㈡

由於經營成本的考慮、市場競爭策略考慮，企業有時不願直接投資連鎖店與專賣店，而願使用加盟方式來經營通路。

1.由於企業及加盟店角色的分擔使得經營具效率化。

2.事業可於短期間內擴大。

3.由企業本身來看，用自己的資本（人、物、資金）來擴大事業所承擔風險過大。

4.從加盟店的角度來看，可享有企業之優良產品及經營專知（know-how）和獨立經營相比較，失敗性較低。

5.優異的企業達成成功的包裝＝加盟店的範例。

6.規模經濟可以分擔一些經營成本。

二、加盟店成功的要訣

1.垂直網路的強化。

2.企業與加盟店的命運是共同體。

3.商品的獨特性及具有制度化，滿足廣大市場。

4.加盟店不斷增加。

5.密切配合區域需要。

6.制度化（時間的限制、品質統一化、人員教育）

7.加盟店業績的持續（由提供賺錢的制度繼續經營意願）。

三、加盟店之好處與利益

加盟店(企業)	加盟化(加盟店)	消費者益處
(1)短期間內全國規模的店舖網擴增(規模經濟及連鎖經營的效果)	(1)可使用商號、商標等其他經營專知 (know-how)(已成功之經營方法)	(1)由於優異的經營制度，使得商品開發、服務及情報提供等水準向上
(2)確立企業加盟制度形象提昇(給消費者店舖形式、及制服等統一形象的感覺)	(2)以統一形象為根本經營加盟店(極具知名度的經營)	(2)標準化、齊平的商品服務等簡單利用由於統一形象容易被接受)
(3)由於連鎖之展開，彼此產生競爭力	(3)繼續性的指導及援助，由企業派遣專家支持	(3)由於制度化、組織化，有關商品的服務方面可以提供適當的價格。
(4)於通路戰略上，取有主導權	(4)加盟店規劃下產生競爭力	
(5)有效應用他人之經營資源，減少投資額	(5)有關商品經由企業指示而進貨，持有安定價格，完整的供給體制(效率提昇)	
(6)確立資材、商品流通等有關之通路(銷售網)	(6)小額投資、可利用融資及貸款的制度	
(7)安定收益(加盟約金、保證金、權利金)	(7)可適用由企業主控經營環境(市場變化)	
(8)將來全國性、區域性分別的展開，易有柔軟性組織對應	(8)有利的廣告宣傳、販促等活動	
	(9)由剛開始的事業處理等管理制度至經營體制完整整合	
	(10)加盟店的立場而言，專心致力於銷售即可	
	(11)可以得到全國的綜合情報(高度情報的技術活用)	
	(12)事業的繼續性	
	(13)以整體來看，可增加收益	
	(14)將來事業擴大亦有可能	

圖7-14　加盟店的好處及利益

四、加盟店的契約內容

1.商標、服務、標誌等允許使用

2.know-how 的提供

3.商品以及其他物品的調配

4.品質管理

5.立地和區域

6.店舖的內外裝潢、制服等

7.販賣促進

8.加盟金、權利金等

9.契約的期間、更新、解約

10.其他

五、加盟店組織之戰略重點

	重　點	專　　知 (know-how)
企業 戰略	• 整體專知(total know-how) • 商標、商號等專利法制	• 構想制度化 • CI 化 • 設計化 • 法律常識
商品 對應	• 範例化 • 總合化	衣、食、住　＋ 服務、休閒、文化、情報、教育
商品 開發	• 獨特開發 • 主力商品 • 高品質 • 特許	商品開發專知 (know-how)制度 (商品機能)
組織 擴大	• 連鎖經營 • 網路經營	• 經營 know-how • 行銷 know-how • 店舖指導的能力 • 共同(情報)資訊的累積
情報 管理	• 商品管理(情報)資訊制度 • 顧客(情報)資訊制度 • 庫存(情報)資訊制度	• 信用制度 • POS 制度 • 會員制營運制度 • 電腦 know-how
物流 制度	• 合理的物品流通制度 • 無論何地，24 小時的體制	• 零星送貨 • 送貨 know-how
金融 制度	• 資金調轉 • 稅務	

加盟企業 ➡ 加盟店 ➡ 消費者

圖7-15　加盟店組織之戰略重點

第七節　新通路未來發展趨勢與類型

(一)零售業

　　新的零售型態還會不斷地出現,以迎合新的消費者需求和新的環境。而零售商也不能依靠原先成功的策略，而長久佔有市場，他們必須不斷地配合新零售環境來調整變化，才能繼續擁有市場。

　　零售業未來經營策略可能有下列 11 種的型態出現:

(1)新的零售型式（new retail forms）：許多新式零售型態如雨後春筍般的出現，造成對現有的零售商很大的威脅。零售店由於較無法像百貨公司，超級市場的規模經濟，定位策略可加以運用，可有很大的競爭空間如折扣商店，型錄展示店等新的零售經營型式不斷出現。

(2)零售生命週期的縮短（shortening retail life cycles）：由於創新的速度加快，使得零售生命週期有逐漸縮短的趨勢。

(3)無店鋪零售（nostore retailing）：過去十年來，郵購銷售的成長速率約為店內銷售成長率的 2 倍。由於電子科技的發展，更使得無店鋪銷售愈顯著地增加。消費者可在電視、收音機、電腦或是電話中接收到銷售的訊息，只要立即撥免費電話，即可完成商品交易。

(4)同業間的競爭愈趨激烈(increasing intertype competition)：不論是同類型的商店，亦或不同類型的商店，彼此之間的競爭愈來愈激烈。因此，我們除了可發現無店鋪零售與商店式零售之間的競爭外，更可發現折扣商店、型錄展示店、及百貨公司之間，亦都在為相同的顧客而彼此競爭。

(5)零售業的兩極化（polarity of retailing）：由於同業間的競爭愈演愈烈，使得零售商不得不把自己定位在所銷售的產品數目上趨於極端化。

(6)巨型的零售商（giant retailers）：超強實力的零售商日漸興起，他們擁有優越的資訊系統及購買力，能夠為顧客提供很大且實質的價格節省之產品，目前正引起其供應商與敵對的零售商之間的一片混戰。

(7)一次購足定義的改變（changing definition of one-stop shopping）：在購物中心的專賣店因為提供『一次購足』的便利性，所以對大型百貨公司愈來愈構成競爭威脅。顧客可以只停車一次，便能到不同專賣店購貨。

(8)垂直行銷系統的成長（growth of vertical marketing system）：行銷通路的管理與規劃，已日趨專業化。當大型公司逐漸擴展其對行銷通路的控制時，小型的獨立商店便可能難以生存。

(9)投資組合的方法（portofolio approach）：零售組織逐漸趨向針對不同生活型態的顧客設計不同類型的商店；亦即，他們不再僅限於某一種型態的零售方式，只要對公司有利便願意採組合方式來經營。

(10)零售技術的日趨重要（growing importance of retail technology）：零售技術已逐漸成為一項非常重要的競爭工具。較積極的零售業者有使用電腦來產生較佳的預測，控制存貨成本、下訂單給供應商、以及各分店間採用電傳傳送訊息，甚至在店內便可將產品銷給顧客。此外，他們也開始使用光學掃瞄儀、電子轉帳系統、商店內閉路電視系統、以及改良過的商品處理系統等。

(11)大型的零售商之全球性拓展（global expansion of major retailer）：擁有獨特風格與強勢品牌定位的零售商，正逐漸地進

軍其他國家的市場。

(二)批發業

表現較好的批發商可思考的動態經營策略

奧克拉荷馬大學教授 McCammon, Lusch 與其研究伙伴對 97 家表現傑出的批發商與配銷商進行研究，以期瞭解這些公司取得長久競爭優勢所採用的核心策略。結果，此項研究確認出 12 項能夠將配銷結構脫胎換骨的核心策略，茲分別說明如下：

(1)合併與購併 (mergers and acquisitions)：在所研究的樣本公司中，至少有 1/3 的批發商，最近購併了其他的廠家，其目標在進入新市場，加強其在現有市場的地位，或採取多角化或垂直整合的經營方式。

(2)重新分派資產 (asset redeployment)：在所研究的 97 家中，至少有 20 家批發商不是賣掉就是清理掉一個或以上的邊際事業，以強化其核心事業。

(3)公司多角化經營 (corporate diversification)：許多批發商將其事業的投資組合採取多角化經營的方式，以期降低公司循環性的風險。

(4)向前與向後整合 (forward and backward integration)：許多批發商增加其垂直整合程度，以期改善其利潤邊際。例如，Super Valu 採向前整合，增加了零售業務；另外，Genuine Parts 則採向後整合，從事製造活動。

(5)私有品牌 (proprietary brands)：約有 1/3 左右的公司增加了其私有品牌的項目。可使顧客較有忠誠歸屬的觀點，從而強化判別作用、提高忠誠度。

(6)開拓國際市場 (expansion into international market)：至少有

26 家批發商係以多國籍企業的基礎來經營，他們已計劃向西歐與東亞市場滲透。

(7)附加價值的服務 (value-added services)：大部分的批發商皆增加具有附加價值的服務，包括：『限時』專送服務、顧客化的包裝作業、以及電腦化的管理資訊系統等。茲以最後一項服務爲例，McKesson 是大規模的藥品批發商，它已建立電腦化系統，直接與 32 家藥廠連線；且發展出藥房的應收帳款程式；以及發展出可讓藥品商品用以訂購的電腦終端設備。

(8)系統推銷 (system selling)：很多批發商提供『轉動鑰匙即可』(turnkey)的販賣計劃給其購買者，此舉對尚停留在從貨架依單取貨之批發供應商，構成很大的威脅。

(9)新的競爭策略 (new game strategy)：有些批發商不斷地發掘出新顧客群，然後便爲他們開發出新的『轉動鑰匙即可的』商品販賣計劃。

(10)利基行銷 (niche marketing)：有些批發商專精於一種或少數幾種產品種類，持有廣泛的存貨，並提供高品質的服務水準與迅速送貨，以滿足較大規模的競爭者所忽略的特別市場。

(11)多重行銷 (mulitiplex marketing)：當一個廠商能以具有成本效益與競爭優勢的方式同時爲多個市場提供服務，則稱之爲多重行銷。許多批發商在其核心市場區隔外，又增加了一些新的區隔，以期達到更大的經濟規模與競爭強勢。例如，會員倉儲俱樂部除銷售產品給中、小型企業顧客外，亦銷售給最終消費者，以求銷售額的提高。另外，有些藥品批發商除了銷售產品給醫院外，它們也開始建立銷售給診所、藥房與保健機構等的商品販賣計劃。

(12)配銷的新科技 (new technologies)：表現卓越的批發商在電腦化的訂購、存貨控制、以及自動化倉儲等方面，皆已有很大的改進。

　　除此之外，他們也愈來愈多使用直接反應行銷與電話行銷。

(三)自創品牌

1.爲何需要品牌

(1)自產品規劃來說：

品牌屬於產品一部份，有助於產品印象，較易使顧客獲得消費滿足。

(2)自分配方面觀之：具有 identification 藉以和其它廠商產品有區別。

自行鑑別作用——統合實體配送流程較大規模所致

客戶鑑別作用——提高顧客重複購買

(3)自定價方面言：產品差別化 (differentiation) →創造差別取價效果。

(4)自推廣方面而論：品牌是廣告基礎→促銷 (promotional) 效果。

2.重要性

(1)品質水準能夠保持一致，不會忽好忽壞。

(2)產品本身無法具體辨別，給予品牌也無意義。

(3)廠商不準備投下足夠力量以推銷某一產品時，賦予品牌也沒有多大意義。

(4)產品如屬瑕疵品或次級品，也避免使用品牌，以免使這個品牌反而成爲低劣之標誌。

(四)百貨公司的本質與重要性

　　百貨公司爲一重視個性與調性的大型賣場，商品組合複雜、多變化，新產品，新潮流，市場脈動結合頻繁，爲喜歡尋寶，了解流行，尋求多樣化消費者的購物天地與跟隨時尚的資訊站。

　　百貨公司為一企業化經營的通路市場,對商品的品質有嚴格的要求,相對商品價位較一般傳統市場為高, 為了減少消費者購後的認知失調,百貨公司在功能上的多元化, 要更加強調, 例如賣場人性化的管理, 服務品質的提昇, 附加價值的創造, 例如幼兒休息區, 減少攜幼兒購物的不便, 或設立兒童圖書區, 有專人負責說故事……等。

　　百貨公司屬於開放性新式零售業, 採取企業化的方式, 來經營的商品市場。促銷活動的多彩多姿, 使其成為商流活動最動感的一環。

　　而企業化的特質, 使百貨公司更重視企業形象, 例如公益活動的參與, 像道路認養, 美化環境, 或是環保運動的參與等。雖然其為避免折扣戰的惡性競爭, 造成損失, 對於週年慶的活動, 加以協調, 但在促銷活動上, 則各憑本事。而促銷活動是百貨公司的生存命脈, 它不是指價格上的競爭, 而是吸引人群方法的運作, 對於節日的熱情參與, 更是其他零售市場望塵莫及的, 甚至創造節日, 帶動流行, 以強化業績空間。

(五)百貨公司的消費行為特性

　　百貨公司提供多樣化、品味化的商品種類, 其高品質的商品與服務, 使其消費者為屬於尋求多樣化的一群, 而且對金錢的價值觀, 重視其所提供的效用與滿足感, 而非累積其數量。因此其對新產品, 新品牌的接受度高, 重視市場趨勢與生活品質。

　　其個性化的生活方式, 對資訊情報的收集更主動, 而重視實事求事的態度, 對各家百貨公司的忠誠度, 決定於百貨公司是否精益求精, 因此在廣告與情報的傳達, 百貨公司要自發性的提供, 精緻化與感性的訴求, 較易打動這群追求人性化的群體。例如便利性、環保觀念、消費主權的尊重、流行色彩的豐富, 皆很重要。

㈥百貨公司消費行爲分析

1購物動機

　　(1)認知：例如折扣、抽獎活動，吸引消費者的注意。

　　(2)信念：例如日系對顧客的服務品質一流,而使其認爲商品的品質，
　　　更加有保障。

　　(3)態度：寬敞的購物環境，情緒性感覺佳，而引發起行動的傾向。

2選擇因素

　　(1)區位的便利性：購物方便，商圈大，或交通、或嬰兒車的提供等。

　　(2)商品組合所表達的調性與個性，定位明確。

　　(3)藝文活動、服裝秀等，流行資訊的情報站。

　　(4)完全的服務：標示清楚，賣場規劃完整，避免逛迷宮的印象，服
　　　務員親切的服務，聽取顧客的意見……等。

　　(5)其他需求的服務：美食街、遊樂設施、咖啡廳、藝文館等的提供。

　　(6)貴賓卡、折扣券、禮券的使用，享有會員式的優惠等。

　　早期百貨公司著重產品導向，以符合消費者對商品品質及機能的理
性消費觀，如今隨著經濟成長，所得水準提高，消費行爲兩極化，強烈
主張個人特色，可購地攤貨，也可買上萬元的服飾，因此百貨公司走向
行銷導向，採大眾化路線，以符合消費者重視商品流行性及方便性的感
性需求。

　　隨著國際化的腳步，商品貿易頻繁，百貨公司可透過自行採買，來
建立獨特的商品組合，使其定位以及市場區隔更明確，使目前專櫃方式，
各家品牌同質性高的狀況，獲得改善。

　　此外百貨公司爲企業化的經營，未來分店家數上升，使其成本下降，
例如遠東百貨，其大額的採買數量，獲得更高的折扣，使其商品競爭力
更強，甚而開發出自創品牌，比傳統單店面的經營更有效率，而政府土

地利用開發，成立購物中心，百貨公司在明確的定位與區隔中，在零售業中可獨樹一格，其發展空間大，而其活潑的促銷活動，更加帶動商品交易，經濟功能強，例如節日，感性的活動，親子同樂，觸動人心，使僵硬的錢對物交易，帶來溫馨與歡樂。

(七)百貨公司未來發展的機會與威脅

1.市場威脅

　　(1)通路增加。

　　(2)零售業出現不同的業態——例如萬客隆、家樂福這種業態的出現，有許多名品或品牌的代理很簡單，它可以自創一家專門店，有別於巴而可等的大型服飾店，對於名品整個內容的掌握，它的訊息來源有時會比百貨公司還快。故新業態的出現加上生活環境的千變萬化，社會朝向一個多元化的發展，現代人強調個性及調性的不同，多半會到個性化專門店去消費：因為它提供這一層特殊消費群的流行訊息，這也漸漸地分割了百貨公司是流行前哨站的角色；現代流行休閒的風氣鼎盛，大家只要花費幾萬元就可到倫敦、巴黎走一趟，以很少的代價在很短時間內就可以取得自己想要的資訊或商品，故百貨公司不似以往獨佔鰲頭。

　　(3)市場區隔化——整個市場的區隔化使得市場資訊整個都變得擴散了，市場資訊不再是百貨公司的權利了。雖然百貨公司的使命，基本上仍是在提供流行與資訊的前端。

　　(4)公平交易法的管制——公交法在確保公平競爭，對於獨占、結合、聯合及不公平競爭皆有禁止或限制的規定，如聯合提高價位等，值得百貨業者留意。

2.市場機會

　　(1)未來都市發展呈甜甜圈式，人口擴散至郊區，都心將空洞化，因

此區域型百貨極有發展潛力。

(2)國際百貨業帶動新的消費觀。

(3)市場競爭下，提高百貨公司的水準，使百貨公司爲商品市場的主流市場。

(4)提高休閒功能，回歸家庭生活觀。

3.未來發展方向

(1)朝兩極化發展——

①大型化經營：大型購物中心、地下街、郊區型的百貨公司等陸續出現，此乃因人口逐漸向郊外擴散，大眾捷運系統的完成也將使交通問題得以改善，且地價問題亦較易解決。大型的百貨公司不僅是購物場所，也能提供休閒、娛樂、社交、文化、科技等機能。

②中小型百貨專門化經營：都市內中小型百貨由於賣場不夠大，無法容納所有商品，提供一次購足必須要改變業態、業種，改爲有特色的大型專門店，區隔商圈及顧客對象。

(2)服務項目擴大——提供文化、生活性多角化服務。

①各種特殊服務如無店鋪販賣、通訊、金融服務等都將進入其所提供的服務組合中。

②以顧客爲導向，實施顧客滿意爲方向。

(3)策略聯盟——

Something new

Something better

Something different

(八)從消費者角度探討量販店經營角度

倉儲型量販店對舊有通路的衝擊是不可否認的，但是就量販店本身

而言，已經到了成熟期，產能過剩且價格競爭激烈，有走向「同質化」的趨勢。在這種情況下，如何突破既有形象，在同業間產生獨特性，是倉儲商所面臨的重要課題。

除了對消費者的行為進行市場區隔之外，也應該有基本的定位策略，並配合多角化經營，才能在經營環境不斷變遷的市場中擁有持久的競爭優勢。

1.產品獨特性與品質提昇

(1)各量販店所銷售的產品過於相似，顯現不出獨特性，若能自創新產品及自有品牌，必能吸引消費者對特定產品的注意。

(2)現今消費者除了要求低價產品之外，不容忽視的是消費者更注重產品的品質，因此，做好品質管制也相當重要。

2.增加服務

(1)可以酌收運費的方式提供運送服務。

(2)注重商店的佈置與氣氛，結合視覺、味覺、嗅覺、觸覺的效果，激發顧客的購買意願。

(3)接受消費者以信用卡消費，省去消費者必須以現金交易的不便。

(4)延長營業時間，因應現代人的生活模式，而不致於讓 24 小時營業的便利商店專美於前。

(九)量販店未來發展的課題

1.分析倉儲型量販店對於傳統市場、超市、百貨公司等通路的衝擊，以確認其市場空間。

2.探討倉儲型量販店所面臨的目標顧客群之消費行為特性，以確立目標市場觀點。

3.探討各顧客群市場從倉儲型量販店獲得什麼利益，及顧客群間是否有差異，而進行顧客分析、分類。

4.分析臺灣流通業各項產品間,「質」與「量」之市場區隔,以達到市場區隔效果。

5.了解倉儲型量販店所銷售產品的定位,以及是否應自創研發新產品,提高消費者偏好程度。

6.探討倉儲型量販店競爭優勢是否具有持久性,該如何多角化經營,達到規模經濟效果。

量販店(warehouse)係以低價、成本優勢、品項多、完整、賣場面積大,並透過大量採購、低成本優勢,結合連銷經營的優點,達到行銷差別化、顯著化的目的。

自民國七十八年底,臺灣開始出現量販店,他們以商品價格的破壞者出現,並提供大規模賣場及大面積停車場,使得傳統的零售業及現代化的超商、超市倍受壓力,營業額衰退,而不得不設法調適,由此可見,消費者的需求已不是傳統的零售業所能滿足,零售業的競爭也愈趨激烈。更值得注意的是,臺灣省物資局也有意大舉介入量販業。

為因應大型購物中心、批發倉庫及貨運轉運站發展潮流,內政部營建署於民國八十年四月二十九日決定,透過都市計劃作業,擬建設適當使用分區提供設置大型購物中心,經建會更在民國八十年至八十五年的國家建設六年計劃中,明確指出在臺灣畫分成 18 個都會生活圈或一般生活圈後,將於每個生活圈內,配合當地發展需要,設置大型購物中心,可見得銷售市場已朝向大賣場發展,它所提供的功能也更趨多元化。

從萬客隆、高峰、家樂福和愛買陸續在國內成立倉儲型量販店以來,傳統零售業受到新型流通業的衝擊,因而開始整合,顯示傳統流通管道已面臨考驗,也反映未來倉儲型量販店市場競爭將更激烈,而有一番淘汰。因此,做好市場區隔,並將適當的目標市場,分別發展不同的行銷策略予以配合,以獲得最大的行銷效果,乃是刻不容緩的當務之急。

圖 7-17 為去年臺灣營業額最高的兩大量販店經營結構,如果再加上

全年無休的 7-Eleven 便利店營業額 240 億，則此三家通路營業額的總
和為 620 億，佔國內零售業營業額總和的 1/3 強，對臺灣通路造成震撼
性影響。

流通業二強各具特色		
	萬客隆	家樂福
營業額	200 億元臺幣	180 億元臺幣
合作夥伴	豐群投資 35%	統一企業 40%
員工人數	2,024	4,500
定位	量販店	超大型賣場
消費者	60 萬名會員	自由進入
家數	6 家	10 家(三家綠店屬於量販，七家藍店是零售)
管理	中央採購，地方營業	地方同時負責採購及營業
品項	10,000 種	3,000～4,000 種
產品	大包裝	小包裝

資料來源：天下雜誌 178 期。

圖7-16　兩大流通業之經營結構

摘　要

一、通路現代化管理趨勢與計量分析模式

①運用統計方法的科學性，可使現代化的通路配銷管理更能掌握效果效率性。

②連鎖店的現代化管理決策已朝向業績、利潤、費用一體的整合管理方式。

③重要通路系統分析模式有行銷生產力系統(M.S.P.)，通路產品生命週期的附加價值分析，多元化通路整合模式等。

二、配銷通路結構

①功能與流程：在功能方面有提供市場資訊、集中、減少交易次數、資金流通、產品儲存配送、風險分擔。在流程方面有實體、所有權、付現、訊息、促銷。

②配銷通路階層數目：共分零階通路、一階通路、二階通路、三階通路。

③配銷通路設計決策：建立通路的目標和限制、確認主要可行的配銷通路、評估可行的配銷通路。

④配銷通路管理決策：選擇通路成員、激勵通路成員、評估通路成員。

三、百貨公司與量販店

百貨公司商品組合複雜、多變性、新產品、新潮流、市場脈動結合頻繁。本章共由消費行為購買考慮因素、生活型態、行業特性、促銷作

業、市場區隔、市場機會、未來發展趨勢探討百貨公司通路。量販店則是採低成本、大量採購，賣場面積大的低成本競爭優勢來發展的新型通路。

四、零售業通路分析

①零售業的類型：可由所提供服務多寡、所銷售的產品線價格相對性強度、經營店鋪有無、銷售據點的控制程度來加以分類。

②零售業主要的行銷決策有：目標市場、產品搭配與服務、定價、促銷、地點。

五、批發業：

①批發業的主要類型有：商品批發可再分完全服務式批發商、有限服務式批發商。經紀商與代理商可再分製造商代理商、銷售代理商、採購代理商、佣金商。

②批發業的行銷決策有：目標市場決策、產品搭配與服務、訂價、促銷、地點、成本、形象。

③未來發展趨勢有：合併、購併、重新分派資產、多角化經營、垂直整合、品牌策略、附加價值服務、利基行銷、多重行銷。

六、加盟店：

共分6個特色、7個關鍵因素、作業流程、經營戰略加以逐步討論。

七、連鎖業

連鎖店的類型：直營連鎖、合作連鎖、自願連鎖、商店集團、授權加盟連鎖。

本章並針對連鎖店成長、擴充、限制因素加以探討其未來發展趨勢。

個案研討：餐飲店的立地管理評估與商圈經營策略

一、餐飲店的立地管理評估

　　流行餐飲店在零售業（retailing）來講是屬於店鋪零售（store-retailing）的一種，零售業有所謂零售輪迴（wheel-of-retailing）說法（百貨公司、超級市場、折扣商店，初期設立時以低價格來吸引顧客，使顧客經常先到便利商店看要買些什麼東西，然後再到折扣商店購買。當這些折扣商店市場佔有率擴大後，基於競爭的考慮，必須提供較多的服務，並更新設備，於是成本增加，必須提高價格作為繼續營運的手段。直到有一天，它們會突然覺醒到原來它們也走向被其它折扣商店取代的命運，就像當年它們崛起的過程一樣）。

　　決定流行餐飲店經營成敗的重要關鍵就是立地條件的評估與設店後如何管理。前者是屬於事前性、決策性的整體經營問題，後者是屬於事後、控制性的管理效率問題。立地條件經營評估的範圍有：1.店鋪租金與業績的關係。2.如何評估店的回收期限與投資報酬率。3.對於設店地區特性的評估（是商業區、辦公區、住宅區）。4.人潮狀況的瞭解（來客數與出入時間離峰、尖峰的瞭解）。5.當地消費與人口特徵分佈（消費者的年齡、所得、平均消費單價等狀況）。6.交通運輸狀況（通行量的調查、車輛通行量和開店地點的關連性、道路型態與商業立地有什麼關係）。

　　流行餐飲店如何有效的管理範圍有：①面對同業競爭、商圈變化如何提出具有個性化、創意化的管理主張，例如：時段改變、店鋪陳設改變，告訴顧客這就是我的店的主張，博取顧客共鳴的 POP、display 的主張。②面對資訊貧乏、僵化經營型態、策略思考貧乏，如何提出具有企

劃力、銷售力、衝刺力的活性化主張，例如：如何利用空間、時間提高營業額、如何和競爭店競爭對抗、店地點不佳時如何振衰起弊、如何利用電腦實施營業管理、顧客管理。③面對顧客生活品質提昇、生活型態變化、個性主張、自我意識高漲，如何引起顧客共鳴、提高對店的偏好、與購買率（例如：A.店鋪色彩設計生活化、生活提案式的銷售主張，B.利用不同的陳列技巧提昇店的高級、品味感覺、季節特性，C.如何建立顧客名單落實顧客管理制度，D.如何對顧客提供良好的消費資訊服務與服務品質）。

餐飲店立地條件經營評估幾個重要關鍵因素（key success factor）評估。

(一)損益平衡的事前評估

損益平衡的計算方式（break even point）

$$BEP = \frac{\text{固定成本}}{1 - \dfrac{\text{變動成本}}{\text{銷貨收入}}}$$

1. 餐飲業者應瞭解本身所設之點，其固定成本每個月無論業績多寡均須支付的成本有多少（例如租金、硬體設備的折舊、人員的薪資成本、水電費用、產品的固定成本），亦應瞭解變動成本對於整個經營影響情況。
2. 業者應以此經營結構為評估餐飲店的經營良窳與否，而非自己以為每個月100萬營業額要比同條街其它競爭店的營業額70萬好很多，殊不知競爭店的損益平衡可能只需45萬元，但自己的店卻需要80萬，站在經營利潤的考慮前提下，應多思考開源、節流的方法。

3.如果餐飲店的損益平衡結構中，固定成本佔總成本結構60%以上，這種餐飲店應特別著重開源的策略，如果低於60%以下，則開源與節流必須同時考慮。

(二)商圈設定的方法

1.商圈定義：餐飲店所能招攬顧客所及的範圍。顧客是指對該店所提供的商品、需求有一定比率的人而言。換句話說，是指目前經常來該店消費的顧客分佈地區。

2.設定商圈的方法

　①單純的劃分法。

　②依測量模型來設定商圈。

　③依實際情況來設定商圈。

3.商圈測量模型零售引力法則的簡介：

　B_a：A 都市吸引零售業的比率

　B_b：B 都市吸引零售業的比率

　P_a：A 都市的人口

　P_b：B 都市的人口

　D_a：從中間都市到 A 都市的距離

　D_b：從中間都市到 B 都市的距離

依據 1931 年萊黎教授經過許多實例的實證：「中間地點受二個市場所吸引的比率，與該市場的大小成正比，而與從中間地點到市場距離的平方成反比。」

$$\frac{B_a}{B_b} = \left(\frac{P_a}{P_b}\right)\left(\frac{D_b}{D_a}\right)^2$$

舉例：

20萬人　　　20公里　　　5 萬人

15公里　　　5 公里

A　　　　　中　　　　　B
都　　　　　間　　　　　都
市　　　　　都　　　　　市
　　　　　　市

設 $\dfrac{B_a}{B_b}=1$　則

$$\frac{P_b}{P_a}=\left(\frac{D_b}{D_a}\right)^2$$

$$\frac{D_b}{D_a}=\sqrt{\frac{P_b}{P_a}}\Rightarrow D_b=D_a\cdot\sqrt{\frac{P_b}{P_a}}$$

$$D_a+D_b=D_a+D_a\sqrt{\frac{P_b}{P_a}}$$

$$=D_a\left(1+\sqrt{\frac{P_b}{P_a}}\right)$$

$$20=D_a\left(1+\sqrt{\frac{5}{20}}\right)$$

$$D_a=\frac{20}{1+\frac{1}{2}}\fallingdotseq 13.3$$

也就是說從 A 都市算起約 13 公里的地點即為商圈所在。

4.依據實際狀況來設定商圈方法

前面測量模型最大的問題點就是未將消費者購買行為動態性納入考慮，而有關消費者實際行動，通常我們可藉實際調查來查知，例如調查實際到店惠顧的消費者職業、所得、性別、年齡、住址、交通工具、到店所需的時間、到店理由、及動機等問題。這些調查項目中，我們可以求出來店惠顧的消費者到底是來自何處，由此我們便可以判斷該店鋪的商業圈範圍。

5.依據賣場的面積來設定商圈方法

$$預定地址與競爭店的距離之商圈範圍 = \frac{預定店與競爭店距離}{1+\sqrt{\dfrac{競爭店的賣場面積}{預定店的賣場面積}}}$$

$$= \frac{2\,公里}{1+\sqrt{\dfrac{40\,坪}{10\,坪}}}$$

$$=0.67\,公里$$

商圈的距離

(三) 如何提昇餐飲店的管理效率

1.以差異化、獨特性的定位訴求——告訴顧客您的主張,「這就是我的店」:環顧成功經營的餐飲店幾乎都不是由於旣定的經營模式,而是以嶄新富創意的店面佈置,乃至於服務態度等對顧客作訴求,尤其是競爭愈激烈則與競爭對手之間的差異就愈顯重要。

2.利用空間、時間提高營業額:由於餐飲店的固定成本的佔比大,必須分散每日的經營風險,提昇時段的經營效率、餐飲店必須注意每日各種時段入店率、入店量、客層分佈,以較精緻的區隔化提昇經營績效。例如現在臺北市有些餐廳已不再圍於下班的黃金時段,在中午亦推出特價的午餐供應。如果沒有思考空間、時間,那麼立頓紅茶每包成本一元,可賣到一百元,餐飲業有何不好經營。

(四)如何透過店內、店外銷售規劃提高營業額

1.如何強化店鋪內的銷售:可從 POP、display 強化,提高入店比

例。餐飲業者亦可從解決停車場的問題著手（如果停車場是新設或增設時，就應考慮到成本增加與所增加的銷售額之間的平衡，假使預期的銷售成長率比增設停車場的成本高時，就應增設停車場）。

2. 如果不違反餐飲店的形象定位，亦可採取部份的外出銷售：例如家庭聚會式的推銷,對附近上班公司的人員拜訪、電話拜訪、D/M等等。

㈤如何與競爭店實施差別化的競爭

1. 可透過店鋪的氣氛塑造。
2. 服務週到。
3. 生活提案式銷售，或產品組合。
4. 陳列比競爭店更重視視覺效果。
5. 確實掌握主顧客，並使比率逐漸提高。
6. 使餐飲店與流行新潮的轉變做結合。
7. 比競爭店更有效率使用促銷組合(例如 POP、display、D/M)等。

㈥各種費用必須能歸納出適當的經費比例

如果銷貨毛利額為 100%，則人事費約佔 30%，房租費約 30%，其它各項雜費約 10%，則純利約佔銷貨毛利的 30%。

餐飲店的租金是全部相關成本與費用中最重要的變數，業者在開店前必須詳細的評估坪數、房租最高限度、房租每年的上漲幅度、保證金、抵押金的相關規定，才能運籌帷幄、決勝於千里。

㈦如何做好顧客的管理制度

為避免顧客的偏好改變，或因服務不佳，或因無法引起消費者的購

買慾、或地址變更，而與顧客斷絕關係，必須做好顧客管理制度。基本的架構爲目標顧客的基本資料(姓名、年齡、職業、服務機構等)、消費價格、消費產品、何時消費。使餐飲店的銷售主張、說服力能獲得顧客的共鳴。爲取得共鳴方式，業者必須將顧客資料做一番過濾、配合顧客的需求層次與需要，提供充分滿足的商品。

(八)做一個成功餐飲店應具備的條件

1. 業者必須有詳細的計劃、豐富的想像力與確實行動。
2. 把握執著的精神創造出成功的氣勢。
3. 仔細選擇店址才能獲勝。
4. 餐飲店的經營必須滿足顧客心理爲前提（應該爲顧客提供何種資訊的附加服務，必須考慮設店地址與顧客層級，提供區隔化服務、以商品價值做爲經營取勝的前提）。
5. 風格獨特是成功餐飲店定所考慮前提（例如：A.可提供很多休閒書籍。B.牆壁可裝飾成讓消費者可宣洩感情、情緒的塗鴉牆壁。C.考慮中國人的口味、西洋人的品味之產品組合）。
6. 商圈相關資訊的收集與經營結構定期檢討是成功餐飲店定量考慮前提。

二、商圈經營策略

　　晚近的商業科技已進步到自由化、國際化、全球一元化，在這種新觀念之下，要創立一個商店形象或新的行銷體系，已不再是個人的意見或觀念可以單獨經營企劃，即使有非常獨特的經營觀念與經營法則，也必須經由一個完整系統的整合，才能在多種競爭條件之下，成功地開創一家突顯商店個性的名店。

　　麥當勞開張成功率達百分之九十九以上，而其在全臺灣有一百一十

多家分店，其中在臺北市就有三、四十家，尚在陸續開店中，商圈之廣闊自不在話下，因此以麥當勞來探討商圈的設立，再好不過了。

(1)麥當勞經營策略

選定地點往往就是店舖經營者認爲最難纏的課題，也就是最爲頭痛的問題。對於這種要命的「選定地點」的問題，麥當勞根據科學資料的分析特別訂製了三十幾個項目的「選定地點基準」，在不完全符合這條件的地點決不開店。這可由下列三種角度來檢討：

①店舖規模條件；

②店舖所在地之商業圈（顧客走進店門的範圍）條件；

③營業條件。

經過「商業圈調查」，設店與否的判定大約在兩星期內做結論，接著進行店舖設計，室內裝潢佈置，機器安裝，水電設施等一連串工程，在四十五日的期間就可以誕生一間新店舖。

(2)消費者購買行爲

從顧客的購買行爲中，可以了解到此處消費主力群是誰？購物偏好如何？尖峰、離峰差異情形及其他有助於經營管理的資訊，從六個角度來分析：

①消費者層次；

②消費者職業別；

③消費者家庭所得；

④消費時間帶；

⑤消費頻率；

⑥使用交通工具。

接下來透過市場調查，再加上消費者滿意程度與各分店裝潢融入地域性格調後，將麥當勞作賣場區隔，消費者作消費者區隔：

(3)賣場區隔

目前麥當勞將賣場區分爲六區：

①一般用餐區；

②生日餐會區；

③兒童遊樂區；

④溫馨K書區；

⑤車道購物區；

⑥活動看板區。

(4)**消費者區隔**

依消費者使用程度，可分爲三類：

①重度使用者；

②中度使用者；

③輕度使用者。

結合賣場區隔與消費者區隔，可以得到分店商圈之決定條件：

(5)**外在條件（形成商圈的條件）**

①量的條件：

- 地理上的條件
- 人口（都市人口，周邊人口）
- 人口密度
- 交通工具

②質的條件：

- 年齡別、職業別人口結構
- 所得水準、消費型態
- 產業結構
- 都市計劃、綜合開發計劃
- 都市相互（地區相互）的關係

(6)**內在條件（支持商圈的條件）**

①主體性條件：

- 商店（街）的規模（商店數、面積）
- 商品結構、業種結構及其配置
- 商品別（業種別）店舖數
- 賣場面積、營業額
- 吸引顧客設施的狀況
- 大型店的狀況
- 銷售、組織活動的狀況

②附加性條件（都市設施等）：

- 公家機構
- 文化設施
- 公共設施

三、研討

1. 請討論在決定商圈時為何要將商圈評估與消費者購買行為做共同性的思考？這其中市場調查所扮演的角色為何？您個人認為一位店面開發人員所應具備的條件為何？

2. 根據本個案萊黎教授所提出零售引力法則：中間地點為受二個市場所引的比率，與該市場的大小成正比，而與從中間地點到市場距離成反比。是否可以所住地區的任何便利店情況來說明，所設地點之商圈是否具吸引力。

3. 很多人均想開店，而有成功與失敗，您從本個案中是否可以提出開店會成功的原因為何？會失敗的原因為何？

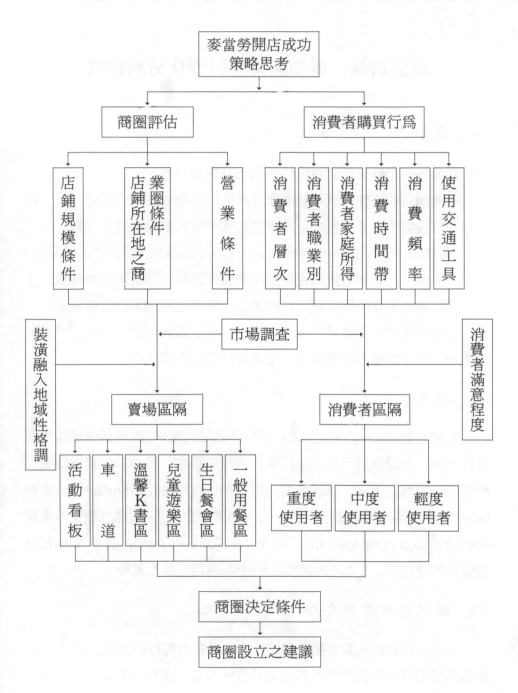

圖7-17

專題討論：連鎖店管理科學化分析模式

一、前言

管理科學化分析模式對現代連鎖企業的重要性：

㈠連鎖店的特性因涵蓋範圍非局部性而為全省性或大商圈，故一個管理科學化分析模式，將有助於解決績效效果、效率問題。

㈡就管理經驗曲線 (experience-curve)。在動態性與時間性因素的考慮下，管理者無法從每個連鎖店採逐步、個別瞭解特性後，才能掌握管理的關鍵點，在時效性、時機上無法掌握致勝關鍵。

故如何建立一管理科學化分析模式，從正確的架構、方向、效果來處理龐大的連鎖體系就成為現代化連鎖企業的重要課題。

二、模式

連鎖企業 $chain_1 \cdots chain_n$, n 可到任何開店數字, 而每個連鎖店均有業績目標、階段業績目標、成長率、階段成長率，與總公司目標均有函數關係，如線性迴歸、線性相關。則企業可透過 data-marketing（資料庫行銷）與策略性組織劃分 (店→區→部管理幅度)，而建立觀察與掃瞄分析模式(scanning system)，如 $Y = 0.1708x + 0.0165$，其中 Y 為估計階段目標達成率、x 為階段期間，0.0165 為目前進度截距。

三、統計分析工具介紹

在進行行銷的相關活動企劃時，往往需對消費群的特性、偏好趨勢、影響銷售額變化因素的掌握與影響程度的瞭解、促銷效果的研究分析、未來的銷售趨勢的預估⋯⋯等能清晰地、敏銳地洞悉瞭解，以使企劃案

能具效果，而這些搜集不易的資料，如何轉換為有效的資訊，端視審慎架構去蕪存菁與運用適宜的統計分析形成有效資訊。

現在介紹五種統計分析上常用的統計量與分析方法，透過此五種基本統計分析觀點，明確地掌握消費訊息特性的脈動、銷售變化影響因子，而對行銷活動企劃適時地調整。

(一)平均數

在同一群體中各個體的某種特性有共同的趨勢存在，表示此種共同趨勢的量數，即稱為集中趨勢量數（measures of central tendency），因它是代表該特性的平均水準，故通常稱為平均數(averages)，又它也是反映該資料數值集中的位置，故又叫做位置量數（measures of location）。

平均數有三個重要的性質（或作用），即(1)簡化作用，(2)代表作用，(3)比較作用。

在統計學中最常用、最簡單，且最易了解的集中趨勢量數，一般如無特別說明，所謂平均數即指算術平均數。

$$\mu = \frac{\sum_{i=1}^{N} x_i}{N}$$ N 為母體所包含的個體數（即母體大小）。
x 為各觀測值。

(二)標準差

一群數值與其算術平均數之差異平方和的平均數，即為變異數，又稱變方或均方。變異數的方根即為標準差，此二者是用途最廣的離勢量數。一分配的標準差小，則大部分數值應集中於平均數附近，平均數的代表性強；若標準差大，則大部分數值不能如前者的集中而比較分散，

平均數的代表性弱。變異數和標準差其定義分別如下:

$$變異數 \quad \sigma^2 = \frac{\sum_{I=1}^{N}(x_I - \mu)^2}{N}$$

$$標準差 \quad \sigma = \sqrt{變異數}$$

(三)變異數分析

正如其名,變異數分析就是分析一因變數之變異並分別找出此變異之原因而將之分派到各組自變數上。因為有未知自變數之變異才導致因變數之變動,通常實驗者不可能將所有會影響其因變數值之變數都包括於其模型中,故即使所有自變數都保持為不變之常數,因變數之值仍會產生隨機之變動。若變異分析之目標就是要找出與實驗有關之重要自變數並決定它們相互間之關係以及因變數之影響。

以下將說明變異數分析的原理,並以一例說明如何實際從事變異數分析。

變異數分析將此離差平方和稱之為總離差平方和 (total sum of deviations) 分割成許多部分,每一部份都對應於此實驗之一自變數因子,然後再加上一項與隨機誤差有關之餘數(remainder)。圖 7-18 表出具有三個自變數時的情況,對此因變數寫出一多元線性模型,則總離差平方和的誤差部份即為 SSE。對於以上這個例子,若自變數與因變數無關,則經過分割後的總離差平方和的每一部份除上一適當的常數後,都是對此實驗誤差之變異數 σ^2 的獨立而且不偏之估計式。但是若某一自變數與因變數有很密切的關係,則對應於此變數之離差平方和之部份 (稱為對此變數之「平方和」) 將會增大。比較某一特殊變數所求對 σ^2 的估計值和由 SSE 所求對 σ^2 的估計值,可用 F 檢定,將以上的性質檢查出來。

自變數所求對 σ^2 的估計值相當大，則由 F 檢定之結果將會擯棄「此自變數對因變數無影響」的假設，而導出此自變數與因變數間存在有相當關係的結論。

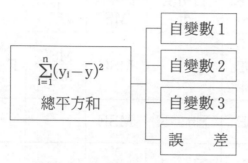

圖7-18　分割總離差平方和

在變異數分析中所使用之技巧可用一很普通的例題加以說明。此例題為 $n_1 = n_2$ 時，在未配對實驗下，對兩平均數之比較。以往用 t 分配來分析此實驗，現在將從另一觀點來研究此問題。這兩個樣本因變測量值對其平均數的總變異為

$$總\,SS = \sum_{j=1}^{n}\sum_{i=1}^{n}(y_{ij}-\bar{y})^2$$

其中 y_{ij} 代表第 i 個樣本的第 j 個觀察值，$\bar{y}$ 代表所有 $2n_1 = n$ 個觀察值的平均數。上式可分割成兩部份，即

$$總\,SS = \sum_{i=1}^{2}\sum_{j=1}^{n_i}(y_{ij}-\bar{y})^2$$
$$= \underbrace{n_1\sum_{i=1}(\bar{y}_i-\bar{y})^2}_{SST} + \underbrace{\sum_{i=1}^{2}\sum_{j=1}^{n_i}(y_{ij}-\bar{y}_i)^2}_{SSE}$$

變異數分析是利用 F 統計量作檢定，其應用是基於母體為常態分配的基本假定，並假定各小母體的變異數都相等。事實上，只要母體分配

不呈極端偏斜，不是雙峰分配，不是U型分配，各小母體變異數相去不遠，樣本大小盡可能相等，則 F 檢定的結果會相當合理且有效率的。

變異來源	平方和 SS	自由度 df	變異數 MS	F	決　策
處　　理	SST	$k-1$	MSC	$\dfrac{\text{MSC}}{\text{MSE}}$	當 $F > F_{(1-a,k-1,\Sigma n_i-t)}$ 拒絕 H_0。
誤　　差	SSE	$\displaystyle\sum_{i=1}^{k}n_i-K$	MSE		
總　　和	SS	$\displaystyle\sum_{i=1}^{k}n_i-1$			

$$MSC = \frac{SST}{K-1}$$

$$MSE = \frac{SSE}{\displaystyle\sum_{i=1}^{K}n_i-K}$$

圖7-19　一因子分類變異數分析

㈣相　關

　　僅在表現變數間是否有關係以及相關的方向與程度者，稱為相關分析（analysis of correlation）。

　　存在於自然現象或社會現象間的各種關係，可分為：

　　①因果相關（causation）與共變（covariation）：相關可以是因果的或直接的，例如商品價格與供給量；也可以是共變的或間接的，例如兄弟的身高是繫於父母遺傳。

　　②簡相關（simple correlation）與複相關（multiple correlation）：只測算兩變數的變動關係而不計入其他因素者為簡相關或簡單相關；自

變數在兩個以上，即一個因變數（dependent variable）與多個自變數（independent variable）的相關，稱爲複相關或多元相關。

③直線相關（linear correlation）與非直線相關（nonlinear correlation）：凡兩變數的變動有直線關係者，如自變數 X 變動時，因變數 Y 作比例的或近於比例的變動者，是爲直線相關；又若 X 與 Y 的關係在某一段有比例的變化，到某一數值後，Y 的變化即不與 X 成直線比例，此爲非直線相關。

④正相關（positive correlation）與負相關（negative correlation）：就直線相關而言，X 增加 Y 亦增加，X 減少 Y 亦減少的同方向相關，稱爲正相關；當 X 增加 Y 減少或 X 減少 Y 反而增加的反方向相關，稱爲負相關。

⑤函數關係（functional relationship）、統計關係（statistical relationship）與零相關（zero correlation）：以直線關係爲例，如 X 與 Y 兩變數的變動亦步亦趨的，相關程度最高，相關係數爲＋1 或−1 者，稱爲函數關係或完全相關（perfect correlation）；若 X 與 Y 兩變數各自獨立，渺無關係者，稱爲零相關，相關係數爲 0；相關係數不正好爲＋1、−1 或 0 者，稱爲統計關係，一般社會現象的相關皆爲此種關係。

(五)迴歸

凡是著手研究一組自變數 $X_1, X_2, \cdots X_l$ 和反應值 Y 間的關係時，幾乎都要用到最小平方法。其乃將 Y 看成 $X_1, X_2, \cdots X_k$ 的函數，以數學術語而言，稱 Y 爲因變數（dependent variable），$X_1, X_2, \cdots X_k$ 爲自變數（independent variable）。例如：某實驗者欲推測某海岸高潮的高度 Y 與風向、風速、時間、氣壓等自變數間的函數關係；或某生物學家想研究以某種方法製造之抗生素，其效力 Y 與培養時間、培養器皿、溫度等自變數間的關係等皆屬迴歸問題。

　　有許多不同的數學函數可用來作爲一反應值的模型，即 Y 爲一個或多個自變數之函數的模型。模型分成決定型（deterministic）和機率型（probabilistic）兩種，例如，要決定反應值 Y 和變數 X 間的關係，根據有關資料建議將 Y 和 X 寫成如下的線性關係：

$$Y = \beta_0 + \beta_1 X$$

（其中 β_0 和 β_1 是未知數），這就是一個決定型的數學模型。

四、計量分析

連鎖店總公司
迴歸分析
變異數分析、殘差分析

總公司

迴歸方程式：Y=0.1308X+0.175

	x(每5天)	y(達成率)
⊖　9月25日	1	30.80%
9月30日	2	42.50%
月　5日	3	58.40%
10月10日	4	69.10%

⊖摘要輸出

迴歸統計	
R 的倍數	0.99728267
R 平方	0.99457272
調整的R 平方	0.99185909
標準誤	0.01527743
觀察值個數	4

⊜ANOVA

	自由度	SS	MS	F	顯著值
迴歸	1	0.0855432	0.0855432	366.508997	0.00271733
殘差	2	0.0004668	0.0002334		
總和	3	0.08601			

	係數	標準誤	t 統計	P-值	下限 95%	上限 95%	下限 95%	上限 95%
截距	0.175	0.01871096	9.35280745	0.01123947	0.09449318	0.25550682	0.09449318	0.25550682
X 變數 1	0.1308	0.00683228	19.1444247	0.00271733	0.10140307	0.16019693	0.10140307	0.16019693

⊜殘差輸出

觀察值	預測 Y	殘差
1	0.3058	0.0022
2	0.4366	-0.0116
3	0.5674	0.0166
4	0.6982	-0.0072

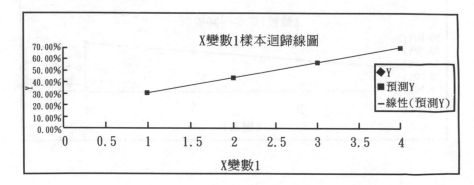

圖7-20

連鎖店A1
迴歸分析
變異數分析、殘差分析

A1

迴歸方程式：Y=0.1446X+0.1955

		x(每5天)	y(達成率)
⊖	9月25日	1	32.40%
	9月30日	2	49.30%
	10月 5日	3	66.10%
	10月10日	4	75.00%

⊖摘要輸出

迴歸統計	
R 的倍數	0.991015534
R 平方	0.98211179
調整的R 平方	0.973167684
標準誤	0.030856118
觀察值個數	4

⊜ANOVA

	自由度	SS	MS	F	顯著值
迴歸	1	0.1045458	0.1045458	109.8054826	0.008984466
殘差	2	0.0019042	0.0009521		
總和	3	0.10645			

	係數	標準誤	t 統計	P-值	下限 95%	上限 95%	下限 95%	上限 95%
截距	0.1955	0.037790872	5.173206917	0.035394394	0.032898889	0.358101111	0.032898889	0.358101111
X 變數 1	0.1446	0.013799275	10.47881113	0.008984466	0.085226469	0.203973531	0.085226469	0.203973531

⊛殘差輸出

觀察值	預測 Y	殘差
1	0.3401	-0.0161
2	0.4847	0.0083
3	0.6293	0.0317
4	0.7739	-0.0239

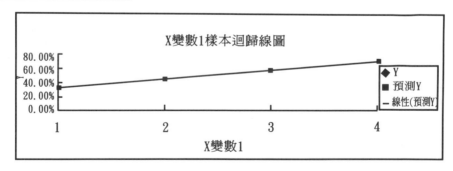

圖7-21

連鎖店A2
迴歸分析
變異數分析

A2

迴歸方程式：Y=0.129X+0.1515

	x(每5天)	y(達成率)
⊖　9月25日	1	29.90%
9月30日	2	38.10%
10月 5日	3	54.00%
10月10日	4	67.60%

⊖摘要輸出

迴歸統計	
R 的倍數	0.992695448
R 平方	0.985444252
調整的 R 平方	0.978166378
標準誤	0.024789111
觀察值個數	4

⊜ANOVA

	自由度	SS	MS	F	顯著值
迴歸	1	0.083205	0.083205	135.4027665	0.0073046
殘差	2	0.001229	0.0006145		
總和	3	0.084434			

	係數	標準誤	t 統計	P-值	下限 95%	上限 95%	下限 95%	上限 95%
截距	0.1515	0.030360336	4.990063357	0.037891596	0.0208699	0.282130073	0.020869927	0.282130073
X 變數 1	0.129	0.011086027	11.63626944	0.007304552	0.0813006	0.176699359	0.081300641	0.176699359

㉕殘差輸出

觀察值	預測 Y	殘差
1	0.2805	0.0185
2	0.4095	-0.0285
3	0.5385	0.0015
4	0.6675	0.0085

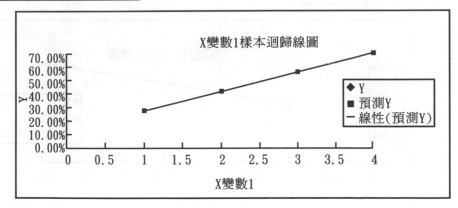

圖7-22

連鎖店A3
迴歸分析
變異數分析

A3

迴歸方程式：Y=0.0981X+0.293

		x(每5天)	y(達成率)
⊖	9月25日	1	39.60%
	9月30日	2	47.60%
	10月 5日	3	59.90%
	10月10日	4	68.20%

⊖摘要輸出

迴歸統計	
R 的倍數	0.99641675
R 平方	0.99284635
調整的 R 平方	0.98926952
標準誤	0.01316624
觀察值個數	4

⊜ANOVA

	自由度	SS	MS	F	顯著值
迴歸	1	0.04811805	0.04811805	277.577444	0.00358325
殘差	2	0.0003467	0.00017335		
總和	3	0.04846475			

	係數	標準誤	t 統計	P-值	下限 95%	上限 95%	下限 95%	上限 95%
截距	0.293	0.01612529	18.1702151	0.00301517	0.22361843	0.36238157	0.22361843	0.36238157
X 變數 1	0.0981	0.00588812	16.6606556	0.00358325	0.07276543	0.12343457	0.07276543	0.12343457

㉓殘差輸出

觀察值	預測 Y	殘差
1	0.3911	0.0049
2	0.4892	-0.0132
3	0.5873	0.0117
4	0.6854	-0.0034

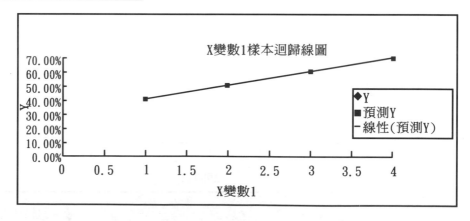

圖7-23

連鎖店A4
迴歸分析
變異數分析

A4

迴歸方程式：Y=0.1708X+0.0165

	x(每5天)	y(達成率)
○ 9月25日	1	19.60%
9月30日	2	33.70%
10月 5日	3	54.50%
10月10日	4	69.60%

㊀摘要輸出

迴歸統計	
R 的倍數	0.997290013
R 平方	0.994587371
調整的 R 平方	0.991881056
標準誤	0.019922349
觀察值個數	4

㊁ANOVA

	自由度	SS	MS	F	顯著值
迴歸	1	0.1458632	0.1458632	367.5061728	0.002709987
殘差	2	0.0007938	0.0003969		
總和	3	0.146657			

	係數	標準誤	t 統計	P-值	下限 95%	上限 95%	下限 95%	上限 95%
截距	0.0165	0.024399795	0.676235187	0.568610865	-0.08848392	0.121483918	-0.08848392	0.121483918
X 變數 1	0.1708	0.008909545	19.17045051	0.002709987	0.132465293	0.209134707	0.132465293	0.209134707

㊃殘差輸出

觀察值	預測 Y	殘差
1	0.1873	0.0087
2	0.4892	-0.0211
3	0.5873	0.0161
4	0.6854	-0.0037

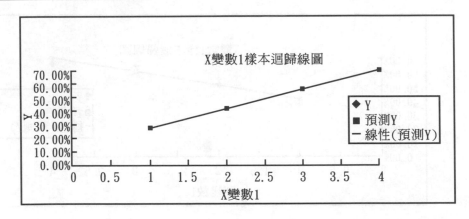

圖7-24

連鎖店A5
迴歸分析
變異數分析

A5

迴歸方程式：Y=0.1045X+0.231

	x（每5天）	y（達成率）
⊖ 9月25日	1	28.70%
9月30日	2	50.10%
10月 5日	3	56.80%
10月10日	4	61.30%

⊖摘要輸出

迴歸統計	
R 的倍數	0.93450635
R 平方	0.87330212
調整的 R 平方	0.80995318
標準誤	0.06293449
觀察值個數	4

⊜ANOVA

	自由度	SS	MS	F	顯著值
迴歸	1	0.05460125	0.05460125	13.7855835	0.06549365
殘差	2	0.0079215	0.00396075		
總和	3	0.06252275			

	係數	標準誤	t 統計	P-值	下限 95%	上限 95%	下限 95%	上限 95%
截距	0.231	0.07707869	2.99693715	0.09563408	-0.1006431	0.56264308	-0.1006431	0.56264308
X 變數 1	0.1045	0.02814516	3.71289423	0.06549365	-0.0165989	0.22559893	-0.0165989	0.22559893

⑭殘差輸出

觀察值	預測 Y	殘差
1	0.3355	-0.0485
2	0.44	0.061
3	0.5445	0.0235
4	0.649	-0.036

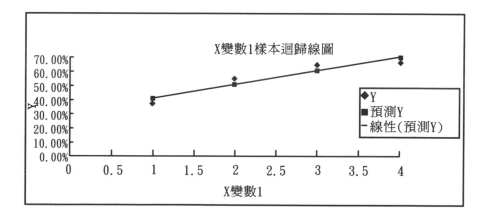

圖7-25

連鎖店A6
迴歸分析
變異數分析

A6

迴歸方程式：Y=0.1133X+0.006

	x(每5天)	y(達成率)
⊖ 9月25日	1	8.50%
9月30日	2	27.70%
10月 5日	3	36.00%
10月10日	4	43.50%

⊖摘要輸出

迴歸統計	
R 的倍數	0.97070653
R 平方	0.94227117
調整的 R 平方	0.91340676
標準誤	0.44341299
觀察值個數	4

⊜ANOVA

	自由度	SS	MS	F	顯著值
迴歸	1	0.06418445	0.06418445	32.6447372	0.02929347
殘差	2	0.0039323	0.00196615		
總和	3	0.06811675			

	係數	標準誤	t 統計	P-值	下限 95%	上限 95%	下限 95%	上限 95%
截距	0.006	0.05430677	0.11048347	0.92211371	-0.2276633	0.23966332	-0.2276633	0.23966332
X 變數 1	0.1133	0.01983003	5.71355731	0.02929347	0.02797822	0.19862178	0.02797822	0.19862178

⊗殘差輸出

觀察值	預測 Y	殘差
1	0.1193	-0.0343
2	0.2326	0.0444
3	0.3459	0.0141
4	0.4592	-0.0242

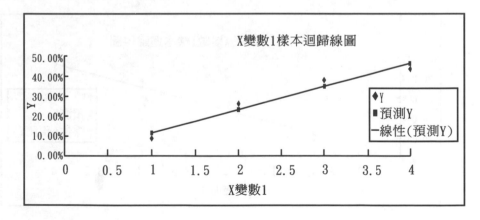

圖7-26

連鎖店A7
迴歸分析
變異數分析

A7

迴歸方程式：Y=0.1675X+0.156

	x(每5天)	y(達成率)
⊖　9月25日	1	33.70%
9月30日	2	47.20%
10月 5日	3	65.60%
10月10日	4	83.40%

⊖摘要輸出

迴歸統計	
R 的倍數	0.99782047
R 平方	0.99564569
調整的 R 平方	0.99346853
標準誤	0.01751428
觀察值個數	4

⊜ANOVA

	自由度	SS	MS	F	顯著值
迴歸	1	0.14028125	0.14028125	457.314588	0.00217953
殘差	2	0.0006135	0.00030675		
總和	3	0.14089475			

	係數	標準誤	t 統計	P-值	下限 95%	上限 95%	下限 95%	上限 95%
截距	0.156	0.02145052	7.27254945	0.01838731	0.06370578	0.24829422	0.06370578	0.24829422
X 變數 1	0.1675	0.00783262	21.384915	0.00217953	0.13379892	0.20120108	0.13379892	0.20120108

㉕殘差輸出

觀察值	預測 Y	殘差
1	0.3235	0.0135
2	0.491	-0.019
3	0.6585	-0.0025
4	0.826	0.008

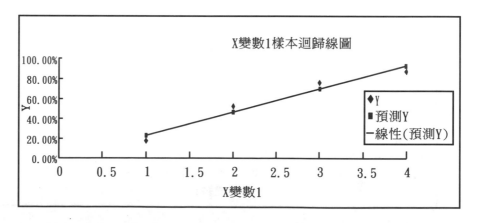

圖7-27

習　題

(一)試說明下列通路的特性：

　　①直營店　　②經銷商　　③代理商　　④批發商

　　⑤直接行銷　⑥自動販賣　⑦無店鋪零售（nostore）

　　⑧百貨公司　⑨專賣店　⑩超級市場　⑪便利店

(二)未來零售業的發展趨勢：請加以說明

　　①新的零售型式　　　　　②零售生命週期縮短　③無店鋪零售

　　④同業間的競爭愈趨劇烈　⑤零售業的兩極化　　⑥巨型的零售商

　　⑦一次購足定義的改變　　⑧垂直行銷系統的成長

　　⑨投資組合的方法　　　　⑩零售技術的日趨重要

　　⑪大型零售商規模經濟

(三)何謂實體配銷（physical distribution），與供應鏈（supply chains）？
　　實體配銷最低成本與決策如何思考（運輸成本，倉儲成本，存貨成本，
　　成本）

(四)何謂垂直行銷系統，水平行銷，多重通路行銷系統？

(五)通路設計決策：

　　①分析顧客需求內容。

　　②建立通路的目標與限制。

　　③確認主要的通路方案：

　　　　A.中間機構的類型。

　　B.中間機構的數目

　　C.通路成員的條件與責任。

④評估主要的通路方案:

　　A.經濟性標準

　　B.控制性標準

　　C.適應性標準。

㈥試比較本章所說明連鎖店、加盟店、批發業、百貨公司。

　　①在行銷通路本質上的差異點。

　　②未來行銷通路特質的轉變。

　　③如何為此四種行銷通路建立經營績效的評估。

第八章　推廣策略(一)：廣告

創意調查就像冰山一樣，要做得好必須通盤瞭解廣告的發展過程和其所處的環境，尤其是要瞭解廣告本身的功能。

Don Cowley（唐考利）

Slay Maker Cowley White

廣告代理商創意總監

廣告代理商在用人時，有時不妨以不同於常規的構想及觀念來採用職員，往往會有意想不到的收穫。

大衛・奧格威

（David Ogilvy）

奧美廣告公司創辦人

第一節　推廣策略

　　本章在目前外面行銷環境、行銷工作內容來講，是最具實戰性，由於牽涉層面在短、中、長期影響與行銷預算費用龐大，推廣策略行銷人員做得好不好，影響企業體經營績效頗大，故希望要學習本章的同學、社會人士必須要有下列基本理念與道德觀點。

　　(1)對於整體行銷效果的評估與建議是否客觀、誠實，避免因沽名釣譽，與利益觀點來對公司建議行銷推廣方案。有些行銷人員由於配合的上、下游廠商以利而誘之，使得行銷人員為使預算空間變得較大，對於市場可行目標虛報，誇大其市場空間以達不法取得不當之財。或由於行銷人員服務的工作理念，並無健全的人生觀為依據，自己在社會上的知名度透過所服務的公司猛打知名度，而忘了組織或公司的存在。

　　(2)做對的事而非只有要求做事，行銷主要的重點在於效果大於效率，事前性大於事後性。不僅著重績效，更講究在合理預算、成本觀念前提下運作，這個利潤中心觀點已經在其它章節說明過，不再重述。但是行銷人員如果理論不夠紮實，方法不夠正確，同樣的結果，必須要付出比別人更高的代價，或結果與所付出的不成比例。都非正確的行銷推廣關係。

　　推廣策略既然有相當重要性內容啟發，故本書特分兩章來說明：㈠為廣告，㈡為促銷、人員銷售、公共報導。

　　希望透過推廣策略㈠、㈡學習，可使讀者瞭解下列相關重點：

　　1.如何進行溝通，有效溝通方式如何進行。

　　2.廣告的分類與策略，廣告的方案與媒體計劃。

　　3.廣告的成本效率分析、收視率、收視成本的探討。

4.臺灣廣告界的目前情形、經營問題，與調整方向。

5.人員推銷之重點與管理。

6.促銷的研擬程序與企劃步驟。

7.公共報導的成敗因素。

並從個案研究思考如何進行廣告與企劃及如何運作。

而在介紹廣告策略、促銷策略、人員銷售、公共報導相關內容前，我們先針對行銷的拉力、推力、組織拉力、推力來做概念性說明，避免讓讀者產生廣告、促銷、銷售是獨立於行銷之外，或另外的管理社會科學領域，其實無論是廣告、促銷、銷售、報導均是在行銷理念下運作，也是涵蓋在行銷理論討論範圍內，我們在第一章已有向讀者提醒避免行銷近視病、行銷遠視病的產生。

一、拉力與推力

㈠行銷的拉力與推力（pull and push）

行銷的拉力與推力，是企業為縮短商品與消費者的心理與實體距離所投入的力量（包括財力及人力）。藉達到消費者對企業及商品的認知、情感認同，並實際發生購買行動以達成企業經營的總目標——業績極大、顧客極大化客層。①拉力是將消費者拉向商品，也就是如何吸引消費者的注意、興趣、欲望。②推力則是將商品推向消費者，即如何推動整個購買行為。③行銷組合策略性思考是指拉、推力的強弱決定於企業所選擇的策略及時機，推力與拉力並行，以推力補充拉力之不足，並結合本身的商品力，行銷力，達成營業目標。

1.從行銷組合來看

　⑴拉力的部份

　　①廣告：

因媒體的高度發展，廣告可快速且廣泛的傳達商品情報，藉由廣告的表現和傳播力，促進消費者在進入店頭門市前的認知、情感認同，甚至產生興趣和慾求，可說是拉力的代表手段。

廣告可分為┌平面：報紙、雜誌、DM、POP
　　　　　└立體：電視、廣播、video、店面陳列、宣傳車

②公共關係：

透過活動及社會參與和消費者溝通，主要為關係與形象的建立，形成下次購買的記憶。

口碑：

③口碑為消費者良性的回饋效果，其基礎是消費者滿意的服務和商品，是企業無形的資產。

(2)推力的部份

①銷售：

包括銷售前、銷售過程、購後的服務項目及態度。

②促銷：

(1)提供產品資訊及促銷情報的廣告。

(2)試吃、展示會等促使消費者直接接觸商品，以產生好感。

(3)直接促進銷售的行銷方式，例如折扣、贈品等。

③通路：

可以縮短商品與消費者的實際距離，決定購買行動的最後關鍵因素。通路的多寡、便利性等除影響原本拉力的效果並直接影響購買行動。

2.從消費者購買決策過程來看——

拉力的影響主要在購買決策的前段,推力的影響主要在決策的後段,但兩者有回饋作用（feedback）與互補作用，影響下一次購買決策過程。

圖8-1　消費者購買決策

3.例如屬於無重覆購買率，但單價高，且受社會習俗影響較大，購買決策過程較複雜之商品，除口味，包裝等本身問題外，公司形象，折扣，口碑，配送服務，銷售員的專業性，及服務態度等均會影響購買行為。另商品的購買沒有明顯的季節分布，即不受天氣，經濟發展，政治因素的影響，市場的大小是各家占比多寡的問題，故拉力及推力的持續性，整合性，就更顯重要。

㈡組織的拉力與推力（組織力）

　以公司組織的特性及營業目的來看，影響業績達成主要因素為來客數及成交率：

　⑴拉力——吸引來客以增加來客數

　　包括：①廣告（電視、平面媒體的運用）

　　　　　②SP 訊息告知(折扣辦法，贈品的誘因，如何與競爭者產生區隔，擁有獨特的銷售賣點)

　　　　　③門市海報／POP 陳列／DM

　　　　　④口碑（知名度及企業形象……）

　　〈藉助的手段為廣告訴求及商品力。〉

　⑵推力——促進一次成交或跟催成交以提高成交率：

包括：①折扣辦法／定價

②贈品

以贈品代替現金折扣，可增加業績，並避免價格折扣混亂。

③接單彈性／主管彈性

針對區域特性及特殊大宗訂單的彈性空間。

④特殊品項促銷

因競爭優勢或利潤的考量或介紹新產品，針對特定品項設計的促銷辦法。

⑤服務（態度、話術及資訊提供……）

〈藉助的手段為銷售人員的競賽獎勵，話術訓練等〉

二、構想創造力

新構想產生的方法在新產品構想中有提到，共有 15 種方式：①堆積，②增加，③組織，④連接，⑤組合，⑥分離，⑦去除，⑧定焦點，⑨倒轉，⑩移動，⑪取代，⑫擴展，⑬繞行，⑭遊戲，⑮回歸根本，但產生新構想必須要注意 A 創意人的特質為何？ B 創造力的障礙為何？

㈠有創造力者的特質

1.勇氣，對未知充滿好奇，不畏懼新的挑戰，勇於冒失敗的風險。

2.表達性，忠於自己，能夠表達自己的想法及感受。

3.幽默感，當我們做一種奇特、難以預期及不調和的組合時，總少不了幽默感。一種新而有用的組合便產生創造力。

4.直覺，直覺為個性的一部份。

5.能由雜亂中理出頭緒。

6.能發掘不尋常的問題及解答。

7.能創造新的組合，向傳統挑戰。

8.能不斷嘗試並判斷自己的構想。

9.有超越競爭的企圖心。

10.受到工作或任務所驅策，而不受外在的獎勵，如金錢、升遷所惑。

㈡創造力的障礙

1.標準答案：我們習慣遵循「標準答案」，很少有機會思考其他的應變方法。

2.不合邏輯：太早應用邏輯，使許多突破性的意見沒有機會產生

3.遵守規則：規則是很重要，但有時也該留點空間，讓不守規則的意見有發揮的機會。

4.實事求是：實事求是具有批判性，過早批判會扼殺思想。許多愚蠢的想法都有機會成大器，不應過早定論。

5.避免含糊籠統：當觀念或事實含糊不清時，思考更加吃力，也許能產生新的組合或型態，造就創意及新發現。

6.不該犯錯：害怕犯錯，就不敢冒險。唯有進入經常可能失敗的未知空間，才能產生創造力。

7.玩樂是輕浮的：打破事物或思路的原有秩序，是創造力的基本程序。

8.不干我的事：許多偉大的發明，常發生在對新領域的探索。

9.別傻了：不要怕作傻子，這是暫時的。你自然會再找回邏輯。

10.我沒有創造力：你怎麼知道呢？你的創造力與生俱來,取之不盡。

第二節　溝通的意義及有效的溝通步驟

一、溝通（communication）

現代行銷的任務不僅是研發優良的產品、訂定具有競爭力、吸引力價格水準，建立有效果、效率的行銷通路，讓顧客可以接觸到所提供的產品與服務。同時必須與現有或潛在的顧客進行溝通。這是很重要且慎重的事，公司必須聘請志同道合相同理念的廣告公司製作吸引人的廣告，僱用專業人員的銷售促銷計劃來實施促銷活動，委託公關公司或設立公關部門來塑造公司產品形象。本身也透過訓練專長的業務人員接近顧客達到直接推廣目的。其公司思考溝通的重點在「要溝通什麼」、「要與誰溝通」、「溝通的次數」。

而行銷溝通組合（促銷組合），有下列四種工具：

①廣告(advertising)：由客戶以付費的方式，藉各種傳播媒體將他們的理念、產品、服務、促銷方式以立體／平面的表達方式從事溝通的活動。

②促銷(sales promotion)：提供購買誘因，以鼓勵消費者購買其產品或服務。而能與競爭對手有差別的行銷活動。

③人員推銷（personal selling)：由公司訓練銷售人員向一個或一個以上的潛在購買者或組織做產品說明與服務以達成銷售目的。

④公共關係（public relations)：透過特定部門設計各種不同的計劃，以改進、維護、保護公司的產品、形象、異常危機狀況。

二、有效的溝通步驟

㈠確認溝通目標對象

　　行銷人員必須透過有效的工具來瞭解誰是目標消費者、潛在使用者、目前的使用者、決定者、影響者，參考群體在統計的多變量分析經常透過「判別分析」（discrimination analysis）來判斷是否爲目標市場的消費者，喜歡與否，會不會購買等區別問題。

　　除此之外，公司必須透過某些研究方法來瞭解目前消費者對於公司產品知覺（perception）與偏好（preference），而經常運用下列統計方法來解決：

1.多元尺度分析法（multi-dimensional scaling）

　　運用因素分析（factor analysis）找出重要性、顯著性變數來做爲解釋消費者認知因素。例如以價格、品質來做爲汽車市場定位之主要因素。

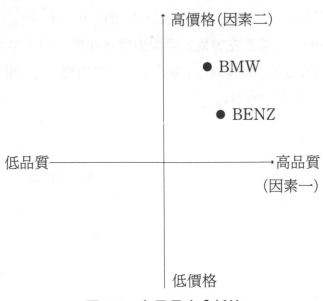

圖8-2　多元尺度分析法

從而可得知 BMW 在消費者心目中的認知爲高品質高價格。

2.語意差別量表法（semantic differential）配合偏好量表法（favorability scale）來做爲偏好衡量基礎

(1)語意差別量表係努力找到一對稱性屬性，例如「熟悉—不熟悉」，「喜歡—不喜歡」，「知道—不知道」，「專業化—多元化」，「設備老舊—設備現代化」，「小規模—大規模」。

(2)量表法係將如喜歡—不喜歡用區間、不同程度輕重再將其較細分化衡量消費者偏好程度如：

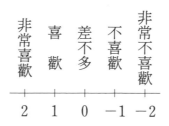

再將每一區間賦予不同權數分數，如 +2, +1, 0, -1, -2。

此步驟的主要重點在尋找公司與消費者在需求與供給之間可能缺口:「如何種策略可加以彌補」,「需花多少時間與成本」,「用那一種方式來執行，會產生多少貢獻。」

(二)瞭解消費者訊息傳送過程

如果目標市場確立後，行銷人員必須要瞭解消費者訊息傳送過程，來將有效的訊息傳入消費者心中、改變消費者態度，使消費者採取購買行動: 效果層級模式（hierarchy of effects model）顯示購買者歷經知曉(awareness)，瞭解(knowledge)，喜歡(liking)，偏好(preference)，信服（conviction）與購買（purchase）等階段。

①知曉: 如果消費者不清楚行銷公司目標物，則可以用簡單的訊息

提供給消費者瞭解。溝通任務就是建立知曉。

②瞭解：除使消費者有聽過知曉外,更與其溝通產品或服務的內容,
使消費者更瞭解訊息內容。

③喜歡：使消費者建立好感度, 可透過某些社會活動、公益活動來
增加好感度, 達到使消費者喜歡的目的。

④偏好：從喜歡的興趣導引到偏好的認知, 逐漸有定位的溝通。

⑤信服：當有偏好的認知後, 透過口碑、證據、有利報導使消費者
能對公司產品產生信服。

⑥購買：當消費者實際付出購買行動時, 效果層級模式即告完成。

㈢設計訊息

要設計有效的訊息必須解決下列問題：

(1)訊息內容 (message content)：行銷人員必須在下列重點思考訊
息內容：①訴求 (appeal)、②主題 (theme)、③觀念 (idea)、
④銷售主張 (unique selling proposition, USP)。

(2)訊息結構 (message structure)：行銷人員可採用下列方式來表
達溝通訊息：

①先入效果 (primacy effect)：直接在開始就把想表達的訊息在
正面論點上直接說明出來。

②漸進表達方式(climactic presentation)：用感性、間接問候語
句先切入再將想溝通的訊息表達。

③嶄新方式 (recency effect) 先對負面的觀點加以陳述, 解除消
費者心理武裝後, 再以強調的語氣切入正題。

(3)訊息格式 (message format)

①在 D/M 中溝通者要注意標題、文案、顏色。

②在收音機中要注意用詞、音質、發聲。

　③在人員態度中要注意表情、手勢、服飾、肢體。

　④在廣告中要注意行銷主題、音樂、氣氛。

(4)訊息來源（message source）

　　溝通訊息必須考慮到訊息來源的專業性（expertise）、信賴程度（trust worthiness）與受人喜愛程度（likability）。

(四)溝通策略、創意思考與構思

　　溝通策略指與消費者之間的溝通有效方法，在行銷人員確定溝通對象與訊息傳達方式、如何設計訊息方式後必須確實與消費者進行溝通下列 8 個要點，是行銷人員必須很清楚能與消費者進行溝通的要點：

1. segmentation（精確地）根據消費者行為與產品需求進行區隔
2. 根據消費者購買誘因（TBI）提供一個具有競爭力的利基點
3. 確認目前消費者如何在心中進行品牌定位
4. 建立一個突出、整體的品牌個性，以使消費者能夠區別本品牌與競爭品牌之別
5. 確立真實而清楚的理由來說服消費者相信我們品牌提供的利基點
6. 發掘關鍵接觸點瞭解如何才能更有效率接觸消費者
7. 為策略的失敗或成功建立一套責任評估準則
8. 確認未來市調與研究的需要，以後做為策略修正的參考

　　而針對溝通策略提出後，行銷人員必須針對溝通架構進行創意性思考，下列為創意性思考應把握之要點

　　而其中針對各種創意性思考過程中各種要素組合後產生新構想的方式如下：

1. 準確地抓住問題關鍵
2. 在思考放鬆、再思考過程中產生創造

```
   ┌──→ 關係要素組合
   │     與不同想法接觸
   └──→ 從不同角度觀察
```

3.只有將產生的主意付諸實施才是眞正的主意

4.平時以有意識地發現問題的意識搜集資料

5.以不受既成概念與框框束縛爲創意基礎

6.平時練成柔韌性和集中注意力的能力

7.重要的是解決問題的積極願望

　　(1)興趣與願望

　　(2)有份狂熱力

　　(3)把自己推上非做不可的立場

(五)從各種不同溝通方式特質、選擇溝通方法

　①廣告：主要特質：公眾表達（public presentation），普及性（pervasiveness），誇張效果（amplified expressiveness），非人格化（impersonality），獨白（monologue）

　②促銷：獲得注意溝通（communication），誘因（incentive），邀請（invitation）

　③人員推銷：面對面（personal confrontation），人際關係培養（cultivation），反應（response）

　④公共關係：高可信度（high credibility），解除防衛（off-guard），戲劇化（dramatization）

(六)從各種不同的溝通組合走向整合性行銷溝通

　　整合性行銷溝通（integrated marketing communication），此溝通

觀念要求：

　　①指派一名行銷主管，負責公司的說服性溝通工作

　　②建立一套規範，使得各種促銷工具能扮演其角色與範圍

　　③將促銷經費分別依產品、促銷工具、產品生命週期、階段、獲得
　　　成效的詳細記錄分析，以作爲將來運用時參考

　　④當舉辦促銷活動時，必需加以協調活動內容與時機

第三節　廣　告

一、廣告意義

　　什麼是廣告：廣告是公司用來說服目標市場的消費者與公眾的訊息傳達工具之一，可將其定義爲：「在標示有資助者的名稱並透過有償媒體（paid media）從事的各種非人員或單向形式的溝通。

　　1937 年負責可口可樂廣告麥肯廣告公司（McCann Erickson）的創造人員跑到義大利山頭，聘請了數百個不同國籍的年輕人，以眞誠友愛及悅耳動聽的旋律唱出和平之歌：

　　　我要教世人唱歌

　　　　　　唱出完美和諧

　　　我要爲世人建造家園

　　　　　　　並用愛來佈置

　　　我要爲世人買瓶可口可樂

　　　　　　　　然後結伴爲朋

　　這首歌曲之廣告使可口可樂產品暢銷世界各地。

　　在執行廣告溝通時，必須要先 check 廣告 5M 決策：

①廣告的目標為何（使命，mission）

②廣告能花費多少支出（金錢，money）

③應傳達何種訊息（訊息，message）

④該使用何種媒體（媒體，media）

⑤廣告效果如何評估（衡量，measurement）

廣告乘數效果：

廣告成功之關鍵，在於以最少廣告投資產生最大的銷售金額。主要的原因在於能對市場上的顧客及潛在顧客傳播銷售資訊。這些資訊的目標則是產生在態度上或行為上能夠使購買態度可改變，從而導致購買所廣告的品牌，而使廣告主有額外增加的銷售。

廣告不一定能做什麼

①廣告在無一定的組織力或行銷推力的搭配，不一定能產生效果。

②廣告量佔有率不一定等於市場佔有率。好的行銷策略、行銷組織，廣告量佔有率可能是市場佔有率的½～⅔。不好的行銷策略、行銷組織，廣告量佔有率可能是市場佔有率的 1.5～2 倍。

二、廣告流程

廣告首先考慮的是消費者（consumers）。基本目的向消費者傳播（communication）相關的產品、服務或意念。廣告主還必須在某些限制條件下（constraints）下運作，例如政府法規，它們有時限制廣告可以說什麼，什麼不可以說，其次是創意（creative）。

工作要開始籌備廣告，也就是針對某產品或服務的適當目標群，規劃及撰寫報告、廣告內容。還必須選擇適當的媒體（channels），以確使這些目標消費群能接受到這些創意廣告訊息。這一完整的流程得經歷一段時間，稱之為廣告活動（campaign）。

希望同學與讀者在學習廣告內容時，多注意日常生活息息相關的事

項、媒體有接觸過的內容加以串聯思考，將使內容更加瞭解、興趣更加提高。

三、廣告目標的設定

廣告是行銷策略中促銷方式的一環，故在擬定廣告目標時應確保其能支援行銷目標，要與行銷目標有系統性、一致性的關聯，如圖 8-3。若此，將可使整個廣告方案決策與執行的前提目標能與公司實際經營之需、未來方向結合，這樣的廣告目標才有意義性。

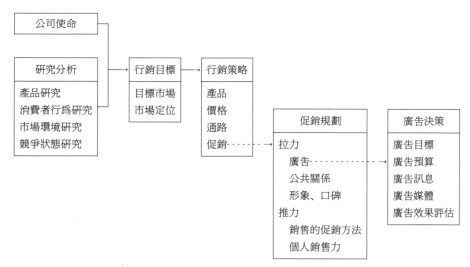

圖8-3　廣告目標的設定

設定廣告目標有助於企業進行廣告效果性的評估，而對後續的廣告方案的執行有調整、事中、事後控制的效益存在。廣告目標的設定可從不同的角度切入，其可以從廣告展現、傳達給消費者的類型切入，或是由廣告創意、訴求、創意上需要予以切入，或是產品在廣告中呈現類型。

㈠依廣告展現、傳達給消費者用意的類型設定

廣告展現用意的類型大致可分為五種：

(1)告知性廣告（informative advertising）

此類型廣告主要用意在「建立消費者的基本需求」。由此延伸出的可能廣告目標為：告訴消費者市場有新產品出現、或是提出產品的新用途、教育消費者如何使用產品、或更正消費者既有的刻板、錯誤印象等等。

例如：最佳女主角的瘦身廣告，告知消費者提供瘦身的相關功能服務的廣告即是一例。

(2)說服性廣告（persuasive advertising）

這類型廣告主要訴求在「建立特定品牌的選擇性需求」。在市場競爭較劇烈的行業中，企業要樹立消費者對其品牌鮮明、偏好的印象時，可選擇此類型的廣告。

由此發展出來的廣告目標可能有下列用意：建立顧客對其品牌的偏好、改變顧客對其產品的屬性認知、或是說服消費者立即購買、或是建議消費者轉用本公司品牌等等。

例如：歌林家電推出的「心動不如馬上行動」的廣告。競爭戰國化的洗髮精業者推出的廣告多屬此類。

(3)提醒性廣告（reminder advertising）

這類型廣告主要在恢復消費者對該品牌的認知印象，需要時能聯想到該品牌，維持品牌較高的知曉程度。

由此形成的可能廣告目標：提醒消費者購買該產品的通路所在、季節性產品在淡季上廣告使消費者記得該品牌的產品，或不久的未來可能需要該產品等等。

例如：①冬季末端上冷氣廣告、②義美冬季上冰棒廣告。

⑷**比較性廣告**（comparison advertising）

此類廣告主要是要在消費者心中「建立自己品牌的專長性、優越性」，其手法是藉由自己品牌與其他同業品牌某特定項目比較來突顯自己品牌之優異處。

例如： 維力清香油針對油的穩定度於電視媒體或報紙上， 與競爭品牌直接明顯比較的廣告即是。

⑸**增強性廣告**（reinforcement advertising）

這類廣告的主要用意在讓消費者確信自己做了正確的選擇， 無形中要建立消費者對該品牌形成忠誠度。

例如： ①信義房屋仲介的廣告方式透過客戶受服務後的證言。

②媚登峯美容瘦身的廣告亦藉由瘦身成功者的心境訴說及直接外在變化來作為產品見證 Trust me, You can make it 廣告。

㈡自目標市場消費者需求切入

廣告目標亦可以涵蓋到產品在廣告中所表現的方式。如依目標群內消費者生活方式、 潛在消費者生活型態、 個性、 心理狀態等特徵來加以區隔。

㈢自創意方向切入

廣告目標亦可自創意要求、特別的創意需要，如色澤、聲音、地點、動作表現等組合、 限制方面來切入。對後續廣告方案的訊息呈現手法有密集的關聯性影響。

愈能規範出明確廣告的目標， 則企業愈能掌握如何在有限的資源與預算下來推動廣告計劃、 愈能切入廣告訊息呈現的核心關鍵、 愈能有效地選擇安排廣告媒體類型。廣告目標愈明確， 則在效果評估分析上將愈

能具有行動回饋、修正效益。

四、廣告目標設定效果思考

廣告目標正確與否深遠影響日後廣告效果的問題，奧美廣告公司創辦人大衛‧奧格威曾認爲好的廣告目標應能包括下列重點，而達到 3S，即 strategy（策略）、simple（單純）、speed（速度）以面對行銷挑戰：

⑴你是否正持續創造全國最優秀的廣告？

⑵你的廣告，不管是在公司內部或外界，是否都被公認爲是傑出的廣告？

⑶面對新的廣告客戶，你是否能當場提出至少四個能令對方震撼而心動的宣傳構想？

⑷你是否能停止過度依賴電視廣告影片？

⑸你是否能夠不再過度利用商業廣告歌曲來傳達銷售重點？

⑹你所創造的電視廣告，是否皆在一開始即採用強烈的視覺訴求？

⑺你是否已逐漸不再用卡通式的廣告來宣傳成人用品？

⑻你是否在創作的電視廣告片中重複好幾次品牌名稱？

⑼你是否已停止利用名人作電視廣告？

⑽你是否列有一張其他廣告公司的優秀創意人員名單，以備有朝一日雇用他們？

⑾你所設計的廣告宣傳活動，是否都依據統一的「定位」策略來執行？

⑿你所設計的廣告宣傳活動是否向消費者承諾一個經調查測試過的利益點？

⒀你是否在廣告影片中以字幕打出至少兩次的商品優點？

⒁在過去的半年裏，你是否至少構想出三個大創意？

⒂你是否一向都使產品成爲廣告片中的主角？

⒃今年，你是否希望比其他廣告代理商贏得更多創意獎？

⒄你是否使用下列的創意技巧來促銷產品：問題解決法、表現幽默、利

用與廣告有關的人物、生活片段手法？

(18)你是否避免利用言之無物的生活型態來作廣告表現？

(19)你部門的人是否樂意在夜晚或週末加班？

(20)你是否擅長在廣告宣傳活動中增添新聞性的消息？

(21)你是否經常在廣告中表現正在被使用的產品？

(22)你府上是否蒐集著一些極具魅力的電視廣告影片？

(23)你是否都以包裝好的產品作為廣告影片的結尾？

(24)你是否已停止使用陳腔濫調的視覺畫面？譬如夕陽西下，一家人快樂地吃晚餐？

(25)你設計的平面廣告的畫面，是否具有故事性的訴求力量？

(26)你是否已逐漸淘汰平面廣告上廣告化的版面設計，而改採類似雜誌內文的編輯方式？

(27)你是否有時候會使用視覺對比的表現手法？

(28)你的宣傳標語中是否都帶有品牌名稱與利益承諾點？

(29)你的廣告畫面是否都是用照片？

(30)你的英文稿是否已經不再使用左右兩邊不整齊的字體來編排？

(31)你是否設法使文案中的每一行都不超過四十個字？

(32)你是否已經不再採用小於十級及大於十二級的字體？

(指英文稿，中文則為十級與二十級)

(33)在你通過一篇稿子之前，你是否將之貼在報紙或雜誌上實地感覺一下？

(34)在你的英文稿的文案字體中，是否已經停止使用方體字？

(35)你是否不曾對妻子撒過謊？

五、廣告訊息的決定

當廣告主對產品進行整體分析後，設定了與企業經營發展規劃、市場競爭狀況、產品生命週期狀態相映的廣告目標與方向後；也清晰界定

我們主要訴求的目標市場的消費者輪廓時，接下來便是決定該向訴求的對象「說什麼」、「怎麼說」，讓企業藉由有效的廣告傳達訊息予目標消費者，使目標消費者接收該訊息後由認知、印象、產生興趣、引發動機、產生購買行動。

　　無疑地，一個好的創造力策略對廣告與否具有重要性影響，而廣告主經由三個步驟來決定其創造力策略（creative strategy）訊息的產生、訊息評估與選擇、訊息推行。

㈠ 訊息產生的方式有二種：一爲歸納法，一爲演繹法

(1)人員的靈感往往得自於消費者、經銷商、專家、以及競爭者，並加以「歸納」（inductively）而得。這其中消費者是最主要的良好創意之來源，他們對於現有品牌的優點與缺點之感受，乃是創造力策略的重要線索。行銷人員必須經常深入瞭解顧客需求與想法轉變的趨勢。

(2)有些具有創造力的人則使用演繹法（deductive）的架構來產生廣告訊息。Maloney 曾提出一個分析架構：

產品使用之可能的報償經驗之型態	可能的報償之型態			
	理性的	感官的	社會的	自我滿足
使用結果的經驗	1.使衣服更潔白	2.徹底消除胃部之不適感	3.當你重視享受最佳的服務時	4.給你渴望所擁有的肌膚
使用中的經驗	5.不須篩選的麵粉	6.享受真正清涼啤酒的風味	7.保證被社會所接受的除臭劑	8.年輕主管所經營的商店
偶然使用的經驗	9.使香烟永保清新的塑膠盒	10.輕便的手提式電視機	11.能表現現代化家庭的傢俱	12.專爲知音者設計的音響

資料來源：摘自 John C. Maloney, "Marketing Decisions and Attitude Research," in *Effective Marketing Coordination*, ed. George L. Baker, Jr. (Chicago: American Marketing Association, 1961) pp. 595-618.

圖8-4　十二種廣告訴求的範例

　　無論是歸納法或演繹法都必須在創意上與行銷的問題與需要息息相關結合在一起。

(二) 訊息的考量與評估──説什麼

(1)訊息的基本考量因素

　　①此產業產品的共通屬性。例如，洗衣粉對布料的洗淨能力。

　　②該產品的本身特性。例如，該洗衣粉的「漂白」洗淨力特強、或是「快速」洗淨力。

　　③產品所屬生命週期的階段爲何。

　　　當產品處於產品生命週期初期時，爲一新產品。廣告內容應著重於產品可滿足消費者的需求方面。當處於產品生命週期的中期階段時,應將產品功能特性凸顯出有別於其他品牌產品之處。到了末期階段，則應以產品的附加價值、新功能喚起消費者新的需求。例如最近推出的中國信託信用卡。

　　④消費者對產品關心、參與度的高低。

　　　若是高度參與關心的類型，則廣告傳達的內容須具專業性知識的內容、加強和目標消費者現有需求相稱的產品特性說明⋯⋯等。關於此方面，日本的柏木重秋有分析如圖 8-5。

　　⑤產品對消費者的功用性。

　　⑥同業其他競爭品牌產品特性、差異點。

　　⑦公司的市場定位、形象。

　　⑧品牌。

接受者 ＼ 效果		喚起注目	傳　達	說　服	事　後
對關心度高的階層訴求法	善意者	• 高潮型 (climax) • 提示商品型 • 懸疑型 (teaser) (掩蓋商品特性)	• 提示商品類 • 列舉特徵型 • 產品 • 論理訴求	• 直接說服 • 一面的說服 • 證言型 • 聽任結論型 • 肯定接近型 • 說服型 (reason-why)	• 意見領袖型 (opinion leader) • 論理的訴求
	抵抗者	• 懸疑型 (掩蓋商品特性)	• 諷刺型 (parody) • 情緒訴求	• 間接說服 • 證實型 • 兩面的說服 • 挑戰的 • 否定接近型 • 深層訴求	• 明示結論型 • 睡眠效果 (sleeper effect)
對關心度低的階層訴求法		• 懸疑型 (掩蓋商品特性) • 提供節目型 • 逆高潮型	• 提示商品使用狀況型 • 強調單一特徵 • 映像 (image) 訴求	• 直接說服 • 恐怖訴求 • 威望型 • 誇張訴求 • 明示結論型	• 利用口頭傳播 • 廣告歌型 (CM song)

資料來源：柏木重秋著《廣告機能論》p. 99。

圖8-5　廣告傳達

　　針對以上幾項要點瞭解權衡後，對於廣告傳達內容要傳達什麼較有實際性、重點性的獨特展現。

　　(2)訊息的評估準則

　　好的廣告是能切合目標消費者的需求、重點式且集中性地表達，而不提供過於廣泛的產品訊息削弱注意力。於是在決定廣告傳達的內容時Twedt曾提出三項評估準則供廣告主拿捏：①意願性（desirability），即傳達的內容應將產品所具備的特性、功能表達；且其表達的是能切合目標消費者的需求。②獨特性（exclusiveness），傳達的內容應該凸顯此產品優於其他品牌產品之效能或是此產品獨具的功能。③可信性（believability）即是傳達的內容須是誠實可驗證，不杜撰虛擬產品的特性。

(三) 訊息的表現方式——怎麼說

　　廣告企劃人員在明瞭廣告的目標、訴求的對象、敲定傳達的內容時，依此基礎輔以各種表現管道（動態立體的電視、廣播電臺，靜態平面的看板、報紙、雜誌……等）的效果、特色，建立一有效傳達訊息的風格、聲調、語句、格式、主題。並考量是以理性直接地訴求說明產品功能、效益，或是以感性間接地情境式訴求來傳達。

　　(1)電視廣告訊息表現的方式

　　　①科學證據證明型式

　　　　此是提出調查結果或科學實驗證據，證明該品牌優於其他品牌。例如：好自在超薄衛生棉實證說明其吸收力。純潔衛生紙以實際火化衛生紙過程，強調其紙漿之優。

　　　②證言（testimonial evidence）型式

　　　　此是藉由一些較可靠、受信賴的人物為產品作見證。例如：信義房屋仲介公司藉由其顧客生活化實際地說明受信義仲介服務

的感受，來傳達信義仲介誠信、週到、提供顧客完善服務的形象。

③個性的象徵（personality symbol）型式

此即在創造個性化的特徵。例如：奇濛子飲料爲掌握青少年叛逆期、尊重其自我主張的年輕消費群，用「只要我喜歡有什麼不可以」的個性明顯訴求性飲料。

④技術專家推薦型式

此是藉由該產品製造技術上或研究上的專家引薦來支持該產品特性、功效之實證。例如：普騰電視廠商曾聘邀科技專家黑幼龍爲其產品作推薦。

⑤生活片段與產品結合的型式

此是表現消費者在日常生活中使用該產品的情景。例如：黑松烏龍茶以爲家中每一張嘴解渴的訴求，運用幽默的生活片段來表達。

⑥氣氛或形象的型式

此乃是喚起對產品的美、愛或安詳的感覺。例如：福特汽車推出新款 Liata 用張學友「你愛她」歌曲來烘托輝映其新款車名，兼以溫馨婚禮相稱。

⑦名人推薦型式

此是藉由消費者普遍欣賞的名人來推薦產品，使消費者與產品間距離縮短。此方式的廣告易留下深刻的印象，形成對產品或企業信賴、親切之感。例如：張小燕推薦歌林電器。或是白蘭洗衣粉廣告中的蔡琴、楊德昌夫婦。或是賴聲川、丁乃竺夫婦搭配廣告的龍鳳珍饌水餃。

⑧音樂型式

這是藉由一個人或眾人或卡通人物唱著與產品有關聯的歌曲爲

主。例如：可口可樂世界一家廣告片中世界各族齊聚合唱的溫馨融合畫面。或是金蜜蜂多瓜露廣告片中白冰冰唱著與產品相映的歌曲。

⑨新奇幻想、虛構故事的型式

在創造與產品本身或其用法相關的新奇、虛構的故事。例如：國際牌冷氣推出一大一小分離式冷氣且凸顯可隨環境空間、人數自動調整溫度特性的廣告片即是。片中鄧智鴻擔心其2位胖瘦兒子媳婦居住的冷氣問題，而分離式機動調溫的冷氣解決其困擾。

(2)廣播電臺表現型式

①直接型式

即播音員直接將廣告的旁白或主體詞唸臺，此是電臺最基本的表現形態。

②對話型式

即是將日常生活對話轉移為廣告詞的方式表達，此方式較上述直接式效果較佳。

③訪問型式

即是依照一定的主題，將消費者錄下導入廣告片中。

(3)平面文案的表現型式

①對話型式

②漫畫型式

③象徵人物型式

④證明型式

⑤宣言型式

⑥質疑答問型式

⑦記事型式

⑧調理食譜型式

⑨連環圖型式

⑩命令型式

⑪斷定型式

⑫譬喻型式

⑬新聞型式

⑭商品名型式

⑮暗示型式

⑯經濟型式

⑰感情型式（內心訴求）

六、廣告預算的設定

廣告預算因經營方向、產業、產品類別、產品生命週期的不同而有不同的廣告經費需求。例如，消費性產品的廣告預算往往比工業性產品為多。在本小節將介紹企業間對於廣告預算的提列方法，及廣告預算在會計上的處理方式。

㈠廣告預算提列的方法

⑴銷售百分比法（percentage-of-sales method）

此法是企業依該年的目標銷售額為基準，提列某一固定百分比作為廣告預算基礎。並非以潛在的市場機會為著眼點，且忽略環境的動態性影響因素，而且無法提供較合理的、最適的提列百分比。

企業界基於提列方法的便易性，大多企業多採此方法提列廣告預算。

⑵競爭對等法（competitive-parity method）

此法是以達到與其主要競爭對手較勁為基礎的一種廣告預算提列方式。此法較少運用或是具市場行銷策略的企業能因競爭者投注的廣告經

費而洞悉對手行銷策略意向，併入自己企業決策的考量點。輔以對競爭企業的資源、形象、市場機會、地位、目標各有基本瞭解度，則企業反而可掌握同業脈動、防患未然。

(3)目標任務法 (objective-and-task method)

目標任務法要求行銷人員根據特定的目標來發展促銷預算，即決定達成這些目標所必須完成的任務，再估計執行這些任務所需的成本，而這些成本的加總即可視為促銷預算。

(4)市場佔有率法

廣告主明確地訂定預期的市場佔有率，而廣告量投資的多寡則取決於市場佔有率的高低，此方法尤其適用於新產品上市與市場競爭劇烈時。廣告主此時會收集類似產品（含競爭品牌在內）上市時，市場佔有率 (SOM, share of marketing)、廣告量佔有率 (SOV) 及整個市場媒體投資量等相關資料，來幫助其編列年度廣告預算。

(5)最低廣告量法

廣告投資的重點在維持一定品牌知名度，簡言之，就是維持基本 GRP (gross rating point)，對成熟期的商品常態性需求而言，這是相當常採用的方法。

(6)隨心所欲法

廣告主對商品廣告預算的編列，取決於個人直覺、經驗判斷，較不參考市場資料。

(二)廣告預算認列方式

一般企業多將發生的廣告預算提列為當期的費用，而忽略廣告具有遞延性。基於該廣告效果會延續一段時間（即是廣告的效果持續一段期間）。故有些企業將廣告預算視為一種「投資」觀點處理之，而逐期提列。

㈢廣告預算提列與產品生命週期的關係

⑴產品爲新上市，且產品競爭激烈的產業時

　　此階段的廣告預算常需投注較多經費購買相當多廣告量，以建立品牌的知名度並激發別品牌消費者轉移。此可由去年成人洗髮精市場中花王 Sifone 伊佳伊名字改爲絲逸歡時，廣告預算去年八個月內已投注5,300 萬元的預算可印證。

⑵成長階段的產品

　　此階段的廣告預算可減少些，透過口碑、形象即可建立消費者需求。

⑶成熟階段的產品

　　當商品進入成熟期，廣告的投資著眼點可能在於保持品牌知名度及提醒消費者再次購買。廣告量就不似導入期及成長期般積極，此時廠商對商品的期望在於回饋而非付出。

　　當然，也有例外，一切端視商品本身策略及內外在環境是否有所變更而有所不同。例如，嬌生嬰兒油，產品位於成熟期，以往的定位所強調的是「多樣用途」——卸妝及保養；但由於此方法無法增加使用量，再加上臺灣冬季愈來愈不冷的趨勢，嬌生遂在三年前決定以教導消費者新的使用方法「油和水——全身保養」，來增加使用量，並藉此新使用方法減少嬰兒油使用後的油膩感。爲了「上市」此一新方法，廣告量投資也較以往高。

⑷衰退階段的產品

　　廣告主可決定漸漸減少廣告預算。將資源轉移至新產品或有潛力的產品上。

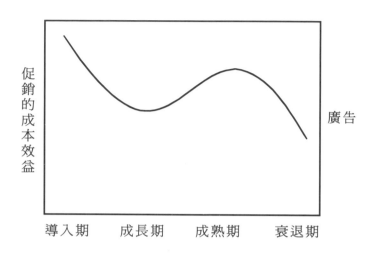

圖8-6　產品生命週期各階段

七、廣告媒體的決定

在廣告的目標、訊息、預算決定後，廣告主需決定廣告藉由何種主要的媒體型態（type of media）、媒體工具（vehicle）、時機，將廣告訊息有效地傳達給市場的目標群。

(一)媒體的評價指標

選擇媒體的目的，在於尋求一最符合成本效益的媒體，以傳達所預期總閱聽率給目標閱聽眾。而總閱聽率之高低則受到達率、頻率與效果影響。

(1)到達率（reach）

是指在某一特定期間內，廣告傳達到目標市場的人數或家計單位數。它是一種涵蓋面廣度指標。它可以用接收到此訊息的人數佔目標群的百分比來表示，或用接收到此訊息的人數表達。

例如，某促銷廣告的到達率爲 500,000 人次，或 80%。

⑵頻率（frequency）

是指在某一特定期間內，廣告傳達到目標市場中每一人或一家計單位的平均次數。它是一種深度指標。惟此指標的最適次數爲何較宜？是較難拿捏，因爲次數太少，無法讓消費者對該廣告訊息累積認知與記憶。次數偏高，消費者疲乏而使原效果趨弱，且浪費廣告費。

究竟最適頻率爲何，1972 年，Krugman 研究中提出最適爲三次。Krugman 曾做過這類相關的研究，他認爲三次的展露便已足夠：第一次的展露是以獨特的定義展現出來。產生「它是什麼？」的認知反應，這將主宰著往後的行動。第二次的展露是產生刺激，……產生許多結果以評估性的「它有什麼？」來取代「它是什麼？」的反應……。第三次的展露是提醒那些想購買但尙未採取行動的顧客，激勵其立即採取購買行動。

Krugman 支付三次展露即足夠的論點，可能仍有待驗證。因爲他所稱的展露三次是指消費者眞正看到此廣告三次而言，亦即廣告展露（advertising exposure），此與媒體展露（vehicle exposure）的觀念不同。媒體展露是指附有廣告的媒介物對聽眾展露的次數。大多數的研究皆只是估計媒體展露而非估計廣告展露。因此，爲了達到 Krugman 所稱的三次展露效果，一個媒體策略家至少必須購買三次以上的媒體展露。

⑶衝擊力（impact）

是指透過某旣定媒體，該廣告訊息傳達一次給目標群其前印象的強度或定性價值度。

⑷總收視聽率評點（gross rating point; GRP）

是指在廣告播出期間內，目標群接觸到此廣告訊息的總次數。而總收視聽率評點＝到達率×頻率。

另在使用此指標時，要能區辨出「總值」與「淨值」的觀點。「總值」（gross）一詞意指每一種媒體工具被閱聽者個人接觸的度量，然而不重

覆讀者群（即讀者群成員未接觸重覆訊息的顯露度）是選擇大小的一個重要戰略。因此當你處理收視聽率時，必須知道其為「總值」（gross）或「淨值」（net）。

(5)每一收視聽點的成本（cost per rating point; CPRP）

即廣告費用／GRP。在使用同一媒體型態下，各競爭廠商彼此間運用媒體工具（vehicle）及時機安排好優劣的評比指標。

(6)加權的總收視聽率評點（weight gross rating points）

加權的總收視聽率評點＝到達率×頻率×衝擊力。

(二) 媒體型態的特性、限制與組合問題

在決定主要的廣告媒體型態時，應對於各種媒體型態所具備的到達率、頻率、效益的效力，以及媒體本身的優勢與限制有深入瞭解。並將目標群的屬性、廣告目標、廣告訊息與預算綜合衡量，選擇適當的媒體型態或採取媒體組合的方式（media mix），媒體組合可使廣告到達至不同的人群、不同的地區、不同的市場，如此可增加媒體的頻率與到達率。使廣告媒體規劃在有限的預算下產生較大的效果。

(1)一般的媒體型態

一般的媒體型態有廣播媒體（電視、收音機）、印刷媒體（報紙、雜誌、直接郵寄信函、車廂廣告、海報）、戶外看板等。現在對一些常使用的媒體型態說明其優勢與運用限制如圖 8-7。

(2)媒體組合（media mix）

媒體組合（media mix）方面，需考慮：①依主要媒體組合型態為何？例如：電視、報紙、廣播、雜誌、戶外看板、DM 選擇那幾樣組合，決定後此主、次之別分配預算。②決定媒體型態後，接著是媒體工具（vehicle）的決定，譬如：選定媒體為電視時，在臺視新聞上廣告或是龍兄虎弟或中視晚間新聞……等。在各媒體工具（vehicle）間預算分配

媒體類型	使用量（億）	運用的百分比	運用的優勢	運用的限制
報　紙	277	37%	①彈性 ②立即性 ③廣泛涵蓋地區性市場 ④廣泛被接受 ⑤可信度高	①時間較短 ②再生品質差 ③轉閱讀情形低
電　視	250	33.4%	①結合視聽與動作的效果 ②感性訴求 ③引人注意 ④接觸率高	①絕對成本高 ②易受干擾 ③展露瞬間消逝 ④對觀眾的選擇性低
直接郵寄信　函	44.5	5.95%	①可對聽眾加以篩選 ②彈性 ③在相同媒體中無競爭者 ④個人化	①成本相當高 ②會產生濫寄的印象
收音機	31.6	4.23%	①可大量使用 ②有較高的地區性與人口變數選擇性 ③低成本	①只有聲音效果 ②注意力比電視差 ③非標準化的比例結構 ④展露瞬間消逝
雜　誌	46.9	6.27%	①有較高的地區性與人口變數選擇性 ②可靠性且具信譽 ③再生品質較佳 ④時效長 ⑤轉閱讀者多	①購買者的前置時間長 ②某些發行全屬浪費 ③刊登的版面未受保障
戶外廣告	16	2.14%	①彈性 ②展露的重複性高 ③低成本 ④競爭性低 ⑤轉閱讀者多	①對聽眾不具選擇性 ②創造力受限
其他媒體	82	10.9%		
總　計	748	100%		

第2、3欄資料源自於八十三年《廣告業年報》，p. 21。

圖8-7　一般的媒體型態

多少亦是先衡量。③在各媒體工具中決定廣告單位 (unit)，譬如：當決定臺視新聞時上廣告，決定上檔秒數。媒體型態、媒體工具 (vehicle)、單位 (unit) 三者間的關係，藉由例子解說如下：

媒體型態	媒體工具 （Vehicle）	單位 （Unit）
電　視	臺視　龍兄虎弟	15 秒廣告
報　紙	中國時報	全十彩色版
電　臺	中廣　FM1500 調幅	30 秒的播詞
雜　誌	突破雜誌	彩色全頁

媒體組合是否得當，對廣告效果影響相當大，其是廣告作業中相當重要的一環。一般擬定媒體計劃時，須決定的事項如下：

①確立訴求的目標消費群對象，並依此進行媒體分配計劃。

一般訴求的目標消費群對象是按照性別、年齡、職業、收入等變數加以區別，勾勒出市場輪廓 (market profile)。

界定目標消費群對象，並針對該目標消費群對象擁有最多的視聽眾媒體、與廣告成本依序加以選擇、安排，此即是按目標消費群對象所作媒體分配。

②廣告要投注的地區與時期分配。

③廣告訴求內容及廣告表現的政策。

④媒體選擇。

其需考量媒體分佈、媒體 audience、廣告 audience、到達及頻度、媒體效果與其他相關效果、各媒體是否容易獲得、有否折扣、競爭關係等因素。

(三)媒體策略

(1)媒體的評價指標、媒體型態與產品類別、產品生命週期的關係

當廣告方案進行到媒體計劃階段時，往往會面臨到取捨（trade-off）。因為在既定的廣告預算下，到達率與頻率是相抵換。很難同時有高到達率與高頻率，故廣告主要權衡經營環境、結合使命，以做適當的決定。另外於既定資源下，媒體時機切入適宜否，亦會影響效果。

①**強調到達率的狀況**

當廣告主推出新產品上市、或是對產品重新定位時、或是屬於較不穩定的品牌時、抑是其追求的目標市場界定模糊，不確定其潛在的顧客時，廣告主的廣告媒體計劃將傾向於高到達率，讓廣告訊息能接觸到更多潛在消費者。

配合的媒體型態，則較建議：電視，尤其以內容趨多樣化的節目、黃金時段與其它差異大的時段組合安排，可涵蓋較廣的消費者。雜誌，使用發刊量最大、內容涉獵主題範圍愈廣的雜誌，其一次可接觸非重覆的消費者愈多。另海報或戶外看板亦有此效果。

②**強調頻率的狀況**

當廣告主所要傳達的訊息複雜、或是其產品本身處於競爭激烈的市場情勢、或者屬於經常性購買的產品、或者產品市場的消費者阻抗力較高的類型時，廣告主將傾向於高頻率的展露方式，來加深接受者的認知與記憶，甚而驅策其行動力。此外若品牌、產品或傳達的訊息是偏向易被遺忘型，則需偏重頻率的提高。

(2)**媒體時機（timing）的決定**

負責媒體時機安排的人，將會依據產品的銷售狀況、消費型態、季節性、更新產品、促銷計劃、競爭者活動等眾考慮因素，決定媒體時機。而適當的媒體時機必需考慮長期性與短期性問題。廣告學者 Kuehn 認為：

①長期性媒體方式安排須視廣告延續力（degree of advertising carryover）及顧客選擇品牌時的習慣性行為（amount of habitual behavior in customer brand choice）而定。廣告的延續力是指廣告支出之效果隨著時間經過而下降的衰退率。例如，每月 0.75 的廣告延續力，意指上個月的廣告支出效果約有 75% 延續到這個月。習慣性行為是指受廣告水準的影響下，會有多少品牌持續購買的現象發生。例如，高度習慣行為 0.9，是指有 90% 的購買者無視於行銷活動的刺激，而重複對原來品牌的購買行為。

Kuehn 亦發現，在沒有廣告延續力與習慣性行為的情況下，此時，最佳的廣告支出時機將會與產業銷售的季節性型態相互配合。但是，當廣告延續力與習慣性行為存在時，在這種情況下，廣告支出的時機曲線最好能領先預期的銷售曲線，也就是說，廣告支出的頂峰與谷底都應該領先銷售的頂峰與谷底。廣告延續力愈高者，則領先的時距便應愈長。但是，習慣性購買的程度愈高者，則廣告支出也應該愈趨穩定。

②短期媒體時機的安排有幾種方式：廣告主要考量廣告目的、產品性質、目標群、配銷通路方式等行銷因素決定一較適型態。

在推出一項新產品時，廣告主必須決定採連續型、集中型、瞬間型、或脈動型的廣告。①連續型（continuity）是藉著在某一特定期間內，平均地安排廣告的展露。②集中型（concentration）係指在一段時間內，投入全部的廣告預算。③瞬間型（flighting）係指在某一期間內進行，然後中斷一段時間後，再進行第二波的廣告攻勢。④脈動型（pulsing）係指連續以少量的廣告，維持消費者對產品的印象，並藉著偶而幾次較強勢的廣告活動來定期的強化。脈動型廣告兼具有連續型與瞬間型廣告的長處。

廣告主所面臨主要問題：決定何種傳播方式最具效果，而最有效型態取決於廣告主溝通目的、產品性質、目標顧客、配銷通路與其它行銷因素。

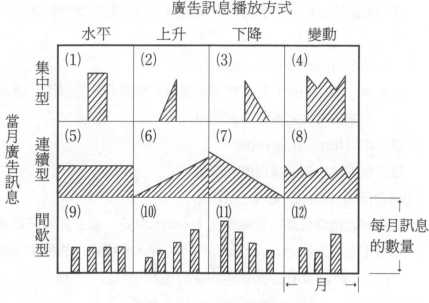

圖8-8　廣告時機型的分類

①從媒體組合策略思考

(a)溝通目的：廣告之目的是在建立形象、認知，或促銷訊息告知，新產品推出，均會影響傳播方向、方式、方法的選擇。

(b)產品性質：同質化市場具有 USP 市場，其廣告傳播方式不一樣。具 USP 市場形象，連續性廣告可能是重要選擇。

(c)目標顧客：各種人口統計特質不一樣，如何區隔與其溝通。所選擇傳播方式不一樣（如年齡、性別、職業、地區）。

(d)配銷通路：專賣連鎖店與普銷市場對於廣告預算提撥有不同之方式。專賣店、連鎖店以競爭預算法提撥廣告費，較具策略性。普銷方式：Sales 百分比法較能掌握普銷市場量的特質。

②短期時程

廣告時機型態的選擇考慮因素：

(a)購買者流動率（buyer turnover）

週轉流動快、銷售機會的掌握比較適用特定期連續型與集中型廣告。

(b)購買頻率 (purchase frequency)

頻率高、產品的拉力夠，如果客層能持續擴大，克服淡旺季因素，則廣告可採連續性方式出現。

(c)遺忘率 (forgetting rate)

遺忘快則適用瞬間型提醒式廣告。

(d)消費行為 (consumer behavior)

較複雜性消費行為適用連續性 (continuity)。減少認知失調適用集中型配合促銷(concentration)。尋求多樣變化適用脈動型 (pulsing)，習慣性適用瞬間型 (flighting)。

(e)廣告預算。

預算多適用連續性。預算少適用集中、脈動、瞬間型。

(f)淡旺季

旺季時適用集中。淡季適用脈動、瞬間型。連續性較適用淡旺季不明顯行業。

八、如何評估廣告效果

marketing 雖然較屬於事前性做法，但執行過後如果能做一適當調整，對於未來策略選擇與應用將有很大的幫助，廣告效果如果能在事前性策略思考，事後性進行評估，則對於龐大廣告經費風險性較少，效率較大。

目前關於廣告效果評估分為兩個方向：一是衡量廣告對於消費者接觸訊息時心理轉換各階段 (知曉、產生興趣、偏好) 的影響力，也就是廣告活動的溝通效果研究。例如，廣告主多會想知道進行中的產品廣告活動是否引起消費者的注意(即媒體接觸效果)、或是消費者接收到的是

否與我們要傳達給消費者的意念相同(即訊息接收效果)、或是我們的廣告是否有讓消費者產生行動(即態度、行為改變的效果)。但是溝通效果研究無法說明對銷售結果的影響情形。故另一評估方向，廣告主最極欲掌握、關切的也就是我們的廣告對銷售結果的影響力，此評估即是廣告活動的銷售效果研究。

(一)溝通效果研究

1.衡量溝通效果 (communication effect)

考慮兩個因素：

①廣告是否有針對目標市場消費者在做溝通，臺灣目前收視率調查數據依據這個問題是需克服。應努力做到 reach 與目標市場確實結合。

②在引起顧客知曉、注意、慾望、購買行動興趣方面的溝通目的是否有達成。溝通方式若正確，則效果將提高許多溝通方法若正確以提高對產品品牌偏好、理解、知曉。

2.溝通效果的衡量

(1)媒體接觸效果

所謂媒體接觸效果，包含了「對特定媒體之接觸」以及「對其中特定廣告作品之接觸」兩個階段。

就電視而言，媒體接觸效果是指藉用①機械性測定法，如收視記錄器 (rating meter)，②日記法，③記憶法來測定收視狀況，測定的方法經常因媒體接觸之意義不同而有所改變。機械測定法是用來測定電視機的開機及轉臺的情形，日記法是用來測定消費者自己的視聽狀況，記憶法則是用來測定消費者對所收視之節目內容的記憶。

其中日記法乃收視率調查公司依所需的人口統計變數（年齡、性

別、職業、婚嫁否……）區隔出的類型，徵詢符合條件的戶數，定期合作，由合作的消費者每日將自己收視聽情形記載，隔日一早收視率調查公司派員收取進行彙總分析。收視率調查公司往往一定期間會替換合作對象，以求資料之客觀性。

(2)訊息接受效果

訊息接受的效果受二個因素：①媒體，②廣告作品本身的影響。我們可藉由下列二種方法來調查其效果：

①媒體間比較方式

即是在同一時間下，於各種不同媒體間播出或刊登出同一種廣告作品，而後針對所用的各種媒體間訊息傳達給目標消費者的效果差異情形來評估即可知。

例如：某一天同時於不同報紙（聯合報、中國時報、自由時報）刊登同一則廣告於相似的版位。而可自各類報紙讀者接觸效果調查，即可知媒體所形成的效果差異性。

②分割測定方式（splitrun test）

即是就同一類媒體的接觸者，隨機抽取分組；另將 A、B 兩種廣告刊於該類媒體上，同時讓各組接受此不同的廣告作品。最後由組間的效果差異得到廣告作品效果的差異。

例如：預先安排好二組人員，且將 A、B 廣告片安排於臺視新聞的第一檔廣告時間，將其錄成二卷帶子。於同一時間予第一組人員看新聞後 A 廣告片，予第二組人員看新聞後 B 廣告片。最後由二組人員接觸後反應的差異即為 A、B 二片子的作品效果差異。

(3)態度改變、行為改變效果

關於此效果的調查方式，可藉由廣告「事前」、「事後」其態度、行為差異的效果得知。或是僅廣告事後調查，但依照「接觸到」、

「沒接觸到」此廣告片的態度、行爲差異得知態度改變效果與行爲改變效果。例如新產品上市，必無廣告事前調查機會時，即可用後者的調查方式測之即可。

(二)廣告、銷售效果衡量

1.銷售效果研究 (sale effect)

①考慮實質廣告是否有提昇業績助益，且具有乘數效果，而非只有比例關係或直線關係。多思考業績成長率增加率與廣告費之間關係。

②廣告支出佔有率＝聲音佔有率 (share of voice)

　　　　　　　　　≠心目中的佔有率 (share of mind & heart)

　　　　　　　　　＝市場佔有率

聲音佔有率 (S.O.V) 一般而言以廣告金額爲依據，先前之銷售歷史，在消費者心目中佔有率高，則 S.O.V 支出相對性付出就比心目中佔有率少的品牌少，故衡量仍需考慮 share of mind 而非 market share。

2.銷售效果測定

根據消費者 panel 調查所做的銷售效果測定

消費者固定樣本連續調查,是研究消費者購買行爲的基本方式之一。根據此種調查，能儘早獲知消費市場最新的變化趨勢，讓企業的決策者能掌握最新脈動，而得以適時調整行銷策略，滿足消費者需求。

這種調查方法，乃是運用簡單隨機抽樣原理，抽出所要調查之人或家庭，而後分配購物日記簿給被抽出來的人或家庭，請他們定期從事調查。

對被選中的家庭主婦，分發購物日記簿，請他們依下列項目加以記錄。

①對每日所購買之日用品，依照品牌、包裝單位、數量、價格、購

買點、附贈的贈品明細一一詳載。

②對所接觸的媒體例如，電視、廣播電臺、雜誌、報紙爲何，亦予以記錄。

調查員定期訪問被調查之家庭，收回所記錄的日記簿，收齊所有日記簿後，予以進行資料統計分析。

消費者固定樣本連續調查之效益，能指出各種商品之消費者市場動向、需要量、長短期態勢、季節變動趨勢，或是消費者主要接觸的媒體爲何？以瞭解商品運用何種媒體廣告效果較佳。此外，可由該資料瞭解消費者購買品牌的變化狀況、產品品牌使用率、市場佔有率、品牌忠誠度。

由於影響產品市場銷售結果的因素除廣告外，多如產品的價格、品質、特性、包裝、行銷通路、促銷方法、競爭者行動等亦會影響銷售。也唯有深入瞭解公司、產品自身的優劣，盯衡外部環境下，分析公司產品的機會點、策略性規劃，讓既有資源之間搭配相映效益趨於極大。故有些會藉由電腦程式模擬，模擬出相關因素與銷售結果間的對應狀況供業者參考。

3.廣告效果衡量

(1)效果衡量重要性

由於廣告的投資影響層面，關係到公司龐大費用預算的投注成果、廣告訴求是否能接觸到目標消費群市場，與其溝通甚而刺激購買進而達到公司最終增加銷售額的目的，這是公司決策者最關注的。所以廣告推出前的試播反應預試、播出後定期地追蹤評估廣告對銷售量變化影響，以適時地調整修正廣告媒體安排、或時段安排、或廣告訴求訊息等。

(2)重要效果指數建議

①對使用吸引力指數（UP, usage pull）

看過該廣告所有人數中產生購買行爲的佔比，扣除沒看過廣告而

購買該產品的佔比後，即表示廣告的拉力效果。

$$UP = \frac{看過廣告而購買的人數}{(看過廣告而購買＋看過廣告後未購買的人數)} -$$

$$\frac{沒看過廣告而購買的人數}{(沒看過廣告而購買＋沒看過廣告亦未購買的人數)}$$

②廣告效果指數（AEI, advertising effectiveness index）

即是自看廣告而購買的人數中，扣除因廣告以外其他因素影響所致的購買人數後，就是眞正純受廣告吸引的購買效力，將此除以總人數即爲廣告效果指數。

$$AEI = 〔看過廣告而購買的人數－$$

$$(看過廣告而購買＋看過廣告後未購買的人數) \times$$

$$\frac{沒看過廣告而購買的人數〕}{(沒看過廣告而購買＋沒看過廣告亦未購買的人數)}〕\times$$

$$\frac{1}{全體人數}$$

③因廣告實質的銷售額（Netapps, net AD produced purchases）

此法是由美國 Daniel Starch 設計出的評估廣告銷售效果的方法。是以銷售額做爲衡量廣告效果的指標。是在廣告播出後一段期間，針對某一時間階段內抽測調查：（Ⅰ）購買本產品中那些是因廣告因素，（Ⅱ）那些是因廣告以外其他因素而購買，（Ⅲ）那些是看到廣告未購買，（Ⅳ）未看到廣告亦未購買等四種訊息。

自看廣告而購買的人數(Ⅰ)，扣除因廣告以外其他因素影響所致的購買人數（Ⅰ＋Ⅲ)×Ⅱ/（Ⅱ＋Ⅳ）後，就是眞正純粹因廣告的成效所吸引購買的消費人數。將該人數除以此產品的購買人數（Ⅰ＋Ⅱ）後的佔比，即爲因廣告實質產生的銷售額指標。

由於看過廣告而購買的人數中，可能是看過廣告且受廣告刺激而購買，但也有可能是看過廣告但並非受廣告刺激而購買，故此法前提假設：「看過廣告但不受廣告刺激而購買的佔比」與「沒看過廣告而購買的佔比」相同下，簡化處理之。

④檢定計量分析

在產品廣告播出後，藉由市場調查瞭解購買我們產品消費者中那些是感受、認同到廣告的訴求及而購買(假設有 x 人)，那些是沒看到廣告、因其它因素而購買的(假設有 y 人)，那些是看到廣告未購買的(假設有 w 人)，那些是沒看到廣告且未購買的(假設有 z 人) 等四類型來瞭解。

	看過廣告	沒看過廣告	小　計
購買	x 人	y 人	(x ＋ y)人
沒購買	w 人	z 人	(w ＋ z)人
小計	(x ＋ w)人	(y ＋ z)人	w ＋ x ＋ y ＋ z ＝ N 人

圖8-9　檢定計量分析

(3) NETAPPS 廣告效果測定步驟說明：

美國斯塔齊 (Daniel Starch) 所創始的廣告銷售效果測定法，有所謂 NETAPPS 法。它是以銷售量作為效果測定的指標，將商品的銷售量與廣告的接觸關係，用數學加以分析。本法是由下列四個階段而測定的：

①看到廣告者之購買。

②未看到廣告者之購買。

③看到廣告者之購買當中，非因廣告刺激而購買。

④看到廣告者之購買當中，因廣告之直接刺激而購買。

　　這是在廣告揭露後，定某一時間，對看到廣告和未看到廣告之樣本，測定廣告之實質的銷售效果。

　　本法之問題焦點，在於看到廣告和購買之間，不能認定單純的因果關係。譬如有的回答者，因記憶程度關係，可能回答的不夠正確。

　　由於閱讀過廣告且購買廣告商品的人中，有的受廣告的刺激而購買，也有不受廣告的刺激而購買。關於這一點，NETAPPS 法，以「閱讀廣告而不受廣告刺激購買者之比率和無閱讀廣告而購買者之比率相同」為前提，而進行 NETAPPS 分數的計算。

　　以下即是計算 NETAPPS 分數的四個步驟：

第一個步驟：

1. 廣告刊載後的一定期間，對該媒體接觸的人中，有百分之幾的人閱讀過該廣告 ……………………………………………………………………30%
2. 廣告刊載後的同期間，閱讀過該廣告的人中，有百分之幾的人購買該廣告的商品 …………………………………………………………………15%
3. 廣告刊載後的同期間，對該媒體接觸的人中，有百分之幾的人未閱讀過該廣告 ……………………………………………………………………70%
4. 廣告刊載後的同期間，未閱讀過該廣告的人中，有百分之幾的人購買該商品 …………………………………………………………………………10%

第二個步驟：

1×2（即 30×15）% ……………………………………………… 4.5
3×4（即 70×10）% ……………………………………………… $+7.0$
　以上二式相加 ……………………………………………………… $\overline{11.5}$

第三個步驟：

1×2（即 30×15）% ……………………………………………… 4.5
1×4（即 30×10）% ……………………………………………… -3.0
　以上二式相減 ……………………………………………………… $\overline{1.5}$

第四個步驟：

$1.5/11.5\times100$% ……………………………………………………13%
　此 13% 即 NETAPPS 分數（即純粹受廣告刺激而購買的消費者之百分比）。

第四節 臺灣廣告業目前發展狀況

一、前言

　　早期臺灣廣告所從事的服務內容為平面，例如美工、陳列、設計等方面的工作，隨後由於外商廣告與國際化市場的衝擊，使得臺灣的廣告業走上：1.立體如 CF 電視廣告的服務, 2.創意的建議, 3.行銷策略的建議, 4.行銷組合的服務。最近由於：①廣告代理商增多，②主體顧客逐漸形成，③競爭劇烈使得廣告服務佣金從 16%降至 10%，廣告業的發展面臨下列問題：

①由於廣告商所服務的業者、產業多元化，廣面的服務與承攬業績有很大的關係。較偏向水平的發展而忽略了產業專業性的發展，使得對於產業的專業性水準愈來愈無法與服務客戶專業性水準並齊，使得客戶對於廣告代理商的專業性愈來愈無法信服。而產業的專業性與創意行銷策略、競爭策略、廣告策略有很大關係。

②深層服務隨著廣告業者業務的擴充而無法比例、等值的深入配合。使得客戶相對性在求新求變的心理情況，對於廣告代理商愈無法固定或忠誠的維繫之間的代理關係。

③客戶流動率變化，與廣告代理商的不斷投入為維持營運發展的規模客戶數，使得非常多廣告代理商選擇降低服務佣金，而吸取更多的客戶惡性循環服務方式。

④在服務佣金逐漸降低，又加上原本廣告代理商的獲利水準在 10%以下，加上整個產業薪資、交際、推廣費用佔比又非常高（佔營業費用 20%～30%），使得廣告代理商較無空間與資源投入在專業性與服務性的正面成長方法上。如創意研究策略、客戶產業特

性。

⑤對於經營管理的概念，在廣告代理業由於經營者與實際執行者有大部份爲藝術、戲劇、文學、業務、創意出身，對於利潤、費用、成本、收入、業績之管理面、財務面，較一般民間企業在平均水準比較可能較缺乏。

⑥與 production house（製作公司）競爭

如果廣告公司由於兼顧多元化，無法走上專業化，則其經營內涵面對客戶應是提供服務，而在製作上又由 production house 實際負責，久而久之客戶可能會直接與 production house 接觸，原廣告公司服務代理性工作，由於替代性高，production house 將可取而代之，客戶又給付較便宜的廣告佣金差約 3%～5%。production house 又樂於向上整合。

⑦對於影響成本／效率之關鍵觀念的收視率／收視成本（GRP CPRP)廣告公司媒體計劃安排、思考依據太依賴收視率，調查公司（如紅木、潤利）使得媒體成本、計劃安排太傾向「爲提高收視率而使媒體預算不斷成比例上升」而與客戶的需要「爲提高收視率能使媒體成本更合理控制」背道而馳，無法成爲夥伴的觀念，這是客戶爲什麼經常換廣告公司的重要因素之一。

⑧爲什麼廣告公司規模要超過 10 億較困難，對於行業熟悉性，業務組織如果一個客戶有一個業務人員負責，則 10 億業績至少必須有 33 個 AE 人員，如果二個客戶一個 AE 則至少須 16 個 AE 人員，以廣告公司目前獲利水準（net profit）在 5%～10%，要用這麼多幹部，邊際利潤可能爲負(因爲尙未包含重要幹部、創意人員、行政財務人員)。

所以經常廣告公司會經營在 3～5 億，選擇 5～6 家大客戶（每年廣告費在 4,000 萬以上)，在搭配幾家中小型客戶(年廣告費 1,500 萬以下)，

有 4～5 個 AE 人員負責。所以廣告公司經營在規模經濟(平均成本下降)與規模報酬能否遞減（規模愈大邊際利潤反而下降）之間平衡與選擇。

二、臺灣廣告公司目前經營型態與方式轉變

面對競爭愈來愈劇烈的經營環境，廣告公司求新求變才能面對：

①縮減服務項目，走向較直接、專業的服務可收專業分工之效率。例如聯廣公司成立媒體行銷中心，直接做電視媒體上檔服務抽成約 8%～12%，比以往多元化服務項目抽成約 16%～17%，顧客可能較喜歡，廣告公司服務可做區隔，那些客戶須做整體性服務，那些 marketing 組織較強公司，是希望廣告公司承攬電視媒體服務。

②整體性服務、一次購足服務，例如奧美廣告公司目前有運籌廣告、奧美公關、奧美視覺管理、奧美有效行銷，不只廣告性服務，與行銷相關性服務，均可由廣告代理商做策劃水平廣度、深度服務。

③國際化經營，集中在大陸做發展，如華威廣告與北京中央電視臺合作，可運用大陸廣告代理業尚在萌芽發展階段，並避免臺灣本土市場激烈競爭環境。

④完全外商的方式經營，如麥肯廣告公司 100%為外資方式，管理人才聘國內人士擔任，經營權在外商、外資中。服務對象可多朝向國際化品牌可口可樂，GM 汽車，也可服務日後想走國際化路線的客戶。

⑤中小型公司走口碑形象的路線，為日後擴大規模基礎，如意識型態廣告(93 年得到 4A 獎 16 座，時報獎 19 座，亞太廣告獎 2 座)，相互廣告（時報廣告獎 19 座，亞太獎 1 座）。

⑥製片水準與速度競爭力提昇，由於廣告片拍攝水準影響視覺效果頗大，對於廣告公司口碑，中長期發展基礎有其重要性，如成吉

思汗成立了全天候 CF 製作部，多組導流，最快可在兩天內製作 CF。

⑦透過目標管理與資訊管理控制進度，提昇服務品質，如華得廣告在推動每組業務人員組合，都能由電腦中瞭解自己工作目標、工作量與完成時間，管理部門也可透過目標設定人工作績效。掌握效率、克服廣告公司著重外部公關而忽視內部管理效率形象。

⑧臺灣廣告公司由於規模不大，獲利率不高，培養人才的速度未與新成立廣告速度成比例，故流動率高，挖角風氣盛，員工忠誠度低，最近一些成立較有程度、較有制度廣告公司均紛紛採取優良內部管理制度，以達穩定人心目的，如出國考察、進修、旅遊、員工在職訓練。

第五節　臺灣有線電視目前發展狀況

一、發展背景

(1)由於三臺無線電視長期間受政府保護，節目內容多年均保持同樣風格，較少改變，缺乏競爭，無法使節目品質提昇，對於觀眾的需求內容求新求變無法迎合。

(2)對於戒嚴之前某些敏感性話題、政治性話題、選舉性話題，目前三臺仍無法在尺度上滿足觀眾所要的水準，第四臺有線電視在此地方突破性使得有其生存利基空間。

(3)配合電視觀眾收視生態，不斷更新節目型態、話題，幾乎目前第四臺熱門節目如 TVBS 接觸第六感、苦苓晚點名等節目每一集、每一次、每一週話題幾乎都不一樣。

(4)最重要的收視率與收視成本之間的關係：

①目前三臺的節目表單如附件並有其收費價格（舉例爲臺視）均採用組合式、搭配式節目表，較熱門時段如晚間新聞，可能採取一搭三的產品組合。

②但第四臺如 TVBS 目前廣告時段的播出費用約爲 3 臺 1/2～1/3，如報告新聞 TVBS 單上每 10″爲 15,000 元，而臺視晚間新聞爲 10″一搭三（3×33,000 元＝99,000 元）。

雖臺視晚間新聞收視率爲 25%～30%，但無限夜報的收視爲 7%～10%。且可重播兩次，累積收視爲 12%～20%。對於廣告主的抉擇必須充分考慮相關性因素與目標市場才能做出正確抉擇。

所以第四臺對於廣告訴求經常以最多的 target≠最有效的 target，下面爲 TVBS 剛成立時所做的廣告訴求：

(i) target (TVBS reaches effective target)

(ii) value (TVBS offers additional value)

(iii) best (TVBS shows best program)

(iv) satisfication (TVBS satisfies the audiences)

(v) media mix: reach「大眾」＋「分眾」吸引三臺流失的 target，增加 "frequency"，攔截頻道旅行的 target

(vi)臺灣地區每 1.72 戶有一戶可收視到 TVBS，臺灣地區總戶每 5,430,000 戶 (total house hold)，臺灣電視家庭總戶數 5,300,100 戶 (total TV homes)，臺灣有線電視家庭總戶數 3,286,062 戶 (total cable homes)，TVBS 可收視戶 (TVBS homes) 3,151,333 戶

(vii)報導立場：內容多元化、較中立、不受政治因素限制、報導尺度寬、報導深入

(viii)重視有效的值（cost effectiveness）

二、必須使用三臺以外頻道之理由

1.全省 7 成家庭中（約 385 萬戶）可接收到 50～60 個電視頻道。

⑴三臺黃金時段之收視率較二年前滑落 20%以上。

⑵三臺非黃金時段之收視率更下降 40%以上。

2.消費大眾之媒體接觸行為開始轉變。

⑴越來越多的觀眾已經將大部份看電視時間（60%以上）撥給三臺以外的頻道；其中以都市地區之白領上班族最明顯。

⑵超過一半的電視觀眾打開電視的第一個頻道已不再是三臺，而是直接跳臺選看自己心目中的 TOP 5 (平均每一觀眾最常收看的頻道為 4.8 個)。

3.廣告主買的是廣告收視率而非節目收視率。

⑴一般評估資料依據為「節目」收視率。

⑵調查顯示觀眾不看廣告的機率接近 60%，但 people meter（例如 SRT 調查）之廣告收視率僅比節目收視率少 10%～15%。

⑶增加廣告被看到的機會之方法:

(a)考慮節目忠誠度及偏好度將有助於廣告被看到的機會。

(b)以低廉之成本在目標對象常看的頻道中,提高廣告播出頻率,提昇廣告被看到之機會。

(c)善用媒體創意: 如節目贊助／命名／廣告節目化或節目廣告化等。

4.有線電視家庭戶大多擁有 2～3 臺以上之電視。

臺灣地區 60～70%之家庭中有二臺電視以上(近 30%擁有 3 臺)。

5.有線電視家庭之消費力高於非有線電視家庭甚多。

有線電視家庭之平均收入高於非有線電視家庭 20%以上, 在消費力及消費頻率上高出更多。

三、如何有效使用電視媒體

將電視媒體區分為綜合電視臺或目標對象較精準之專屬頻道。

● 綜合電視頻道：其型態繁多，觀眾群非常廣泛，無法精確選擇目標觀眾群，加上挑選高收視率節目還要被迫搭配低收視率之其它型態節目，造成核心消費者所獲得之總收視率（GRP）反而低於其它較不重要之消費群。

● 專屬頻道：目標對象精確之專屬頻道，一般收視率較低，因此廣告之安排應以較高頻率播出。

1. 如預算較充裕或必須達到較高之廣告知名度時，可以將大部份的預算選擇涵蓋率廣的綜合臺為主要媒體，以達到高知名度；再選擇涵蓋率較低，但目標對象精準之專屬頻道，來加強核心消費者之廣告訴求，以調整綜合電視臺之媒體效益偏差。

2. 選擇其主要觀眾群與產品核心消費群相吻合的專屬頻道，以低成本高頻率之播出，使廣告收視率快速提昇。

3. 善用三臺電視無法使用之媒體創意：如節目贊助、節目命名、廣告節目化（廣告 call-in）等。

4. 若預算較低或市場佔有率不高時，可視專屬頻道為主要媒體，將所有預算投入適合之專屬頻道，形成局部優勢，在該頻道之觀眾心目中建立 top-of-mind 之品牌形象。

5. 若視專屬頻道為輔助媒體時，應以目標對象之精確為考慮首要依據，而非收視率。

四、目前發展較上軌道的 TVBS 與超級電視之比較表

臺　別	TVBS	超級電視
開播時間	82/9/28	84/10/10
經營型態	較本土性	港臺合作方式
廣告費用	8,000～16,000/10″	18,400/10″
節目製作	節目較商業化 製作成本較低	較著重節目品質 其製作成本較高
節目型態	以新聞談話節目為主	以一臺抵三臺為口號， 節目類型、時段安排與 三臺類似
著名節目	2100 無線晚報 超級頻道	新包青天 我們一家都是人

圖8-10　TVBS 與超視比較表

五、有線電視簡介

目前有線電視頻道數約 60 個，全省各縣市播放頻道略有不同。

（頻道簡介）
—聯意製作，年代衛星電視臺　　TVBS/TVIS/HBO/無線黃金
—CTN 傳訊電視　　　　　　　中天／大地
—超級傳播　　　　　　　　　超級電視臺／聯登電影臺
—三立　　　　　　　　　　　1、2 臺
—博新　　　　　　　　　　　迪士尼／博視資訊臺
—和信　　　　　　　　　　　Discovery
—巨登　　　　　　　　　　　飛梭／拉斯維加

目前有線電視裝機與收視情形
根據潤利公司收視率調查（1995 年 5 月），所提出的說明，目前

(一)有線電視裝機率

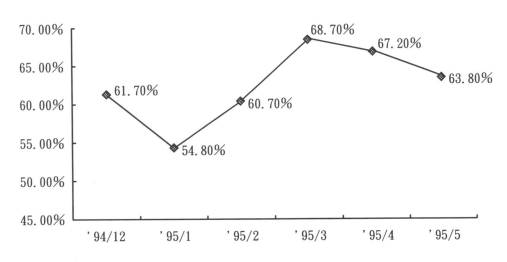

圖8-11 有線電視裝機率

(二)各節目收視情形

1.博視三立臺	31.3%	13.傳訊中天頻道	8.2%
2.衛視電影臺	30.3%	14.ESPN	7.7%
3.衛視中文臺	27.8%	15.大陸中央電視臺	7.3%
4.無線衛星電視臺 TVBS	27.0%	16.傳訊大地頻道	6.8%
5.HBO 家庭電影院	26.0%	17.DISCOVERY 探索頻道	6.8%
6.歡樂放送臺 TVIS	23.2%	18.博視東映臺	6.3%
7.衛視體育臺	18.2%	19.衛視合家歡臺	5.3%
8.飛梭衛星綜藝臺	17.2%	20.助東衛星臺	5.2%
9.衛視音樂臺	14.3%	21.博視資訊臺	4.8%
10.無線黃金臺	13.3%	22.三冠 CBS	3.8%
11.博視迪士尼卡通頻道	11.0%	23.TV-4	3.2%
12.非凡商業頻道	8.7%		

(三)臺灣電視廣告製作規範相關重點

　　根據行政院新聞局在民國八十二年八月所提出的廣播電視法之規定，

　　電視廣告製作一般原則有下列較重要的重點：

一、電視廣告，係指藉無線電視傳播之聲音、影像及文字，其內容爲推廣商品、觀念或服務。電視廣告應積極提供消費者所需要之商品、觀念與服務的訊息。

二、電視廣告務求內容眞實、畫面優美、旁白高雅、配音柔美，以提高視聽水準。

三、電視廣告不得一再以尖銳刺耳的聲音、或以強光閃爍、搖擺不定之畫面，驚擾觀眾收視。

四、電視廣告所用之語言，文字，以本國語文爲主。廣告中之中文文字，其書寫方式，直式由上而下，橫式自左而右。

五、電視廣告長度最短爲十秒鐘，以五進爲一單位。

六、電視廣告之內容與表現，應不違反公共秩序或善良風俗。

　　(一)廣告畫面、文字、配音和旁白應力求淨化。

　　(二)不得有低級趣味、誨淫意識或渲染色情之裸露畫面。

　　(三)不得有脅迫、暴力或有暗示、誘惑他人犯罪之虞之畫面。

七、電視廣告內容，不得有欺騙或誤導觀眾之描述。

　　(一)不得仿用新聞報導方式，如「新聞快報」、「新聞焦點」等或其他類似文詞，以免混淆視聽。

　　(二)不得採用詭誘及其他誤導之訴求方式。

　　電視廣告內容如涉及商品之特性、功能、數據或特殊成份者，應檢附確實證明文件。

八、電視廣告使用他人之影像、照片、圖形(案)、姓名、或以其他方式

影射他人者，或利用他人著作者，必要時須提出權利人同意使用之證明文件。

九、電視廣告中人物之身分、服務及其演出方式規定如下：

　㈠軍、警、公務人員、教育人員、醫師、電視新聞從業人員，非經其所屬之主管機關同意，不得於廣告中表示其頭銜或聲明其身分。

　㈡不得利用醫師、護士、藥師、營養師之表現方式、醫療機構團體型態及一般認同之民俗醫療人物等，對藥品、食品、化妝品、醫療器材、醫療技術及醫療業務作廣告。

　㈢廣告中之主要演員，不得穿著我國軍、警或特定公務員(如郵務、海關人員等)之制服。但經所屬主管機關同意者不在此限。

　㈣廣告中之主要學生角色，不得穿著顯示為某校之學生制服。但經學校同意者不在此限。

十、電視廣告中若有野生動物保育法規定保育類或國際公約所保護之野生動物演出時，不得有騷擾或虐待行為。

十一、電視廣告中交通運輸工具之表現應符合交通安全法令或常識。

十二、電視廣告如出現國歌、國旗、國徽、國父、歷任國家元首，應維護其尊嚴；如涉及歷史、文物或宗教人物，均應特別注意其適切性。

十三、具懸疑性之導入(先導)廣告，應於廣告中明顯表示廣告主名稱。前項廣告送審時，須將該廣告所有系列同時送審。主管機關於必要時，得要求其完整播出。

十四、原裝進口商品，其持有海關外貨進口報單，得於廣告中說明商品之原產國。

十五、在國防管制區域內拍攝之廣告影片，須檢附有關單位檢視同意之證明文件。

十六、為維持公平競爭精神並保護消費者，得為電視比較廣告。

　㈠比較廣告應正確及適當引用經過實證之數據和事實，但不得以直

接或影射之方法中傷、誹謗或排斥其他商品。

㈡比較廣告，應明確指出被比較之商品、品牌、名稱及型號。

㈢除同一品牌之新舊型商品比較外，被比較之商品應現存於市場。

㈣比較廣告之比較方式，應以相關商品屬性或成份，依同一或可類比之基準爲之。

㈤比較廣告之說明應適當、明確及完整；其測試、調查應經由公正、獨立之機關團體以專門、客觀之方法爲之。

㈥比較廣告之說明，其用字遣詞及表達方式應以消費者所能瞭解之方式爲之。

㈦比較廣告不得以任何聯想方式誤導消費者。

十七、個人見證廣告，僅得以個人對商品之喜好與選擇爲表現方式，不得有超過個人意見之暗示。

前項廣告送審時須檢附見證人使用證明。

十八、以兒童或少年（未滿十八歲）爲主要訴求對象之廣告應注意下列各點：

㈠不得損害兒童、少年之生理、心理、或道德觀念。

㈡不得提倡或鼓勵兒童、少年從事危險活動。

㈢不得有誘使兒童或少年產生不良模仿作用。

㈣不得有唆使兒童或少年要求其父母購買廣告商品之訴求方式。

㈤不得導致兒童或少年輕視其父母所作之判斷。

㈥不得利用兒童或少年對師長之依賴心理，作商品之推廣宣傳。

㈦以贈品爲促銷手段之商品廣告，應明白顯示贈品之實際大小。

㈧玩具之廣告，不得以新型貶抑舊型。

㈨廣告內容不得以是否擁有廣告商品作爲判斷受尊敬或受輕視之標準。

十九、電視廣告內容以贈獎爲促銷者，應注意下列各點：

㈠廣告中應明白表示贈獎方式、贈品名稱、數量或期限。

㈡以贈送現金為促銷者，不得有顯示現金之畫面。

㈢不得以電話搶答或限時電話為贈獎方式。

㈣送審時須檢附會計師或律師開具之贈獎證明文件。文件中並應明確記載贈獎方式、贈品之名稱、數量、期限及贈品規格。

㈤菸、酒及藥品不得作為贈品。

二十、電影廣告應注意下列各點：

㈠不得有鬥狠血腥或猥褻色情之畫面。

㈡廣告內容中應明顯標示其級別，新聞局並得視其內容限制播放時段。

㈢電影廣告除須合於電影法之規定外，並應適用廣播電視法之相關規定。

㈣送審時須檢附電影片准演執照影本。

二十一、下列商品或服務，不得作廣告。

㈠含有迷信、違反科學觀念者（如星、相、巫、卜等）。

㈡含有刺激僥倖心理者（如賭博、彩券等）。

㈢尋人、徵婚及職業介紹廣告（公共服務性質者除外）。

㈣殯儀及墓園廣告（以公司名稱所為與商品性質無關之公益或形象廣告者除外）。

㈤嬰兒配方食品及供四個月以上嬰兒食用之完整配方食品廣告。

電視廣告之播放

二十二、電視廣告申請審查時，除檢送播出成品之廣告外，應填具廣告影片（帶）檢查申請書，內附本事說明書二份（以打字方式繕寫，並明確記載廣告之內容、旁白、字幕、及使用之音樂名稱）、使用之音樂著作權證明影本及相關證明文件。前述資料填寫不詳或欠缺者，不予受理審查。

二十三、電視廣告准播證明應於期滿之日前七日內，得申請延期，逾期
　　　　播放視同無照播放。

二十四、對於送審未獲核可之廣告，申請人可於接獲通知七日內提出申
　　　　復或依規定向主管機關提起訴願。

二十五、電視廣告之播放，規定如下：

　　　㈠廣告之音量，不得高於節目之音量。

　　　㈡同一內容廣告不得連續播出。

　　　㈢兒童節目中不得插播不適宜兒童之廣告。

　　　㈣廣告中之商品名稱與兒童節目之名稱相同或近似者，不得於該節
　　　　目中插播該廣告。

　　　㈤兒童節目主持人所演出之廣告，不得於其主持之節目中插播。

　　　㈥婦女生理衛生用品廣告，不得於兒童節目或以兒童為主要對象之
　　　　節目中插播。

　　　㈦限制級電影廣告，不得於兒童節目中插播。

　　　㈧不得在用膳時間播放有礙生理衛生之廣告。

　　　㈨限制時段之廣告，均應依規定播放。

第六節　臺灣收視率調查公司目前發展狀況

　　臺灣收視率調查公司目前主要的公司有兩家，一為紅木，一為潤利。
而它們主要功能為提供客戶、廣告公司收視率調查，並從事市場調查服
務與資訊提供。一般的收費方式為半年一期付費為 12 萬元(平均一個月
2 萬元)。由於廣告成本影響企業營運費用甚鉅，收視率調查對於廣告公
司 Cue 之安排影響頗大。故收視率公司目前較以往發展機會高出許多；
目前收視率公司面對之經營問題有：

　　1.樣本結構的問題：收視率公司目前較受爭議性問題就是在提供資

料的樣本結構是否客觀有代表性的問題，這牽涉到調查方法、樣本數、收視變化情形。

　　2.如何在市場選擇從原來的廣告公司拓展到廣告客戶，以使調查資料更符合客觀與一致性。

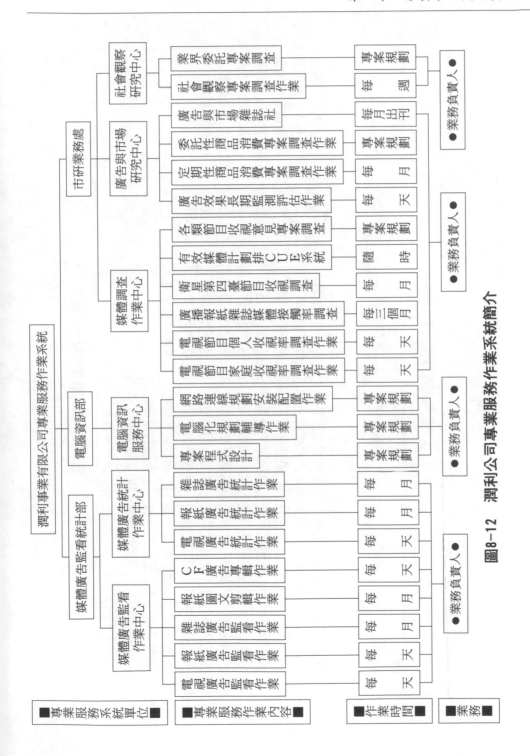

圖8-12　潤利公司專業服務作業系統簡介

潤利事業有限公司

RMI 多用途媒體電腦資訊系統簡介

監看 1	廣告量 2	收視率 3	媒體計劃 4	廣告效果 5	系統維護 6
A.TV 商品別查詢	A.全國人口統計	A.收視總排名表	A.客戶資料管理	請洽潤利市調　請參考樣本說明	A.潤利資料重整
B.TV 節目別查詢	B.商品廣告查詢	B.多目標排名表	B.排期資料管理		B.基本資料重整
C.商品排期列印	C.族群設定統計	C.臺別排名列印	C.事後評估管理		C.電視監看傳輸
D.商品廣告排名	D.分類商品年表	D.固定式分類表	D.每日盯 CUE 表		D.其他資料傳輸
E.廣告主明細表	E.個別商品年表	E.時段排名列印	E.每日對表作業		E.商品編號查詢
F.廣告主排名表	F.商品月比較表	F.節目類別列印	F.托播狀況印表		F.系統參數設定
G.節目廣告統計	G.商品年比較表	G.家庭開機統計	G.播出明細印表		G.結束系統作業
H.廣告節目統計	H.企業廣告查詢	H.報紙閱讀排名	H.異常常檔次處理		
I.平面廣告明細	I.企業商品年表	I.雜誌閱讀排名	I.媒體試算作業		
J.平面媒體明細	J.個別企業年表	J.衛視收視排名			
K.新 CF 廣告列印	K.企業月比較表	K.廣播收聽排名			
L.競爭商品分析					

圖8-13　潤利事業有限公司簡介

摘　要

　　本書對於廣告的説明與其它書籍或國外翻譯書籍有很大的不同，內容的重點説明均以實務、實戰爲理論説明的依據，希望同學或讀者多參閲本章之專題討論與個案內容：因爲這些內容是以往剛畢業的學生較不懂的地方或廣告公司交代較不清楚的地方。並多思考溝通過程的創意性思考問題，而使學習過後能以思考、靈活特質逐漸培養出來。對幾個廣告專有名詞 GRP、CPRP、Reach、Frequency、CPM 與相關組織之間的關係必須加以瞭解清楚(廣告主、廣告公司、製作公司、AE、創意人員、收視率公司)。

㈠有效溝通步驟

　　①確認溝通目標對象。②瞭解消費者訊息傳送過程（知曉／瞭解／喜歡／偏好／信服／購買）。③設計有效的訊息，須自其內容、結構、格式、來源去省思。④權衡既有資源形成溝通策略，將創意思考融入、及激發新思考的十五項要項。⑤選擇溝通方法的考量因素。⑥達成整合性行銷溝通。

㈡廣告的意義與確立廣告決策的五要項（5M）

　　廣告，是在標示有資助者的名稱並透過有償媒體從事的各種非人員或單向形式的溝通。廣告決策執行時，須先確立 5M 決策，分別爲：①廣告的目標／使用 (mission)。②廣告能花費多少支出（金錢, money）。③廣告應傳達何種訊息 (message)。④使用何種媒體 (media) 廣告。⑤如何評估廣告效果（衡量, measurement），以利後續調整、修正。

㈢完整廣告活動

　　完整的廣告活動，須涵蓋確立目標的消費者 (who)，在公司既定有限資源下，要向目標消費者說什麼的文案內容構思、規劃後，還須選擇適當的媒體，讓這些訊息能讓目標消費者有效接受到的、並且對其進行效果評估，對先前規劃提出衡量結果與修正建議，此一流程即為一完整的廣告活動。

㈣ 廣告目標的設定

　　在行銷策略擬定後，瞭解目標消費群所在後、市場競爭狀態、及自身產品優劣後，企業可依實際環境、公司行銷目的、策略決定用何種方式，告知性廣告／說服性廣告／提醒性廣告／比較性廣告／增強性廣告來有效傳達。或是依目標消費群輪廓設定呈現的方式。

㈤ 廣告訊息的決定

　　此部份即是決定該向目標消費群說什麼，即訊息內容的考量與評估，可自訊息的①意願性，②獨立性，③可信性三方面評估。而後再確立怎麼說，即用什麼方式、手法呈現廣告，形成一風格、有效的主題、語句……等。

㈥ 廣告預算的提列方式

　　有①銷售額的百分比法，②競爭對等法，③目標任務法，④市場佔有率法，⑤最低廣告量法⑥隨心所欲法。企業按公司實際狀況擇一最適方法。另關於預算提列額度可與產品生命週期結合思考。依產品所處階段提列適宜之預算。

(七)廣告媒體的決定

　　(1)媒體選擇

　　　　由各種媒體型態所具的 Reach、Frequency、GRP、CPRP 效果、及參酌各種媒體型態運用的限制所在，而綜合考量①產品性質，②溝通目的，③目標顧客，④配銷通路，以決定採用的媒體組合。

　　(2)媒體時機的決定

　　　　短期間要依①購買者流動率，②購買頻率，③遺忘率，④消費行為，⑤廣告預算，⑥淡旺季特性，來考量建議媒體時機安排。

(八)廣告效果的評估

　　(1)溝通效果要考慮二個因素：

　　　　①有否針對目標消費群。

　　　　②有否達成與消費者知曉—瞭解—喜歡—偏好—信服—購買的完整溝通目的。

　　　　　相關的效果衡量有三：

　　　　　ⓐ媒體接觸效果。

　　　　　ⓑ訊息接受效果。

　　　　　ⓒ態度、行為改變效果的衡量。

　　(2)銷售效果考慮因素：

　　　　①廣告支出對業績影響是否為乘數效果？

　　　　②「業績成長率」增加率與廣告支出間的關係愈顯重要。

　　　　③廣告支出佔有率＝聲音佔有率≠心目中佔有率＝市場佔有率。

(九)目前臺灣廣告業面臨的 8 大問題

　　　①忽略了專業性發展的重要。

②深層的服務無法等比例地隨業務擴充而提升。

③廣告代理商爲維持營運的規模客户數而降低服務佣金，形成惡性循環服務方式。

④獲利低、服務佣金低形成無資源於專業性服務上。

⑤缺乏利潤、成本、收入、業績管理面、財務面之能力。

⑥面臨廣告製片公司向上整合的替代壓力。

⑦過於依賴收視率，使得媒體計劃傾向爲提高收視率而不斷使媒體預算比例上升。

⑧其經營是在規模經濟與規模報酬低減之間平衡與選擇。

(十)臺灣廣告公司未來轉變之勢

①走向直接、專業的服務。②完整一次購足服務。③國際化經營。④完全外商方式經營。⑤中小型廣告公司朝向口碑、形象路線。⑥製作水準、速度及競爭力提升。⑦透過目標管理與資訊管理來控制進度、提昇服務品質。⑧著重內部人才良好的培育管理制度。

個案研討(一)：休閒性食品廣告創意探討

一、前言

休閒性食品是習慣性購買的消費行爲(涉入程度低、產品同質性高)，臺灣地區由於經濟繁榮及國民生活水準的提昇，休閒生活增加，對於食物需求已由生理層面邁入精神層面。而隨休閒食品需求日益增加，市場新品牌相繼投入，休閒食品市場競爭也日益劇烈。而休閒食品由於產品價格偏低（5元～20元間居多），如果無法普及、量無法普銷，則廣告、促銷的邊際投資報酬將爲負，故可看出近幾年休閒食品廣告無法有連續

常態性分配做法。而本個案就是透過在此特性下如何創造休閒性食品的
CF 內容，要探討廣告之案件，我們先對市場競爭情形做一回顧。

二、目前市場競爭態勢分析

(一)品牌定位分析（如圖8-14）

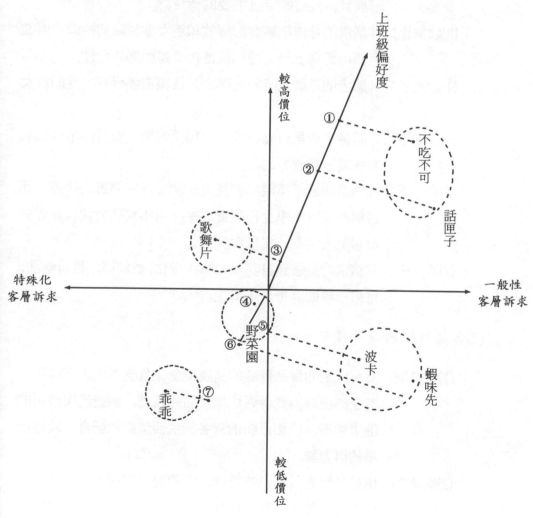

圖8-14 品牌定位分析

(二)市場區隔及目標市場

(1)野菜園：其講求的是健康、素食、自然。而目標市場爲具有健康意識的消費者。

(2)蝦味先：其講求的是口味獨特，下酒良伴和拜拜時使用，而其客層廣泛，沒有特定且主要的消費群。

(3)歌舞片：其講求的是傳統婦女的解放和新女性意識的抬頭。而其目標市場爲上班女性和被傳統束縛壓抑的女性。

(4)話匣子：其講求的是聊天時的良伴，其目標市場爲有主見的新女性。

(5)不吃不可：其講求的是口感特別，小顆粒包裝，而目標市場爲具有較高消費能力的人。

(6)乖　乖：其講求的是永遠陪我們到大的朋友，有懷舊的味道，而目標市場以小學生和孩童爲主，近年來致力擴大其客層範圍至大朋友，父母親。

(7)波　卡：其講求的是強調自我及口味多樣化,並創造沾醬新吃法,目標市場則以靑少年爲主。

(三)各品牌間的競爭優勢

(1)野菜園：具有比別的食品更高的健康概念，且吃素的人可享用，其企圖扭轉消費者對垃圾食品的觀感，創造健康清新的健康意識，能和目前消費者的生活型態做配合，攻佔市場的潛力強。

(2)蝦味先：由於品牌老且其口味特殊，人們對於相同類似品的接受度不大，競爭力強，再加上消費層的年齡廣泛，屬於大眾化的食品，且是一種持久性的。

(3)歌舞片：其創新的廣告手法，讓人有股衝動去購買，喚醒一向被
　　　　　大家所忽視的目標市場——新女性，而這群人往往有較
　　　　　高的收入和獨特的偏好，所以有良好的開發潛力，而產
　　　　　品也能以較高價格的方式出售，尋得好的利潤。

(4)話匣子：其善用廣告做為其促銷的手法，讓人們對於其品牌熟悉
　　　　　度強，而其「打開話匣子，嘴巴停不了」更讓人覺得其
　　　　　為聊天時，不可或缺的良伴，重覆購買的情況應不差，
　　　　　可維持其競爭力。

(5)不吃不可：採用和其它休閒食品不同的廣告手法——黑色幽默，
　　　　　刺激消費者的購買動機，讓人有一種不可抗拒的力量，
　　　　　且以小顆粒的米果包裝來從事銷售，使人有新鮮感會去
　　　　　購買，而後捉住真正的喜好者，其售價也較同類食品為
　　　　　高，有較大的利潤空間。

(6)乖　乖：由於品牌老，人們對其品牌熟悉度強，且價格低廉，促
　　　　　使消費者重覆購買情況佳，而一般人都會覺得沒吃過此
　　　　　產品就好像沒有童年一樣，使得銷售好，其市場滲透力
　　　　　可能不錯。

(7)波　卡：由於此產品相對於傳統性休閒食品較為新奇，人們會因
　　　　　好奇而去嚐試它，且近來吃洋芋片為一種趨勢，讓人感
　　　　　覺流行，而其也注意到消費者的喜愛，不斷推出新口味
　　　　　的產品，讓消費者購買多，以維持市場競爭度。

㈣各品牌間的競爭策略

(1)野菜園：配合國內消費者對健康訴求的意識抬頭，適時地推出此
　　　　　產品，並以母親和小孩之間的問答廣告方式，加深消費
　　　　　者對其產品的一種認同感，而有購買動機和行動。

(2)蝦味先：其以「喝酒的良伴」、「呷不厭」等口號打入消費者的心理層面，使其客層由小孩延至大人，並以特殊的口味捉住消費者，也以提醒方式的廣告手法，去增加消費者的需求。

(3)歌舞片：其以針對被一般休閒食品在定位中所忽視的目標銷售群為對象，讓人感覺其是一種可放鬆自我，不受束縛的產品，符合現在新新人類的訴求，並且以贊助及試吃的手法來做產品促銷。

(4)話匣子：其以明星的形象，去帶動消費者對產品的需求，並由廣告中，造成一種話題，加深人們對其產品的熟悉度，現在更以搭配出售的方式，來增加其銷售額度。

(5)不吃不可：其以特殊的廣告手法，加深消費者對此產品的認知，讓人真的感覺到非吃不可的地步,並以較高的價格策略，來提升其在休閒食品中的等級，並透過由促銷及贈品的方式提醒消費者去購買產品。

(6)乖　乖：以舊有產品為基礎不斷擴張其它產品的推出，並以品牌知名度來延伸產品的種類和需求，其保持原有的原則，做多方面的變化，是一種具有彈性的策略方式。

(7)波　卡：充份運用創造力，引進國外的銷售方式和訴求，且善於利用廣告去加重消費者的偏好，使消費者產生心理的變化造成態度的改變，而後去購買。

三、廣告創意

(1)前提：主題「父母情，孩子心，盡在××中」
目的在建立溫馨感覺。由於現代父母工作繁忙，和孩子相聚的機會減少了，而現代小孩和父母的疏離感很大，故希

望藉由此訴求，增加父母、孩子間的話題，促進彼此的交流，減少疏離感。

(2)廣告針對的對象及價格

1.主要對象為父母。增加誘因刺激父母買給孩子吃。

2.建議價格：三十至四十元。

3.包裝：大小同乖乖二十元之包裝，色彩鮮豔但不要太新潮。

4.人物：年輕的媽媽（三十至三十五歲）及二至四歲的小孩。

(3)內容一：

場景一：　小孩子獨自在客廳內玩積木（此時媽媽在旁邊忙來忙去）。小孩不小心割傷了手，哇哇大哭，媽媽抱起小孩，並從身後拿出「產品」給小孩吃，小孩不哭，反而大笑。

場景二：　媽媽一邊抱著小孩（在吃產品），一邊做她的事。

場景三：　打出產品，並加上字「父母情，孩子心，盡在××中」（背景仍在場景二）。

內容二：

場景一：　小孩獨自在客廳內玩積木。

場景二：　媽媽在她的工作室內工作，打電腦。

場景三：　小孩玩到無聊，四處張望，嚎啕大哭。不久，媽媽出來抱起小孩，從身後拿出「產品」給小孩吃。小孩不哭，在笑（眼睛旁邊仍有眼淚）。

場景四：　媽媽一邊抱小孩坐在腿上，一邊打電腦。小孩並拿一塊塞在媽媽口中。

場景五：　(場景四不消去)，打出產品，並加上「父母情，孩子心，盡在××中」。（字幕分三段先後打出）

四、行銷重點說明

以往休閒性食品市場訴求為小孩子與逗趣年輕人生活型態描述居多，但此個案①掌握購買者主要決策人員為父母親，②將親情的手法上在廣告片中展現出父母情、孩子心。

註：本個案部份資料採用東吳大學經濟系消費行為研究上課資料，指導老師郭振鶴，參與學生為林建良、郭文智、楊郁麗、林玫佳、李仲杰、陶永青、徐朝貞，協助部份特表致意。

五、討論

1. 針對市場定位圖中四個區隔「較高價位／一般性客層」、「較高價位／特殊化客層」、「較低價位／一般性客層」、「較低價位／特殊化客層」您個人認為有效的行銷組合策略應考慮的因素在此四個區隔群中。

2. 乖乖與蝦味先為較早進入市場的休閒性品牌，面對市場新品牌如話匣子這種年輕化、高廣告量的行銷挑戰方式，如果您是此兩個品牌的 marketing people，有何廣告與促銷策略？

個案研討㈡：好自在廣告片如何延伸

一、前言

㈠各品牌之廣告訴求重點

1. 靠得住：開發 1, 2, 3, 4 號，讓消費者在每一個新的日子中，都能更舒服更輕鬆，並且推出有專利之『神奇導流層』之功能，

推出雙效極淨網層以及護翼系列。

2.好自在： 訴求『織優朗』、『超優』、『蝶翼』及『絲薄』，並推出『日用』、『夜間使用』；『加長型』、『標準型』；尤其強調『有翅膀的眞的好自在』，『薄的像身體的一部份』。

3.摩黛絲： 以不變應萬變，由其『船型護片』、『速滲凹道』之特殊優點及『摩黛絲的女孩，無後顧之憂』。在前些日子更推出新型態廣告——摩黛絲娉婷系列和柔翼系列，強調翅膀的柔軟，企圖擴大其主要消費群之年齡層。

4.圓滿意： 以『圓弧造型』、『徹底防漏設計』以及『服貼、隱密、不摩擦皮膚』爲廣告訴求重點。

5.璞麗格： 強調『極淨網層』、『有格的衛生棉』贏得不少女性的青睞。

6.康乃馨： 強調『蝶型護翼』，且以『康乃馨懂得女人心』爲訴求重心日前推出新廣告以『照顧女人，自自然然，服服貼貼』爲訴求。

7.護我行動： 以皮包式處理，單片包裝，強調隱密性與方便性。

8.舒　潔： 以『U型PE護片』的防滲、防漏功能，以及『三條寬背膠』爲訴求重點。

9.嬌　棉： 以『防漏折邊』爲主要訴求。

10.潔　美： 『三重安全防護』，環抱式整體設計，強調『環抱起來才安全』。

11.蒂　妮： 以『防漏、安全、不回滲』爲訴求重點。

12.樂而雅： 強調防止側漏、變形，及超軟表層，『量多之日也無憂』。

㈡市場未來展望

1.『夜安型』產品甚具市場發展潛力

根據調查發現，使用『夜安型』衛生棉的女性消費者高佔50.3%，唯

『量多型』、『標準型』較少留意。顯見其市場未來具發展性。

2. 產品更趨細分化與多樣化

消費者要求更趨嚴格，產品設計走向『夜安型』、『標準型』細分化及『單片包』、『單片包大盒裝』多樣化。

3. 『價格』不再是主導市場的重要因素，如產品無法滿足需求，低價格也不會為消費者所接受。今後業者唯有加強產品功能及塑造企業優良形象，才是致勝關鍵。

4. 蝶翼超薄新戰局

在蝶型衛生棉掀起市場之爭後，產品朝向輕薄短小發展；好自在推出的超薄產品，強調舒適及強力吸收性，頗符合上班族婦女的需求。而上班族婦女是衛生棉產品購買力最高者；故預期此超薄產品將引起另一波的市場爭霸戰。

(三)廣告與行銷策略未來重點

面對市場同質性產品，競爭品牌新品牌不斷出現，市場價格滲透方式，好自在在行銷策略與廣告訴求如果未能加以突破，則市場領導品牌的江山未必確保。

二、競爭態勢

(一)在行銷策略上

原本上班族婦女的市場，好自在這幾年中已經 catch 有 40％之 M/S，基於邊際成長、邊際效用遞減的想法，如何開發不同區隔、不同價位之目標潛在市場是必需突破的，可在學生消費者中推出不同於原好自在不同顏色價位區隔之產品，類似 Pamper（幫寶適）之精裝與平裝系列產品，則在新產品尚未推出前，可使市場消費者做市場區隔延伸，也可避

免 40%之 M/S 被侵蝕。

㈡在廣告訴求上

　　原本張艾嘉方面的廣告片消費者已重複看了好幾次，必須要能推陳出新，而下面有兩個例子，一爲較正確創意思考，二爲較不正確的創意思考。

三、較正確的創意性思考

㈠創作動機

1、選定好自在

　　好自在擁有競爭優勢，因爲她是業界第一，不論是功能的創新、或廣告引起的話題性，皆有帶動此產業的架勢。也惟有領導品牌才夠資格去突破傳統模式，作創新的事。

2、促銷前提

　　幫好自在做廣告促銷是困難的。做的成功可續保領先地位,若是失敗,則好自在除了將喪失領導地位，更會在消費者心中留下次級品的印象，在此情況下，策劃更須周詳思慮，才可排除促銷所帶給產品本身的相反作用。

3、以電視廣告爲主

　　由表三可以看出，好自在廣告深受喜愛達 31.8％之高，好自在於廣告宣傳上的優勢，使得她的廣告一推出就抓住消費者的目光。

4、以男性爲訴求重點

　　以往的衛生棉廣告皆強調功能、舒適性，以好自在本身爲例，過去許多支廣告皆以知名女星，如張艾嘉等，用都會女性獨立特質來傳達。但今日所謂的防漏、超薄、背膠黏性，甚至夜安型的加長、加寬等功能

皆已完備，欲突破市場佔有率，唯有在廣告上、層次上的提昇，才是較佳的方式。

觀察到一般男性羞於論及衛生棉，更遑論去購買。但衛生棉為女性日常生活用品，猶如刮鬍刀之於男性，女性可以幫男性買刮鬍刀，體貼的男性自然可以幫女人買好自在！

透由創新的廣告，教育消費者的購買習性。異於一般的廣告素材可以製造話題性，對本身形象有所助益，進而提高銷售量。

5、平面廣告為輔

為使主題一致，強調男女間透過好自在，更接近。再者，平面廣告的效力較電視廣告小，但宣傳能力則不差，將促銷活動——招待券贈送，放在平面廣告上，對產品形象衝擊較小。

(二) CF 之場景與文案構思

場景：在一個現代化、智慧型的辦公室的休息室

背景：下班後，只剩下數位繼續加班的同事

主角：A.權威型主管、新觀念新人類，年約四十歲，男性。

B.新婚不知如何適應婚姻，年約三十歲，男性。

C.有一位女友之未婚男性，年約二十五歲。

(三)文案

C：（端兩杯咖啡）啊！終於結束了。來杯咖啡吧。

（放下咖啡對 A 說）經理，昨天是你們的十週年結婚紀念日。怎麼慶祝呢？

A：都老夫老妻了！

B：唉！像我才剛結婚，有時遇到她心情不好時，都不曉得該怎麼辦。總不能天天送花吧！

A：（搖了搖手）愛她一輩子，就別忽略了那幾天！

（B、C 恍然大悟貌）

〈畫面結束，轉出字幕〉

「體貼的心 盡在片片情意中」

「好自在」

§ **此創意的重點**

①目標市場觀念已從原本對女性市場延伸到男／女雙方共同訴求

②以往好自在較著重的「有翅膀造型」、「薄薄一片」產品品質訴求已走入人性化生活型態的訴求。

四、較不正確的創意性思考

(一)文案

母親走後，便很難得見到父親的笑容。雖然他總是扮演著慈父的角色，但我仍會在他的背影裡看到落寞與深沉。

她出現了。

我像是這屋子裡不搭調的白，企圖隔上一層膜，將父親隔在我的範圍裡，結果，卻是將自己陷的愈深愈厚，難以自拔，我將失去唯一的依賴。

晚歸，是的。我再也不願見到，不願見到不再屬於我的家。從滿街的車流走進寂靜的夜裡。思索著該回家了嗎？或許是吧！打開這道門，便可以到家了。安靜的嗎？是的，「她」走了，沒有笑聲，沒有電視吵雜聲。

到家了！是，「家」到了，它一直在那。

看到父親為我留的一盞燈，還有燈罩上的紙條：

「明天天氣會轉涼，出門記得多帶一件衣服。」

站在父親點的燈前，視線在淚光中開始模糊：原來體貼與被體貼都會變成一種習慣。一直以為已經失去的父親，原來一直默默的照顧、留意著我的父親一直在那，只是我愈行愈遠……。

那一夜，我看到了父親鬢上的白髮。

(二)廣告口白

什麼時候開始習慣晚歸的？我已不想再去回憶。

她出現了後，這個世界便只剩下我自己，一個。站在這道門前，卻不知該用什麼表情開門，還是我慣有的冷漠吧！

站在父親為我留的燈前，站在燈上的紙條前，我竟看不住這句話：

「明天天氣會轉涼，出門記得多帶一件衣服。」

當體貼與被體貼變成一種習慣後，父親每夜為我留的燈，竟在我的冷漠中被忽略了！

雖然此創意思考在感情、感覺上有溫馨體貼的感覺，但有下列問題：

①此產品父、女的情結較不適衛生棉產品，可考慮母女。

②與產品的使用無法使消費者聯想一起，縱使是體貼的用意。

註：本個案部份資料來自於東吳大學經濟系消費行為研究課程上課資料，指導老師郭振鶴，參與學生為陳靜慧、王浩宇、羅重威、劉廷勳、廖嘉銘、施耘之、廖文瑞、梁丁敏協助部份特表致意。

六、討論

1.所謂正確與不正確創意是從那一個角度來做判斷？tone？manner？personality？strategy？

2.本個案主要是以好自在為個案品牌做創意的探討,如果以靠得住而言,其廣告創意的 strategy 走向為何？依您在市場上的觀察。

3.試討論創意在考慮新顧客的採用與主顧客的重複使用時，主要的區隔

點爲何？

4.試考慮以目標市場觀點與競爭策略觀點，創意走向的差別點何在？

專題討論㈠：媒體組合分析與調整

在實務化運作過程，對於媒體組合企劃均有標準。如一個月促銷媒體計劃性目標如附表㈠，但如果實際操作結果如附表㈡，則下列因素是造成差異的原因：

①對於效果無法達成預期理想而增加廣告預算，從 238 到 400 萬。

② Cue 表安排在 Reach 方面，針對目標市場特性並未掌握很好，如目標 Reach 標準爲 83.5％，而實際執行結果爲 78％。在 Frequency 方面掌握也未達理想水準，在目標方面爲 7～8 次／一個月，但實際執行結果有 3.3 次／一個月。

③ GRP 與 CPRP：目標之 GRP 爲 600 Rating 收視點，但未標準化到 10″其 GRP 爲 265，但標準化 10″後有 796 Rating 代表執行過程對於長秒數（30″以上）與短秒數選擇與搭配截然不同或不好的組合，因爲未標準化前之 CPRP 爲\$14,932，標準化 10 秒後之 CPRP 爲 5,000 均未符合所設定計劃性標準。

④ Reach 廣面的媒體分佈的穩定度不夠，從第一次 Reach 80.5％到第三次 Reach 49.2％變異性太大。

⑤會產生這種理想水準與實際水準差異這麼多，主要的原因有下列因素：

(a)行銷人員對廣告操作性實務與經驗不足

(b)廣告公司對於媒體安排計劃未客觀，或事前分析擬定媒體組合步驟與建議

(c)在廣告運作過程中，行銷人員在短期無法見到廣告短期效果，

故深恐媒體力不夠又投入某些廣告經費，造成 GRP 增加不符合 CPRP 效率性考慮。

名詞定義

1.到達率（reach）

指在某一特定時間內，廣告主利用單一媒體或媒體組合接觸到目標市場的人數與目標市場總人數比較的百分比值

到達率僅計算廣告接觸到目標市場的人次，而不考慮每人接觸廣告的次數與深度，所以到達率是廣告與消費者接觸的廣度指標，各媒體有不同的到達率，因此到達率的高低，便成為選擇媒體的重要參考依據

2.頻率（frequency）

指在某一特定的時間內，廣告主將廣告訊息傳達給每一個目標市場的平均次數

頻率指標顯示了廣告接觸目標市場的深度，目標市場接觸廣告的次數增加，意謂其對廣告的認知程度和記憶度也隨之提升，在設定頻率時，需注意重複次數的問題，需在不使消費者厭煩而達到最佳認知記憶的廣告效果中，掌握適當的分寸

3.總收視率點（gross rating points; GRP）

指在某一段時間或某一個廣告運作期間，目標市場接觸到一個廣告訊息的總次數，用以表示目標市場在此期間內，對此廣告的累積印象

$$GRP＝到達率×頻率$$

4.CPRP（cost per rating point）

表每一收視率點需付的費用，可以作為不同競爭品牌的費用效果評估，因此當 CPRP 愈低而 GRP 愈高時愈佳

$$CPRP＝廣告費用／GRP$$

5.廣告量佔有率（share of voice; SOV）

　　SOV＝個別品牌廣告支出／市場廣告支出總和，利用 SOV 可看出

　　　　各品牌的廣告量佔比大小

附表(一)

一個月正常促銷活動指標

TOTAL COST: $2,300,000

NET REACH: 83.5%

AVE. FREQUENCY: 7～8 次

GRP: 600

CPRP: $4,000

GRP (10″): 640.1

CPRP (10″): $3,500

附表(二)

Total Cost: 4,000,000	Reach 1*80.5%
Net Reach: 78%	Reach 2*65.6%
AVE. FREQUENCY: 3.30	Reach 3*49.2%
GRP 265	Reach 4*32.8%
CPRP $14,932	Reach 5*18.4%
GRP (10′) 796	
CPRP (10″) $5,000	

專題討論(二)：媒體之策略化科學化管理
（附個案分析）

一、媒體之策略化管理

(一)廣告運動之系統化思考

廣告運動之思考內容：一般而言廣告運動思考之內容包括環境分析、行銷目標分析、整體傳播預算思考、預算組合思考、整體運動之控制與評估。

(1)環境分析

包括企業競爭優勢，強、弱點評估目標／產品特性與價格購買階層分析。競爭力分析，交易、經銷條件分析，拉力、推力運用方法分析。

(2)行銷目標分析

整體目標分析，不同區隔市場分析，時間、地點分析。

(3)整體傳播策略、預算分析

①預算組合分析：各類傳播預算工具之預算比例分析（包括銷售、廣告、刊物、公關活動、銷售資助物、包裝整體、立體／平面預算分析）。

②傳播策略分析：傳播目標、訊息策略、媒體策略、預算估計、行動方案。

(4)控制及評估

如何建立資訊系統，整體區域各個區域媒體傳播效果與銷售效果的掌握。

故一位好的 Marketing People 在企劃廣告或執行媒體作業時必須
(1)以行銷策略、目的來進行廣告運動前提。而非廣告運動與行銷目的不能結合。

(2)廣告運動是一種多元化思考的學科

如　①不僅是藝術也是科學化、策略化。

②不僅是表達形式也是二種預算、溝通觀點。

③不只是點、線的問題，也是時空面、立體的思考、表達方式。

現就策略性角度與科學化角度進行說明：

(二)媒體之策略化管理內容

1.媒體預算影響企業利潤頗大

　　好的 Marketing People 要能透過有效到達率（Reach）、策略性次數分配（Frequency）之思考，以強化企業競爭力與獲利力。正常水準為業績之 3%～10%，與企業獲利比率相差不多。

2.在拉力方面，媒體所扮演的角色舉足輕重、影響成敗

　　廣告並非只有藝術化表現，而是科學化競爭策略，而媒體組合策略就是一種戰略／目的、戰術／手段。

3.就市場攻防觀點可積極表現行銷策略之意義

　　媒體可表現企業進退、企圖、謀略觀點，市場佔有率低企業與市場佔有率高企業，可透過媒體之時間發展角度，而改變相對競爭結構。

4.就短、中、長而言，媒體必須有長期視野

　　結合短、中期行動發展策略，而採用所謂持續性廣告法（Continuous Advertising）、集中廣告法（Flighted Advertising）、脈動法（Pulsing）、閃動法（Blinkering）。

5.市場策略（區隔、定位）

　　透過媒體組合、區隔、多元化策略，而達到企業所要的區隔、成長、定位的積極性意義。

6.就傳播角度

　　品牌發展指數（Brand Development Index）指品牌發展潛力大小空間，類別發展指數：指產品類別發展潛力大小。而媒體經費可結合此兩種類別發展指數提出具有效果／效率的傳播策略。

類別發展程度	高	低
品牌發展程度 高	• 品牌銷售與類別銷售已達飽和 • 增加花費是浪費的 • 防衛的花費 • 保持需求的廣告	• 品牌強但消費者花費低 • 增加的花費無效果 • 尋求建立類別購買頻次
低	• 競爭強烈；品牌相對的疲軟 • 花費投資可能有效果 • 在主要期間（銷售旺季）建立頻次 • 尋求密集的活動或交互安排輕重檔次的活動	• 對銷售旺季限制廣告 • 需要廣告嗎? 銷售無潛力；品牌疲軟 • 支援推廣活動以避免配銷損失

圖8-15　媒體策略: 品牌發展指數與類別發展指數體系

而到達率（Reach）與平均頻次（Frequency）更會影響傳播效果: 一般而言

強調到達率之情況	強調平均頻次之情況
①新產品	①競爭者強大時
②擴展中的類別	②說明複雜時
③副品牌（Flanker Brand）	③常常購買之類別
④品牌的加盟	④品牌忠誠度弱時
⑤不限定的目標市場	⑤目標市場狹窄時
⑥難得買的品類	⑥消費者對品牌或類別抗拒時

7.媒體播出時機策略

　　①持續性廣告法（Continuous Advertising）: 是在整個廣告期間都

安排廣告。適用於擴展市場之情況，經常購買的產品項目，嚴密界定購買者的類別。

②集中廣告法（Flighted Advertising）：定期性波動由有一段時間廣告、一段時間不廣告，交叉安排廣告檔次。適用於有限的廣告經費，比較要經過一段時間才會買的產品，有季節性的產品項目，建立市場佔有率的計劃。

③脈動法（Pulsing）：是持續以低比重程度使廣告未有中斷。然後再週期性增強廣告活動比重。

④閃動法（Blinkering）：在短期內將廣告分成全部投入與全部停止期之方法。

8. 媒體組合（Media Mix）要點

①多使用幾種媒體能減少對目標視聽眾的暴露度，與避免對某單一部份視聽眾的集中強度。

②經由媒體組合能對廣告記憶或廣告知名度產生相輔相成的協同效果（Synergistic Effect）。

③第一個媒體的輕度使用者，通常可透過第二個媒體增加其到達率。

④只有在資源較充分時，增加第二種、第三種媒體的情況下，媒體組合才有價值。

二、媒體之科學化管理

媒體由於表現的代價相當昂貴，在短短的幾什秒內，或許就必須付出幾什萬的代價，是一種風險性頗高的行銷表現方式，而透過科學化之統計分析，可提高正確率，節省不少廣告成本的付出，這是廣告運動的另一個重點。

科學化之思考內容包括：

1. Market Share（M/S）：市場佔有率幾個％廣告經費合理的百分

比。

2. Share of Voice (S.O.V)：聲音佔有率，至少應到幾個百分比，才有機會調整市場佔有率。

3. GRP（Gross Rating Point）：總累積收視率。收視率提高端視目標市場顧客收看節目需求的掌握。

4. CPRP(Cost per Rating Percentage)：$\dfrac{總預算}{GRP}$ 累積收視率所需支付的成本。能否達到合理 GRP 且較低之 CPRP。

5. Reach：廣告可接觸到各種不同客層的到達率。是否能達到目標市場的 80%，其穩定性夠不夠。

6. Frequency：媒體表現顧客所看到的次數。目標市場顧客收看到的媒體能否維持在 3 次～6 次。

7. Spot：檔次 10″、15″、30″、60″短秒數、長秒數如何結合消費行為、競爭結構進行綜合性運用。

各種要素之科學化組合方式：廣告經費運作可透過上述各種變數組合、整合，以下列模式進行科學化分析。

①銷售模式（Sales Model）：廣告預算與銷售業績以一種比例方式來進行思考。

②動態模式（Dynamic Models）：大力推廣促銷方式廣告預算的動態性變化。

③競爭性模式（Competitive Model）：此模式大多基於某種形式的競賽理論（Game Theory），假定全體競賽者都是互相依賴的，並且由於不知道別人會作什麼而產生不確定，於是經由此一模式制定減少及控制此種不確定的策略。

④模擬模式（Simulation）：將幾種不同廣告方式在運用之前進行模擬，而選擇最具回收效果的方法。

⑤隨機模式（Stochastic Models）：運用馬爾可夫鍵（Markov

chain)、學習模式 (Learning Model) 找出廣告預算趨勢。

三、個案分析：行銷策略與廣告預算關係

　　此個案主要是在探討行銷策略的觀念如何延伸到廣告預算擬定，與各個品牌從廣告預算中可看出心理層面如：心理佔有率 (Mind of Share) 其行銷策略走向：

　　在某行業目標市場為 20～30 歲男女青年：①為完全競爭市場，②各品牌情報流通密集，③所用的行銷方法採取劇烈價格折扣戰、廣告戰，④企圖在短期市場運作中對市場重新造成衝擊與洗牌的作用。

　①領導品牌A：目前在市場佔有率為 25%，面對許多剛投入此行業的新品牌、新產品正在進行防禦性策略，廣告為其重要的思考策略。

　②B品牌為剛投入市場的新品牌，欲借著龐大的廣告經費、強力推銷，使消費者在短期間上認識此新品牌。廣告是其拉力選擇。

　③C品牌原本市場佔有率約在 10%，但由於被B品牌瓜分很大市場，且市場區隔相似。

　④D品牌為原本在此行業市場佔有率偏低的品牌，但欲分一杯羹，也積極投入，擴大此行業的競爭資源。

　⑤E品牌為市場佔有率頗為穩定品牌，約 7%M/S,但以往的行銷策略較著重推力。

　⑥F品牌與C品牌一樣。

　⑦G品牌為採取低價格滲透之品牌。

　⑧H品牌：為原本此市場領導品牌，在最近 3 年中被A品牌追趕過去，且被A品牌瓜分頗多之市場。

　⑨I品牌在此行業採取不同通路型態經營方式之品牌。

　我們從㈠某些品牌以往一個月的在三臺收視率分佈狀況如附表三。

⊜在目前分析時此月份廣告費：S.O.V, GRP, CPRP，如附
表四。

可得到下列 Reach 效果的分析而大抵上可從廣告策略適度分類成①兼
顧廣告效果／效率A品牌 (圖 8-16)②缺乏效率考慮之 B 品牌 (圖 8-17)
③保守想法G品牌 (圖 8-18) ④缺乏目標市場概念H品牌 (圖 8-19) ⑤
無廣告概念C品牌 (圖 8-20)。

從廣告預算與分析探討各品牌行銷策略涵義 (Implication)

①A品牌領導品牌：如果要想繼續維持領導品牌，面對如此競爭劇
烈的市場環境，多元化品牌的競爭策略，適當的攻擊策略反而是
最重要的防禦措施。並要特別注意指數 S.O.V 是否能維持在
25%。

②B品牌，雖然其廣告投入是在一個月中為 696 萬，但其 CPRP
5822 元與總檔數 144 檔，此種競爭方式必須調整其廣告安排與目
標市場選擇回為其 Reach 效果雖然廣告費花很多，但並非比領導
品牌好。其獲得市場佔有率、利潤水準也不一定高。

③G品牌其廣告經費雖然很節省，但其檔次、目標市場 Reach (I)才
71.3%，在第 Reach 3 之後，才 37.4%，保守的結果，無法在廣
告上產生某種拉力作用。

④H品牌原本為市場領導品牌，在 M/S 下降後，原本廣告預算大幅
降低，將使其經營愈困難、惡性循環。

⑤C品牌雖然花 443 萬／每月之廣告費，但其 Reach (I)才 20.6%，
根本無需上廣告，可能與其使用長秒數，黃金時段之節目才可能
如此。

附表㈢　某一行業各品牌廣告分析

品　牌	G.R.P	C.P.R.P	G.R.P(10秒)	C.P.R.P(10秒)	廣告量(萬元)	S.O.V	總檔數
A品牌	1387	$3,435	1410	$3,379	476	18%	146
B品牌	1195	$5,822	1846	$3,768	696	28%	144
C品牌	1090	$4,068	1097	$4,041	443	19%	155
D品牌	431	$6,022	647	$4,014	260	11%	60
E品牌	755	$2,811	755	$2,811	212	8%	75
F品牌	365	$4,149	548	$2,766	151	6%	33
G品牌	254	$3,196	254	$3,196	81	4%	28
H品牌	263	$2,734	263	$2,734	72	3%	24

附表㈣　某行業各品牌媒體效果評估分析

	A品牌	B品牌	C品牌	D品牌	E品牌	F品牌	G品牌	H品牌	I品牌
reach(1+)	88.20%	89.00%	20.60%	77.20%	63.20%	72.80%	71.30%	78.70%	16.90%
reach(3+)	79.40%	75.80%	5.10%	67.00%	32.30%	29.40%	49.90%	53.70%	0.70%
reach(4+)	75.70%	74.30%	3.60%	58.90%	15.40%	19.10%	37.40%	45.60%	0.00%
reach(5+)	71.30%	67.70%	3.60%	56.00%	10.30%	11.70%	23.40%	39.00%	0.00%

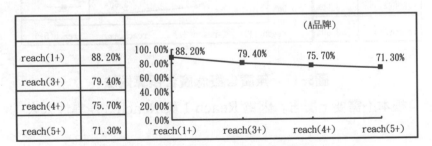

reach(1+)	88.20%
reach(3+)	79.40%
reach(4+)	75.70%
reach(5+)	71.30%

(A品牌)

88.20%　79.40%　75.70%　71.30%

100.00% 80.00% 60.00% 40.00% 20.00% 0.00%

reach(1+)　reach(3+)　reach(4+)　reach(5+)

圖8-15　兼顧效果／效率廣告預算做法

在 Frequency 與 Reach 均在某種合理水準的電視安排。

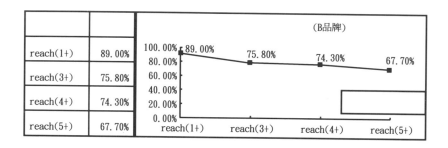

reach(1+)	89.00%
reach(3+)	75.80%
reach(4+)	74.30%
reach(5+)	67.70%

圖8-16 缺乏效率考慮廣告預算做法

所花的廣告費佔比超過預算很多,但是媒體在 Frequency 與 Reach 方面的安排，並非有很大突破效果。可能目標市場並不明確。

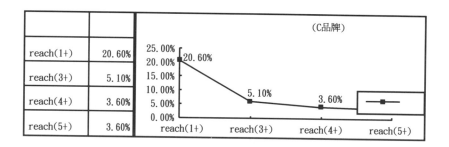

reach(1+)	20.60%
reach(3+)	5.10%
reach(4+)	3.60%
reach(5+)	3.60%

圖8-17 無廣告概念廣告預算做法

根本不需要上廣告。因為 Reach 1 與 Reach 3 差異性太大

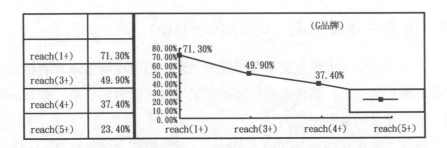

reach(1+)	71.30%
reach(3+)	49.90%
reach(4+)	37.40%
reach(5+)	23.40%

圖8-18　以保守性想法擬定廣告預算的做法

第一次 Reach 夠但到了第四次第五次 Reach 很容易被市場同業廣告掩沒。與廣告經費預算合理性，足量性有很大關係。

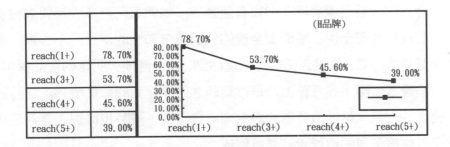

reach(1+)	78.70%
reach(3+)	53.70%
reach(4+)	45.60%
reach(5+)	39.00%

圖8-19　缺乏目標市場需要的廣告預算做法

第一次 Reach 夠但到了第四次 Reach 就遞減許多變異數太大。無法達到目標市場有 80%Reach，且看到次數（Frequency）無法達到最低水

準。

四、消費者保護主義（Consumerism）

乃是結合公民與政府從事有組織的活動，目的在增強購買者相對於賣者的權利與力量。消費主義的團結尋求增加消費者的資訊、教育與保護。他們要求的重點在於例如：

貸款之眞實性(Truth-in-Lending)，單位訂價之眞實性(Unit Pricing)、產品中的基本成本(成份標示：ingredient Labeling)、食物的營養成份（營養之標示，Nutritional Labeling)，產品的新鮮度（標示製造及保存期限 Open Dating)、產品的廣告訴求（Truth-in-Advertising)。

今日的行銷經理發現在消費者運動後，他們須花更多的時間來檢查產品的成份及安全性、準備安全性的包裝與告知性的標示，小心設計廣告避免誇張不實，檢視各種銷售促進活動、發展清晰與明確的產品保證。

消費者保護主義實質上乃是行銷觀念所欲達到的最高境界。它將迫使公司的行銷人員從消費者的觀點來考慮事物、同時也提醒產業各公司重視以往被忽視的消費者需要與慾望。

我國在民國八十三年一月公佈消費者保護法，積極來保護消費者之權益，如第 3 條（消費者保護之範圍）、第 25 條（企業之商品必須對消費者提出那些保證書）其內容如下：

第 3 條　政府爲達成本法目的，應實施左列措施，並應就與下列事項有
　　　　關之法規及其執行情形，定期檢討、協調、改進之：
　　　　1.維護商品或服務之品質與安全衛生。
　　　　2.防止商品或服務損害消費者之生命、身體、健康、財產或其
　　　　　他權益。
　　　　3.確保商品或服務之標示，符合法令規定。

4.確保商品或服務之廣告，符合法令規定。

5.確保商品或服務之度量衡，符合法令規定。

6.促進商品或服務維持合理價格。

7.促進商品之合理包裝。

8.促進商品或服務之公平交易。

9.扶植、獎助消費者保護團體。

10.調節處理消費爭議。

11.推行消費者教育。

12.辦理消費者諮詢服務。

13.其他依消費生活之發展所必要之消費者保護措施。

政府爲達成前項之目的，應制定相關法律。

第25條　企業經營者對消費者保證商品或服務之品質時，應主動出具書
　　　　面保證書。

　　　　前項保證書應載明下列事項：

　　　　1.商品或服務之名稱、種類、數量，其有製造號碼或批號者，
　　　　　其製造號碼或批號。

　　　　2.保證之內容。

　　　　3.保證期間及其起算方法。

　　　　4.製造商之名稱、地址。

　　　　5.由經銷商售出者，經銷商之名稱、地址。

　　　　6.交易日期。

五、環境保護主義者（Environmentalism）

是爲保護與改善人類生活環境而進行有組織的運動。環境保護主義
所關切的包括：礦產資源的亂開墾，森林的濫伐，工廠煙霧，廣告招牌，

垃圾等廢棄物，這些都可能造成休閒機會損失，以及由於污水、空氣、化學品污染的食物，而對人體健康所產生嚴重問題，環境保護主義者並非反對行銷與消費，他們只是希望行銷和消費都合乎生態原則下來運作而已。他們認為行銷系統的目標應為生活品質最佳化，而生活品質(Life-quality) 不僅是指產品和服務而已，尚包括環境品質。希望環境品質、社會成本應包括在整個生產者與消費者決策之中。他們贊成以稅賦與管制方式來課徵那些違反環境行為的真實社會成本，也要求企業在防治污染計劃上做投資，對不能回收使用的瓶子課稅。而我國對環境保護亦有積極性立法如目前之環境影響評估法中第5條（那些開發行為需實施環境影響評估)、第6條（環境影響評估說明書之內容)，其內容如下：

第5條　　（實施環境影響評估之情形）

下列開發行為對環境有不良影響之虞者，應實施環境影響評估：

1　工廠之設立及工業區之開發。

2　道路、鐵路、大眾捷運系統、港灣及機場之開發。

3　土石採取及探礦、採礦。

4　蓄水、供水、防洪排水工程之開發。

5　農、林、漁、牧地之開發利用。

6　遊樂、風景區、高爾夫球場及運動場地之開發。

7　文教、醫療建設之開發。

8　新市區建設及高樓建築或舊市區更新。

9　環境保護工程之興建。

10　核能及其他能源之開發及放射性核廢料儲存或處理場所之興建。

11　其他經中央主管機關公告者。

前項開發行為應實施環境影響評估者，其認定標準、細目及環境影響評估作業準則，由中央主管機關會商有關機關於本法公布施行後一年內定

之，送立法院備查。

第 6 條 　（第一階段環境影響評估之實施及說明書之作成）

開發行為依前條規定應實施環境影響評估者，開發單位於規劃

時，應依環境影響評估作業準則，實施第一階段環境影響評估，

並作成環境影響說明書。

前項環境影響說明書應記載下列事項：

1 　開發單位之名稱及其營業所或事務所。

2 　負責人之姓名、住、居所及身分證統一編號。

3 　環境影響說明書綜合評估者及影響項目撰寫者之簽名。

4 　開發行為之名稱及開發場所。

5 　開發行為之目的及其內容。

6 　開發行為可能影響範圍之各種相關計畫及環境現況。

7 　預測開發行為可能引起之環境影響。

8 　環境保護對策、替代方案。

9 　執行環境保護工作所需經費。

10 　預防及減輕開發行為對環境不良影響對策摘要表。

習 題

(一) 1994 年某市場電視評估 (TTV、CTV、CTS)

品牌	廣告量 (萬元)	總檔數 (檔)	材料(秒)	總收視 率點 G.R.P	CPRP	G.R.P based on 10″	C.P.R.P based on 10″	節目型態主線 ＊表示含TVBS (佔25%以上)
A	$ 295	94	10″×81 15″×12 25″×1	619	$ 4,760	653	$ 4,512	綜藝、新聞性
B	425	76	20″×76	646	6,581	1,291	3,293	＊註
C	1,065	200	10″×31 20″×169	1,920	5,547	3,522	3,024	＊劇集、新聞
D	330	123	10″×122 30″×1	724	4,564	749	4,415	劇集、新聞
E	537	100	20″×100	921	5,827	1,843	2,912	新聞
F	190	66	10″×66	560	3,396	560	3,396	＊劇集
G	1,259	233	10″×88 30″×145	1,290	9,758	3,035	4,148	
H	284	89	10″×89	858	3,312	858	3,312	綜藝
I	206	43	15″×43	535	3,844	803	2,561	新聞
J	370	49	20″×29 30″×20	464	7,961	1,149	3,218	綜藝、影集
K	226	45	20″×45	282	8,019	564	4,010	＊新聞

1994年某市場電視評估 (TTV、CTV、CTS)

試討論下列問題：

① 從此表可瞭解廣告量與 G.R.P 之間的關係

② 材料組合會影響 G.R.P 與 CPRP

③各品牌所偏好節目型態不一樣。對於 GRP，CPRP 之間的關係

④是否可從此個案探討每個品牌行銷策略企圖。

㈡行銷人員在本章中特別有提供道德與良知，就一個剛畢業的學生，面
　對廣告較多采多姿的世界中，如果有機會接觸，自己在心理上準備如
　何，才能成爲良好的廣告概念行銷人才，在操守上又能具有一流管理
　人才的水準。您個人認爲這件事重要性如何？

㈢在研讀本章廣告之後：

①您個人覺得傑出廣告行銷人員應具備有那些特質？

②您對立頓紅茶周華健主唱的廣告內容有什麼想法嗎？
　是否能進一步延伸探討此品牌的行銷策略企圖？

③您覺得目前三臺在中午節目，晚上 7:00～9:00 節目，與 10:00 之後的
　節目較適合那些行銷企劃的廣告片播放？試加以討論之。

㈣面對臺灣廣告業未來變遷：

①您個人在研讀本章後,覺得目前三臺收視率調查之 Rating 有什麼問
　題？應如何修正調整？

②廣告公司目前在經營上主要問題爲何？

③如果您是進入廣告的業務部門 AE，您如何爲廣告公司爭取廣告主？

④說明「廣告公司前途潛力仍在廣告公司本身上，與客戶對廣告公司
　信賴度無關」這句話的意思。

㈤您個人經常有收看第四臺之有線電視節目嗎？

①您覺得目前有線電視節目與三臺之間的差別爲何？

②您對有線電視節目目前之內容有什麼建議？

③未來有線電視與無線電視之競爭狀況的可能演變為何?

㈥廣告主與廣告公司面臨的問題
　①在需要上廣告主希望不增加預算前提下，GRP 能提高，CPRP 能下降，而廣告公司却希望透過預算增加來增加此目的，對這樣不同的立場，您的看法如何?
　②在需要與供給上，廣告主希望廣告公司能有專人 AE 負責廣告主公司的事，而廣告公司則希望基於成本效率考慮能一位 AE 負責 2～3 家公司業務。

㈦從下列廣告角度可否說明廣告主即客户行銷目的、企圖
　①以製作水準與製作品味而言，斯斯感冒藥並非上乘之作，但基於與康德 600 感冒藥之競爭而推出此廣告片，您個人覺得它背後之行銷目的為何?
　②您個人覺得波爾休閒茶的廣告片水準如何，為何波爾休閒茶銷售量與伯朗咖啡銷售量差異如此大?

㈧促銷的廣告與企業形象廣告、新產品上市廣告在行銷策略上思考有何不同重點。

第九章　推廣策略㈡：
促銷、人員銷售、公共關係

解決問題，不能產生成果；利用機會，才能產生成果。

彼得・杜拉克

企業機構的成功與失敗，其區別往往在於組織是否能善用其員工的能力和才幹。企業機構如何協助其員工，找出彼此共同的工作方向？……須知一個組織的基本哲學、精神、和動力所能達成的成就，往往遠勝於其擁有的科技能力、經濟資源、組織結構、創新、及時機等等因素所能達成的成就。

Thomas Watson, Jr. (IBM)

行銷是場文明化的戰爭，大部分的戰役是贏在字語、構想與訓練有素的思想上。

亞伯特恩瑪利

第一節　促銷

一、前言

Sales promotion (SP)：促銷與廣告均為行銷的重要推廣工具，如果公司對於①廣告經費運用尚未達規模優勢基礎規模不大未適合用廣告時，②對於短期之淡旺季消長問題或銷售量忽然減少、來客數想增加、想提高顧客購買的平均單價，③為使行銷策略與目標的互動性保持更密切的觀察，則促銷在推廣上比廣告更具短期激勵效果。促銷主要的特質在下列項目有非常明顯的特質：

①在推（push）的策略上：從公司一直到消費者透過促銷的推力有非常明顯的運作，如贈品、折價券、優惠方式、禮券、點券等。

②對於費用上的運用比廣告節省許多，但講究多元化的促銷活動卻比廣告多出許多，站在策略對目標的互動，可同時推出許多不同的 sales promotion 來達成目標要求。

③使用誘因性促銷活動 (incentive-type promotion) 以吸引新的試用者，獎勵忠誠的消費者，並提高偶而使用者之重複購買率。

④由於品牌轉換者往往為利所趨，只要求低價格或者贈品折扣，故銷售促銷主要是吸引經常轉換品牌的使用者。

雖然 SP 在上述四項有明顯的特質、但對於是否能靠 SP 來建立品牌忠誠度、扳回衰退的銷售趨勢、改變不被接受的產品，其效果則值得商榷。如何改變品牌結構性問題，必須思考如何與消費者建立加盟的關係（Consumer Franchise Building）簡稱 CFB。行銷人員必須在下列方向上努力：

①一個品牌在長期中產生利潤，就一定要建立堅強的消費者加盟。

此一品牌，一定要在消費者心目中建立重要並持久的依賴感。

②消費者怎樣得到他們對品牌價值的認知？很明顯大部份靠產品所
　獨見的性質，品牌能與其它品牌建立差別性。而這些差異性是由
　品牌名稱、產品定位與如何在消費者心目中建立具有獨特性概念
　產生。

二、促銷的意義與動態性

㈠促銷的意義

　　廠商為使 ①消費者試用新產品、新品牌，②產品的使用量、使用率，
③出清庫存產品，④加強重點區域、策略產品，⑤防禦市場佔有率，而
用與原來不同的銷售方式、或與消費者不同的溝通方式稱為促銷。

　　通常我們將人員銷售 (personal selling)、廣告 (Advertising)、公
關 (publicity)、銷售促進 (promotion) 稱為促銷組合 (promotion mix)。
促銷是由提供消費者各式各樣的誘因，以激發消費者在短時間對特定產
品或服務產生購買行為，如樣本、優待券、現金折扣、贈品、抽獎、惠
顧獎勵、免費試用、展示陳列、購買折讓、獎金與競賽。

　　促銷活動逐漸被重視的原因有：

①有效的銷售工具，對於增加銷售量有其正面性幫助

②類似品牌、同質性產品使得廠商尋求差異化促銷方式

③競爭品牌促銷方式是競爭策略之一

④廣告成本上漲，促銷成本如果兼具效果，則在經費效率上考率差
　別許多，較廣告費用省。

　　故每種促銷工具都有特殊用意及目的，例如免費樣品用來刺激消費
者試用；換季折扣，對除清庫存有幫助，不管您採取何種方法，最終目
的都是：①在吸引新嘗試者，②刺激消費者使用更多的量、使用更多次

數，③針對忠實客戶給予獎勵性質的促銷，如積點贈品，也能維持既有客戶，也有其必要性。

圖9-1 促銷組合圖

而促銷活動費用均屬於營業之廣告費用，其格式如圖 9-2。

　　促銷與廣告之間的差別，均屬於推廣活動，但在運用上仍有些差別性考慮：

1. 廣告提供消費者一種產品，並附帶購買的「理由」，SP 則提供產品，並附帶購買的「鼓勵」，通常此一鼓勵或爲金錢、或爲商品、或爲一項附加服務，而這些都是在平常購買此一產品時所沒有的。

行銷活動	預估費用	佔銷售額佔比
一、促銷費 　　折價券 　　樣　品 　　贈　品 　　抽　獎 　　展示會 　　型　錄 　　其它活動	一、促銷費佔比小	一、約3%
二、媒體費 　　電　視 　　報　紙 　　雜　誌 　　D.M.	二、媒體費佔比大	二、約10%
三、製作費 　　電　視 　　雜　誌 　　D.M. 　　報　紙 　　型　錄	三、製作費佔比大	三、約5%
四、推銷費 　　推銷獎金 　　銷售競賽	四、推銷費佔比小	四、約2%
五、研究費 　　市場調查 　　市場研究	五、研究費佔比小	五、約2%
六、配銷費用	六、配銷費用佔比小	六、約5%

圖9-2　行銷活動預算（能歸屬於各別產品）產品A

2. 促銷活動能吸引新嘗試者，故能發揮瓦解它品牌忠誠度的效力，廣告活動是建立一個品牌忠誠度的長期性的投資與集中化目的。

　①銷售業績而言，促銷比廣告更能快速反應。

　②促銷在成熟的市場上很難爭取到新的購買者，它只能吸引不具品牌忠誠度的消費者。

　③品牌間相互競爭性促銷的結果，很難使品牌忠誠者更換品牌。

　④廣告能強化某種品牌的忠誠度與重要歸屬感 (prime franchise)。

　⑤廣告通常對品牌都會增加某些知覺上的價值，而 SP 則企圖在創造銷售上增加實質價值。

　⑥廣告通常用之於為某產品創造一種形象，或賦予那些使用此一品牌的消費者一種情調、氣氛或認同。然而 SP 則是行動導向，其目標為立即的銷售。

3. 因此，您對促銷活動 (sales promotion) 須有下面的正確認識：

　①促銷是催促 (push & urge) 的推廣手段，而為完全的手段。

　②促銷並非萬靈丹，仍必須有一定的行銷基礎。

　③促銷有如特效藥，短期間有效果，但副作用也大，中長期的效果會有逐步遞減現象。

　④促銷有如強心針，但絕對不是補藥，治標而非治本。

　⑤促銷必須謹慎的規劃，用來解決特定的行銷問題。一般性問題必須用行銷組合來思考。

三、促銷目標與策略互動性

　促銷目標不一樣策略選擇就不一樣，下列為各種促銷目標可供選擇策略，之思考重點，針對下列不同促銷目標討論。

㈠第一種促銷目標

　　讓消費者試用新產品或既有產品的策略。

⑴可思考促銷策略

　　①隨貨附送贈品，②折價券，③現場展示說明，④降價或打折，⑤樣品／試用品免費發送。

⑵較重要的思考方向

　　地區性有明顯差別偏好的衡量很重要。

㈡第二種促銷目標

　　促使消費者續購策略。

⑴可思考促銷策略

　　①積分累積贈獎，②贈獎，③貴賓卡，④寄回空盒兌換，⑤會員制，⑥隨貨附彩券，⑦拼圖、賓果遊戲。

⑵較重要的思考方向

　　消費者信心與認知很重要。

㈢第三種促銷目標

　　維持消費者長期的品牌忠誠度策略。

⑴可思考促銷策略

　　①持續廣告，②寄回空盒兌獎，③公關，④積分券兌換券。

⑵較重要的思考方向

　　競爭方式、動態性很重要。

㈣第四種促銷目標

　　一定期間提高消費者購買頻率及購買數量策略。

(1)可思考促銷策略

①隨貨附送贈品，②寄回空盒兌換，③折扣出售，④在賣點促銷活動。

(2)較重要的思考方向

中獎機會機率高很重要。

(五)第五種促銷目標

出清商店存貨策略。

(1)可思考促銷策略

①買一送一，隨貨贈送，②寄回空盒兌換，③在賣點促銷活動。

(2)較重要的思考方向

機會成本評估很重要。

(六)第六種促銷目標

促使客戶光臨現場策略。

(1)可思考促銷策略：

①贈品、紀念品，②折扣出售，③折價券，④展示會。

(2)較重要的思考方向

促銷氣氛很重要

四、促銷對象與實施方式

(一)對消費者的促銷活動共可分下列 10 種促銷方式

1.免費樣品

(1)定義：公司派人分發試用品給消費者；或附於其它商品贈送。

(2)優點：(a)迅速讓消費者接近商品並試用。(b)消費者可立即獲得商

品，而不需任何花費。

(3)缺點：(a)銷售效果無法立竿見影。(b)迷你試用品包裝成本有時比正常包裝貴。(c)產品要有特色。

(4)運用重點：(a)必須是優良產品。(b)分送效率必須確實掌握。(c)收到樣品者必須樂於試用。

(5)預計費用：(a)樣品費用。(b)樣品包裝費用。(c)分送費用。(d)商品化費用。(e)人員費用。

(6)使用時機：新產品剛上市時最有效。

2.隨貨贈送貨品

(1)定義：隨著購買的商品贈送新奇實用的贈品，通常包裝在商品內。

(2)優點：(a)能讓消費者採取立即購買行動。(b)顧客不必費力即可輕易獲得贈品。(c)換季品、過時品之降低庫存壓力幫助甚大。

(3)缺點：(a)必須事先周詳計劃，數量不易估計，往往超出。(b)如果長期實施，會造成麻痺。(c)包裝成本高。(d)運送、陳列易生困擾。(e)必須取得零售店合作。

(4)運用重點：(a)贈品必須新奇、吸引人。(b)必須考慮運送及陳列問題。(c)必須付酬勞給商店。(d)運送路程要短。

(5)預計費用：(a)贈品費用。(b)包裝費用。(c)廣告費用。(d)人事管理費用。

(6)使用時機：為提高購買單價最有效。

3.寄回空盒等兌換贈品

(1)定義：消費者在收集若干個空盒後，寄回廠商兌換贈品。

(2)優點：(a)需要者才函索，可避免浪費。(b)贈品選擇的範圍較廣。(c)不需另外處理包裝印刷。(d)可用來刺激續購。(e)不必靠零售店合作。(f)處理程序簡易。

(3)缺點：(a)預算難以掌握。(b)消費者會覺得麻煩。

(4)運用重點: (a)贈品要實用吸引人。(b)要有廣告配合。(c)活動時間不宜太長。

(5)預計費用: (a)贈品費用。(b)贈品包裝郵寄費用。(c)廣告費用。(d)人員費用。(e)管理費用

(6)使用時機: 爲提高重複購買率最有效。

4. 積分點券贈送

(1)定義: 在產品包裝中附積分券，客戶累積積分券達一定數額時，可兌換贈品。

(2)優點: 可以促使續購。

(3)缺點: (a)費用高。(b)處理上較瑣碎。(c)期間較長。

(4)運用重點: (a)大量廣告配合。(b)贈品種類要多。

(5)預計費用: (a)贈品費用。(b)廣告費用。(c)信件處理費用。(d)郵寄費用。(e)管理費用。

(6)使用時機: 爲增加使用量很有效。

5. 折價贈券

(1)定義: 在 DM 中附折價券，使消費者在指定的期間獲得優待價格。

(2)優點: (a)適用於新產品，可促使初次試用。(b)辦法簡單。(c)隨時可舉辦。

(3)缺點: (a)會造成零售店的困擾。(b)期間拖太久。

(4)運用重點: (a)產品要有吸引力。(b)要付零售店津貼。(c)企業信賴感要夠。(d)廣告配合。

(5)預計費用: (a) Coupon 印製費。(b)零售店貼補費。(c)折扣費。

(6)使用時機: 在 DM 直接行銷中很有效。

6. 贈獎活動

(1)定義: 附彩券於產品包裝中或摸獎。

(2)優點：(a)直接有效。(b)可掌握贈品預算。(c)能製造促銷高潮。

(3)缺點：(a)消費者往往不信任。(b)必須配合大量廣告。

(4)運用重點：(a)獎品必須被認爲有可能獲得。(b)大量廣告配合。(c)廣告避免喧賓奪主。

(5)預計費用：(a)獎品廣告。(b)廣告費用。(c)印製費用。(d)抽獎處理費用。(e)管理費用

(6)使用時機：造成話題事件很有效。

7.降價優待

(1)定義：以折扣價格吸引消費者前來購買。

(2)優點：(a)方式最簡單直接。(b)可在淡季及換季時創造銷售業績。

(3)缺點：(a)會影響產品形象。(b)會帶給零售店困擾。

(4)運用重點：(a)要掌握時機實施。(b)期間不宜太長。

(5)預計費用：(a)成本費用。(b)零售店津貼。

(6)使用時機：對抗競爭很有效。

8.產品展示發表

(1)定義：在消費者聚集的定點展示商品並現場說明及操作產品。

(2)優點：(a)能讓消費者充分認識商品。(b)能刺激市場需要。

(3)缺點：需要大量人力配合

(4)運用重點：(a)品牌信賴度要夠。(b)展示者要有說服力。

(5)預計費用：人力費用

(6)使用時機：吸引人潮很有效

9.分期付款

(1)定義：將付款方式輕鬆化，先享受後付款。

(2)優點：可大量銷售

(3)缺點：有倒帳呆帳風險

(4)運用重點：手續要簡便、價惠

(5)使用時機：刺激購買慾很有效

10.意見抱怨處理

　　(1)定義：設置專職單位處理顧客的抱怨。

　　(2)優點：(a)建立良好公共關係。(b)提高顧客信賴感。(c)提昇企業形象。

　　(3)運用重點：(a)態度要親切。(b)要追蹤結果。(c)要立即答覆。

　　(4)預計費用：人事費用

　　(5)使用時機：形象維護很有效。

(二)對中間商促銷活動

　　隨著通路結構的變化與極大化行銷觀點，公司已無法在有限的通路自營結構中接觸到消費者，為使層面更廣，接觸機會更多，透過中間商或經銷商已經是一個趨勢，而對於經銷商相關性支援項目如下：

1.實施經營管理支援（對經銷商的支援活動較重要）

　　(1)收益目標、銷售目標或經營計劃的指導。

　　(2)指導經營分析的實施與作法。

　　(3)對經銷商的改革方案提供意見及指導。

　　(4)對經營者、管理者實施教育訓練。

　　(5)協助指導經銷商內部組織及職掌劃分職務。

　　(6)公司派員駐在指導。

　　(7)電腦化作業指導。

2.實施銷售活動輔導（剛配合經銷商）

　　(1)商品知識與銷售的教育訓練。

　　(2)舉辦業務員教育訓練。

　　(3)指導商品的管理方式。

　　(4)提供介紹銷售。

(5)支援建立客戶情報管理系統。

(6)支援新客戶的開拓。

(7)協助改善客戶管理。

(8)協助制訂業務員獎金辦法。

(9)支援編訂推銷指引。

3.商店裝潢、商品陳列改善（適合加盟經銷商）

(1)協助規劃招牌、標示牌。

(2)協助規劃展示窗、陳列室。

(3)提供 POP 活動廣告等用具

(4)提供字幕、旗子等宣傳標誌。

4.輔導促銷活動（配合利潤中心制度運用）

(1)提供宣傳海報 (poster)。

(2)提供公司的廣告影片。

(3)輔助經銷商廣告費。

(4)在電視、新聞廣告上經常提及經銷商及刊登住址聯絡地電話。

5.情報獲取支援（適合加盟經銷商）

(1)提供同業動態、廠商動向等有關情報。

(2)經銷區域的市場分析及客戶分析的指導。

(3)提供未來的產品趨勢資料。

㈢對中間通路的促銷活動共可分下列十種

1.銷售競賽

(1)實施方式：制訂一套競賽獎勵辦法，鼓勵批發商，零售店在一定
的期間內，全力衝刺，銷售成績越高者給予越多的獎
金。

(2)重點思考方向：區域合理劃分。具有激勵效果的競賽方式。

2.隨貨贈送

(1)實施方法：零售店購進一定數量的商品，可獲得一定數量的免費
貨品，例如「買十個，送二個」，經銷商或零售店只需
付十個的價錢，即可得到十二個貨品。

(2)重點思考方向：推力與搭配其它非明星化產品。

3.特價津貼

(1)實施方法：新產品上市，爲早日讓消費者選購，以特別的優惠價
格鼓勵經銷商早日進貨並陳列。

(2)重點思考方向：區域選定。銷售目標建立。

4.陳列競賽

(1)實施方法：鼓勵特約經銷商或零售店，改善店面佈置，而舉辦商
品陳列競賽，在一定期間會同評審，對成績優良者頒
給獎金或獎品。

(2)重點思考方向：陳列地點的選定。氣氛建立。

5.觀光旅遊

(1)實施方法：經銷商的銷貨或進貨的業績，達到一定數額時，招待
觀光旅遊。

(2)重點思考方向：適當分配不宜過多或太少百分比

6.廣告配合

(1)實施方式：由廠商貼補經銷商一定金額的廣告費。

(2)重點思考方向：拉力配合與利潤回饋。

7.聯誼活動

(1)實施方式：招待經銷商及眷屬舉辦餐會或晚會，聯誼活動的進行
可交換經銷經驗，及連絡感情。

(2)重點思考方向：感情的維繫與共識建立。

8.教育訓練

(1)實施方式：針對產品特性及推銷技巧，邀請經銷商加入訓練。

(2)重點思考方向：夥伴觀念建立。

9.商圈輔助

(1)實施方式：協助經銷商對其商圈的經營，如舉辦展售活動、製作 DM、調查商圈內競爭者的狀況。

(2)重點思考方向：促銷方式擴大與極大化行銷的概念。

10.組合銷售

(1)實施方式：以搭配及組合的方式，讓經銷商出清存貨。

(2)重點思考方向：促銷組合搭配的效果選擇。

㈣對公司內部員工的促銷活動

1.獎金佣金

(1)實施方式：推銷員除固定薪水外，另外制訂獎金規劃，推銷員可依據獎金規則領取目標。

(2)重點：估計獎金方法與合理基礎計算。

2.業績競賽

(1)實施方式：針對業務代表在一定的期間內舉辦銷售競賽，成績優良者予表揚，發給獎金。

(2)重點：必須有競賽氣氛與明確目標。

3.教育訓練

(1)實施方式：召集公司業務代表，實施在職推銷技巧訓練及介紹新產品，以提昇業務代表的士氣及能力。

(2)重點：實質實戰教育訓練方式。

第二節　人員銷售

一、人員推銷意義與特質

在某些傳統行業（如南北貨）或較高單價市場（如汽車、傳眞機、房屋市場）或利基導向經營（如化粧品雅芳、保險業、書商），目前仍使用人員銷售來做產品／市場推廣，雖然所面臨方式遭到目前的連鎖店、整體式銷售組織、專賣店、便利店、量販店等行銷方式的挑戰，但因有下列特質，目前仍持續在市場有一定的定位與市場空間。

(1)對於減少認知失調的消費行爲（消費者關心程度高，但市場上品牌並無明顯之差別）與複雜性消費行爲（消費者關心程度高，且市場上品牌之間有明顯差別），無論市場品牌提供產品是否有明顯差異，消費者均有一定的涉入關心程度，對於購買安全性、價值性，透過人員適當的解說與服務有其一定的價值。相對性在廠商必須要有良好的溝通者，銷售代表將產品特性、價值做充分性說明。

(2)對於某些新產品剛進入市場時，由於消費者並非能完全熟悉，且早期創新使用者、早期使用者所佔的比例並未超過 20%，必須透過人員適度的推廣與溝通，才能使大眾使用者、晚期使用者早點接觸到新產品，這些可透過人員銷售做市場滲透與市場開發。

(3)有些通路最終使用者廠商並非全部能接觸到，必須透過意見領袖或團體代表或承辦人、中間人的引介或規範，則透過適當的人員安排、推廣，較能達事半功倍的效果。如學校通路、公司的採購部門、中心。

(4)有些廠商於市場面對新市場顧客需要、特性並非能用原來行銷組

合（產品、價格、通路、促銷、定位）來滲透或切入，這時必需
組成特販隊、人員銷售組合，來進行技術上、口碑上溝通與運作。

二、人員推銷重要考慮因素

如果人員推銷的效果＝銷售人員的質×銷售人員努力度。所謂銷售
人員的質為銷售人員專門知識、推銷技巧。所謂銷售人員努力度就是拜
訪次數、停留時間、新顧客開發數。

⑴所謂銷售人員的質較屬於中、長期性效果的考慮，因為這有牽涉
　到銷售人員資質、個性、特質、公司教育訓練的方向與內容，短
　期間並無法看到立竿見影之效。但行銷組織也必須有某種訓練方
　式、專責單位來提昇中、長期水平發展。

⑵而所謂銷售人員努力度，也就是俗稱銷售人員攻擊量，重要因素
　有

　①銷售人員如何有效時間管理，而非只在延長工作時間，例如克
　　服交通阻塞的問題，對於顧客拜訪前準備工具。

　②對顧客訪問時停留的平均時間與訪問次數，乘數既非形式上拜
　　訪一下而已，也非無效率停留閒聊，且對於熟悉度與信任度強
　　化能透過拜訪次數的靈活運用。

　③公司或單位的總攻擊量＝在一顧客平均的停留時間×一天平均
　　訪問的總件數。

　　可將公司全體之銷售代表的顧客訪問時間與拜訪次數、件數做
　　加權平均。

三、人員推銷之管理

(一)如何招募與甄選銷售代表

　　良好的銷售人員代表對於①行銷或銷售的結果有非常重要影響，②可減少流動率、減少營運成本，③可提高邊際貢獻力創造較高的附加價值，而招募與甄選銷售代表，必須儘量克服靜態方式(如書面考試)、經驗習慣 (只是在瞭解申請人員的經驗)。必須慎重考慮下列特質：

1. 個性：是否精力充沛，充滿自信，勤奮向上，具有挑戰精神，面對挫折勇往直前的態度。這種個性是銷售代表重要性人格特質。

2. 能符合組織文化：有能力的銷售人員也必須要能符合組織文化，否則容易形成個人主義、本位主義，而與組織整體性立場產生不協調現象，並非組織之福。這是招募銷售代表很重要的考慮點。

3. 感動力(empathy)：對於顧客的溝通，不一定好的口才定能產生良好的溝通效果，必須要能有讓顧客感到誠意、接近、信賴、信任的感動力，才能產生良好的無形效果，除了產品有形介紹外。

4. 自我驅力 (ego drive)：今天績效良好的銷售人員未必日後定是績效良好，除非經常鞭策自己、激勵自己，尤其是在 40 歲以前能維持成長的自我驅力。

5. 動態性：競爭的問題、產品需求問題、機會的變遷問題，都是動態性變化而非靜止不變。良好的銷售代表其作業方式、思考必須有動態性作業與特質。

6. 中長期潛力：好的銷售代表在理念、特質上如果有經過慎重的選擇，則應具備中、長期發展的潛力。而非只有短期充足人員數目，可以有人上線即可。

㈡銷售代表之訓練

　　銷售代表為能保持良好的新知、企圖、活力的延續，除了個人可經常參加某些訓練活動外，也可由組織做正式與非正式的安排。目前這種人力資源教育訓練工作，在企業間已經逐漸被重視。

　　(1)銷售人員銷售技巧訓練（適合剛進來不久的銷售人員）

　　　　銷售人員銷售技巧訓練除了推銷技巧訓練外，還須注意提昇銷售人員的銷售意願，並可藉著成功案例發表會以提昇銷售人員的實戰經驗。

　　(2)產品研討會（定期式舉辦）

　　　　產品研討會內容有商品知識、使用技巧、銷售標語或口號、產品背景資料、舖貨技巧、店面陳列方式、參觀生產流程、品質管制標準等。

　　(3)競爭研討會（定期式舉辦）

　　　　舉辦競爭研討會以對主要競爭產品的售價、性能、長處、缺點做深入的了解。

　　(4)銷售競賽（人員推力競賽）

　　　　以銷售人員個人或團體為對象，舉辦銷售競賽，一方面刺激銷售人員的榮譽心，全力衝刺，另一面也可經由競賽規則的設計誘導銷售人員銷售公司的重點商品。

　　(5)銷售手冊製作（人員銷售話術）

　　　　所謂「銷售手冊」是銷售人員推銷商品參考的手冊，能幫助銷售人員向客戶提供有系統、美觀又具說服力的資料，並對銷售人員進行推銷時給予重點的指導，也附上一些公司的規定，提醒銷售人員注意。

　　(6)銷售獎金規則（責任中心制度應用）

銷售獎金規則是銷售人員在正常薪津外，另依銷售業績的好壞所得到的獎勵。

銷售獎勵可分為個人業績或團體業績，特定期間或季為單位計算業績，給予獎勵。

(三)銷售代表之激勵

1971 年財星雜誌以全美 500 大中之 257 家公司曾做一調查發現：

有 54% 之公司未對業務人員時間運用作一有系統的研究，有 25% 之公司銷售人員未依發展潛力將客戶做適當分類，有 30% 之公司未能為其銷售安排訪問行程，有 51% 之公司未定出每個客戶最經濟訪問次數，有 83% 之公司未定出每次訪問大約停留多少時間，有 51% 的公司未事前籌劃好產品的介紹方式，有 24% 未設定客戶的銷售目標，有 19% 未要求業務人員撰寫訪問報告，有 63% 未規定業務人員訪問路線，有 77% 未實施電腦管理時間與實施責任區。

1.工作性質（the nature of the job）：銷售代表之工作性質由於深具績效壓力動態的變化，而非例行不變之工作性質，故經常有有形無形激勵措施，以增加其持續力。

2.人性（human nature）：揚善去惡，在功利社會一切講求實際、績效的市場競爭下，銷售代表有些人員有時可能定性不堅、操守變質而喪失良好的前程，故應多激勵之正面人性看法。

3.私人困擾（personal problems）：碰到銷售代表其個人家庭、環境因素影響，有時會產生工作內容不協調或失衡現象，這是管理者必須要有激勵之正面措施作法協助其度過低潮時期。

4.組織氣候：良好的銷售代表在組織中，並非百分比很少，站在管理角度，必須要能形成組織氣候，而使其百分比能維持 80% 的良好正常水準。管理者必須要能塑造下列組織氣候，例如：

①使銷售人員相信，只要他們更努力工作，便可使銷售有更好的績
　效，接受一定的訓練，可使銷售成績更加出色。

②使銷售人員相信，爲求更佳績效以獲得更多的獎賞，更努力的付
　出是值得的。

5.銷售配額：銷售配額關係到銷售代表責任目標，這是管理者、銷
售代表的重要的決策執行思考，配額方式有下列三種：

①高配額學派（high-quota school）：高配額會刺激額外努力。

②適量配額學派（modest-quota school）：銷售人員對於接受公平
　合理配額可增加其信心。

③變動配額學派（variable quota school）：有人適用高配額，有人
　適用低配額。

　合適配額分配會對銷售代表與組織產生良性循環工作。

6.正面激勵措施：正面激勵措施，給予銷售代表是直接的感覺，下
列三種方式管理者可靈活運用之：

①定期性銷售會議（sales meeting）

　透過公司經營者、高階管理者在公司定期性銷售會議，對於銷售
　代表做理念性、意見性溝通，而使銷售代表更具正面性積極觀點。

②銷售競賽（sales contest）

　在客觀的基礎下，使各銷售代表有良性競爭、競賽方式，對於銷
　售人員汽車、旅遊、金錢、表揚，在有形激勵與無形（士氣）方
　面正面加以激勵。

③升遷（promotion）、成就感（sense of accomplishment）

　表現良好的銷售代表，可透過升遷成就其人生，提高其工作成就
　感。

㈣銷售人員評估

對於銷售代表可透過實際績效評估與無形定性評估(非績效面)，以使銷售代表自己與組織能修正相關之問題點

1.績效評估：可將業務代表的責任銷售區，各種產品銷售業績、拜訪顧客情形、銷售費用運用情形做一績效分析，透過合適損益、經營報表格式如圖 9-3。

	地區：	中部	業務代表：	
	1979	1980	1981	1982
1.銷售淨額：A 產品				
2.銷售淨額：B 產品				
3.總銷售淨額				
4.配額百分比：A 產品				
5.配額百分比：B 產品				
6.毛利：A 產品				
7.毛利：B 產品				
8.毛利總額				
9.銷售費用				
10.銷售費用佔總銷售額百分比				
11.訪問次數				
12.每次訪問成本				
13.平均顧客人數				
14.新增顧客人數				
15.喪失顧客人數				
16.平均每一顧客銷售額				
17.平均每一顧客毛利				

圖9-3　評估業務人員績效之格式

2.定性評估：有些銷售代表其營運情形仍須考慮下列定性因素才具客觀性。

①工作計劃（work plan）：每日工作計劃是否確實在實施。

②區域行銷計劃（territory marketing plan）：極大化行銷思考前提，能針對責任區域特性擬定短、中、長期行銷計劃。

③銷售訪問報告(call reports)：訪問報告是銷售代表重要工作，對於新顧客開發與主顧客維繫，交易完成追踪事項有重要記載。對公司產品、顧客、競爭者、地區、責任、瞭解度、動機、知識、態度、外表、談吐、氣質的表現情形。

四、人員推銷術原則

(一)推銷術（salesmanship）

指銷售人員推銷產品的方法與藝術，有兩種方式：

1.銷售導向法（sales-oriented approach）較適用於新顧客
對於目標市場顧客採取較推力式、壓迫式的推銷方法，以完成交易爲最重要的考慮點,所以在話術上的選擇較無一定的原則思考,強調其靈活性。

2.顧客導向法（customer promblem solution）較適用於主顧客
對於目標市場顧客採取較軟式銷售方法,多與顧客在產品、價格、需要上溝通其意見。並非一定在短期要馬上完成交易，而屬於顧客確實在忠誠上、偏好上有一定基礎，在合理下進行交易。

(二)有效推銷主要步驟

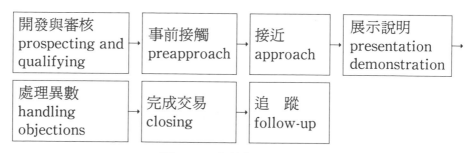

圖9-4　有效推銷主要步驟

1.開發與審核

(1)組織團體：有那些組織團體其開發潛力是銷售人員可以注意到，目前有些疏忽，對於進入此團體銷售代表要進行那些關係。

(2)門市產品顧客：對於現行顧客其使用量、使用潛力有否評估清楚，還有那些方面需要值得開發。

(3)供應商：目前有那些供應機構、中間機構，可加以運用其現行之基礎而進行市場開發。

(4)電話／郵寄：銷售人員並非全部市場均要透過親自拜訪，有些市場可透過開發信函、問候函、或電話問候進行成交方式。

(5)商圈附近：由透過商圈分析、責任區域分析，找尋有市場潛力，而目前尚未接觸的街、道、路而來進行開發。

2.事前接觸

(1) call object 訪問目標：在進行事前接觸時，對於所要拜訪目標，必須儘量予以具體化，使目標市場更具特質明確化，如 3 萬元以上訂單，對方需要產品規格，對於原來供應產品不滿意。

(2)最佳的接觸方式(approach)：拜訪目標的接觸方式，必須要妥善瞭解，有些需要直接拜訪，有些需要先預約時間，有些需要先寄

相關資料。

(3) timing：等接觸方式決定後，也覺得時機成熟才進行正式的拜訪，而所謂時機成熟是指拜訪後成交的機會有超過1/2主觀機率。

(4) overall sales strategy：全面性組合思考是將相關因素皆予考慮過後，擬定最佳接觸方式。這是成功銷售人員所必須要準備。

3.接近：面對面進行交易溝通

(1)關鍵性問題：對於關鍵性問題彼此買賣雙方都已知道相關性、關鍵性重點。銷售代表應能掌握買方最注意關鍵性要點。

(2)印象：銷售代表必須給予良好第一次印象，透過整齊、乾淨的外表，或有 C.I 管理文化式銷售識別，而非隨隨便便輕浮的感覺。

(a) legitimacy 公司信譽：如果公司信譽、歷史，在市場、口碑上有一定的基礎，則必需要在接近顧客以有系統有準備方式充分性分析、說明讓顧客瞭解。

(b) expert 專業式：對於產品、市場如果有專業式瞭解、客觀的數據分析，對於顧客說明力有重要性幫助。

(c) referent power 親和力：好的銷售方式，不需給顧客太多的成交壓力，在氣質與態度上應展現其良好親和力，使顧客戒心減輕。

(d) ingration 迎合對方：對於對方需要，為使洽談氣氛較融洽，可在初期多迎合對方需要，後再理性進行交易。

(e) impression management：表現出最好一面，使顧客樂於接觸。

4.展示說明

(1) canned approach 罐頭式：熟記一些銷售重點，利用適當文字、圖片、措辭來引導使顧客付諸購買行動。

(2) formulated 公式化：對於顧客在產品說明上的話術採取標準系

列話術，在事前先將顧客加以分類，每一種類顧客一套銷售方式。

(3) need satisfaction 滿足需要：對於顧客需要加以掌握，並適時推出、介紹、展示重要性產品。需有傾聽解決問題的技術與耐心。

(4) business consultant 商業顧問：對於顧客的立場、需要、情況加以充分瞭解後，配合自己專業性知識做為客戶相關性產業、產品顧問。

5. 處理異數

(1)心理抗拒 (psychological resistance)：在推銷話術過程上，由於有時只注意到對顧客表達我們銷售人員、公司的立場，而忽略顧客立場會比較自私、本位想法，產生了顧客心理的抗拒。

(2)邏輯的抗拒 (logical resistance)：對於原本設定好交易過程、產品特性、顧客需要的推銷組合話術，常會因某些條件改變、環境變遷、時空因素而改變原來對的經驗法則。

6. 完成交易

(1)下單優惠：運用現在或提前下單，可享較優惠方式提早完成交易。

(2)特別誘因：對於主顧客或重大性交易可運用特別誘因之技巧，促使顧客提早下單。

7. 追踪

為確保信譽，銷售人員必須針對交貨時間、地點、方式等細節問題進行追踪，以確保交易完成後，可使重複購買率提高。

第三節　公共關係

一、公共關係之意義與任務

公共關係過去經常稱為公共報導 (publicity)，公共報導其主要內容

為取得社論空間或版面，將消息刊登在所有顧客或潛在顧客可能讀到、看到或聽到的媒體上，藉此協助銷售目標的順利達成。如今公共報導已不僅只是簡單的公共報導而已，其對下列任務將有所貢獻：

(1)客訴與品質異常處理窗口

　這種牽涉頗大危機處理，有時必須透過 PR 專案解決。

(2)藉由建立公司形象使產品更受歡迎

　PR 強化品牌形象，而使公司所推出的產品，更讓消費者信賴與放心。

(3)影響特定目標群

　例如麥當勞、柯達相片等公司經常透過關懷兒童生活型態而使品牌形象更形提高。

(4)協助新產品上市

　良好品牌公關報導，而使產品切入市場成功的機會較大，克服早期使用者的不安心理。

(5)協助成熟產品的重新定位

　某些品牌或公司透過 RP 活動後而使產品形象重新定位，讓更大客層接受，產品生命週期結構改變。

(6)建立消費者對產品使用的興趣

　透過 PR 使消費者產生興趣而提高產品的使用量與使用次數，使重複購買率提高。

(7)與新聞界關係

　透過 PR 與新聞界建立良好關係，可使新聞界對公司或品牌採取較友好態度。

(8)與公司溝通

　在勞資不和諧的過程中，可透過公司 PR 機構互動性協調，促進勞資更和諧。

(9)遊說

與政府、民意機構的溝通、打交道可透過 PR 單位執行。

二、行銷 PR 重要決策

(一)建立行銷目標

雖然 PR 是關係行銷運作方式，其功能方針仍需建立在某些行銷目標基礎下，將使 PR 更具體化。

①建立知名度（build awareness）：PR 能藉建立適當故事內容來吸引社會大眾對產品、服務、人物、組織或新構想的注意。

②建立可信度（build credibility）：建立社論，來增加可信度，則 PR 方式比直接用銷售部門、財務部門更適合運作。

③鼓舞銷售人員與經銷商（stimulate the salesforce & dealers）：例如新產品推出前的消息報導，可幫助零售商較有意願進貨，使前線銷售人員產生較好士氣。

④降低促銷成本（hold down promotion cost）：如果公司預算少，則愈需用 PR 來贏得消費者注意，以減少實質支付廣告促銷成本。

(二) PR 訊息與工具選擇

與消費者溝通，透過 PR 來運作時，可透過下列工具。

①事件（events）：例如召開記者會、研討會、旅遊、展覽、競賽、週年慶，這些都有助於提高與目標大眾的接觸層面。行銷人員必須要特別創造出事件話題（event-marketing）。

②新聞（news）：找出或創造出有利於公司或產品或人物等的新聞素材，一個優秀 PR 媒體主管須深知新聞特性之趣味性、時效性與新聞性，以及撰寫吸引人的文案，以便新聞界發佈。最後與新聞

界所建立的關係愈好，則對他們報導愈趨於有利一面。

③出版刊物 (publications)：年報、月報、週報、宣傳小冊子、文章、視聽教材、公司新聞報刊與夾報影響目標市場之消費大眾，其持久性在 PR 中是最具時間性。

④演說 (speeches)：企業領袖或高級幹部經常透過公關演講、演說來提醒、吸引消費者注意企業名稱、品牌名稱、產品名稱，最具有形象力、影響力，且愈具知名度，其效果將愈大。

⑤公共服務活動 (public service activities)：贊助社區活動，提撥消費者購買額特定百分比，來贊助社會公益活動以影響消費者對企業形象，如 7-Eleven、柯達，經常舉辦這種活動。

⑥識別媒體 (identity media)：在資訊爆炸 (over communicated) 的社會，公司必須儘可能爭取注意力，製造一個可供大眾識別的標誌，持久性的媒體 (permanent media) 與 CIS (企業識別系統)，如信紙、宣傳小冊、表格、名片、建築物、制服、車輛，可提高企業知名度與指名度。

(三)行銷 PR 計劃與執行

公共報導執行必須十分慎重。題材愈具價值，則刊登的機會愈大。一般性事件，企業會用消息稿方式處理，但有重大性事件或特殊性事件，企業均會以專刊方式處理，或專人處理，或舉行記者會。

(四) PR 結果的評估

①展露度 (exposures)：透過此指標可使 PR 單位較具體 check PR 成效，總共有 100 分鐘電視播映時機，出現在 6 家的電視頻道，估計有 100 萬名觀眾。300 分廣播時間，分別在 10 家廣播電臺，估計有 1 萬名聽眾。有 600 片 POP 與 100 片帆布旗，估計有

2 萬名消費者看到。

②知曉／理解／態度 (awareness/ comprehension/ attitude)：另外一種較佳的衡量方法是在 PR 活動之後，調查聽眾對產品的知曉／理解／態度等變化的情況。例如有多少人記得所聽到的消息？有多少人奔相走告(口碑相傳)？聽過後有多少人改變看法？這些消費者的態度與認知層面的改變是 PR 主要目的。

③銷售與利潤貢獻 (sales-and-profit contribution)

倘若能取得相關資料，則以銷售與利潤成果來衡量將是很直接客觀的衡量。

總銷售額增加

估計由 PR 引起增加銷售

產品銷售的邊際貢獻

PR 方案的總直接成本

PR 投資所增加的邊際貢獻

PR 投資報酬率

這種衡量方式將使 PR 單位更具責任中心意義。

摘　要

一、促銷意義與動態性

瞭解促銷與廣告之間的意義、使用時機有何不同，較著重推力與短期、強心針、有特定期間的規劃與思考。

二、促銷對象與策略

促銷目標可分爲：①讓消費者試用新產品(注意地區特性差別)，②

促使消費者採續購策略（信心的重要性），③維持品牌忠誠（競爭、動態思考），④提高購買頻率與數量（機率觀點很重要），⑤出清存貨（機會成本很重要），⑥使客戶光臨現象（促銷氣氛）。

　　促銷對象可分為對消費者促銷、對中間商促銷、對公司內部員工促銷，針對消費者的促銷運用時機在：①免費樣本（新產品剛上市時最有效），②隨貨贈品（提高客單價最有效），③寄回空盒兌換贈品（提高重複購買率最有效），④積分點券（增加使用量最有效），⑤折價贈券（在D/M中直接行銷最有效），⑥產品中摸獎（造成話題事件最有效），⑦降價折扣（對抗競爭最有效），⑧產品展示發表（吸引人潮很有效），⑨分期付款（刺激購買欲最有效），⑩抱怨處理（維護形象最有效）。

　　針對中間商促銷重點思考：

　　①銷售競賽（區域劃分），②隨貨贈送（推力與搭配性思考），③特價津貼（區域選定），④陳列競賽（陳列地點選定），⑤觀光旅遊（適當分配），⑥廣告配合（拉力配合），⑦聯誼活動（感情維繫），⑧教育訓練（夥伴觀念），⑨商圈輔助（促銷方式擴大），⑩組合銷售（搭配方式）。針對公司內部員工的促銷活動有獎勵佣金、業績競賽、教育訓練。

三、人員推銷

　　下列情況可運用人員推銷：①複雜性消費行為減少認知消費行為，②新產品剛上市時，③最終使用者非消費者，④新市場行銷組合改變。

　　人員推銷之管理：①如何招募與甄選銷售代表，②銷售代表之訓練，③銷售代表之激勵，④銷售代表之評估。

四、公共關係有下列任務

　　①異常處理窗口，②影響特定消費群，③增加產品接受度，④協助新產品上市，⑤協助成熟產品重新定位，⑥建立使用興趣，⑦與新聞界

關係，⑧與公司溝通中間定位。

而行銷 PR 主要決策：

㈠建立行銷目標，㈡工具選擇，㈢計劃與執行，㈣PR 結果評估。

個案研討：從口香糖市場消費行為談未來市場競爭態勢、競爭策略、促銷組合策略

一、前言

1.品牌分佈與廠商介紹：┌司迪麥口香糖
　　　　　　　　　　　└箭牌、芝蘭、嘉綠仙等

箭牌（Doublemint）

　　單價 7 元，美商箭牌公司授權，臺灣留蘭香公司製造，共有 7 片。

司迪麥（Stimoral）

　　單價 10 元，進口商為兆凱貿易股份有限公司，共有 12 粒。

飛壘（Play Gun）

　　單價 8 元，統一糖菓股份有限公司出品，共有 5 顆裝。

芝蘭（Chiclets）

　　單價 10 元，美商華納蘭茂公司製造，共有 12 粒裝。

嘉綠仙（Clorets）

　　單價 12 元，美商華納蘭茂公司製造，共有 12 粒裝。

2.產品屬性：類似於便利品、非功能性、單價低、消費頻率高、各品牌間替代性強、品牌忠誠度低。

3.目標消費者：teenagers、學生、未婚上班族。

4.品牌定位與行銷組合策略思考。

　⑴品牌定位與競爭態勢

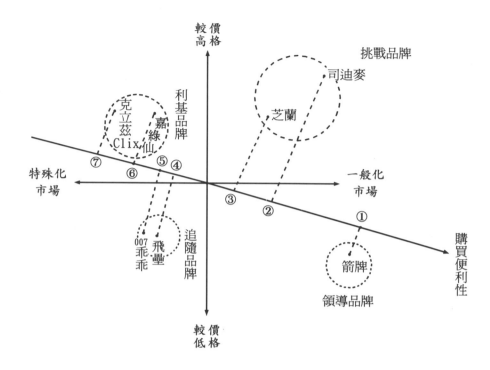

圖9-5 品牌定位與競爭態勢

①箭牌: 生活化、普及化的定位

②司迪麥: 意識型態價值觀對抗

③飛壘: 兒童市場訴求

④芝蘭: 體育活動結合形象訴求

⑤嘉綠仙: 特殊性功能訴求

⑥007: 特殊性口味 (咖啡)

⑦CLIX: 特殊性口味 (清涼)

⑵行銷組合思考

(2-1)　產品策略思考方向

　①差異化的思考

　　　產品生命週期較長，又為習慣性消費行為，對於已有品牌知
　　名度、品牌熟悉度的箭牌、司迪麥給予消費者推陳出新的感
　　覺較少。業者應在既有基礎下，在形狀、口味、顏色、包裝
　　上加以差別化、區隔化，並配合目標市場年輕人的生活型態
　　主張在產品的外觀訴求上加以配合。

　②區隔化的思考

　　　目前目標市場重要集中於年輕人，業者可考慮以年齡來擴張
　　市場區隔化，並與使用時機區隔變數加以組合，以達多重區
　　隔目的。例如 A.30 歲以上消費者並不是沒有使用口香糖的
　　機會，但業者並未以極大化思考策略而進行行銷溝通。B.吸
　　煙消費者雖由於社會環境變遷有愈來愈遞減的趨勢，但人口
　　數分佈仍廣，似乎在此種區隔並未有明顯目標行銷的動作。
　　C.兒童市場 3 歲～7 歲消費者，並不是不喜歡口香糖，但購買
　　者均為父母親，在產品安全性、如何與父母親進行互動式溝
　　通，是業者可思考的方向之一。

(2-2)　價格策略方面思考

　①價格需求彈性的思考：

　　　口香糖的單價大抵分佈在 7 元～12 元，價格需求彈性小，故
　　為提高業者的邊際貢獻方面思考可從單價方面思考、數量方
　　面思考，並且較不宜從價格降低刺激需求量增加思考，因為
　　原本訂價已經是很低了，消費者敏感度不高。

　②價格方面思考：

　　　可配合產品差異化策略，市場區隔化策略進行差別取價的思

考。則價格可思考從現行 7 元～12 元分佈,走向 10 元～15 元的分佈。目前一些進口口香糖、水菓糖 10 片內包裝單價均訂在 15 元～20 元間。

③數量方面思考:

如果考慮口香糖價格需求彈性, 則數量方面的移動應考慮需求曲線的移動(shift demand), 如消費者偏好增加, 而使價格提高、銷售數量增加雙贏目的。

5.促銷策略方面思考

①應有經營損益結合形象訴求平衡思考

大抵而言箭牌的廣告在一年四季中較呈現常態形分配, 司迪麥自從民國八十三年以後廣告量大爲銳減, 呈現忽大忽小不均勻的分佈。廣告拉力投資、費用必須能與業績、銷貨收入做平衡性思考, 才具有持久性、長期性經營思考。

②應與產品策略做結合性思考

口香糖市場由於產品附加價值低、同質性高, 在產品本身做促銷思考機會較小, 可運用多品牌策略, 並將不同調性做適當的劃分, 區隔結合年輕人偏好的生活型態做系列性促銷如贈品、旅遊、音樂、活動。

③可與其它 tone & manner 較接近的廠商做 joint promotion 聯合促銷。不僅可將品牌形象提高, 且可節省費用。

通路策略方面的思考

由於口香糖較偏向於便利性、習慣性購買的消費行爲, 故密集式配銷爲主要的通路分配策略, 而通路扮演著推力角色, 以司迪麥而言在消費者心目中偏好度, 並不輸給箭牌口香糖, 但由於通路密集式不如箭牌, 故市場佔有率有不一樣的差別。故對於經銷, 中間商的激勵、促銷, 就成爲鋪貨率的重要考慮因素。

二、口香糖消費行爲

具有尋求多樣變化消費行爲與習慣性購買消費行爲特質。

Y **e** **s**	尋求多樣變化消費行爲 行銷重點：品牌熟悉度 【口香糖】	複雜性消費行爲
N **o**	習慣性消費 【口香糖】	減少購買後認知失調的消費行爲

品牌差異性

　　　　　　Low　　　　　　　　　　High

涉入程度

圖9-6　消費者行爲模式

1. 尋求多樣化消費行爲，消費者與廠商的決策。

(1)一般消費者注意：

①知覺：憑直覺進行購買決策。

②到何處購買。

③有無替代品。

(2)廠商行銷應注意：

①消費者對產品的熟悉度。

②如何讓消費者買得到。

③如何讓消費者重複購買。

④是否有明星產品。

2. 此外，依照企管理論的兩種主要的產品分類法，口香糖的定位分別如

下：

(1)耐久品、非耐久品與服務——口香糖屬於非耐久品（nondurable goods)因為用得快，買得較頻，因此適當的策略是銷售地點多，成本加成稍低，運用大量廣告以吸引大家試用並產生購後增強作用（postpurchase reinforcement)。

(2)消費品——口香糖屬於便利品（convenience goods)，指消費者較常購買、購買時間很短且不太費心去比較的消費品。

便利品還可細分為日常用品、衝動購買品和緊急需要品，口香糖顯然屬於衝動購買品（impulse goods)，是消費者事先未計劃而臨時起意購買之便利品，銷售地點要多且廣，因為消費者目前之需要一旦得到滿足，通常不會費心去找這種產品。也就是說，不大有所謂的「品牌忠誠度」，在這一點看來，顯然箭牌深諳這一層道理，因為在各個店頭，收銀機旁永遠都有箭牌口香糖。

以下列出口香糖消費者購買頻率的抽樣調查結果，可以證明其為「尋求多樣化消費行為」的典型產品。

①每天約一包（含以上）	13.90%
②每週約 4～5 包	25.00%
③每週約 2～3 包	30.06%
④每週約 1 包	19.44%
⑤約兩週 1 包	5.55%
⑥約每月 1 包	5.55%

注意要點：
必須要區隔重度使用者、中度使用者、輕度使用者，此資料與事實將更符合。

表9-1　口香糖消費者之購買頻率

三、消費行為過程

　　口香糖的主要消費者年齡層偏低，這一點是司迪麥最有利的競爭優勢，因為司迪麥在這些主要消費者的心目中，品牌的認同度遠遠超過箭牌。但是，司迪麥的市場占有率，卻遠遠不如箭牌，形成了「認知」和「行為」的矛盾，這一點，必須從消費者的購買作業過程分析，以下是消費行為的抽樣調查：

		民國82年	民國84年	趨勢
吃口香糖的原因	①喜歡吃	41.67%	33.33%	－ 8.34%
	②跟著別人吃	25.00%	8.33%	－16.67%
	③保持口氣清新	19.44%	33.33%	＋13.86%
	④被小販推銷	13.89%	25.00%	11.11%

注意要點：保持口氣清新所佔的百分比顯著性提高

表9-2　口香糖消費行為抽樣調查

　　口香糖的購買作業過程比較單純，絕大部份的發起者、決策者、購買者、使用者都是同一人，比較特別的是「影響者」，經濟學上的遊行花車效果（bandwagon effect）可以用來解釋這種追逐流行、不願「落伍」的心態。「遊行花車效果」是指因為其他人都有，而跟著別人買——看看〔表 9-2〕，「跟著別人吃」口香糖的比例居然佔了四分之一，而「遊行花車效果」的結論之一就是，如果使用的人愈多，則此產品的需求者其增加幅度會愈來愈大。這也就是兩大廠牌為口香糖市場所造成的「進入障礙」之一。

　　以下列出口香糖購買的決策流程，便可以了解購買行為形成的原因：

1.確認問題：為什麼買（吃）口香糖，可參見〔表 9-2〕。

2.收集情報：對口香糖來說，廣告可能是情報主要來源，此外還有

同儕的影響。

3. 評估可行方案：口香糖價格實在太低了，所以產品屬性、重要權數、效用函數等恐怕都不是消費者關注的目標。

4. 購買決策：由〔表9-4〕、〔表9-5〕可發現，司迪麥的品牌偏好程度最高，但在消費頻率上卻不如箭牌，這種矛盾可參見〔表9-2〕，由於各品牌間替代性強，忠誠度低，消費者的決策因素又以「容易買」最具影響力，因此在鋪貨密度較佔上風的箭牌自然較佔優勢。

由此可見，消費者固然對口香糖的品牌有「主觀」偏好，然而由於品牌忠誠度低，結果銷售量的決勝點，反而是由「客觀」的鋪貨能力所決定。

此外，小販推銷的因素也較品牌偏好更具影響力，參考下圖可獲致一結論：口香糖的消費行為，「突發之狀況」對購買決策之影響，遠大於品牌之偏好。

| 買口香糖時，如果你喜歡的牌子沒有了，你會不會改買其他品牌？ | 會 77.78% |
| | 不會 22.22% |

表9-3

		民國82年	民國84年
最偏好的品牌	①司迪麥	38.89%	50%
	②箭牌	36.11%	43%
	③芝蘭	13.12%	20%
	④飛壘	11.88%	7%

表9-4

		民國82年	民國84年
最常吃的品牌	①箭牌	41.67%	70.37%
	②司迪麥	36.11%	25.93%
	③芝蘭	16.67%	0%
	④飛壘	5.55%	3.7%

注意要點：偏好與實際消費行爲是否一致性。

表9-5

民國 82 年

選購口香糖時的決策因素	①容易買	66.67%
	②喜歡這個品牌	13.89%
	③便宜	13.89%
	④被小販推銷	16.55%

表9-6

民國84年

		箭　牌	司迪麥
選購口香糖時的決策因素	①容易買	36.84%	0
	②喜歡這個品牌	31.57%	100%
	③便宜	5.26%	0
	④被小販推銷	26.31%	0

表9-7

　　從下面這個彙總的購買決策流程圖，就可以輕易了解，為什麼司迪麥擁有消費者的高認同度，卻不能表現在產品的市場占有率上。

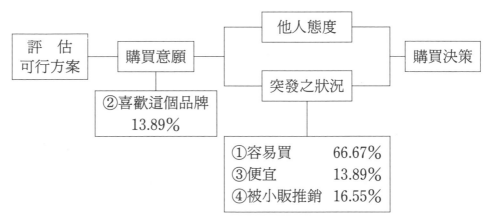

圖9-7　造成購買決策與購買意圖

四、消費者生活型態：對新品牌接受度、對廣告的態度、收集資訊的方式

　　根據司迪麥臺灣地區總代理兆瀚公司表示，司迪麥鎖定的主要消費族群是：「學生、年輕人。」

　　直覺上，這似乎是一個憑常識就可以判斷的問題，口香糖一定是年輕人吃的，正如同棒棒糖是十歲以下小朋友吃、檳榔是司機先生吃一樣理所當然。

　　不過，在此必須強調，口香糖對於臺灣一般大眾來說，向來就是「舶來品」，即使曾經有過「英倫心心口香糖」那類國產品風靡的時代，卻始終不脫外來品形象。（至於像「飛壘」或日本式甜味泡泡糖，則另有一群小鬼擁護者，但在此將其定位為兒童零食的「泡泡糖」，因此不在本文討論之列）廠商其實也有意保持這類「舶來品」形象，並沒有將產品本土化的企圖。從產品外包裝一式的英文，以至於喜用金髮碧眼的老外拍電

視廣告，都可以窺出廠商對口香糖濃厚「洋味」維護之不遺餘力。由於臺灣長期受美式文化如好萊塢電影、NBA籃球、大聯盟職棒等影響，很自然認同這種無論何時何地永遠嚼個不停的美式次文化，但影響的年齡層，顯然偏向較喜追逐流行的年輕人，加上口香糖這類休閒食品不具功能性價值，和傳統的樸素、勤儉價值觀相牴觸，（也往往成爲某些上了年紀家庭主婦口中的「垃圾食物」）因此口香糖在臺灣幾乎成爲年輕人的專利品，是有其特殊的社會、文化背景的。

職是之故，口香糖在臺灣的主要消費群，比較起西方國家，年齡層狹窄了許多，而且有偏向年輕化的趨勢（當然中、老年人因假牙問題不能吃口香糖則中外皆然）。

而且，來臺十年，當初的「年輕人」有些已不再那麼年輕，原來的學生也許已經成爲上班族——難道司迪麥打算放棄這群人嗎？

答案當然是否定的，細心觀察的話，不難發現司迪麥一路在調整其廣告方針，即使依然前衛，依然現代感十足，可是訴求的對象變得愈來愈模糊、愈來愈曖昧難明了。

如前所述，司迪麥的主力消費群是teenagers、學生、年輕上班族。

將目前臺灣人口結構分爲三類新的消費群：(1) new family, (2) new young, (3) new old。

顯而易見，口香糖這種個人休閒食品的消費族群是new young, new young的行爲特性是：高度自尊心，對時代潮流有強烈反應，固執於自己的看法、信念，適應環境能力很強。

new family, new young, new old所共同創造的消費新趨勢之中，與口香糖市場較爲密切的有：

①高級化——尤其是美、歐、日等進口品牌。

　　這也就解釋了爲什麼箭牌、司迪麥的品牌形象一向缺乏本土化的誠意，「本土」的口號，在臺灣似乎只有政治議題才吃香。

②多樣化──商品功能的細分化。

箭牌和司迪麥最暢銷的都是薄荷口味，但多樣化政策下，爲「一網打盡」所有消費者，兩大廠商都紛紛引進各式口味。而其實除現有口味之外，箭牌在美國尚有紅色的肉桂口味，司迪麥在歐洲也有十幾種口味，因此在「多樣化」的目標上，尚有許多努力空間。

③新鮮感：喜歡新奇、具趣味性的產品。

兩大品牌每季皆編列預算另行攝製新 CF，尤以司迪麥用力最深，其目的無非是希望保持消費者的新鮮感。

④個性化：這一點司迪麥的品牌形象最爲強烈，叛逆、不同於他人等特性一向就是司迪麥的廣告訴求重點。

綜上所述，可以歸納出以下結論：

1. 消費者生活型態──上班族、學生的生活模式，高度自尊心，對時代潮流有強烈反應，喜追逐流行、害怕落伍，固執於自己的看法、信念，適應環境很強；尋求新鮮感、個性化。較具有嘗試、冒險精神。

2. 對新品牌接受度：由於對資訊敏感度高，甚至有某種「資訊恐慌」，害怕落伍因而特別注重吸收新資訊，因此對新品牌接受度較高。

3. 對廣告的態度：視爲吸收資訊的一種方式，對感性廣告的接受性強。但訴諸理性的廣告，其判斷力較高，不容易被說服。同時因爲新資訊不斷，因此對廣告容易厭倦，喜新厭舊。

4. 收集資訊的方式：大眾傳播媒體，尤以電子媒體爲主，但對於平面媒體的接觸程度仍遠較鄉村區和中高年齡層來得高。口耳相傳的小眾傳播在人際感疏離的都會地區較不起作用。

註：本個案部份資料引用東吳大學夜間部經濟系消費行爲課程上課筆記，指導老師郭振鶴，參與學生爲尤傳莉、陳輝如、朱沅若、戴治

宇、徐勝旭、劉盈孝、羅崢嶸、張銘益、鄧世興、林怡珍，協助部份特表致意。

五、討論

1. 口香糖是尋求多樣變化的消費行為或是習慣性購買的消費行為？請加以研討。

2. 口香糖基本上為一種低涉入購買的消費行為 (low involvement)，請問此種消費行為在進行促銷時要考慮的因素有那些？何種促銷方式適合此種消費行為？

3. 箭牌口香糖的廣告：青箭「使您口氣清新自然」，黃箭「像這個時候，您需要好滋味的黃箭口香糖」，白箭「每天嚼白箭，運動您的臉」，您對此系列的廣告是否有其它不同創意角度的看法。

4. 對於本個案所提供的市調資料消費者的偏好度最高為司迪麥口香糖，而實際購買最多次數的品牌為箭牌口香糖，請問此種說法是否有矛盾現象產生？您如何去解釋此種消費行為？

5. 您個人是否思考過為何口香糖市場一般消費者大部份只記得箭牌與司迪麥？這對進入市場新品牌有何進入市場障礙？

專題討論：促銷活動程序與實例

在程序上：思考方式

市場目標→市場策略→確定目標市場及促銷對象→決定促銷目標→準備預算→選擇促銷組合策略→執行控制及評估

專題討論㈠：冰棒促銷 SP 案例討論

一、活動目的

㈠掌握節氣，以促銷活動激化冰棒的銷售。

㈡配合聯合促銷的舉辦，提高顧客消費額。

二、活動主題

CATCH：40 元，清涼帶著走！

三、活動期間

三天時間

四、目標

冰棒：1,900 盒（11,400 支），每日目標如附件。

五、活動內容

㈠拉力方面：

1.冰棒每盒特價 70 元（原本每盒 90 元）。

2.凡購買門市餅乾及蛋糕產品折價後金額達 200 元者，就可享有當場以 40 元購得一盒冰棒的限時立即優惠。

㈡推力方面：

活動期間結束後，分三級門市給予獎勵（階段達成率均須高於 100%），各得獎金如下：

A級　第一名　500 元
　　　第二名　300 元
　　　第三名　200 元
B級　第一名　500 元
　　　第二名　300 元
　　　第三名　200 元

　　　　　　第四名　180 元

　　　　　　第五名　150 元

　　　C 級　第一名　500 元

　　　　　　第二名　300 元

　其他階段達成率高於 100%者，發予冰棒 2 盒作為獎品。

六、媒體強化事項

　　活動預計於 6/23 開始，SP 海報預計於 6/22 前配送至各門市，加強
預告效果。

七、費用

　　獎金（各銷售點推力獎金）……………3,130 元

八、效益評估

單位：元

	實施前	實施後
業績	85,500	171,000
銷貨收入	85,500	133,000
銷貨成本	42,750	85,500
費用		3,130
	42,750	44,370　$\Delta = 1,620$

專題討論(二)：消費性產品衛生棉適用的促銷方式討論

　　衛生棉這種產品幾乎很少舉行促銷活動，本專題特針對可行性促銷
方式提出說明：以廣告那一章好自在衛生棉推出促銷方式必須思考的內
容有：

1.特價

相反作用：特價因產品價格並不是太高會破壞品牌的品質形象。過多時會引起消費者的懷疑而降低品牌忠誠度。要設法降低此相反作用，特價必須利用特殊名目。

補充作用：幾乎沒有。

合適性：不適用價格需求彈性小且好自在是領導品牌與優勢品牌 (dominant brand)，特價與本身調性不符。

2.折價券

相反作用：也會破壞品牌形象，儘量以特定對象及折價券本身的價值感來減少相反作用。

補充作用：報章雜誌上的折價券可以提高對廣告的注目率，且可實施中、長期建立顧客品牌忠誠度，更鼓勵新的消費群。

合適性：不適用，好自在已有一定的市場佔有率。

3.贈品

相反作用：價值太低的贈品會引起反感，贈品應視為品牌性格的一部分。

補充作用：廣告難以訴求商品差別化時，可以贈品來達成。

合適性：適合形象的贈品成本過高，成本低者卻不符好自在的 USP。

4.抽獎

相反作用：有立即的促銷效果，但未獲獎者可能產生挫折感，影響對品牌的偏好。

補充作用：廣告＋抽獎可提昇對商品的了解及興趣。

合適性：可考慮與媒體整系列性活動並與其它廠商實施 joint promotion。

5.猜謎

相反作用：刮刮看等立即性的 game 是求短期效果，對產品形象無

大幫助，亦不會破壞。

　　補充作用：問答式的猜謎可增加對產品之了解。

　　　合適性：不合適，有損形象。

6.繼續購買獎勵

　　相反作用：忠實愛用者不必獎勵也會繼續購買，以此維繫品牌忠誠
　　　　　　　度效果差。

　　補充作用：以廣告提昇形象為目標，可幫助行銷。

　　　合適性：可維繫忠誠度，但不免關係特價、贈品，實行困難。

7.加值包

　　相反作用：對新產品較沒效果，但在商品衰退期採用會有過時商品
　　　　　　　最後衝刺感。

　　補充作用：新品上市可配合廣告刺激購買慾。

　　　合適性：相反作用可能會扼殺產品本身後續發展性，不予採用。

8.試用品及樣品

　　相反作用：少反作用但費用高常影響廣告預算編列，故發散時須控
　　　　　　　制數量與對象。

　　補充作用：廣告加上試用機會，會使效果加倍。

　　　合適性：新產品適用，因已一直在做，故無強調。

9.招待券

　　相反作用：因即使有文化、育樂或健康等正面意義，不會產生對廣
　　　　　　　告的反作用。

　　補充作用：對品牌印象與企業形象有提升之效果，可以和商品廣告
　　　　　　　同時進行，加強長期忠誠度與短期促銷效果。

　　　合適性：補充作用非常適合「好自在」的調性，及此次電視廣告
　　　　　　　所強調之 USP。

註：本專題部份資料參考東吳大學經濟系消費行為研究上課筆記，指導

老師郭振鶴，參與學生陳靜慧、王浩宇、羅重威、劉廷勳、廖喜銘、施耘之、廖文瑞、梁丁敏，特表致意。

習　題

①促銷與廣告在拉力、推力、行銷力的運用上有何不同？在預算、費用上的考慮點有何不一樣？在長、短期策略上運用觀點有何不同？

②促銷目標的方式、方向有那些？每一種促銷目標思考之策略重點有何特色？您在研讀本章後覺得對消費者促銷活動那一種方式最有效？對中間商促銷那種方式最有效？其原因為何？

③為何有些市場推廣活動不選擇用廣告或促銷，而選擇人員銷售來實施推廣活動？人員銷售在質與量考慮因素重點何在？

④如何進行銷售人員訓練？如果您是行銷單位主管，奉公司指示進行對業務代表訓練，您如何進行？您如何對銷售人員進行激勵？

⑤如果您是某公司在 A 地區的銷售代表，有下列兩種競爭結構狀況，您如何進行市場開發？
　　Ⓐ當地市場消費者尚未普及所要推廣的產品
　　Ⓑ當地領導品牌產品已經佔據有 30％市場佔有率
　　Ⓒ當地領導品牌產品佔有 10％市場佔有率
並對公司回饋您的區域行銷計劃。

⑥在進行人員推銷時，有時顧客在推銷過程會產生抗拒，銷售人員如何

避免、克服此抗拒？

⑦PR 工具選擇，並說明組織在資源較缺乏時較適合運用 PR 工具。

⑧如何評估公共報導關係有形、無形方面的貢獻？

⑨試解釋下列人員推銷話術的相關名詞：
　　Ⓐ銷售導向法與顧客導向法
　　Ⓑ罐頭式、公式化、需要式、顧問式說明
　　Ⓒ心理抗拒與邏輯抗拒

⑩試擬定冬天促銷冰棒的相關性思考。

第十章　行銷之責任中心制度

從優越到成熟，須經歷一段漫長歲月。

Publilius Syms

　　大凡優秀公司，似乎均有一個極爲有力的服務主旨與中心，並爲整個組織所共知，不論其爲金屬的、高科技的、或製造漢堡事業，均能認爲他們的事業爲一中心服務的事業。

Thomas J. Peters
& Robert H. Waterman, Jr.

第一節 利潤中心制度源起、意義、觀念性說明與相關觀念

由於行銷人員所承擔之責任、壓力、業績目標與公司活力、績效有很大的關係，而對於動態行銷人員除了公司必須透過良好的企業文化、組織文化、教育訓練的精神面管理措施外，為延長行銷人員在公司工作時間(避免工作壓力或被同業挖角因素造成離職)，激勵行銷人員工作意願(採變動薪資制度與業績、績效好壞可能產生關聯性)，提昇行銷人員對公司的向心力(必須有好的實質獎勵制度)，則公司必須能對行銷人員提供有良性循環對公司好、對行銷人員也好的一種穩健、長期性的管理制度，而利潤中心制度目前是最普及化的良性獎勵制度，對行銷理念、理論的正面影響、行銷人員的良性誘因有很重要的影響，此部份必須兼具有理論與實務的基礎，一般而言行銷學書籍很少提到，本書特針對此部份做一完整性說明。希望同學在學習完本章後，能正確地瞭解公司經營者、管理者如何有效的運用利潤中心概念來強化公司行銷競爭力。

㈠利潤中心制度意義

利潤中心制度為責任中心種類之一，係認為每個組織係由分權化各小單位所組成，其範圍可大可小，小至某一個人，大至整個公司、某一事業分公司、某一事業部門、某一產品線，但每一單位必須有權責控制其成本與收益的產生，採取最適當的營運政策求取利潤最佳化，以達企業經營目的；因此利潤中心又稱為「利潤分權制度」，一企業是否適宜採取利潤中心制度，端視公司的策略與組織結構而定：怎樣的利潤中心制度才能發揮其功能，實施利潤中心制度有那些限制與障礙，應注意的事項，都是必須討論。

(二)利潤中心的觀念性說明

　　實施利潤中心單位必須有權責控制其成本與收入的產生，採取最適當的營運政策，求取利潤最佳化，實施單位應有正確的目標、策略與組織結構。

(三)利潤中心的相關觀念

　　①是一種責任中心制度（responsibility center）。
　　②必要組織管理制度。
　　③事前指引與事後控制（配合總公司經營目標）。
　　④良好組織內在環境（接受激勵、學習成長、全員經營）。
　　⑤培養階段性高階主管（面臨達到目標之決策與評估磨鍊機會）。
　　⑥利潤中心部門有獨立、控制、管理能力，達到經營目標並有某些
　　　彈性控制其目標。
　　⑦利潤貢獻分配是實施利潤中心的誘因與持續性之必要因素。
　　⑧會計費用與期間認定具有成本與收入配合原則之標準化作業。
　　但利潤中心為責任中心的一種，故先簡介責任中心。

(四)責任中心制度的源起

　　責任中心制度自 1960 年代以來漸為企業採行，相較之前局部管理制度（成本控制、產能效率提升、員工態度……等）而言，其提供了企業「全面性的管理」控制制度。讓各部主管不再本位主義，提供企業一「機動調整策略之機會，讓資源發揮最高經濟效率下，達到整體目標」的管理制度，也解決目前企業常面臨的問題，如下：
　　1.透過責任中心制度培育獨當一面經營人才
　　　組織規模擴大、或多角化經營發展趨勢下，極需儲備、培育經營

決策人才。

2. 透過責任中心制度激勵因素可解決人員流動率過高

透過組織有計畫、有制度的施行目標管理、激發同仁自主成就潛力，對其表現予合理的獎懲激勵。良性運作形成一學習組織空間，在留才方面有助力。

3. 透過責任中心制度權責相稱的授權、分權理念，高階決策者管理效力的再生之需

高階決策者隨著組織成長、規模擴大、市場競爭情勢瞬息萬變，高階決策者需要更多時間投注在擬定正確的經營方向、調整經營策略、組織及成員未來發展。在有限的時間資源下，兼顧之前親自管理組織的運作的水準，則需要能依「決策重要影響度」分級而予以授權。但是高階管理決策者的授權，並非意謂著即可維持組織應有的經營成效。尚要能予被授權者明確的責任範圍、目標，及反應真實績效、具激勵性的獎懲辦法。如此，授權的效果才落實，各級主管善盡其責，讓高階決策者管理效力再生，企業利益極大的創造，有利企業與部屬雙方。而責任中心制度運轉可達到此需求。

第二節　責任中心制度的特質

控制是管理程序中最重要環扣，而責任中心制度又是最有效的管理控制模式之一。而責任中心制度其能消弭人員對組織的「依賴性」與「無目標性」，從而激發出同仁自主發展的潛力，提振組織士氣，有助於目標管理的推動與提升部門績效，在於其具備下列特質：

1. 明確的權責劃分，及與績效相對應。

2. 兼顧企業間整體利益與個體利益。即各部門追求本身績效時，規範以不犧牲、不抵消企業整體利益為前提。

3. 具回饋性。可進行定期性評估，以供機動調整。

4. 有著具體明確的會計衡量資料，降低主觀判斷。

5. 與獎懲制度結合運作。對成員的表現與貢獻有回饋性，滿足同仁的成就需求動機。

第三節　責任中心制度之類型、組織結構、實施關鍵因素

隨著企業組織結構的不同、企業賦予各部門責任範圍之異，相對的各責任中心有著不同的責任目標、不同的考核重點，如此使得績效評估更具管理意義。而責任中心有那些型態、組織與責任中心型態較適的組合為何？是公司在施行責任中心前需瞭解。如此，在參酌企業經營的使命與目標的前提下，透過策略性安排，讓組織既有資源的運用、調度切合經營目標。

一、責任中心運作有五種的型態

1. 成本中心
2. 收益中心
3. 費用中心
4. 利潤中心
5. 投資中心

「收益中心」、「利潤中心」與「投資中心」三者間之異同：「收益中心」、「利潤中心」與「投資中心」三者皆是一種廣義的利潤考量型態，因其績效評估基準都是收入與成本相抵後利益的觀點。差異在於「收益中心」的利益是部門藉由節省而獲得，「利潤中心」利益是由部門創造出的，因為「利潤中心」較「收益中心」多了採購的主控權限。而「利潤

中心」與「投資中心」相較下，兩者皆具有創造經營的利潤外，「投資中心」又較前者多了資金、財務的自主運用權限。三者之異於並非相抵，而是隨著權限範圍、層次的不同，呈漸層式的涵蓋。

二、組織結構與責任中心型態的組合關係

1988 年奎恩與羅博富博士（R. Quinn & J. Rohrbagh）曾請眾多組織論者，針對一些效能標準異同程度做判斷並以 MDS（multi dimensional scaling）技術分析資料根據分析的結果，歸納出一般組織理論者的一套理論架構（implict theoretical frame work），亦可稱之為認知圖（cognitive map），而將組織文化的類型分為四種：

1. 理想目標模型（以理性主導的文化）
2. 開放系統模式（以成長調適的文化）
3. 內部過程模式（以層級節制的文化）
4. 人群關係模型（以凝聚共識的文化）

而

1. 理想目標模型的領導角色為趨向指導性與目標取向的領導
2. 開放系統模型的領導角色為趨向創新勇於冒險的領導
3. 內部過程模型的領導角色為墨守成規與拘謹的領導
4. 人群關係模型的領導角色為趨向體恤支持的領導

企業在思考責任中心制度時，必須要考慮不同組織文化、領導角色的類型而加以適度調整。

彼得・杜拉克（Peter F. Drucker）也將一般組織結構分為兩種形式，一是職能式分權制（functional decentralization），一是聯邦式分權制（federal decentralization）。

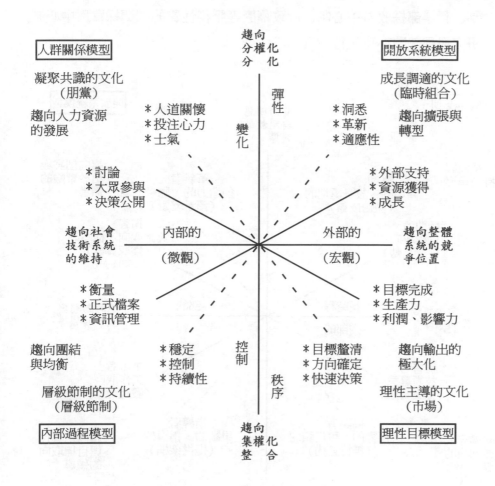

(資料來源：Quinn, 1988:51)

圖10-1 組織文化模型分析

「職能式」的組織結構，是在每一經營過程的主要階段，設置專職單位並賦予最大的責任，一般可分為生產部、營業部、管理部、研究發展部。此制度在於提升專業化、工作經濟效率。故各部門僅是企業經營過程作業相連的階段之一，而非涵蓋整個經營流程，所以可依階段責任之不同，選擇一適當責任中心型態施行政。傳統上，生產部採成本中心

制、營業部採收益中心制、行政幕僚等服務性質的部門採費用中心制，研究發展部門亦可施行投資中心。

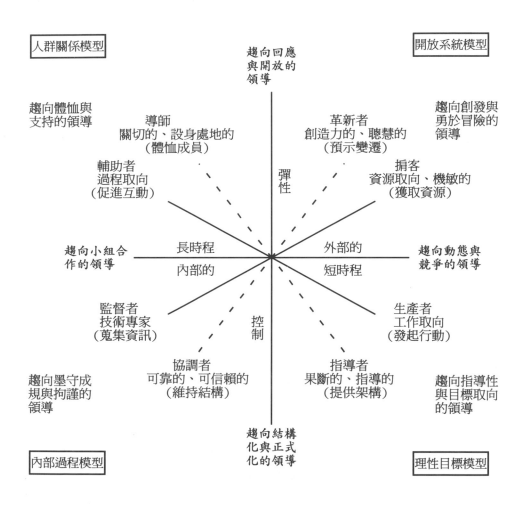

（資料來源：Quinn, 1988:52）

圖10-2 領導角色模型分析

　　「聯邦式」的組織結構，可依產品別或區域別加以劃分後，各形成獨立經營的事業部，似一子公司負責整個經營過程。故各事業部適用「利潤中心」或「投資中心」來運作。但是在評估各事業部績效時，須將當時產業環境動態變化併入考量，以求相對評估時的客觀性。例如，企業內 A 產品事業部利潤率 14%，B 產品事業部利潤率 9%，似乎 A 產品事業部經營效果佳，但若加產業環境考量，資料顯示 A 產品產業利潤率在 20%，而 B 產品產業利潤率衰退爲 1%，則企業應予 B 產品事業部較高的獎勵才對。

　　而企業實施何種責任中心型態爲宜呢？須將企業的組織結構、行業特性、環境變化、管理理念共同斟酌規劃。確保所施行的責任中心型態與授予該部門的權責範圍規模、層次相若，則效果較佳。

三、責任中心制度實施完備的關鍵因素

　　責任中心制度是管理控制中最有效的方式，而要達到其效果，須賴下列三個構面的完備的配合。

(一)組織方面

　　(1)組織須有明確的職掌、權限、責任範圍劃分。
　　　如此之下的組織具有獨立、自主的管理能力。這自主管理的授權，使得責任歸屬與利益分配可清楚反應各部門實際經營狀態，其結果能提供有效力的管理意義。不致於發生部門間相涵蓋、重疊的現象，使部門利益失去獨立性，結果失眞。
　　(2)充分的溝通，使責任中心理念深植與貫徹、共識形成。
　　　形成組織的共識與文化，讓此制度的施行不致於成爲一種包袱與應付式的被動執行。而是形成一種自發的全員經營、學習、成長互動的環境。

(二)人員方面

(1)企叢決策階層的支持

此因素將影響組織能否充分授權、組織利益分享同仁的確實度、責任中心獎勵辦法是否具鞭策、激發性。

(2)部屬的認同

經由認同、產生成就需求動機，在參與過程中，組織漸漸培養出明日的高階經營人才。

(三)技術方面

績效評估基準

(1)績效評估基準的決定

一般用以績效評估的基準，除較常用的預算基礎下利潤達成率、或投資與利潤合併的衡量基準外，還可依據公司經營政策、責任中心部門的特質、產業特性、組織的機會點、與未來的企圖性綜合考量來設立績效評估穩基準。如市場地位、產品領導能力、人員發展、員工態度、長短期目標平衡度、公共責任……等衡量因子。

(2)績效評估基準的特質

績效評估基準應具備的特質：

①可衡量性、數據化：評估的項目需可衡量性，使評估結果較客觀。

②可控性：評估基準僅包含責任單位其權責範圍內可掌控的，如此方可顯示責任單位自治的經營成效。而進口關稅升降、物價波動等因責任單位不可控制的因素所致的利潤效果影響不應計入。

③被理解度：評估的項目、指標、方法應具體說明，讓責任單位知其目標與方向，如此較具行動驅策力。

④有順序性或權數觀點：譬如對於業績已達高業績目標，成長已達上限的責任單位，應予其達成獎勵權數較高，才具有激勵性。

⑤有激勵性：使組織受此誘因，而有持續施行的動力。

⑥回饋、修正性：因評估的積極用意在於未達最後定局前仍有調整之動態性控制效果。

(四)責任會計制度的建立

責任會計制度與一般傳統會計制度之區別見圖 10-3：

	一般傳統會計制度	責任會計制度
類別	財務會計	管理會計 (即是財務會計與營業會計的結合)
目的	決算性質	績效評估爲最終目的
特性	(1)資料精確，但有決策、修正時效的落後性。 (2)訊息提供，多需一個月。	(1)資料精確度稍低些，但具備決策、回饋、調整的時效性。 (2)訊息提供可具立即性。

圖10-3

責任會計制度並非將原先的會計制度重新修正，僅需對原先的傳統會計制度下多加入有責任歸屬的會計資料，如銷售日報表、費用使用狀況表、收款日報表。並予以責任歸屬，如依「部門化」、「可控項目」、「不可控項目」等類別的區分。如此責任會計制度的報表，除可反應「平行各部門的績效」外，亦可依需要反應出各「責任層次」的訊息。

四、內部轉撥價格的建立

對於各部門間轉撥的產品，建立內部轉撥價格制度，使各部門的成本依據得以確立，有助於各部門獨立之損益結果的獲得、有利於各部門責任中心的績效評估。

在建立內部轉撥價格制度時，將會面臨到有產品移轉關係的部門間其損益的負相關性的克服問題。因供應部門希望以市場價格計算，需求部門希望以愈低之價格吸收，兩部門利益呈兩極端走向無法雙獲益情形下，如何尋找雙方最適、可接受價格，是一課題。能否幫助決策者決定應自製或外購？產品應銷售或再加工？以使企業有效的提升資源的運用效力，亦是一課題。另外，此內部轉撥價格能否使部門利益與企業整體利益具一致性，也是需注意之處。

關於理想的內部轉撥價格訂定，文獻中曾提出須具備三項特質：(Gordon Shillinglaw, 1961; Itzhak Sharav, 1974)

1.資源的分配

內部計價制度應有助於管理當局經濟的支配資源，有效的發揮生產力，便於決定原料的自製或外購，以及各部門產品的銷售或再加工等，凡此皆為企業利潤策劃最主要的課題。

2.績效的衡量

內部計價制度應能成為各部門主管人員都認為合理、可行的衡量部門利潤績效的準繩。如此考核業績的結果，方能使各部門人員心悅誠服。

3.目標一致（goal congruence）

實施內部計價，分別計算損益，應使公司整體利益及各部門利益皆

能達於最大。

第四節　從利潤中心制度探討市場策略對行銷利潤之影響

行銷利潤中心制特質

1. 必須同時考慮內部行銷與外部行銷對業績目標互動性影響，並非行銷只考慮外部因素。利潤中心制度對行銷內部推力激勵有非常重要影響。

2. 事前性利潤中心制度精神是行銷部門推動此責任中心制度必須要有先投入付出的精神意義。因為行銷功能而言，事前性意義大於事後意義，與其它管理、生產部門特質不一樣。

3. 市場佔有率觀點與利潤極大化採取適當的短、中、長期均衡點與平衡點是行銷部門利潤中心制度實施與其他功能部門重要的差異性。

4. 成長率的觀點對行銷部門非常重要，有時遠比達成率重要。行銷部門動態性重點是掌握成長率，而成長率的估計比達成率的估計困難許多。這是很多行銷部門在國內目前未來實施利潤中心制度的重要因素。但如果數量估計方式與建立模擬擬定者有雄厚的理論與實務基礎，則行銷部門實施利潤中心效果性可能遠大於其它部門。

5. 若以簡易的損益表角度來看行銷利潤中心制度利潤因素，所需考慮的其它關鍵因素：

業績
減：折扣與退貨
_____
銷貨收入
減：銷貨成本
_____
銷貨毛利
減：營業費用
減：管理費用
_____
未分攤前銷貨淨利
減：分攤費用
_____
分攤後銷貨淨利

(1)折扣率

折扣率運用好壞，有時在利潤中心制度最終審核時，做爲彈性調整的參考因素。折扣率牽涉到的市場策略直接、間接目的，如滲透或建立形象選擇或防衛性措施。

(2)銷貨成本

銷貨成本須能與業績的變化有一函數關係，否則很難有利潤中心的精神鼓勵。故而行銷部門多提昇業績，以降低銷貨成本，這是管理部門較易疏忽地方。

(3)營業費用、管理費用

營業費用、管理費用目標預算的擬定必須多考慮從利潤中心結構前提下多少利潤水準參考行銷部門損益平衡結構，並考慮短中期行銷目標，而去編擬營業費用預算與管理費用預算才具前瞻性、策略性。

(4)分攤費用爲共同費用的科目，是行銷部門與其它部門對所組成的公司如聯合辦公室水費、餐費、股東、董事之薪資水準等共同費

用，與其它部門利潤中心間平均分攤或比例分攤，可按平均數的
觀念平均分攤、或依費用結構、人數佔比的比例調整、設定預算。

(5)退貨直接對利潤產生影響，為避免產品需求過於浮濫，設定標準
做適度管制是必要的。

若從上述說明可瞭解，市場策略對行銷利潤中心有重要性意義
（profit impact of marketing strategy）。業績高低影響市場佔有率高
低。

(1)市場地位短中長期變化性、穩定性有很大的關係。市場佔有率超
過 20％，對行銷利潤有不同結構解釋。市場佔有率行銷意義其數
學式參考專題討論的部份。

(2)對於市場策略在於行銷組合的運用下與利潤中心多元化會計科目
屬性不一而合。可將其關係、關聯性、互助性多加綜合思考。

(3)費用與成本觀點，透過規模經濟必能隨業績上昇而達到降低目的，
否則將無法成為報酬遞增的產業。

圖10-4

(4) SBU（strategic business unit）策略事業單位，如區域、市場、產品的觀念與 PIMS 做結合性思考。在整個成長性思考、中長期性思考，可使利潤中心更達激勵效果。

(5)最適市場佔有率與最適獲利率必須做結合性思考。

(6)必須特別注意高市場佔有率，只有在下列條件成立時，才能產生較高利潤。

　A.單位成本隨著市場佔有率增加而下降。

　B.改良品質所產生收入要大於所支付成本。

(7)市場佔有率提昇時，必須特別注意消費者、消費意識的問題。避免與民爭利或榨取利潤的不良企業形象。對於反獨佔或寡佔行為，在美國有反托拉斯法、在臺灣有公平交易法。

第五節　從企業診斷觀點談企業問題：如何進行有效的診斷以維持正常的利潤水準

一、企業潛在可能發生的危機（企業可能面臨的問題）

1. 企業所提供有形、無形之服務及產品，無法滿足市場消費者之多樣化、多變化之需求。

2. 市場成長機會與空間有逐步衰退、遞減之現象。

3. 產品生命週期逐漸縮短，企業無相對應之差異化策略。

4. 財務結構不健全：赤字經營、短期資金與長期資金分配不協調，無法兼顧收益性、安全性、風險性情況。

5. 經營體質調整能力日趨薄弱。

6. 總體經營環境變動，企業無相對之預應、因應方法。

7. 組織缺乏活水化、活性化之衝擊。（素質無法提昇，劣幣驅逐良幣）

8.經營風險，不可預測因素增多。

9.經營觀念，囿於己見無法隨著組織變遷、成長的需要，做適度的調整。

10.經營結構老化，不能創新、革新。

11.企業內部供、需無法妥善協調，造成產銷不順暢，影響對外經營之競爭力與一致性。

12.企業各部門無法協調、整合、配合，經營效率不佳，與組織無法產生綜合效果。

13.高級幹部無法隨著組織成長的腳步，做適度的調整，而成為組織成長與發展之瓶頸。

14.對於負債與業主（股東）權益、資產的比率評估過於樂觀或保守，而產生「財務槓桿」失衡的現象。

15.由於對外部財源、應收帳款、應付帳款、成本分析、速動資產轉換能力之預測及評估不準確，而產生現金流量控制失衡，影響企業運轉基礎。

16.固定資產投資無法兼顧公司短、中、長期發展之預算目標，而使「損益平衡」經營觀念無法反映公司政策需要。

17.成本結構無法隨著銷售量與產量增加產生規模經濟，或因平均成本的上升而使企業成為遞減報酬的產業。

18.資源與策略無法達成一致性，造成投資報酬率遞減、邊際收入遞減等不合理現象。

19.勞工意識高漲，企業無法有效加以管理，造成勞工短缺、勞資不和諧。

20.因小失大的機會損失：有爭取顧客的機會卻放棄掉，有應開發產品卻未開發，可獲得資訊未能妥善加以利用。

二、從經營管理角度探討企業診斷重點

(一)企業診斷的意義與步驟

1. 企業診斷的意義：

從內外環境的分析、評估企業經營的實際狀況，發現其性質、特點及存在的問題，最後提出合理經營的改善方案。

2. 企業診斷的步驟：

(1)建立診斷所需之經營指標。

(2)針對缺口、缺失進行經營分析。

(3)針對診斷問題進行瞭解、調查。

(4)歸納診斷問題之重點與方向。

(5)付諸行動。

(6)產生績效。

(二)從經營角度看企業問題如何診斷分析

1. 何謂經營問題：

例如(a)：企業會思考如何讓消費者購買到本公司的產品，是要透過中間商或直營店才能滿足公司之短中長期發展需要。

例如(b)：市場競爭結構改變，原本的獲利水準低於預算目標，是否須要調整經營政策（例如原本公司價格政策不能低於 8 折，但競爭品牌推出 75 折，此種價格政策是否需思考策略性、彈性調整問題）。

2. 經營問題的特質：

(a)較屬於決策性的特質（判斷性質）。

(b)較著重於方針、效果的性質(從那個方向、角度去解決才是正確的)。

(c)較屬於事前性策略規劃性質。

3.如何有效的診斷經營問題：

(a)觀點、角度：應以見樹又見林的觀點來診斷經營的問題，而尤須避免患了見樹不見林狹隘的判斷角度。

(b)思考方式：診斷經營問題，經常必須考慮內外環境、優缺點問題，所以水平思考方式（寬度思考）以產生「波定效果」（事實問題認定上）應是較正確的思考方式。

(c)診斷方法：應能具有持久性（解決問題不僅須兼顧短期，亦能兼顧中長期）、顯著性（診斷後應確實能顯著提高經營績效）。

(三)從管理角度看企業問題如何診斷

1.何謂管理問題：

例如(a)：應收帳款如何透過控制制度、管理方法，將七日之應收帳款，縮減爲五日之應收帳款（前提是採應收帳款的方法仍然不變）。

(b)：原本公司規定政策只能到折扣8折，但某些銷售人員爲爭取較佳的業績，竟實施與公司政策或其它門市不一樣的折扣方式，且未報備（前提是公司政策8折仍未改變）。

(c)：薪資結構由於企業各部門標準不一,亦無制定合理差異範圍，造成同樣條件人員在各部門薪資差異性頗大（前提是公司亦有成立人事部門，但未加有效的制訂標準、合理分配）。

2.管理問題特質：

(a)較著重於效率的性質（在既有的方向效果下提高投入產出報酬率）。

(b)較著重於事中、事後之控制(如何修正、提昇、督導、糾正、稽核)。

3.如何有效的診斷管理問題：

(a)觀點角度：應有「好還要更好」、「防微杜漸」、「減少經營風險」的

觀點，來診斷管理問題，但應避免用管理「部份」的角度去看經營「整體」的角度，這樣很容易造成管理的紛爭。

(b)思考的方式：診斷管理問題，經常思考在既定政策、既有方針的前提下，如何透過執行注意來提高效率，所以其思考方式較偏向於「垂直思考方式」。

(c)診斷方法：管理問題的診斷必須兼顧兩種要領——

　(i)標準如何設定：這個步驟可能是管理最困難的地方，必須兼顧客觀、科學、合理。

　(ii)如何彌補缺口：標準設定完成後，祇要與此標準有差異，就必須透過組織的運作、改善的意識來彌補標準的缺口。

㈣企業問題診斷未來發展趨勢

1.外部問題診斷的重點：3C（change, competition, complexity）。

2.內部問題診斷的重點：

　(1)經營指標：重視預應式觀點。

　(2)經營分析：創造並維持競爭優勢。

　(3)問題調查：定量定性分析並重。

　(4)診斷重點：重視線上決策應用。

　(5)行動投入：持續漸近。

　(6)績效產出：企業需有診斷文化。

三、企業診斷常用的計量分析技術

　　簡介企業診斷常用的分析技術

㈠ 行銷診斷分析技術

　　技術 1　　　SBU　　　　——如何衡量策略事業單位貢獻

技術 2	PIMS	——如何衡量市場佔有率對利潤的貢獻
技術 3	STP	——如何避免犯行銷近視病、行銷遠視病的區隔—目標—定位觀念
技術 4	BCG	——如何衡量多角化、多事業、多銷售點市場佔有率、市場成長率、相對性比較與貢獻
技術 5	AIDMA	——如何衡量消費者購買行動的過程
技術 6	AIO	——如何衡量消費者的生活型態、活動、興趣、意見
技術 7	GRP	——如何衡量消費者對於廣告的深度、寬度認知
技術 8	GAP	——如何衡量行銷目標的缺口分析
技術 9	CLUSTER	——如何衡量企業品牌產品競爭問題
技術10	P & P	——如何衡量消費者認知與偏好問題

(二)財務診斷分析技術

技術11	BEP	——如何衡量企業經營損益平衡狀況
技術12	CVP	——如何衡量企業成本—數量—利潤狀況
技術13	ROI	——如何衡量企業投資報酬狀況
技術14	RC	——如何衡量企業責任經營目標
技術15	LEVERAGE	——如何衡量企業經營安全，風險狀況

(三)生產診斷分析技術

技術16	PERT	——如何衡量生產作業進度控制
技術17	MRP	——如何衡量生產物料需求規劃
技術18	EOQ	——如何衡量存貨控制問題
技術19	TQC	——如何衡量生產之品管問題

(四)研究發展診斷分析技術

技術20	DEMON	——如何對新產品開發進行決策
技術21	NEWS	——如何衡量新產品上市成功機會
技術22	DELPHI	——如何預測企業未來發展趨勢

(五)企業問題診斷未來發展趨勢

未來診斷企業外部問題的重點：3C（change, competition, complexity）

未來診斷企業內部問題的重點：

1.經營指標：重視預應式觀念

2.經營分析：創造並維持競爭優勢

3.問題調查：定量定性分析並重

4.診斷重點：重視線上決策的應用

5.行動投入：持續漸近的精神

6.績效產出：企業需有診斷文化

第六節 從損益平衡點思考利潤結構與提高利潤的策略

一、經營結構的分類與策略

前面均在探討如何透過利潤中心制度以強化公司之業績，進而達到公司能因利潤中心制度實施而提高獲利水準，員工也因此制度，而能刺激更高的企圖，達成更高的業績，獲得更多獎金。但利潤中心的主管必須能瞭解目前責任中心的經營結構，才能尋找到不敗的經營策略，而對於經營結構的解析，損益平衡分析 (break even point) 是重要的分析工具,如圖 10-5 公司可因目前經營態度(橫座標表示經營樂觀與保守態度)與經營策略（業績增加或降低成本）而分成四種不同類型的經營重點。圖 10-6 也可由目前損益平衡點高低與目前固定成本高低分成不同種類經營結構，且每種經營型態的策略方針亦有所不同。

	重視經營安全率型	重視邊際利潤率型
營業額擴大型	○擴大經營規模 ○增加營業額 　擴大銷售型 ○增加推銷員、營業所 ○增加廣告宣傳	○吸收技術、資訊 ○開發新商(製)品 　開發商品型 ○拓展新市場 ○供銷合理化
成本合理化型	○削減固定成本 ○經營規模縮小 　內部管理型 ○自動化、省力化 ○活用投資、租賃	○少數精銳主義 ○重視創造力 　活用人才型 ○組織環境活性化 ○善用女職員的戰力

圖10-5 依矩陣掌握四種經營戰略

損益平衡點高低的位置

	高	低
大	○降低固定成本 ○降低銷貨成本 散　漫 經營型 ○縮減虧損部門 ○自動化、省力化	○維持競爭優勢或標榜公司的特徵 積　極 經營型 ○前瞻性投資檢討 ○培育人才
小	○降低成本率 ○縮減變動費用 慢　性 虧損型 ○部門別、客戶別的管理 ○改善商品(製成品)的組合	○作長期性經營的展望 ○開拓新部門 安　定 經營型 ○激勵員工上進 ○經營成果回饋社會

(固定成本 — 列標題)

圖10-6　損益平衡點的四種型態與對策

$$損益平衡點的位置＝\frac{損益平衡點營業額}{(現在的)營業額}　(＝損益平衡點比率)$$

二、如何提高利潤與營業額

如果以樹形圖分析行銷部門增加利潤有兩個重要變數:

1.增加經營利潤如圖 10-7 可由增加營業額、降低發動成本、降低固定成本方面來加以思考。

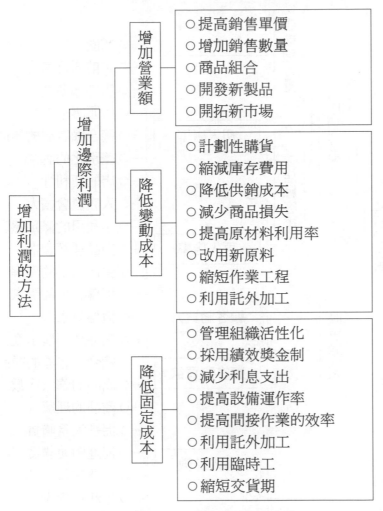

圖10-7　增加利潤的方法

2. 增加營業額，行銷部門最重要的職責為確保業績的達成，而業績
　達成由圖 10-8 樹形圖分析來說明為來客數與客單價。其中來客數
　又可由入店來客數與顧客購買率決定之。在客單價方面可由平均
　單價與購入點數方面做策略性思考。

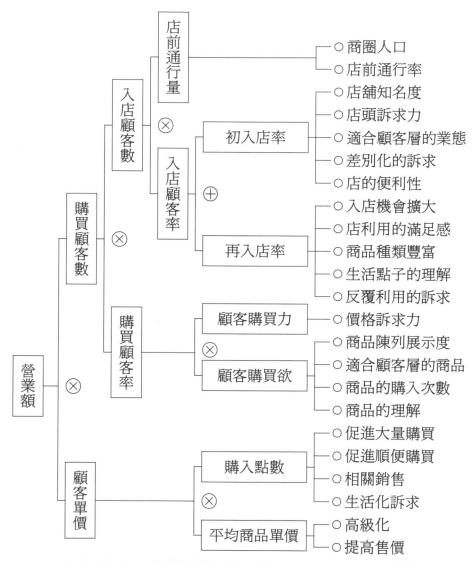

圖10-8　增加營業額的要因分析(零售業、服務業的例子)

摘　要

一、責任中心制度是管理制度的一種，透過一有系統性、回饋性、激勵性，及內、外環境結合性的設計，考量企業組織結構型態與規模、經營環境競爭因素，達成目標的策略觀等因素所規劃的一套有益目標管理、定期性部門績效評估、變動薪資、人才培育的事前預控與事後調整之管理制度。

二、行銷的利潤中心制度是責任中心的一種，在此章中我們將詳盡說明行銷單位在建立利潤中心制度，如何將內部行銷與外部行銷對業績目標互動性影響、行銷部門事前意義性、市場佔有率觀點、利潤極大化用意結合。此外，市場策略對行銷利潤之影響將予以介紹。

三、責任中心制度類型有五種，分別是成本中心、費用中心、收益中心、利潤中心、投資中心。企業組織特性（分權程度、部門獨立性、關聯性考量）將影響到中心型態的決定。

四、而責任中心制度其制度的落實關鍵影響因素，計有組織面、人員面（高階主管的支持度、部屬的認同與需要）、績效評估面（目標設定、衡量標準的可衡量性、數據化、可控性、被理解度、有順序性、權重性、激勵性、回饋、修正性）來探討。而責任會計制度的建立對權責績效評估的資訊反映有實質之需。另外，當部門間具有經營運作的連貫性時，內部轉撥計價的溝通定案是此責任制確立的一重要影響因素。

五、責任中心制度的控制，必須透過企業診斷來運作，而經營與管理診斷角度往往不同，必須透過定性問題瞭解、定量科學分析方法來解決責任中心企業體之潛在危機。

六、本書從損益平衡點的角度來探討利潤中心體如何透過此種方法來增加利潤來源。

個案研討：行銷人員獎金制度與績效配合方式

　　利潤中心辦法的運作用意，無非是讓公司透過一套與公司目標相結合、組織運轉流程相貼切、充分反應實際經營之客觀、合理、具激勵性、回饋控制精神的管理制度、方法施行，來達到全員經營達成目標的首要目的，及無形中培育具擔當性人才的外溢效益。而要使得獎勵制度與人員的績效表現具有高度關聯性，對於公司組織狀況、經營要項與特性、行銷人員所需、市場競爭態勢的深入耕耘瞭解是不可少的。

　　現在我們以實業界甲公司實施的行銷利潤中心競賽辦法為例，來瞭解部份實業界行銷人員的獎金制度與績效配合的方式。

一、甲公司組織、經營項目簡介

　　甲公司經營的產品有兩大類，分別是 X 產品與 Y 產品，X 產品為甲公司主力產品。其通路是採直營式的連鎖店。關於各連鎖店的經營、產品價格、促銷方法、人員考核、作業流程、商品陳列擺設等整個管理權由公司授權予營業處主管負責。營業 A 部負責區域北部連鎖店、B 部負責中部連鎖店、C 部負責南部連鎖店。而以北部面對 X 產品的各全國性競爭廠商，市場競爭最為激烈，而中南部的主要競爭對手普遍為地方性的廠商居多。於是甲公司在設計行銷的利潤中心辦法時，需將各區域一些不一致的環境經營因素考量進來，以使行銷人員獎金制度與其努力後的績效能充分配合。

　　在甲公司此職能式組織架構下，基於各處之間運作具有關連性。譬如，營業處對於產品製造的製程、原料等不具有自主安排、選擇權利；即是在產品成本方面沒擁有自主控制權利。由於營業處的經營利潤非絕然獨立的，仍受別處的影響。於是甲公司營業處設計施行的利潤中心制

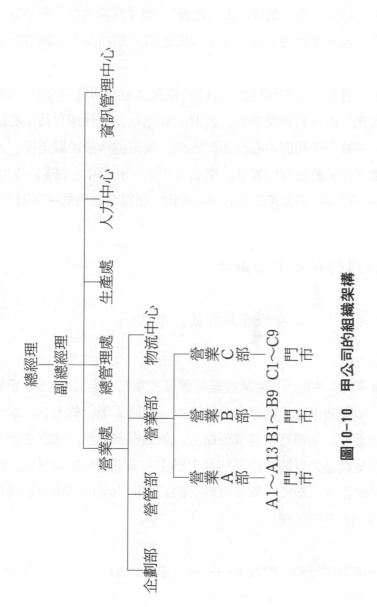

圖10-10　甲公司的組織架構

度，是傾向於「在既定的銷貨成本與預算費用內爭取極大收益」的收益之行銷利潤中心辦法。而「銷貨收入（業績）」與「預算收益」即是營業處可控、獨立、自主掌握的部份，此兩項即成為行銷利潤中心績效衡量的大方向。

　　甲公司除了各處依其運作特性、可控制範圍決定其利潤中心的形態。例如：生產處施行成本的利潤中心、營業處實施收益之行銷利潤中心辦法、人力中心採費用的利潤中心辦法。此外，營業處考量組織規模、人員幅度、決策有效充分性等因素下，處亦可形成一利潤中心體制，於處內依各部特性不同採不同型態的利潤中心辦法，使得營業處的運轉效果、效率兼具。

二、行銷部門的利潤中心辦法

(一)行銷部門利潤中心制度的進展方式、層次

1.進展方式

　　為「業績導向」漸走向「業績與經營管理並重的導向」，由「效果導向」漸走向「效果效率並重的導向」的漸進、範圍面漸全的方式。就一行銷責任單位而言，業績乃是其首要命脈、奠基關鍵因素，故處主管予處內各部的目標將是先以開拓市場佔有率為主、業績達成衝刺為要，待公司市場地位鞏固後，漸漸將管理重點著眼於如何有效的運用資源達成目標的效果效率並重的管理。

2.進展層次

　　(1)初期：甲公司行銷部門八十一～八十三年以創造業績成長有關的單位，即企劃部與營業部為首要施行單位。針對企劃人員、連鎖門市人員、區域主任與主管，設定責任業績目標及績效考核指標、獎勵法則。

(2)長期：甲公司行銷部門將依序地將其他幕僚、服務性部門（營管部、物流中心、資訊部等）一一納入施行利潤中心體制內，成為一完整的「收益」之行銷利潤中心體制。

(3)以全員經營為目的，由下至上的需求瞭解，由上至下的目標推行、貫徹、教育，目標轉為共識與文化。

(二)行銷部門「收入（業績）」形態之行銷利潤中心的績效計算

1.績效計算原則

(1)依實際貢獻為主：即在計算人員業績貢獻度時，若銷售的產品納入列為贈品時，關於促成交易完成所贈送的產品不能算為業績，而應計入為爭取業績所需投入的銷管費用。

(2)若門市除販售公司生產的產品外，尚有銷售未買斷的外叫品項時，當公司在評估自產品項經營成果與退貨率時，切記外叫品不可混淆併入計算中。（註：外叫品：非公司自行製造的產品）

(3)門市間業績撥補原則：接單門市享有70%的業績，而轉後續服務顧客取貨的門市享有30%的轉接業績。例如：A1門市接獲一張12萬元產品訂單，而因顧客需要，有5萬元額度的品項需請B2門市代為轉送等後續處理，則B2可分享自A1門市撥來的1.5萬元業績。

2.績效計算週期

定期性評估，以一個月為經營成果衡量週期。隨著財會部門將經營結果資料彙整後，利潤中心績效評估結果隨即而出。

(三)行銷部門「收入（業績）」形態之行銷利潤中心的績效衡量指標

1.基本衡量績效指標

(1)各類產品業績達成率

=該類產品當月實際業績(即不含贈品)／該類產品當月業績目標

(2)各類產品業績成長率

=今年該類產品當月實際業績／去年該類產品當月實際業績

(3)各類產品退貨率

=該類產品當月退貨額(不含異常退貨)／該類產品當月實際業績

2.權變後的績效衡量方式

將基本績效指標，依照公司產品類權重或主力產品區別、連鎖門市所在區域的競爭因素及消費特性等綜合考量，予以加權，以求衡量評估結果充分反應營業前線人員真實經營結果，再依衡量評估結果予以獎金獎勵。

以甲公司而言，X 產品為甲公司的主力經營產品，帶給甲公司的經營報酬遠高於 Y 產品，Y 產品為公司最近幾年同時發展的品項。於是行銷人員在有限的時間、投注力等資源下，自然地以 X 產品經營為主、Y 產品為輔應為當然。所以在獎勵方法設定時，雖 X 產品業績達成率、Y 產品業績達成率皆達獎勵標準，但獎金額度將明顯的前者高於後者，以鼓舞行銷人員、配合目標管理精神行銷重點。

此外，門市間、區域彼此間的競爭因素、消費習性不同，所造成差異點，非負責的行銷人員可掌握控制範圍。在設定業績目標、獎勵辦法時便要將此不可控因素考量進去，以使獎勵辦法與人員努力的績效成果相配合輝映。譬如，北部區域 X 產品競爭廠商林立狀況與促銷方法較其他區域來得多與激烈。當 A 部與 C 部區域主管 X 產品業績達成率皆在 95%，A 部區域主管所獲得的獎金將高於 C 部區域主管的獎金。

(四)營業部「收入（業績）」形態之行銷利潤中心的獎勵方法

1.獎勵辦法——獎懲並俱的方式

(1)「X 產品達成為獎懲主體」的門市，獎金計算程序

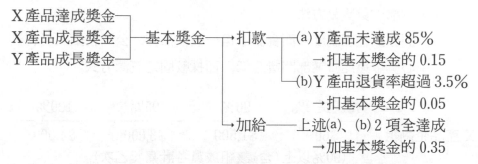

<註> 全達成：是指 Y 產品達成 100%且退貨率在 3.5%以內。

圖10-11

(2)「Y 產品達成為獎懲主體」的門市，獎金計算程序

達成獎勵	90%	95%	100%
Y 產品	1,000 元	1,500 元	2,000 元

當 Y 產品達成 90%(含)以上

加給：(c)Y 產品退貨率控制在 3.5%內，加給獎金 500 元

(d)X 產品達成 85%(含)以上，加給獎金 500 元

X 產品達成 90%(含)以上，加給獎金 1,000 元

圖10-12

(3)部主管、區主任獎金計算程序

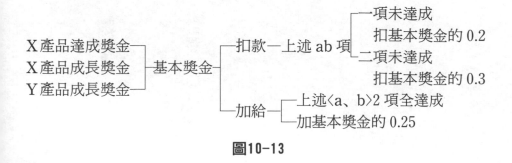

圖10-13

(4)企劃部人員獎勵方法

按照產品經理制度方面實施，但一般性而言，公司企劃人員利潤中心獎金遠比營業部門獎金低，而採較固定資源方式。

	每成長 2%	90%	95%	100%
X 產品企劃組	$60	$1,500	$3,000	$4,000
	(90%以上(含)該組成員各計嘉獎乙次)			
Y 產品企劃組	$30	$1,000	$2,000	$3,000
	(90%以上(含)該組成員各計嘉獎乙次)			

圖10-14

(5)基本獎金

① X 產品方面

(a)門市基本獎金

喜餅獎勵	第一群	第二群	第三群	第四群	第五群
分群基礎	佔比高 成長率高 穩定高	以成長率 為主	損益平衡 努力	業績佔比 高 成長率低	無去年目標
門市 (打破組織分類而以分級分類屬性為主)	A1　A2 B2　B3 C1　C4	A4　A7 A12　B1 B4　B5 B6　C6 C7　C8	A3　A8 A10　B9 C2	A5　A6 B7　C3 C5	A9 A11 A13 B8 C9
業績達成 獎金 90% 95% 100%	 $3,000 $4,000 $6,000	 $2,000 $2,500 $3,500	 $1,000 $2,000 $3,000	 $2,500 $3,500 $5,000	90%　$3,000 95%　$4,000 100%　$6,000 105%　$6,500 110%　$7,000
成長獎金 每超出1% 的獎金	$120	$80	$60 若業績超出200萬,則以第二群之獎勵方式給獎	$150	$0
獎金上限	$15,000	$10,000	$5,000	$10,000	$10,000 若業績沒超出200萬,則獎金上限同損益平衡群5,000元

圖10-15

說明：

　(i)門市分群調整

　　連鎖店通常分群分類，一般而言經常考慮 BCG 分類精神。

　(ii)獎金與分類情形可用常態分配精神做妥善分類。

(iii)必須考慮資源多寡。

(iv)以極大化行銷觀點分群。

　(v)行銷戰略、戰術運用是希望

- 損益平衡努力群透過利潤中心運用而將 A_3、A_8、A_{10}、B_9、C_2 銷售門市能超過損益平衡所設定業績，至少經營利潤不為負。

- 業績佔比高、成長率低的門市 A_5、A_6、B_7、C_4、C5 為避免邊際成長遞減法則的因素，多鼓勵其成長率的獎而達到佔比高、成長率高的銷售點。

- 目前業績佔比中間性質、但成長率也屬中間性質，在整個經營結構，這一群穩定度也整體穩定度也有重大影響，故在成長率獎金與達成獎金並行考慮，如 $A_4 \cdots C_8$。

- 業績佔比高，成長率高如 $A_1 \cdots C_4$ 的明星銷售門市如果是在客單價極高的 chain-store，則此類門市銷售人員、店長，公司都必須特別挑選，必須經常關心好壞，因為其影響層面太大，故能達成公司所賦予目標責任，維持適度合理成長為其獎勵重點。

- 新設立門市由於初期攤提費用仍高，所設立的業績達成獎金主要是希望透過目標達成，能使投資在回收上有一定的進度，也必需考慮商圈競爭結構如 $A_9 \cdots C_9$。

(b)營業部主管獎金

達成率	90%～	95%～	100%～	每成長2%獎金
營業A部	$2,000	$3,000	$4,000	$250
營業B、C部	$1,500	$2,000	$3,200	$200

圖10-16

② Y 產品方面

	門市	部主管
每成長2%獎金	$50	$100

圖10-17

譬如：84 年 3 月份

	X 產品		Y 產品		
	達成率	成長率	達成率	成長率	退貨率
營業部A部主管	110.26%	12%	84%	6%	3.9%
營業部B部主管	89.00%	−2%	90%	8%	3.9%
營業部C部主管	100.50%	40%	98%	10%	1.0%

③獎金

營業部 A 部主管
　　基本獎金：$(4,000+12/2\times250+6/2\times100)$ 　　　　　　　$=5,800$
　　　　扣：Y 產品未達成且退貨率偏高 　　　　$5,800\times0.3=1,740$

　　84 年 3 月份獎金 　　　　　　　　　　　　　　　　　　　$\$4,060$

營業部 B 部主管
　　基本獎金：$(0+0+8/2\times100)$ 　　　　　　　　　　　　$=400$
　　　　扣：Y 產品有達成但退貨率偏高 　　　　　$400\times0.2=80$

　　84 年 3 月份獎金 　　　　　　　　　　　　　　　　　　　$\$320$

營業部 C 部主管
　　基本獎金：$(3,200+40/2\times200+10/2\times100)$ 　　　　　$=7,700$
　　　　　　Y 產品達成率與退貨率均符合標準不扣款, 但是 Y 產品未
　　　　　　及 100%，故仍不予加款

　　84 年 3 月份獎金 　　　　　　　　　　　　　　　　　　　$\$7,700$

圖10-18

⑵獎金核放時間與方式
　　獎金於次月、開例行處內經營研討會中發放予行銷人員。

專題討論：從市場佔有率探討競爭消長與戰術性運用

$$\left[\begin{array}{l} Mt=1/3(2\rho N-M) \\ Ms=2/3(2M-\rho N)=2\rho Nt \end{array}\right.$$

Mt:M 軍戰術力　　ρ: 戰略係數　　P:M 軍生產率

Ms:M 軍戰略力　　$\rho=\sqrt[3]{Q/P}$　　Q:N 軍生產率

戰術力（strategic force）：配送力／生產力（有形資源）

戰略力（tactical force）：兵力術／兵器術（無形資源）

考慮戰術力損失比率的比例定數和表示生產力減少率的比例定數，以微分方程式展開 → game

　　(1)全部戰鬥力的 2/3 以上比重須放在戰略力

　　(2)爲避免模式成負值，$M < 2\rho N$，$N < 2M/\rho$

　　爲兩個必要條件（當敵方的整體戰鬥力增加的話，也會在某種程度內增加其戰術力）

　　第一平衡條件 $(\rho/2)N < M < 2\rho M$，$(1/2\rho)M < N < (2/\rho)M$

　　第二平衡條件 $Mt < 2/3M$，$Nt < 2/3N$

　　安定目標值 $Ms > Mt$　$2/3(2M - \rho N) > 1/3(2\rho N - M)$

　　　　　　　　$M + N = 1$　$M/N = P/Q$

　　　　　　　　$M > 0.41\%$

　　下限　目標值　$M < (\rho/2)N$　$M/N < (1/2)\rho$　$M < 0.26$

　　上限　目標值　超過平衡條件第一條

　　　　　　　　$2\rho N < M$　$2\rho < M/N$　$M > 0.73$

　　有效距離：$\sqrt{8}$ 與 1.7　（3 與 $\sqrt{3}$）

領導品牌與挑戰品牌在市場佔有率方面所採戰術如下：

一、領導品牌

　　領導品牌在擴張市場佔有率方面可採的戰略有：全面戰、統合戰、機率戰、行銷組合戰、遠隔戰。

二、挑戰品牌

　　挑戰品牌在爭取市場佔有率方面可採的戰略有：區域戰、集中主義

戰、產品戰、突擊游擊戰。

說明(1):

戰力是由戰術力與戰略力所組成。戰術力是為了防禦敵人的攻擊所直接產生的戰鬥力，而戰略力是破壞敵人的生產、補給能力的力量。

$$M = Mt + Ms（戰力＝戰略力＋戰術力）$$

說明(2):

針對下限目標值 26.12% 數學推導過程

$M < \dfrac{\rho}{2}N$ 企業間的競爭 $\dfrac{M}{N} \fallingdotseq \dfrac{P}{Q}$

$\dfrac{M}{N} < \dfrac{1}{2}\rho$ $\dfrac{M}{N} < \dfrac{1}{2}\sqrt[3]{\dfrac{M}{N}}$

$\dfrac{M}{N} < \dfrac{1}{2}\sqrt[3]{\dfrac{P}{Q}}$ $\left(\dfrac{M}{N}\right)^3 < \dfrac{1}{8}\dfrac{M}{N}$

$\left(\dfrac{M}{N}\right)^2 < \dfrac{1}{8}$

$\dfrac{M}{N} < \dfrac{1}{\sqrt{8}}$

M、N 均為市場佔有率，M 是第一位，N 是別家佔有率

$\therefore N + N = 1$

$\dfrac{M}{1-M} < \dfrac{1}{\sqrt{8}}$ $M\sqrt{8} < 1 - M$

$(1 + \sqrt{8})M < 1$ $M < \dfrac{1}{1 + \sqrt{8}}$

故 $M < 0.2612$

說明(3)：

　　1.7 表示競爭力係數、轉換比例係數，領導品牌市場佔有率為挑戰品牌市場佔有率的 3 倍以上，挑戰品牌很難與其競爭，故競爭力為 3 的平方根 $\sqrt{3} = 1.7$。

說明(4)：　挑戰品牌策略

1. **差別化**：產品差別化、產品線齊全的差別化、商品差別化、服務差別化、推廣活動差別化。
2. **地域戰**：商圈區隔化地域戰、顧客區隔化地域戰、產品區隔化地域戰。
3. **接近戰**：從地緣上掌握顧客，與顧客親密性質掌握顧客。
4. **集中滲透作戰**：集中一點的觀點，如門市、產品、區域、顧客。
5. **聲東擊西作戰**：針對領導品牌先發制人的迂迴作戰方式。

說明(5)：　領導品牌策略：

1. **廣域戰**：大商圈、大區域、大範圍作戰策略。
2. **機率戰**：多設立銷售點、多品牌良性競爭、多產品線良性競爭。
3. **速度戰**：為避免追隨、成長、競爭速度。
4. **遠隔戰**：用競爭群的適度區隔避免挑戰者接近。

習　題

(一)完整的行銷部門必定包括直線營業部門與後勤支援部門,如企劃部門、管理資訊部門、配送部門, 站在利潤中心制度意義與方法。

　　1.直線部門與後勤支援部門利潤中心獎勵考慮的因素有何不同（在

　　完整的行銷部門中)?

　　2.能否以簡單數學模式, 按所假設的權數, 建立行銷部門利潤中心
　　　獎金計算模式?

㈡如果以費用控制為利潤中心要素之一, 則行銷部門費用控制與生產部
　門費用控制站在利潤中心精神方法, 其考慮有何不同?

㈢責任中心有成本中心、收益中心、費用中心、利潤中心、投資中心,
　若以組織結構組成要素來考慮, 則是否可舉例說明那一種型態組織適
　用那一種責任中心方式?

㈣若以損益表的概念, 以銷貨毛利與銷貨淨利在建立利潤中心制度方式
　時, 須考慮因素有何不同地方?

㈤以簡單的損益概念, 說明行銷部門建立利潤中心制度, 所考慮的因素
　有那些? 其重點為何?

㈥能否以此章精神與實例嘗試為便利連鎖店建立:

　1.管理科學方法的管理模式。

　2.對於連鎖點管理, 業績的達成率與成長率, 如何設立思考模式?

　3.廣告與促銷費用如何建立分攤模式?

㈦ PIMS 與 SBU 觀點對行銷利潤中心的影響?

㈧如何降低損益平衡點的位置？

㈨利潤中心在運用時損益平衡點高時如何進行合理性修正？

第十一章　國際行銷

別擋路。不要想以管制或關稅來抵抗這個新紀元，在此新紀元裏，每個已開發國家裏的每一個人都有同等權利製造、獲得及擁有世界上最好的產品。

大前研一
日本 Mckinesy & Company 總經理

就國際行銷觀點，如果策略並非奠基於某種程度的創造性意義，那麼它就只是競爭者策略的翻版而已。這種策略可能會贏得某些戰役的勝利，但它們很可能是犧牲慘重的勝利。只有那些擁有創業性策略的公司，才會贏得整個戰爭。

Liam Fahey
美國策略規劃管理月刊創辦人

前　言

　　大前研一，日本 Mckinesy & Company 國際諮詢公司總經理，曾
在所著的《無國界的世界》（*The Borderless World*）一書中說明在政治
地圖上，國與國之間的疆界清楚一如往昔，但在競爭的地圖上，一張顯
示金融與產業眞實動向的圖，這些疆界大致已消失了。大前研一認爲，
今日工商的中心事實是消費者主權的出現，產品的品質得以全球市場的
標準來衡量，由購買的人決定，而不再是由製造者決定。並指公司必須
著眼於全球市場，分權的世界，也必須比以往更留心於消費者眞實需求。
並認爲在沒有國界的環境下，想做有效的經營必須十分注意地把價值交
給顧客，而對顧客的身份和需求發展出等距離的觀念。

　　美國西北大學企研所教授 Philip-Kotler 在其所著之 New-
Competition 一書中提到：時至今日，已有一些觀察家稱呼下個世紀爲
「太平洋世紀」，因爲他們觀察到，在世界總生產毛額（world's GNP）
裡，這一個地區所佔的比例愈來愈大。

　　由於西方人的志得意滿，使得它自己必須對市場地位的喪失擔負起
一部份責任。而它對於日本挑戰的因應，仍然是浮面不恰當的。歐美公
司必須開始嚴肅地面對這項挑戰，並對於這項「新競爭」加以研究。這
項新競爭擁有下列特性：⑴一群非常聰明，訓練有素，且技術純熟的勞
動人口，正以低於西方人的工資努力工作。⑵勞資雙方的合作關係。⑶
這些國家所採取的手段和高科技導向，使它們能夠在西方的主力產業裡，
與西方國家一較長短。⑷擁有願意接受較低的投資報酬率，以及相當長
的回收期間之資金來源。⑸政府指導和補貼企業，以輔佐企業的成長。
⑹通常是相當明顯地——有時候是微妙地——保護國內市場。⑺對企業
與行銷策略抱持著相當精密的觀念。

故本章將在此理念的前提下，讓讀者瞭解：

1. 國際行銷的本質：挑戰與機會
2. 全球行銷管理：計劃與組織
3. 行銷組合如何國際化
4. 國際市場的配銷策略
5. 國際市場的促銷策略
6. 國際市場的產品策略
7. 國際市場的訂價策略

第一節　國際行銷的本質：挑戰和機會

一、國際行銷的定義

在研究國際行銷之前，我們必須先瞭解何謂行銷以及國際行銷的運作。目前大部份國際行銷的教科書，對行銷的定義有各種不同的看法，但是大部份的定義所描述的都大同小異，因此我們只要能夠抓住行銷的精義，對定義的優點和限制有所瞭解就可以了。

數十年來使用最普遍的不外是美國行銷協會（American Marketing Association, AMA）對行銷的定義：「將商品和服務由生產者流向消費者或使用者的企業活動。」因此有些學者便將國際行銷定義為：「在一個以上國家，將商品和服務由生產者流向消費者或使用者的企業活動。」雖然 AMA 的定義不失其用途，然而仍不免有些限制，尤其當其定義擴及國際行銷時，更曝其短。

第一個缺點是該定義將行銷活動範圍限於「企業活動」。另一個缺點是假設產品早已完成，等待出售。但是大部份情況，廠商在生產產品前必須決定消費者的需要。也就是說，該定義的導向是「我們出售我們製

造的產品」（we sell what we make），但實際上應該為「我們製造我們所要販售的產品」（we make what we sell）。產品雖然已經出售，但是行銷功能尚未終止。消費者對售後服務的滿意程度對產品的續購率非常重要。例如亞洲進口商和使用者就經常抱怨，美國廠商出售設備以後沒有提供完善的售後服務和出售備用零件。

另一項缺點是 AMA 的定義過度強調地點或配銷通路而忽略了其他行銷組合要素，因此許多廠商以為只要將產品由一國出口到另一個國家即是所謂的國際行銷。即使加上「在一個以上國家」仍然無法彌補原定義的缺點。更甚者，這段敘述恐有誇大強調各國之間相似性的嫌疑，以為國際行銷只是在各國重複執行同樣的策略。

AMA 在 1985 年重新修訂行銷的定義，克服了大部份的缺點。擴充後的國際行銷定義如下：「以多國規劃並執行創意、產品及服務的概念化、訂價、促銷與配銷活動，透過交換過程，滿足個人和組織的目標。」我們只在新定義加上「多國」的描述即可，表示行銷活動在幾個國家進行，並隱含這些國家的行銷活動彼此互相協調。

當然這個定義並非全然沒有限制。該定義強調個人目標和組織目標之間的關係，事實上，它排除了組織與組織之間交易的工業行銷。但在國際行銷的領域中，政府、準政府機構，無論追求利潤與否，在國際活動中都扮演吃重的角色，因此這個定義忽略了工業購買的重要性。

然而這個定義也提供了不少優點，它能夠將國際行銷的重要特性顯現出來。第一，該定義明白的告訴我們交換的產品不限於有形商品，還包括概念和服務，例如聯合國對於出生率的控制、以母乳哺育等概念的推廣即是一種國際行銷。同樣地，服務和無形產品也適用於該定義，如航空飛行、金融服務、廣告服務、管理顧問、行銷研究等等，這些活動對於國際收支平衡表（balance of payment）的影響亦是深遠。

第二，國際行銷的活動不再限於市場或企業交易，對於非以利潤追

求主要目的的國際行銷活動亦不得忽略，例如美國伊利諾州政府提供價值兩億七仟六佰萬美元的租稅優待和直接補助給克萊斯勒和三菱合設的工廠；而為了吸引馬自達前來投資，豐田從肯塔基州政府獲得價值一億五仟萬美元的優待。

第三，這個定義說明了廠商先生產產品再尋找買主並不適當，與其為現存產品尋找消費者，不如先了解消費者的需要，再根據消費者的需要再生產產品是比較適當的。若想涉足外國市場，產品也必須作適度的修改，或者以新的方式滿足外國的需求(為海外市場特別創造新的產品)。例如馬自達知道不能以原產的日本車行銷美國市場，必須設計符合美國買主需要的車型，因此雖然 Miata(一種跑車)，是在日本生產製造，但在美國南加州普獲好評。

第四，該定義明示了地點或分配只是行銷組合的一部分，市場間的距離和其他行銷組合要素同樣重要。地點、產品、促銷和價格——行銷組合 4P——必須整合及協調，才能產生最具效率的行銷組合。

二、行銷的國際構面

瞭解國際行銷概念的一個方法是探討國際行銷和國內行銷、外國行銷、比較性行銷、國際貿易和多國行銷的異同。國內行銷 (domestic marketing)是在研究者和行銷者的母國進行行銷活動，從國內行銷的觀點來說，在母國市場以外的市場從事行銷活動便為外國行銷，因此所謂外國行銷 (foreign marketing) 指的是在母國以外的某一國家進行國內營運。例如就美國公司而言，在美國行銷即為國內行銷，在英國行銷即是外國行銷；就英國公司而言則剛好相反——在英國行銷是國內行銷，在美國行銷則為外國行銷。

外國
Foreign Country

Product 產品	Place 配銷
Promotion 促銷	Price 訂價

本國
Home Country

Product 產品	Place 配銷
Promotion 促銷	Price 訂價

圖11-1　本國行銷組合的延伸

　　至於比較性行銷（comparative marketing）其目的在於強調兩個或兩個以上國家之間行銷制度的異同，而非探討某一特定國家的行銷制度。因此比較性行銷主要的研究範圍涉及兩個或兩個以上國家，並且針對這些國家所使用的行銷方法予以分析比較。

　　國際貿易為商品和服務在不同國家之間的流動，強調商業和貨幣條件對國際收支平衡表和資源移轉的分析。國際貿易是站在國家的立場對

市場提供總體的評估分析，對個別公司的行銷並未予特別的注意。而國際行銷則是以個別公司為分析單位評估個別市場，重點在於分析產品在國外的存滅以及國際行銷如何影響產品成敗。

有些學者特別強調國際行銷（international marketing）和多國行銷（multinational marketing）的差異，從字面意義上來看，國際行銷著重國與國之間的行銷活動，隱含廠商並非站在世界的立場，而是從母國的基礎來營運。因此這些學者比較偏好多國（全球或世界）行銷這個名詞，以世界市場和全球機會的觀點而言，無所謂國外和國內的區別。

另一方面，有人以為國內行銷和國際行銷本質上很相似，只是範圍不同罷了，也就是說國際行銷和國內行銷並無不同，只是國際行銷的範圍比較大。這種錯誤的想法導致許多公司進入國外市場時僅直接延伸其在國內的行銷組合而已。見圖 11-1。國內行銷在國內市場只面臨一組不可控制因素，而國際行銷就複雜得多了，行銷者在不同國家所面對的是更多不同的不可控制因素；不同的文化、法律、政治、貨幣制度。例如一些政府便會透過法律來限制外人直接投資。

圖 11-2 中有三組的環境因素互相重疊，表示這些國家有相同的交集。當然我們可以預期得到美國和西歐重疊的地方，會比美國和其他國家或大陸重疊的地方要多得多。一家公司的行銷組合決定於該公司在不同國家所遭遇到的不可控制因素，這些不可控制因素在不同國家之間雖有不同但亦有交集(見圖 11-3)。當然，我們並不需要因為不同的環境完全改變行銷組合，但為期得到適當的結果，廠商的行銷組合仍必須因應各個不同的環境而加以部分修正。行銷組合改變的幅度隨著不可控制因素重疊部分的大小而有所不同——重疊的部分愈多，修改的地方愈少。但有時候即使在各國之間環境不同，我們仍採用一致的行銷策略。

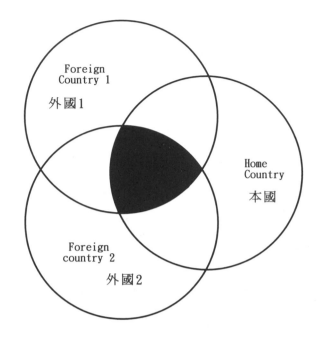

圖11-2 環境因素的交集和聯集

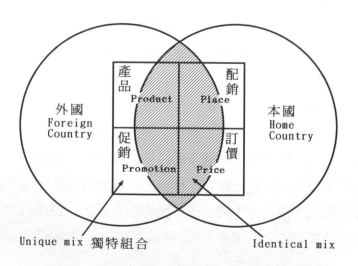

圖11-3 環境因素對國際行銷組合的影響

三、必要的環境調整

　　要想調整行銷計劃來配合國外市場，行銷商必須要能有效地解釋每個環境中無法控制的環境因素，對於行銷計劃的影響和衝擊。更廣泛的說，不可控制的因素構成文化，而行銷商為配合文化所從事的調整活動中，其所面臨的困難是認清它們的衝擊。在國內市場，企業對於許多不可控制因素（文化）對行銷商活動的衝擊之反應是很自然的。我們生命中所充滿的各種不同的文化影響，已成為我們歷史的一部分。我們不用去思考就可以用我們社會所可以接受的方式加以回應。我們一輩子所獲得的經驗變成我們的第二個本性，同時也成為我們行為的基礎。

　　也許文化調整的任務是國際行銷商所面臨最重要且最大的挑戰。他們必須對未曾配合過的不同文化，從事調整來配合。在應付不熟悉的市場時，行銷商必須瞭解，他們在進行決策或是評估一個市場潛量時，所用的參考架構為何。因為判斷來自經驗，而經驗又是文化演進的結果，一旦參考架構建立，它就變成影響或修正行銷商對社會或非社會情況反應的一項重要因素。此一狀況，在慣常行為的經驗與知識缺乏時，特別明顯。

　　當行銷商在不同的文化中經營事業時，行銷企圖或許會遭到失敗。因為根據本國可接受的參考架構所做的無意識反應，可能不為他國所接受。除非從事特別的努力來判定當地的文化，否則行銷商很可能忽略某些行為或活動的重要性，而去進行可能會帶來負面或非預期反應的計畫。

　　例如，西方人必須認識到部分的東方國家中，白色是代表悲傷，這與西方文化中新娘婚紗的白色並不相同。還有，美國對於時間的觀念與拉丁美洲的居民也有所不同，這些差異都必須加以學習，以避免誤解而導致行銷失敗。為了避免這種錯誤的發生，外國行銷商必須注意行銷相對主義的原理。亦即行銷策略和判斷是來自於經驗，而經驗是由每位行

銷商以其所擁有的文化來加以解釋的。我們將過去經驗中所發展出來的
參考架構帶進國內或國外市場，而這個參考架構又影響或修正我們所面
對情況的反應。

　　文化制約就好似一座冰山──我們並不清楚其十分之九的部分。在
任何研究不同人們的市場系統、人們的政治與經濟結構、宗教以及文化
的其他因素等工作中，外國行銷商必須不斷地注意衡量與評估市場，並
防止來自自己文化的既有價值與假設的影響。他們必須從事特定的步驟，
並設法注意到在其分析與決策中，本國文化的參考力量。

四、成為國際化

　　一旦一家公司決心走向國際化，它就必須決定其進入外國市場的方
法，以及它準備從事的行銷投入與承諾的程度。許多公司透過一系列的
階段發展，來從事國際行銷工作。當公司愈來愈投入國際行銷時，它們
就會逐漸改變策略與戰術。

(一)國際行銷投入的階段

　　從行銷觀點而言，不管利用何種方法獲得進入某個外國市場，一家
公司可能並未從事任何的市場投資。亦即，該公司的行銷投入可能只限
於銷售產品，並未考慮到要對市場加以控制。另一方面，一家公司也可
能完全投入，並投資大量金錢與心力，設法奪取與維持在該市場上永久
且特定的佔有率。一般而言，一家企業至少可以屬於國際行銷投入的五
個不同但重疊的階段之一。

　　1.無直接國外行銷。在此一階段，公司並未主動致力於本國以外其
他顧客之培養。不過，該公司的產品仍可接觸到外國市場。銷售工作可
能是交由貿易公司進行，或是外國顧客直接前來購買，或是產品透過從
事獨自外銷的國內批發商或配銷商來接觸外國市場，製造商並不提供任

何的獎勵或協助。不過，一項外國購買者所下的自願性訂單，往往會刺激公司尋求額外的國際性銷售之興趣。

2.間歇性國外行銷。當生產水準或需求變動引起暫時性的過剩時，可能導致間歇性的海外行銷。由於過剩是一種暫時性的現象，因此只要物品可供銷往國外市場，銷售即可完成。不過，產品的供應並不持續性顯現於市場上。當國內需求增加並吸收過剩的部分時，公司即撤回國外銷售活動。在這個階段，公司在組織或產品線上並未有所改變。

3.經常性國外行銷。在這個階段，廠商對外國市場將採取連續經營的態度，並擁有長期的生產線來生產行銷國外的物品。廠商可能透過外國或本國的海外中間商來販賣，或是在重要的國外市場，擁有自己的銷售人員或銷售子公司。不過，現有產品的生產努力仍在於滿足國內市場的需求。行銷與管理努力的付出，以及海外製造與／或裝配的投資，也在此階段開始。有時，某些產品可能會變成顧客化，以符合個別外國市場的需求。此時，訂價與利潤政策開始逐漸趨向國內外一致，而公司也開始依賴國外利潤的挹注。

4.國際行銷。在此一階段，公司全心投入國際行銷的活動。公司放眼全球尋求市場，而產品也是針對不同國家的市場，有計畫發展出來的成果。在全球進行的活動既包括行銷，也包括產品的生產。此時，公司就變成仰賴國外收入的國際性或多國籍行銷廠商。

5.全球行銷。在此一階段，公司視整個世界(也包括自己母國市場)為一個市場。此種公司與多國籍或國際性公司有所不同。因多國籍公司將全世界視為一系列的國家市場(也包括自己母國市場)，各有其不同的市場特性，而行銷策略必須配合不同的特性來發展。不過，全球性公司則只發展一種策略來反映不同國家間市場需要的共同性，設法透過其企業活動的全球標準化，來達到報酬最大化——只要是成本上能達到效果，且文化上可行就去做。

(二)國際化導向的改變

　　經驗顯示，當公司依賴國外市場來吸收長期的生產過剩，以及愈來愈多仰賴國外利潤時，該廠商的國際化導向就會有顯著的改變。企業在國際行銷投入的階段中，通常一次移動一個階段，但是一次跳過一個以上階段的公司也有。當廠商從一個階段移動到下一個階段時，國際行銷活動的複雜性與繁瑣性也會提高,管理工作的國際化程度勢將有所改變。此種改變也將影響該公司特定的國際化策略與決策。

　　企業的國際化經營，反映出市場的全球化、世界經濟的互賴性；企業的國際化經營亦增加競奪世界市場的廠商數量,因而造成競爭的改變。全球公司（global companies）及全球行銷（global marketing）就是經常用來描述這企業之經營與行銷管理導向範圍的名詞。就某些產品而言，全球市場正在開展之中，但仍未包括所有產品。仍有許多國家的消費者需要許多產品，並表現出其需要與欲求上的差異。同時，要滿足這些受文化影響的需要與欲求，仍存在著許多方法。

　　對於那些樂觀地準確面對無數障礙，並願意繼續學習新方法的全球企業而言，機會到處都是。二十一世紀的成功企業人將是具有全球意識，同時具有超越區域或某個國家，而涵蓋全世界的參考架構。具有全球意識是要具備下列事項：

　　(1)客觀性。

　　(2)能容忍文化差異。

　　(3)瞭解文化、歷史、世界市場潛力、全球經濟、社會以及經濟的趨勢。

　　要有全球意識就是要能客觀。客觀性在評估機會、判斷潛力以及對問題的反應上，十分重要。許多公司基於中國大陸擁有數不盡的機會而盲目進入，結果卻損失數以百萬的美元。事實上，中國大陸的機會只在

幾個選定的區域，且只適合其資源能維持長期承諾的公司。許多公司因為醉心於幻想二十億消費者而前往中國大陸，事實上卻是做了蒙昧且不客觀的決策。

具有全球意識是要能容忍文化上的差異。所謂容忍是指瞭解文化差異能接受並與行為和你有別的人一起工作。你雖然無需接受他人文化上事物，但你卻必須允許他人與你有差異且平等待之。對某些文化而言，嚴守時間可能並不是很重要的一件事，但這並不代表他們的生產力較少。有容忍度的人瞭解文化間可能存在的差異，並利用此一知識來有效地建立關係。

一個具有全球意識的人，對於文化、歷史、世界市場潛力，以及全球經濟與社會趨勢擁有豐富的知識。文化的知識對於瞭解市場或是會議室的行為是十分重要的。歷史的知識也很重要，因為人們思考與行為方式是會受其歷史所影響。如果你具有歷史性觀點，你就會明白為什麼拉丁美洲人不歡迎外資，或是中國人不願意對外來者完全開放，或是許多英國人對於法國與英國間的海底隧道猶豫不定了。

在未來的數十年間，全世界的每個區域的市場潛量幾乎都會有巨大的改變。一位具有全球意識的人會繼續偵測全世界的市場。最後，具有全球意識的人會跟著社會與經濟趨勢與時俱進，因為一個國家的潛能會隨著社會與經濟趨勢的移動而有所改變。不僅是前蘇聯的各共和國，也包括東歐、中國大陸以及拉丁美洲，全都在經歷社會與經濟的改變，而此種改變在不久的將來會改變貿易的路徑，並界定出新的經濟強權。知識豐富的行銷商會比別人更能洞燭先機。作者也希望讀者在研讀國際行銷後，能擁有全球意識。

第二節　全球行銷管理——計劃與組織

　　由於市場環境改變快速、競爭激烈、資源獲取不易、外匯波動性高、政治合作關係不定、企業擴展複雜度提昇等原因，當公司參與全球性競爭愈深入時，所面對的不確定性就愈增加，因而正式的策略規劃與組織重整，遂成為必要的行動。

　　策略規劃與組織結構變革是相互關聯的。隨著公司參與國際商業事務程度之增加，發展為全球性企業時，組織結構亦需要反應不同的協調、溝通和運作方式之全球趨向，而作一番改變。由一項研究結果顯示，不適當的組織結構是阻礙有效規劃的最主要原因。

　　對於想要在世界市場佔有一席之地的企業，必須以全球性眼光，思考和規劃問題。獲取全球性眼光很容易，但是真正執行卻需要完善的計畫和組織。欲贏得競爭優勢，企業體必須在成本考量之下，採用最先進的技術，以具有競爭力的價格，提供高品質的產品。

　　以下將討論全球行銷管理、全球市場中的競爭狀況、策略規劃、和不同的市場進入策略，並且界定出決定國際性或全球性組織是否適當的重要因素。

㈠全球行銷管理

　　全球行銷管理（global marketing management）有下列兩項重要任務：(1)決定公司整體的全球性策略；(2)重塑組織，以利公司目標的達成。公司組織、管理取向及企業目標是決定該公司國際性整合程度的重要因素。基本上，凡屬於下述三種操作性概念之一者，皆可謂之有國際性取向：(1)依照本國市場擴展概念，他國市場是本國市場的延伸，因而本國市場中所採用的行銷組合，可以運用至他國市場；(2)根據多國籍市

場概念，每個國家都有不同的文化特性，因而不可施行標準化的行銷組合；(3)在全球市場概念下，世界就是一個完整的市場，因此只要設計一套標準化的行銷組合，即可運行至全世界。不過，雖然標準化是全球策略的要點，文化差異性卻不可忽視。如果標準化的行銷組合有礙於行銷活動的功效，仍舊必須作適度的調整與修正。

(二)全球行銷管理與國際行銷管理的比較

全球行銷管理與國際行銷管理之間有何不同？其基本區別在於取向問題。全球行銷管理（global marketing management）受全球行銷概念的影響，視整個世界為一個市場，強調文化間的相似性，而非差異性。國際行銷管理（international marketing management）則著眼於跨文化間的差異性，認為每個市場受其文化背景的影響，要求不同。因此行銷人員必須針對各地情況設計不同的行銷策略。

全球取向的優點

為什麼要全球化？因為全球化和行銷組合標準化可以衍生出幾項利益，其中以生產和行銷的規模經濟效益最為普及。對於此點，百工製造公司（Black & Decker Manufacturing Company，專門製造電器工具、用品，和其他消費性的產品）深有同感，因為自從該公司採行全球化策略後，製造成本著實減少了許多。就從歐洲市場來說，施行全球行銷策略後，其製造的馬達種類由 260 種降低到 8 種，而馬達機型也由 15 種減為 8 種。至於標準化的廣告宣傳手法，也可以減少可觀的成本費用。高露潔公司在四十多個國家行銷其牙膏製品，正是採用標準化的廣告，該公司認為，若每個地區的行銷活動一律標準化，則成本將可減少一至二百萬美元。

透過合作關係與整合性的行銷活動，不同國家之間可以互相傳承、

分享經驗和技術知識 (know-how)，這正是全球化的另一項優點。聯合利華公司 (Unilever) 曾成功的引介兩種全球性品牌，其中一種產品是刺激身體的噴霧器，原由南非子公司所發展；另一種產品是可以用來清除硬水的清潔劑，由歐洲分公司研製。這些例證，正說明了如何透過合作，或者經驗的傳承，將單一地區的產品推廣至世界市場。

另一項全球策略所帶來的好處是統一的全球形象。獲得世界認同的品牌名稱或公司標誌，可以加速新產品的引進，並且增加廣告的效率與效果。隨著傳播科技的進步，統一的全球形象愈形重要。飛利浦國際公司 (Philips International)，著名的電子產品製造商，當其贊助世界杯足球賽，看到自己公司一致性的廣告同時以六種不同的語言，在四十四個國家播出時，的確令人感受到全球產品形象的重要性。

控制和合作亦是全球化取向的優點。試想以一支或兩支全球性的廣告於四十個國家播放，與四十種不同風格的廣告在各國呈現，哪一種方式較簡單？同樣的品質標準、促銷手法、產品群，在控制上和管理上來說，總是比較容易，而依照各國背景，擬定特異的行銷策略，就顯得複雜多了。

當然，不容置疑的，市場差異性的存在，總是使得標準化程序困難重重。政府和貿易限制、傳播媒體的異質性、消費者偏好與反應模式的不同、以及文化的差異等，都是阻礙全球行銷組合標準化的主因。儘管如此，目前全世界整個市場區隔的消費行為，還是有趨於相似的態勢。綜而言之，採行全球行銷概念的企業體，將會是明日全球市場的領導者。

二、策略規劃

策略規劃是以系統性觀點探測未來，並嘗試因應外在、不可控制的因素對企業目標、方針的影響，以達成期望結果。其次，策略規劃也涉及資源的投入。簡而言之，規劃的用意在於安排未來的事業路徑與工作

走向。

　　本土公司和國際公司的策略規劃內涵是否有差別？照理說，規劃的原則是一樣的，不過由於多國籍公司所面臨的經營環境(地主國、本國、企業體本身）分歧，組織結構和運作任務均較本土企業爲複雜，因此規劃程序也較爲困難。

　　透過策略規劃，企業可以應付各種經營環境的轉變，如國際化趨勢的快速成長、市場轉型、競爭態勢增加、各國文化差異所引發的挑戰等。計畫本身，必須考慮外在環境，甚至他國環境的改變，並且配合公司的目標與能力，建立一個可行的行銷方案。有效的策略規劃，將公司的資源投注於生產銷售線上，以強化競爭力並獲取可觀的利潤。

　　計畫，除了訂定目標之外，還必須詳列達成目標的方法。由此可知，計畫是一個程序，也包含哲學意涵在內。由結構層面來說，計畫可區分爲公司計畫、策略規劃與實戰計畫。針對國際性計畫來說，在公司階層的計畫，強調長程性的公司整體目標。而策略規劃由高階管理階層主導，處理有關產品、資金、以及研究發展的問題，另外還包括公司長期、短期性目標。至於實戰計畫，或稱市場計畫，則由各地市場自行負責，制定有關行銷和廣告方面的決策，研擬特別行動方案和資源配置，以達成策略規劃的目標。

　　事實上，多國籍企業可由策略規劃研擬過程中，得到許多好處。以國際行銷人員來說，參與策略規劃，可以獲得清楚的架構，以便於分析行銷問題與機會點，並網羅、整合各國市場資訊。規劃過程與計劃本身同樣重要，因爲藉由規劃程序，決策人員可以檢視所有關鍵的影響因素，並與相關負責人員直接接觸，深入溝通。再者，進行策略規劃之前，必須要有明確的公司目標、管理承諾和經營哲學等概念性之指引。

㈠企業目標與資源

　　國際性經營實務中，各階段的規劃過程，都必須評估公司目標和資源。進入新開發市場時，免不了要作一番完整的估計，尤其在經營目標和投注資源方面。當市場競爭狀況愈形激烈、公司發現新的市場機會、或者進入他國市場所需的成本增加時，公司都需要重新評估經營目標和資源限度。

　　定義目標的優點在於釐清企業經營趨向，以保持政策一致性。缺乏完整定義的目標，常導致公司唐突進入新市場，從事各種與基本目標衝突的活動。

　　國外的市場機會並非總是與公司經營目標一致。在這種情況下，一則改變經營目標，一則修改國際化的範圍，甚至放棄國際化。再者，有些市場可提供立即性的利潤，但是長期遠景卻欠佳。其他市場則前途看好，但近期內只有賠本的份。公司面對這麼多的變局，唯有明確清楚的經營目標，才能夠釐清視線，妥善處理各種難題。

㈡國際性承諾

　　國際企業所採用的策略規劃方法會影響其國際化程度以及企業承諾的高低，而承諾高低則影響國際策略和公司決策的制定。在公司目標確定後，管理者必須決定投注國際商業事務承諾程度──包括投資額度、國際組織管理人員、以及經營時限。

　　對國際行銷目標承諾的程度，會影響公司涉入國際商業事務的深淺。前景模糊的企業，無法勇敢地開發新市場，導致行銷活動無效率，配銷通路和組織形式都雜亂無章。相對的，接受母公司支持，獲完全承諾、投注的發展方案，成功機會大為提升。由此可知，市場開發要成功，必須保持長程性的承諾。

(三)規劃程序

　　無論企業在國際市場中行銷已久，或是剛起步，「規劃」乃是成功的
要件。對於新手，必須決定行銷的產品、目標市場、以及資源投注的數
量。至於識途老馬，主要的決策重心在於如何配置各種資源於不同的地
區、不同的產品；要開發新市場、或者關閉利潤不佳的新市場，以致於
是否該開發新產品、或撤消無前景的舊有產品。對於這些事項，必須遵
照系統性的評估步驟，以找出國際市場的機會，估算可能的風險，並發
展策略規劃以捕捉市場機會。詳細的程序可列於表 11-1，以提供國際企
業規劃之參考。

　　階段 1——初步分析和篩選，並配合公司和國家的需求。無論公司本
身在國際市場上行銷已久，或只是新手，規劃的第一步都是評估潛力市
場的概況，以決定資金投資的目標。公司的優缺點、產品、經營哲學和
目標必須配合投資地點和相關限制。因此，在市場初步分析時，必須詳
盡探索潛力市場的各種狀況，對於禁令過多，無法與公司配合的地區，
只好放棄。

　　其次必須擬定篩選標準，以評估潛力市場。訂定篩選標準時要考慮
公司的目標、資源、能力和限制。決定開發新市場一定要有充分合理的
理由，更要預估期望的投資報酬率。再者，公司對於國際化商業事務的
承諾，以及國際化的目標，都是訂定篩選標準時的參考依據。依循「全
球市場概念」的公司，會主動探查市場間的共同性，以發覺標準化的機
會。至於受「本土市場擴展概念」指引的公司，希望本土運用的行銷組
合能夠施行到新市場上。而篩選標準的內容是什麼呢？舉凡最低的市場
潛力、最起碼的利潤、期望投資報酬率、可承受的競爭態勢、政治穩定
性的標準、可接受的法律規範等，都可以作為評估新市場的篩選標準。

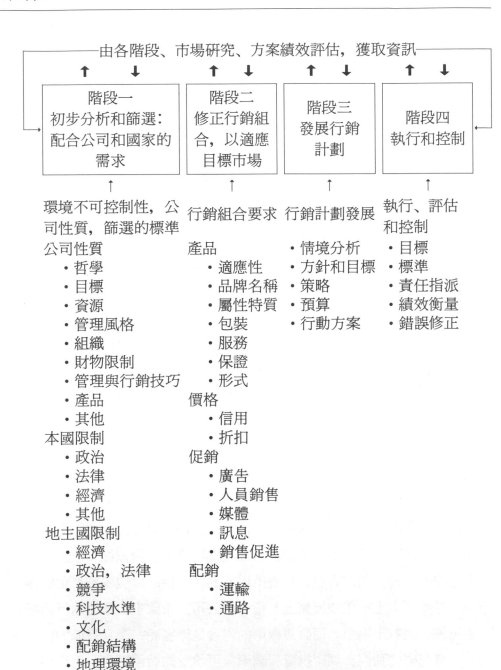

────由各階段、市場研究、方案績效評估，獲取資訊────

階段一 初步分析和篩選: 配合公司和國家的需求	階段二 修正行銷組合，以適應目標市場	階段三 發展行銷計劃	階段四 執行和控制
環境不可控制性，公司性質，篩選的標準	行銷組合要求	行銷計劃發展	執行、評估和控制
公司性質 ·哲學 ·目標 ·資源 ·管理風格 ·組織 ·財物限制 ·管理與行銷技巧 ·產品 ·其他 本國限制 ·政治 ·法律 ·經濟 ·其他 地主國限制 ·經濟 ·政治，法律 ·競爭 ·科技水準 ·文化 ·配銷結構 ·地理環境	產品 ·適應性 ·品牌名稱 ·屬性特質 ·包裝 ·服務 ·保證 ·形式 價格 ·信用 ·折扣 促銷 ·廣告 ·人員銷售 ·媒體 ·訊息 ·銷售促進 配銷 ·運輸 ·通路	·情境分析 ·方針和目標 ·策略 ·預算 ·行動方案	·目標 ·標準 ·責任指派 ·績效衡量 ·錯誤修正

表11-1　國際性規劃程序

　　一旦篩選標準訂定之後，就要針對潛力市場進行完整的環境分析。對於公司來說，環境的變數幾乎是不可控制的，包括本國、地主國的各種限制，甚至如企業行銷的目標、本身的缺點和優勢，都是分析的重點。無論是本國市場，或者他國市場，研擬市場計畫時，都必須了解環境概況。但是對於他國市場而言，這項工作就變得極為複雜，因為每個國家皆有其特殊的環境限制，既陌生又不知從何著手。由此點即可知曉，國際性規劃工作確實較國內市場困難許多。

　　經由階段1分析和篩選工作，可以提供行銷人員基本資訊，有助於下列事項：(1)評估新市場的發展潛力；(2)找出候選市場可能存有的問題；(3)確認環境變數，以作進一步分析；(4)決定可實施於全球市場的標準化行銷組合，或者修正部分行銷組合措施，以符合當地市場需求；(5)發展和執行行銷組合活動計畫。

　　階段2──修正行銷組合以適應目標市場。階段2的主要目的在於詳細的檢視行銷組合方案。在目標市場選定之後，決策人員必須配合階段1所蒐集的資料，評估行銷組合的可能性。決定在什麼情況下，產品、價格、促銷和配銷等組合變數可以標準化；而又在何種狀況下，必須適度修正以適應目標市場需求。應該標準化卻沒有採行該項決策時，可能導致效率不彰、成本高漲；相對的，該修正行銷計畫，以適應目標市場狀況時，如果卻採取一致性定價、廣告和促銷方案，亦可能引發反效果。階段2的主要目標，在於決定是否應修正行銷組合計畫，符合各目標市場特色與需求，以達成企業目標。

　　一般而言，從階段2的分析結果可知：為了各地市場的獨特狀況，行銷組合確實有修正的必要。而公司在資源、成本的考量下，卻不得不放棄此潛力市場。舉例來說，產品規模應符合當地需求，但是公司無法投注額外費用，特別生產此類規模的產品，只好放棄。其次，過高定價若使當地消費者無力購買，廠商又要兼顧利潤的情形下，也只有另行開

關新市場。另一方面，階段 2 亦可進行市場研究，針對兩個或兩個以上的目標市場，分析相似性，以擬定標準化的行銷方案。

經過階段 2 分析，可以對下列問題產生適當的答案：(1)哪些行銷組合變數可以標準化，哪些必須考慮文化因素的影響，作適度修正？(2)企業對目標市場的文化、環境狀況，應作哪些調適，以設計出適當的行銷組合方案？(3)修正行銷組合所花費的成本會不會導致公司虧本？如果會，那麼公司是否應考慮放棄此市場，另尋他途？階段 2 完成後，進入第 3 階段──發展行銷計畫。

階段 3──發展行銷計畫。發展行銷計畫必須針對目標市場，單一地區和全球行銷的作法就有所差別。發展行銷計畫前，要先對目標市場進行情境分析，然後再設計特別的行銷方案。計畫內容應包括該做什麼、由誰負責、行動的方法和時機，針對特定市場發展的行銷計畫，只要無法達成行銷目標，就應該放棄進入此市場。

階段 4──執行和控制。承續階段 3，當行銷計畫研擬完成後，必須付諸執行。不過，計畫過程並非就此結束，執行期間，所有行銷計畫都需要協調、合作與控制。許多企業忽略了控制行銷計畫的重要性，即使他們知道監控行銷計畫可以使得成功機會提升，也不願意執行。完整的評估及控制系統要求，在計畫執行期間不斷的監督與修正，以期符合先前預定的目標。至於全球化取向的管理工作重點，則應特別強調合作、協調，以控制複雜的國際行銷活動。

正如這些步驟所示，「規劃」過程涉及許多變數的互動，在本質上具有動態性、連續性，而且每一階段都必須收集、分析各種相關資訊。總而言之，這個模式為系統性規劃提供遵循的方向。

策略規劃程序，可以鼓勵決策人員進行全盤性、多方位的思考，更提供了一個完整的基礎，便於行銷人員分析各國市場概況，以及探測各國間形成整合性全球市場的可能性。

隨著公司開發國外新市場、擴大營運範圍，管理效率隨即成為關切的問題。策略行銷規劃幫助行銷人員掌控各種相關影響因素，以破敵致勝。無論公司的基本策略為何(本土市場擴張、多國市場、或全球市場)，都不可忽視蒐集與分析資訊的重要性。再者，當公司愈形全球化時，除了必須進行策略規劃外，還要考慮組織效能的問題，因此國際行銷人員在擬定公司整體的全球性策略之餘，還應該重整組織結構，以符合全球性趨勢之需。

三、各種市場進入策略

當企業決定國際化時，必須選擇適當的進入策略，而適當的進入策略必須考慮目標市場的潛力、公司能力、以及公司預期的投入程度。從事國際行銷，可以只是投資極少金額，偶爾進行出口貿易；或者投注大筆資金，爭取可觀、長久性市場佔有率。事實上，無論哪一種，獲利機會都非常大。

即使投資之初，公司的出口量不多，隨著經驗累積、市場擴展增加，公司所採取的進入策略也就逐漸多樣化。市場進入策略的種類有許多，每一種皆有其優缺點，何種最適合公司，完全視公司本身狀況、投入國際市場的程度，以及市場特性而定。

(一)出　口

企業可以採用產品出口的方式進軍國際市場，這種作法由於財務損失風險較低，適合剛起步進行國際化的公司。話雖如此，就算是成熟性的國際企業，例如美國許多大型企業，也以出口為主要的市場進入策略。一般而言，早期出口產品的動機只是為了多做些生意，好分攤製造費用，但是就目前而言，要在國際市場立足，出口確實不愧為一種適當的進入策略。

(二)授　權

希望在他國市場佔有一席之地，又苦無大筆資金可供投入，最好的解決方法就是租借執照(授權)。專利權、商標權、以及各種技術使用權，都可以依靠租借方式授權於他國廠商使用。尤其是中小企業，最適合利用這種方式進入國際市場。當然，授權並非唯一的進入策略，舉凡出口、當地設廠製造等方法也都是常被採用的方式。採用授權方式進入國際市場有許多優點，當公司資金不足，進口限制多，以致阻礙了其他的進入方式時，當地政府對國外投資者甚為嚴厲，或者擔心專利權、商標權被刪除時，皆可考慮授權方法，達到開發國際市場的目標。雖然藉由授權方法進入國際市場，獲利情形較差，但是所遭遇的風險也相對地減少許多，比直接投資保障得多了。

「資產價值」是授權決策最重要的考量點，許多公司就其擁有的智慧財產權訂定價格，至於訂價方法則有系統性的分析，以決定適當的利潤程度，到市場所能負擔的索價範圍。在某些情況下，法律會限制專利費的額度。舉例來說，巴西政府規定技術權的使用費是淨銷售量的百分之一至五，而商標權的權費不可超過銷售量的百分之一。

在國際商業實務中所採取的授權方式有許多種：授權模仿製造程序、商標名稱的使用、或者經銷進口產品。當他國政府禁止外商投資時，授權是最佳的進入策略，因為執照受法律嚴密的保護，藉由執照授權，廠商可以以最低額度的資金和人員投入進入國際市場。當然，因為授權活動涉及監督、控制事宜，故並非所有的授權活動都會順利。但不論如何，「授權」確實不失為一種良好的進入策略。

(三)合　資

企業採取合資政策，與他國廠商成立合作關係，可能有許多理由。

過去二十年間，以合資方式進入國際市場的實例比比皆是。正如同授權手段一樣，利用合資方式進入國際市場，無非是藉由合作夥伴的力量，降低可能遭遇的政治和經濟風險。事實上，許多低度開發國家明白規定他國投資者必須與當地廠商形成合資關係，才可以進入該市場。國際行銷人員在下列情況下最容易採用合資方式作爲進入新市場的手段：(1)經由合資關係，可以利用當地合資廠商的特殊技術；(2)可以借用合作夥伴的配銷系統；(3)當地政府不允許他國投資者以獨立方式在市場中運作；(4)公司本身資金或人力不足，無法獨立開拓國際商業事務。

　　利用合資方式進入他國市場也有其缺點存在，例如無法握有絕對控制權、在製造或行銷活動方面主控權較低等。儘管如此，合資企業依舊在增長中。對於投資管制嚴格的國家而言，外資公司想要發展新市場，仍然必須藉由合資方式。像是中國大陸近來放寬了合資限制，便吸引了許多西方企業前往投資。

(四)直接投資

　　第四種，也是最主要的外國市場發展方式，就是直接到該地市場進行製造工作。當然，在決定採取這種作法時，必須先評估該地市場的需求狀況，以了解投資金額是否可以回收。廠商決定以當地製造方式進入該市場，可能是因爲：便於利用低成本勞力、避免高額進口稅、降低運輸成本、原料獲取容易，或者以此處爲跳板，以進入其他潛力市場。舉例而言，想要進軍歐洲共同市場，又不願承受高關稅要求，企業可以選擇任一歐洲國家爲跳板，再找機會擴展至其他地區。隨著歐洲市場整合完成，該地的保護主義更爲興盛後，採取此種作法以開發新市場，確實不失爲可行的選擇。一般來說，當企業至他國設立製造廠時，會在該地進行銷售活動。在某些情況下，廠商甚至會將其所出產的產品，再銷售回本國市場中。

四、組織變革——配合全球競爭趨勢

國際行銷計畫應能善用組織資源，以達成企業目標。在組織計畫方面，必須考慮結構的安排，責任分配和歸屬等問題。許多計畫因過於模糊，無法釐清權威體系，溝通不良，或者核心階級與子公司之間缺乏友善的合作關係，而容易失敗。

建立組織時，必須詳細琢磨下列各項：⑴政策由誰制定？⑵階層數多少最適合？⑶員工對公司的向心力如何？⑷人力資源與自然資源的供應是否充足、適當？⑸控制嚴密度、權威集中化程度，以及行銷投入狀況等。藉由這些考慮，可以瞭解國際行銷組織的類型與概況。

企業可以利用產品線來劃分組織結構，甚至在各產品類別之下，再以地理區域區隔各子公司。不論哪一種情況，都可以設立功能性支援單位，以維持事業的正常運作。表 11-2 即說明如此的組合結構形式。許多國際性公司即以此類型為基礎，再作適當修正。

能夠有效整合本土與國際行銷活動的企業結構，尚未問世。企業一方面希望其產品、服務在國際市場中能有優異表現，另一方面又必須注意本國市場的銷售情形，絕不可因為國際市場活動而干擾或影響到本國市場的銷售量。基本上，公司在劃分組織結構時，可以採取下列三種作法：⑴全球產品結構——負責產品在全世界的銷售狀況；⑵地理區隔——負責特別區域內產品的銷售盈虧；⑶矩陣組織——形式上，可以由上述兩種區隔結構組成，但行銷活動由集權式功能部門集中管理。

一般來說，採取全球部門產品結構的企業，均面對快速成長、變化的環境，且其產品線種類也較多、較廣。如果與目標市場政府保持良好關係非常重要的話，不妨考慮以地理區域作為劃分結構的基礎。矩陣形式是三種組織活動結構中最普遍的一類，尤其在全球化趨勢驅使下，擴散速度更為快速。為了因應全球化競爭態勢，採行全球化觀點的企業必

表11-2　圖解行銷組織計畫——整合產品、地理和功能性區分方法

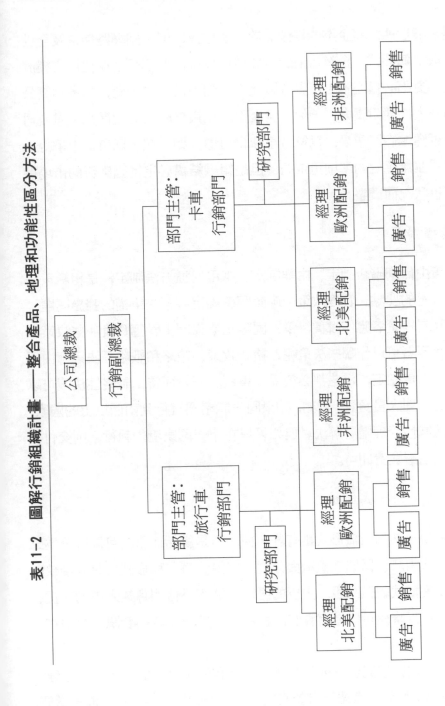

須改變組織形態，將企業的根深植於一個地區，但行銷網路卻遍及全世界。採取矩陣形式，企業可便於發展核心技術，並享受全球性規模經濟的利益，更不必擔心本土市場會因此而受到冷落。也因此，當多國籍公司面對強大的競爭壓力，迫使其發展全球化策略時，必須徹底考慮公司組織是否應做徹底改變，以符合全球化目標。如何在全球市場中爭得一席之地，並無絕對的準則可依循，但是組織結構必定得因應新的市場機會與競爭狀況而調整。

(一)決策權歸屬

決策由什麼階級制定、由誰制定、採用何種方法制定，是組織策略中必須考慮的要點。管理政策中應該明確規定各種決策權的歸屬問題，例如，高層經營者應作哪種決策？國際企業部門主管應負責哪些決策？地區性管理者可以作哪些決策呢？諸如政策、策略和戰略等決策應由何種階段、人員制定，這些都必須妥善規劃。一般而言，戰略性決策可以交由低層管理人員負責，例如，如果同一戰略要實行到兩個以上的國家，可以由區域性管理階層解決。但如果只在單一國家境內執行，則交付全國性管理階層負責即可。

(二)集權式與分權式組織

多國籍企業的組織形式雖有許多種，但是總括而言，可以區分為三類：集權式組織、區域性組織與分權式組織。每一種形式各有其優缺點存在。以集權式組織來說，主要的優點包括容易得到專業人事的支援、在計畫與執行階段可以握有實質的控制權、所有記錄與資訊都集中在一起。

有些公司採取完全分權式的作法，所有決策交由能力可觀的管理者負責，不過這些管理者儘管有豐富的市場經驗，卻多半欠缺整體經營觀，

對於母公司來說，亦容易失去控制力。

　　在許多案例中，不論正式的組織結構是集權式或者分權式，組織體系中一定會存有正式的次級系統，尤其是討論決策權歸屬問題時，最容易顯示非正式系統存在的事實。某些研究顯示，儘管產品決策權是相當集權化的決策，各地子公司仍有相當的影響力，以改變定價、廣告、配銷運作等決策。總括而言，如果該產品項目易受文化差異性之影響，最好採用分權式決策，以適應各地特殊性需求與習俗。

第三節　行銷組合之國際化

一、國際產品策略

　　發展任何行銷方案首要考慮的問題，就是到底要銷售什麼產品，對於本國市場擴張 (domestic-market-extension) 取向的企業來說，所關心的話題即是在本土地區應銷售何種產品才會獲利；多國籍市場取向的企業，發展許多不同的產品，以符合各地獨特的需求；全球導向公司則忽略特殊性，專以單一標準性產品，行銷世界市場為主。不論策略為何，行銷產品之前，總應對目標市場徹底檢視一番，以免制定出錯誤的行銷方案，銷售不合時宜的產品。市場全球化以及其對公司策略、行銷組合的影響，是國際企業管理中非常重要的主題。

(一)全球性產品

　　目前多數規模較大的企業均有朝向全球化發展的趨勢。不過，許多公司進軍新市場時，總以在其他市場已經銷售成功的產品打頭陣，較無考慮產品適應性問題。隨著世界市場競爭激烈化，全球消費者需求漸趨一致性，因此僅以同樣的產品銷售全世界，恐怕吸引力不夠，尤其某些

產品必須做適度修正才容易爲當地市場接受。面對如此競爭環境，如何製造符合各地市場需求，同時品質亦值得信賴、價格合理的產品，遂成爲企業行銷努力的目標。在部分情況下，差異性產品是必須的，然而在其他狀況下，發展全球性標準產品則是勢在必行的策略。

世界性產品規劃與發展，究竟應考慮各國獨特需求，採取因地制宜的修正措施，還是以放諸四海而皆準的原則，以單一種全球性產品行銷各地市場，長久以來一直是爭執不休的話題。一般而言，強調生產、單位成本者傾向鼓吹標準化策略，至於文化敏感者，則主張爲不同市場設計具差異化的產品。

支持全球性產品發展的論調者認爲，目前全球性通訊和其他各種世界性社會力量已驅使消費者口味、需求、價值觀漸形一致，導致產品需求的相似性愈來愈高，無論在價格、品質、可信度方面的要求亦相類似。一項多國籍企業調查發現，銷售於低度開發國家都市地區的產品類型，與開發中國家都市地區並無兩樣，因此認爲無論什麼國家，都市的生活型態皆類似，產品需求也應雷同。另外一項研究亦顯示，發現就某些產品來說，國際市場間相似性反而較同一市場內不同區隔間之相似性爲高。全球性消費者成長趨勢意味著區別市場應以社會類別爲主，而非地理區域爲主，因而紐約雅痞族消費者的品味或許與巴黎雅痞族便頗爲相近。

由於產品標準化常導致生產經濟效益以及其他成本節省，於是售價會較具吸引力。雖然文化差異是另一項重要考量，不過肇因於標準化程序所造成的成本降低，卻令人相信價格、品質、信賴度足以抵消產品差異之優勢，以彌補產品一致性的缺憾。因而，產品標準化被認爲是未來之發展趨勢，而非是差異化。

持相反論調者則強調文化差異的重要性，認爲產品有必要進行修正，以符合各社會文化的獨特規範。事實上，這點爭議並非是否如此簡單即可解決，必須詳細分析各種情況下成本與利益額度。無疑的，產品、包

裝、品牌、促銷宣傳標準化，確實可導致成本之顯著節省，但是這項標準化產品必須要有足夠的消費群眾才值得，不能光看成本面，而忽略收益面。同樣地，如果經由差異化所設計出的產品無法通過成本效益分析，那麼甚至應考慮放棄此產品，而無須上市。

由此可見，當產品差異化所導致的效益足夠補貼成本損失時，可考慮採取修正策略；如果市場對標準化產品需求量夠大，足以促使其享受成本節省的利益，則可採取標準化策略。總之，就標準化、差異化決策而言，只有透過詳細的行銷分析與獲利分析，才能得到圓滿的答案。

(二)全球性品牌

相關於全球性產品的概念就是全球性品牌。對於全球性取向的企業而言，即使無法製造標準化全球性產品，亦希望打響世界性品牌的名號。全球性品牌除了可以獲致成本節省的優點外，更可促使世界消費者對其產生一致性的品牌形象，有利於公司其他產品快速導入市場，達成效率目標。不過，在某市場已擁有穩固品牌的廠商，若為順應全球性品牌政策，欲更改該市場品牌的話，將承擔品牌認同喪失的風險。所以，在貿然轉換品牌名稱之前，必須仔細衡量，導入全球性品牌所產生的長期性成本節省利益，以及喪失原本品牌認同風險間的利弊得失。

二、國際訂價策略

訂價是行銷策略中最被忽略的主題，在行銷的 4P 中，訂價最少受到注意，尤其在國際市場中，產品的標準化程度最高。或許是由於法令限制，價格和廣告較因地制宜。若比較同一公司在不同地區的行銷策略，可發現訂價是最有彈性的。在研究訂價策略時面臨的問題是：相關理論不多，而且較模糊。大部分這方面的理論太過簡化，將影響訂價的變數簡化成只有需求和供給，而且由於大部分的理論並不完整，使得許多訂

價決策依據直覺、試誤（trial & error）、或是例行程序而來（如成本加成和追隨競爭者價格法），以下我們將針對影響國際訂價策略中之重要因素一一進行討論。

(一)成　本

決定訂價時，無可避免地我們必須考慮成本。英國航空公司曾經沒有考慮自己本身的成本結構，只是盲目追隨其他競爭者的訂價，後來該公司仔細評估，決定限制訂價折扣後，才明顯增加公司收入。

我們在討論成本時，基本上要注意的問題並非考量成本與否，而是考量哪一種成本、成本有多少。一般理論，認為國外市場訂價必須考量總成本（full cost）內所有的成本——包括國內行銷成本（如銷售、廣告費用、市場研究成本等），以及固定成本，使公司以國內市場的訂價加上多項國外成本（如運費、包裝、保險、關稅等）做為訂價，這種訂價模式具有高度的中央集權，也有民族優越情感在。事實上，若不加上運輸成本和關稅，世界上每個地方訂價都應相同，雖然此種方法簡單而且直接，但並不理想，原因是此一方法容易使訂價過高。

另一種為國際行銷使用的訂價方式是邊際成本訂價法（marginal-cost pricing）（又可稱為遞增成本法），這種方式通常用於採取地方分權制度的多國公司。這種訂價法假設有些產品成本（例如國內管理成本及廣告成本）與國外市場的訂價並不相關。事實上，在國內市場訂價時，研發成本和機器成本都已考慮，因此不應將這些成本再次考慮在國外市場的訂價上，也因此實際生產成本加上國外行銷成本可做為不致產生損失的最低訂價。日本公司常依此訂價模式來打進國外市場，並且維持市場佔有率。日本人將打進國外市場視為一項成功，因此日本人寧願犧牲利潤來維持公司的營運。

遞增成本法的優點是對國際市場的狀況較為敏感，允許國外的子公

司或分支機構可自行訂定價格。使用這種方式，其潛在缺點是由於研發成本以及總公司營運成本單單只有在國內市場訂價才考慮，國外子公司並沒有適度考量總成本。長期而言，價格競爭而不考慮成本競爭是很危險的。爲了解決高關稅、高運輸成本和國內高製造成本的問題，廠商可以在國外製造產品，或授權給當地廠商製造。如果廠商無法控制成本，或產品售價不足以彌補成本時，終究廠商會被迫離開市場。

　　國內國外訂價是否應予單一化是常常討論的問題。理論認爲，以管理觀點而言，沒有理由使出口訂價與國內訂價不同，當然經濟學家也相信套利可以消弭不同市場訂價不同的狀況。另一種理論想法，則認爲固定費用的分攤因出口量而減少，所以出口價格應低於國內訂價。也有人認爲由於外國政府的價格管制措施，在外國的售價被迫降低。

　　由於理論並不能提供所有情況的答案，因此我們應討論訂定單一價格（uniform pricing）的情況。基本上，單一訂價適用於：有相同需求的市場；產品與競爭者類似；產品的替代性高；產品可在不同的國家購買且容易進口、出口；產品容易移動；消費者可在價格較低的市場購買，再賣至價格較高的市場；消費者能輕易獲得在其他國家的價格資訊等等情況下。另一方面，差別訂價則常被採用於以下幾種情形：各市場的價格彈性不同；產品差異化不易被競爭者替代；在國際間運送產品有所障礙；消費者很難取得產品在其他市場的訂價資訊；訂價不會受到政府機構或媒體的注意。

(二)需求彈性和需求交叉彈性

　　由於有需求彈性和需求交叉彈性的存在，廠商在計價時不能不考慮競爭者的反應。福特汽車以爲在英國銷售第一的地位無可動搖，因此片面透過取消折扣及其他銷售紅利的方式，想要結束價格戰，但競爭對手並沒有追隨，使得福特的市場佔有率從 32%跌至 27%。我們要記得，只

需一家公司採取行動就可以開啓或繼續價格戰。

有競爭力並不意味產品的訂價必須低於或和市場價格相同。良好或獨特的產品通常可賣到較高的價格，而產品有形象，也可訂出比市場價格爲高的價格，Sony 即常採取此一策略。Sony 始終遠離會造成形象受損的價格戰，不過也曾經因競爭對手削價，而迫使 Sony 降價。Mazda 雖沒有負面形象，但形象中性，並不突出。在 1980 年代其行銷策略是把自己設定爲產品訂價較低的日本廠商,提供了與本田和豐田不同的選擇，Mazda MX-5 Miata（小型跑車品牌）乃是 Mazda 試圖創造出其具特色及物超所值的鮮明形象。一般而言，廠商可經由培養獨特、令人滿意的形象，而置身於劇烈的價格戰之外。有名的形象可使廠商採用類似於獨佔方式運作，並獲得額外訂價的自由。

1979 年時對於法國、西德及英國出口商所做的研究得到了一個很有趣的結果：許多廠商覺得以價格基礎競爭相當不實際，甚至危險。出口價格競爭被視爲粗劣的競爭方式，而且價格競爭只能用在簡單的產品，不能用在具有品質和高技術水準的產品上。根據此一報告，只有初入道者才會持續的採用價格戰。

(三)匯 率

計價所使用的貨幣單位也不可忽視。一般而言，賣方應會以強勢貨幣買匯，而買方則會想以弱勢貨幣獲得承兌。歐洲廠商可用歐洲通貨（ECU）代替各國通貨來報價和買匯，但國內匯率的相關規定仍必須遵守。希臘對外匯嚴密控制，在希臘所有與付款有關的契約必須以希臘幣（drachmae）來結匯，所有契約條款如果想逃避相關規定都會造成契約無效。希臘法律禁止以遠期外匯做訂價標準。

匯率通常不會衝突國內市場的訂價,但對國際行銷的影響則非常大。自 1985 年 3 月起, 由於美元對其他主要國家通貨貶值, 使美國跨國企業

自國外匯回的國外利潤陡增；相對而言，美元貶值造成日本出口商的損失。由於日幣急劇升值，日本小松（Komatsu）——一家重型工具機製造商——被迫在 1985、1986 年三度調高價格，1986 年 Komatsu 因喪失價格競爭優勢而被迫在美國設廠。其他如日產、本田、豐田等廠商也數度調高價格，而價格上漲最多產品的是由日本人控制的市場（例如昂貴的消費性電子產品，CD 唱盤和錄放影機），然而這些日本廠商不能調高售價太多，因為韓國貨正虎視眈眈，隨時在旁準備伺機而動。在評估匯率變動對價格的影響時，我們必須考慮國內競爭產品的訂價，也必須檢視貶值時對進口商、出口商以及國內製造商訂價的影響。

(四)週轉率

週轉率(turn-over rate)與價格水準有相反的關係，在高週轉率時，公司通常可能有較低的利潤，這種情形有幾項原因：由於高週轉率的物品銷售頻率較高，購買者自然會發展出對價格熟悉和敏感性；這種物品存放時間短，其機會成本也低；再者，只需少許的促銷工作，行銷成本很少。雖是如此，決策人員不應因此遽下定論，認為週轉率與價格有因果關係，也就是說，低價而有高週轉率，但反過來說，高週轉率不一定有低價。

(五)市場佔有率

擁有較大的市場佔有率可使公司選擇較市場更高的訂價，由於有較低的生產、行銷成本，而有規模經濟，使公司得以選擇降價。由於市場佔有率被視做打入市場的障礙，對稍晚進入市場的廠商而言，市場佔有率是重要的指標。也就是說，一個公司沒有市場佔有率，便無法達到必須的銷售量來改善公司效率，這可以解釋為何韓國的現代公司在美國以 IBM 之名銷售電腦。現代電腦以極低的價格將電腦賣給 IBM，現代公司

雖然獲得的利潤甚低，但卻可以藉以取得市場佔有率，再以較高價位的機型進入市場。

我們可以用只有少許利潤的低價策略來取得市場佔有率，舉例來說，米其林輪胎公司為了增加市場佔有率，因此在美國市場首先降價，因為價格低，福特公司的 Escort 和 Mercury Lynx（兩種不同的車型）便使用米其林的輪胎，但因為價格太低，使米其林每賣出一個輪胎便多一分損失。另外一個例子是通用汽車公司在歐洲的經驗，為了增加在歐洲市場的佔有率，通用的德國子公司 Adam Opel 和英國子公司 Vauxhall 採取低價的公司策略。在獲得市場佔有率來說，這項策略或許是必須的，但此策略並不一定會帶來利潤，通用汽車的銷售量上升了，但卻有利潤的損失。因此，太急於搶先佔有市場可能會造成公司的損害，甚或重大損失。

㈥關稅和配銷成本

基本上來說，如果沒有傾銷和補貼情況之下，在國外銷售的產品應較國內銷售的成本為高，原因是必須彌補關稅和額外的配銷成本。當然，冗長的配銷通路（即許多的中間人）也必須為價格提高負責，而這些配銷通路對配銷效率並沒有助益。在日本的外國人或許會驚訝的發現，在日本，進口配額和關稅的限制使價格上漲，即使一份土司也需花費數美元。

㈦文　化

美國製造商應明瞭，不二價政策或建議零售價格在各個國家不一定適用。在美國，一般零售商都以不二價賣出貨品。然而許多國家，價格有議價空間，買賣雙方常花數小時討價還價，因此討價還價變成了一種藝術，比起不熟悉討價還價的人，具有優異討價技術的一方，通常可獲

得較滿意的價格。

三、國際配銷策略

(一)直接和間接銷售通路

公司在國外行銷時有兩種主要的配銷通路：間接銷售與直接銷售。間接銷售，指的是本國生產者仰賴另一本國公司來銷售產品，而且後者是前者的銷售中間商。所以，在沒有出口的情況下，銷售中間商就成為製造商的本國通路之一；若是經由本國中間商出口，製造者無須設立出口部門，因為此一中間商就類似製造商的出口部門，擔任把產品送到國外的任務。若商品不是掛中間商名稱時，此中間商可稱為本國代理商，若掛的是中間商名字時，此中間商的角色就好像本國製造商了。

使用間接通路有以下的好處，例如可使通路單純化與減少成本，因為製造商不必自建通路，所以少了通路建立成本，同時也省去了將產品送到國外時所要負的一些責任。因為有中間商的存在，所以可以分攤一些配銷成本，因此可降低產品移動的成本。間接通路也有其限制，雖然製造商不必對中間商的行銷活動負責，但是卻也失去了產品行銷的控制力，而影響未來產品的成功與否。若是中間商不積極，競爭對手又採取強烈攻勢的話，此時中間商就變得相當重要了。間接通路的方式可能無法長久採行，因為企業配銷產品的目的是利潤，若是製造商的產品無利可圖，或者其他產品提供較高獲利潛力時，此中間商關係也就可能停止了。

相對的，直接銷售則是當製造商有自己的海外通路時所採行的銷售方式，此時製造商直接與外國買方交易，而不透過本國中間商。因此製造商就需自己建立在國外的通路關係，經由自己的出口部門，將產品送到國外去。採行直接銷售通路的優點是積極與市場保持密切的互動，因

爲在直接銷售的情形下，製造商對國外市場的涉入程度也越高。另外則是控制力較大，因爲交易過程中不經過中間商，所以可以使溝通更爲直接，公司政策的推行也不會受阻。

　　直接銷售也有問題存在。若製造商對外國市場不熟悉時，要管理通路就相當不易，而且通路管理需花費大量的時間與金錢，若是銷售數量不夠大時，則相對的通路成本將相當高。加拿大的 Hiram Walker（生產酒）原本在紐約有自己的行銷公司，負責行銷 Ballantine Scotch、Kahlua、CC Rye 這些品牌的酒，因爲營利不佳，所以最後只好撤除在紐約的銷售組織與行銷活動。

　　對那些不做國際行銷研究的出口者而言，傾向於直接銷售給出口代理商，相對的，在公司內從事國際行銷研究的廠商則是設立出口組織，投入資源從事出口活動，把產品直接送到最終使用者手中。對電子、機器工具、食物生產設備、與動力設備等產業之出口公司做研究的結果顯示，這些出口工業設備的廠商所使用的通路成員與國內相同，使用最多的配銷通路是銷售代表與出口配銷商，雖然受訪者對整個配銷系統大致還算滿意，但是一般來說，對出口商則是不甚滿意。大體而言，自己從事出口業務有一段時間的公司，在配銷系統的滿意度上會高於只有極少出口經驗的公司。

(二)通路的發展

　　一通路是否適合，要視其所使用的國家而定，在某一國家好的中間商並不一定適用於其他的國家，但是這並不是說所有的國家都要有獨一無二的通路，還是可以歸類出某些國家適用於某種通路。

　　Litvak 及 Banting 建議採用以下的標準來做國家分類：(1)政治穩定性；(2)市場機會；(3)經濟發展與表現；(4)文化特質；(5)法律限制與障礙；(6)地理障礙；(7)文化距離。根據這些特質，可以分成熱門、中等與

冷門的國家，前四項得分高而後三項得分低的國家爲熱門的國家，冷門的國家則相反，中等的國家則在七項評分上差不多。在此一標準之下，美國、加拿大屬於熱門的國家，而相對的巴西則是冷門國家。

在分類國家時有許多的標準，經濟發展也可單獨作爲一項指標，但此一分類方法有時可能造成誤解，因爲熱門的國家與工業化國家是不相同的，所以在分類的過程中應審愼考慮各項相關的因素，特別是經濟發展的程度與各項因素都有相關。

分類的目的是決定應採行何種中間商型態較爲合適，冷熱程度的高低也指出了何種型態的中間商較爲合適。在冷門國家中競爭的壓力不大，但法律的限制也使得通路的創新較爲緩慢。埃及法就是一例，只由父親爲埃及人或是合法的埃及法人才能代表外國客戶，因爲屬冷門國家，中間商所感受的威脅不大。

對熱門的國家而言，環境不錯，所以新機構林立，但是中間商若不能順應環境調整的話，很容易就被淘汰，因此通路成員是否能存續，就要視適應能力而定。例如，在英國不論是僱主或中間商任一方都能終止彼此的關係，也就是說，若代理商收到的是一星期的薪水，關係就只有這一星期，若是收到的是佣金，則可以延長到六個月，除非契約上另有規定。

國外環境情況對所有通路成員都有意義。國外製造商在通路的演進中可實行最大的控制力。廠商在一剛開始時可以依賴中間商或配銷商，若是銷售量增加，則可以建立自己的銷售分公司，這也是國外酒類供應商在美國市場的發展過程，到現在爲止這些供應商已能完全控制整個配銷活動，例如 E. Remy Martin & Co. 就從 Glenore Distilleries 處收回白蘭地酒的行銷權，自己來配銷，而 Monet-Hennessy 及 Pernod Ricard 則各自買下 Schifflin 及 Austin Nichols。

當地的製造商可能會受新通路的影響，因爲新通路將威脅原有的通

路，因此，可能的話，外國製造商應該採取積極的行動，善用新通路。
全錄過去的直接銷售通路一直推行得很好，但日本公司進入美國市場後，
以快速低價的方式攻佔市場，採行獨立的辦公室設備推銷商（過去全錄
所忽略的），而且日本公司也供應機器給 IBM、Monroe、Pitney Bowes
等美國公司，然後再利用這些美國公司的銷售及配銷網路。由於這些新
的通路已爲日本公司所使用，全錄只得另闢其他通路，如零售店、郵購
以及兼職銷售代表等。

對那些從事利潤高但數量低的批發商而言，這些通路所造成的威脅
更大。如果批發商把製造商的產品促銷的極爲成功，很容易以後就不再
給他做了，例如 Superscope 就喪失了 Sony 產品的銷售權。反之，若是
把產品經營的不好，也會被製造商換下，例如 Mitusbishi 認爲 Chrysler
績效不佳，所以就發展自己的配銷網路。

在熱門國家的當地零售商也不能不做改革。在歐洲，電腦製造商所
採行的通路是一些高度區隔的小零售商，因爲沒有財務能力，所以無法
大量存貨，所以 Computerland 就把美國大量行銷的方式複製到歐洲
來，目前在當地已有數家店面。通常革新最早出現在熱門的國家中，隨
後則陸續擴散到其他熱門的國家，最後則是在開發中國家。新進有關零
售商的改革有所謂的自助服務商店、折扣商店、超級市場，全部都是先
由美國所發展出來的。另一方面，Hypermarche 則是在歐洲所發展出來
的大量採購的方式，此種零售店屬於自助式的，店中有各種的食物及貨
品，不過此一方式在引入美國時卻不見得成功。

蘋果電腦也曾經想在美國建立自己的「蘋果中心」──此種方式在
歐洲相當成功。1985 年時蘋果電腦在英國只有少數的零售商與展示中
心，因此就設立蘋果中心，希望改善其績效。這些中心是獨立的零售店，
販售的主要是蘋果電腦的產品，但也包括一些軟體及其他製造商的配件，
這是一個包括電腦的行銷、銷售、訓練、支援、服務等功能的中心。隨

後此一觀念擴展到其他歐洲國家，建立了超過六十個的蘋果中心，不過因爲各地市場不盡相同，所以在不同市場上的功能也有部分的修正。

改革的成功與否不僅要視環境而定，還要看其他的因素。例如，經濟發展就需要一定程度以上，才能產生特定形式的行銷通路。比如說，傳統式的小商店在美國已經幾乎不可見了，但在許多的國家中仍然隨處可見。廠商積極與否，也是影響新通路是否成功的因素。其他諸如文化、法律與競爭的因素也是重要的因素。在開發中國家，因爲勞工成本低，人們也習慣等待，所以自助服務商店、折扣商店、超級市場的接受性就相當緩慢。比較起來，在已開發國家大型的折扣商店、超級市場在人口密集度高、都市化、勞工成本種種因素的考慮下就應運而生，而且所得水準高、所得平均分配、有汽車與冰箱也使得次數少、大量的採購方式變得可行。

(三)通路的修正

因爲標準化、全球化的國際行銷策略不見得適合所有的外國市場，所以對國際行銷者而言，應了解市場的配銷結構與型態，做比較性的市場分析。針對拉丁美洲營運的美國公司所做的研究中顯示，在配銷上的確有採取某些適應性的改變。通常地方政府的規定是標準化的障礙，因爲將迫使廠商改變價格、廣告、配銷方式。

某些通路的改變是有需要的，懷疑的心理與隱私權將使到戶推銷與直銷的方法變得沒有效率，所以雅芳在日本與泰國就採行不同的行銷方式。在中間商數目多但每個中間商卻處理少量產品的國家中，零售折扣的方法就不適用。傳統的行銷通路看起來沒有效率，但卻能善用便宜的勞工，沒有閒置的資源。

製造商必須知道，因爲有修正的必要，所以特定形式的零售商不見得適用於所有的國家。當美國的超級市場標榜低利潤時，外國的超級市

場仍可能有極高的利潤，而且強調特殊品或進口品。另外，美國超級市場也提供即時可食的服務，有趣的是，美國的超級市場，也開始提供此一服務。

某一類型行銷通路在國外可能會做某種改變，例如 7-Eleven 在日本提倡的便利食物店的觀念，就比美國的 7-Eleven 更爲複雜。日本的 7-Eleven 提供蒸熱魚餅、罐裝茶，以及飯糰，代收水、電費，並接受對 Tiffany (珠寶商) 目錄的訂購。7-Eleven 的商店在產品上常創新和除舊，一個典型商店的 3,000 項商品中，一年約更換三分之二。

㈣通路的決策

就如同在本國市場一樣，國外市場的行銷者也要做三種通路決策：通路的長度、寬度，以及配銷通路數目。

1.通路長度

通路長度與產品在送達最終消費者前,在中間商間轉手的次數有關，若是需經過許多中間商，則此通路較長，若是只經過一兩個中間商，則通路較短，若是直接由製造商銷售給消費者，則是直接通路。美國與日本的電視機製造商在通路長度方面就運用不同的策略，Zenith 使用兩階段的配銷系統，因此零售商需從獨立配銷商中買得商品，但此一系統就不適於錄影機專賣店，因爲他們偏好直接跟製造商採購，所以他們就轉向跟日本製造商買，因爲不但價格低，而且願意直接送貨到這些店。

2.通路寬度

通路寬度指的是在某一配銷階段的中間商數目，若是所使用的中間商或中間商的形式越多，則通路較寬且較爲密集，若只有少數的中間商或只在某些地點，則通路是選擇性的，產品雖不盡在每個地方都有，但至少在同一地點上會存在有一些配銷商。最後，若在特定區域中只有一種形式的配銷商，那麼配銷就變成獨家代理了。

　　鐘錶業的配銷策略正足以說明不同的通路寬度。Timex 為低價、大量行銷的產品，採行的是密集行銷的方式，不論是哪一種中間商都可以從事此一品牌的業務；精工就較有選擇性，因為精工屬於中高級價位的品牌，所以經由珠寶店與展示店銷售，而少在折扣店或藥房出售；Patek Philippe 則為了要展現高貴與獨特的形象，所以在美國境內，只有在一百家高級珠寶店中才有出售。

　　通路寬度是相對的，精工與奧美茄都採用選擇性通路，但奧美茄的選擇性通路更少，此一策略使得此一品牌只有在高級珠寶行、專賣店以及百貨公司的珠寶部門中才能買到。因為各階段通路寬度的本質不同，所以若是要把中間商與零售商的通路一起比較就顯得不適當，因為零售商人數遠較中間商多，所以只適合就通路的某一階段討論。選擇的程度視特定階段的中間商相對數目，而非絕對數目而定，當產品行銷的階段越接近消費者，通路就應該越寬；反之，當產品行銷階段越接近製造商，通路就較窄。

3. 配銷通路數目

　　另外一個決策是配銷通路數目。在某些情況下，製造商在將產品送達消費者前會有許多種的通路方式，例如可使用很長的行銷通路，也可使用直接行銷通路。若是製造商有不同的品牌，則可能採行雙軌的行銷通路以區分產品消費者。另一採行多行銷通路的原因是製造商已建立自己的行銷通路，但是因為策略或法律的原因，無法不使用舊行銷通路(如代理商)。雖然 Seiko、Lassale、Jean Lassale 都是來自同一家公司，但是在這些品牌上卻採行不同的行銷通路：Seiko 與 Lassale 在美國經由配銷商銷售，而 Jean Lassale 卻直接由製造商銷售給零售商（珠寶店）。

四、國際促銷策略

廣告與促銷乃國際公司行銷組合最基本的活動。一旦產品發展足以符合目標市場的需要，且其訂價與配銷極為適當，則應通知潛在顧客產品的可供性與價值。設計妥善的行銷組合（promotion mix）應包含廣告、銷售促進（sales promotion）、人員推銷（personal selling）與公共關係（public relation）……，這些全部相互加強，並著眼於共同目標——成功的產品銷售。

就行銷組合之所有要素而言，所謂包含廣告的決策，係指最常受到各國市場間文化差異所影響的那些決策而言。消費者在其文化、作風、感覺、價值系統、態度、信仰、認知方面，均有所反映。因為廣告的功能是在藉著消費者的需要、熱望，以詮釋滿足產品與服務品質的需要；倘若要使廣告極為有效，則感情訴求、象徵、說服方法及其他廣告特性應符合文化模式。

使國際性廣告與銷售促進活動與市場的文化獨特性一致，正是國際或全球性行銷商所面臨的挑戰。國際促銷的基本架構與概念在使用上是相同。其步驟有下列六項：(1)研究目標市場；(2)決定全世界標準化的內容；(3)決定各國市場或全球性市場的促銷組合（廣告、人員推銷、銷售促進與公共關係之組合）；(4)發展最有效的訊息；(5)選取有效的媒體；與(6)建立必要的管制，以便協助全世界行銷目標之監控與達成。

(一)全球性廣告

世界市場激烈的競爭與國外消費者日益複雜性，已帶來更為複雜的廣告策略之需要。在許多國家裡，廣告計畫協調的困難、成本的增加以及一般全世界公司或產品形象之熱望，已使多國籍公司在不犧牲國內反應的情況下，尋找更大的管制與效率。為求得更有效率、更為敏感的促

銷計畫，應進一步檢視下列事項：(1)涵蓋權力集權或分權的政策；(2)單一或多項國外或國內機構的使用；(3)撥款與分配程序；(4)副本；(5)媒體；與(6)研究。每個國家所需的廣告專業化程度乃是最為廣泛討論的政策領域之一。有一種看法視廣告之訂製乃因每個國家或地區而異，因為每個國家藉廣告而提出特殊問題。具有這種觀點的公司主管們都認為：達成適當且相關的廣告之惟一方法，莫過於為每個國家發展個別的廣告活動。有人存有另一種極端的看法則認為：廣告應全然忽視地區性差異，而世界上所有市場的廣告都應加以標準化。

與國際性廣告之修改相較，標準化優點的討論已經持續數十個年頭了。Levitt 所撰寫的《市場全球化》（*The Globalization of Market*）一文，曾引起許多國家檢視其國際策略，並採行全球性行銷策略。Levitt 假定具有類似需要的全球性消費者之存在與成長，並宣稱國際行銷商應營運儼如世界是個大型市場，而忽視地區或國家的表面差異。在不討論 Levitt 的看法有何優點的情況下，公司顯然可能過份補償文化差異，並在不探討全世界標準化行銷組合的可能性之情況下，為每一國家的市場，修改廣告與行銷計畫。在數十年中遵行每一個國家特定的行銷計畫之後，公司擁有許多不同的產品變異、品牌名稱與廣告計畫，猶如公司在許多國家，經營許多不同的企業。

茲舉吉利公司（Gillette Company）為例來說明。吉利公司在超過 200 個國家，銷售 800 項產品。吉利公司在全世界一致的形象是男性、運動導向的公司，但是其產品卻沒有這種一致的形象。其刮鬍刀、刮鬍刀片、化妝用具與化妝品，以各有許多名稱而聞名。例如，其刮鬍刀片在美國稱為 Trac II 刮鬍刀片，而在全世界則稱為 G-II 刮鬍刀片；在美國稱為 Atra 刮鬍刀片；而在歐洲與亞洲則稱為 Contour 刮鬍刀片；在美國稱為 Silkience 的吹風機，在法國則稱為 Soyance，在義大利則稱為 Sientel，而在德國則稱為 Silkience。在吉利公司現存產品中，能否找出

全球性品牌名稱，乃值得懷疑。然而，吉利公司目前全球性的哲學，在男人化妝用具產品的廣告上提供一項包羅萬象的說詞，「吉利產品能給男人最好的」，以希冀提供某些共同的形象。

類似的情況亦存在於聯合利華公司(Unilever)。聯合利華公司所銷售的清潔液，在瑞士稱為 Vif，在德國稱為 Viss，在英國與希臘稱為 Jif，在法國則稱為 Cif。這種情況是聯合利華公司對每個國家採行不同的行銷之結果。因此，對吉利公司或聯合利華公司而言，採行品牌名稱標準化乃極為困難，因為每個品牌已深植於其市場中。然而，在這種品牌多樣化的情況下，很容易想像協調、控制的困難以及相對於全球性品牌認知的公司之潛在的競爭劣勢。

(二)全球性廣告與世界品牌

所謂全球性品牌(global brands)，通常係指公司選擇被全球性行銷策略（global marketing strategy）所導引的結果。全球性品牌在世界各地擁有相同的名稱、相同的設計與相同的創造性策略；可口可樂（Coca-Cola）、百事可樂（Pepsi-Cola）、麥當勞（McDonald）與露華濃（Revlon）乃是數個全球性品牌的示例。即使文化差異使得標準化廣告計畫或標準化產品缺乏效果，公司仍然可能要擁有世界性品牌。即使廣告訊息與形成因各國文化差異而迴然有異，雀巢公司（Nestl'e Company）即溶咖啡之世界性品牌——雀巢咖啡（Nescafe）——仍廣受世界所愛用。在日本與英國，廣告反映著這些國家對茶葉及咖啡喜好的差異；在法國、德國與巴西，其文化較喜好咖啡，故反映著不同廣告訊息與形成。然而，即使在這種情況裡，亦有某些標準化；所有廣告均有共同的情感連鎖：「不管優良的咖啡對你具有何種意義，且不管你如何喜歡咖啡，雀巢咖啡必定是你所要的咖啡。」話雖如此，然而贊成標準化廣告與贊成當地化修改的廣告之間的爭論，無疑地勢必會持續下去。

有些公司卻會採行極端的情況。舉例來說，高露潔公司（Colgate-Palmolive Company）於 1990 年代曾宣稱將其廣告權力分散，且將責任下授到世界各地之個別營業單位，高露潔公司今後的廣告與行銷將特別為各國當地市場而量身裁製。當高露潔公司正移往當地化廣告時，另一家名叫偉拉（Wella）的公司卻宣稱五年後，計畫發展其 80%的產品成為泛歐洲品牌。一旦歐洲單一市場實現時，偉拉公司將在歐洲擁有相同的品牌，以坐享競爭優勢。

然而筆者本身卻不能支持上述兩種極端情況之任何一方，因為筆者認為兩種極端的情況通常均不正確。在某些國家裡，可能以標準化廣告，才能將有些產品促銷得最有效率，而其它產品則要以當地化修改的廣告計劃，才能將產品促銷得很成功。正如之前所討論過的，所有的市場一直在變化著，且變化過程均頗為相像，但是世界仍絕非同質的市場，而且距離同質的市場依舊極為遙遠。在完全標準化之前，仍然橫列著無數的障礙。雖然如此，各種市場間之缺乏共通性，並不應阻擾行銷商將產品與廣告帶往全世界市場，而不侷限於國內某一市場或地區市場。

(三)銷售促進

除了廣告之外，人員推銷(personal selling)、公共報導(publicity)與所有行銷活動均能刺激消費者購買，且改進零售商或中間商的有效性與合作性，故稱之為銷售促進（sales promotions）。折讓、店內展示、樣品、優待券、贈品、產品搭售、抽獎賭賽、特殊事件之贊助（例如，音樂會、產品展示會）與銷售點展示（point-of-sale displays）等等，乃是銷售促進裝置，其設計旨在補充促銷組合（promotion mix）中廣告與人員推銷之不足。

銷售促進乃是指向消費者或零售商之短期努力，旨在達成下列特定的目標：(1)消費性產品的嚐試或刺激消費者立刻購買；(2)將消費者推介

給商店；(3)獲得零售商銷售點的展示；(4)鼓勵商店庫存產品；與(5)支援與擴大廣告與人員推銷之效果。舉例來說，非洲香煙製造商在銷售促進上莫不竭盡所能，奇招百出。除了正規的廣告外，非洲香煙製造商還贊助音樂團體、河流探險，並參與當地展覽會，旨在使公眾瞭解該公司的產品。

在由於媒體限制而廣告難以達到消費者的市場裡，分配給銷售促進之促銷預算之比率，可能必須加以提高。在某些低度開發的國家裡，銷售促進構成鄉村與不易接觸的市場部份中促銷活動的主要部份。舉例來說，在部份拉丁美洲國家裡，百事可樂與可口可樂之廣告銷售預算的一部份，是花在娛樂遊藝團卡車上；這種娛樂遊藝團卡車穿梭旅行於各村莊之間，旨在促銷其產品。當娛樂遊藝團卡車在某一村莊暫駐時，娛樂遊藝團可能舉辦電影欣賞會，或是提供其他某些娛樂：入場券則為購自當地零售商之未開瓶的可樂(百事可樂或可口可樂)。此種促銷活動勢必能刺激銷售，且鼓勵當地零售商注意娛樂遊藝團的到達，事先增加飲料之存貨。以這種促銷類型，使銷售促進幾乎達到 100%村莊裡的零售商。

當產品概念對市場仍然新穎而陌生時，特別有效的促銷工具是免費試用樣品。Crayola 公司之臘筆在美國境外幾無知名度可言，且鮮為人知；在國外，其彩色筆與簽字筆比臘筆較為流行。於是 Crayola 公司免費分配樣品並舉辦特別活動，例如，在百慕達舉辦青年賽跑，在新加坡、沙烏地阿拉伯、香港與數以百計的都市，舉辦彩色競賽，以協助其產品在國外市場獲得更高的知名度。

促銷的成功必須仰賴當地的適應，當地法律所加諸的主要限制，可能不允許贈送獎金或免費禮物，有些國家的法律還管制零售商之折扣；有些國家則允許所有銷售促進，而且至少在某一國家裡，不允許競爭者花費的銷售促進費用，大於在任何其他國家所花費的銷售促進費用。有效的銷售促進能夠提升廣告與人員推銷活動，且在某些情況裡，當環境

限制禁止充分利用廣告時,銷售促進可能便成爲廣告之有效的替代品了。

摘　要

本章的內容共分成三大部份。

第一部份乃是將國際行銷的本質、定義以及所面臨到之機會與挑戰,作一概念性的介紹, 並討論國際行銷的程序和基本議題。

與國內行銷相同, 國際行銷創造並執行有效之行銷組合, 以滿足各交換個體的目標。不過, 在邁向國際化時, 除了本國的不可控制變數外,更充滿外國的不確定因素。因此, 如何有效地調整組織, 以因應日趨激烈之競爭環境, 並且使組織得以規劃最合適的策略與行銷計劃, 這是本章第二部份的重點。

至於第三部份則是著重於行銷 4P 的國際化, 我們將分別探討國際產品策略、國際行銷策略、國際促銷策略以及國際訂價策略。

由於國際行銷不僅是將產品運送至海外的簡單工作, 產品促銷及價格也必須考慮在內。同時爲了因應各地市場之多變, 行銷 4P 勢必再做修正。

如何在全球一致與地區回應間取得平衡, 是國際行銷的關鍵任務。

個案研討：美國啤酒公司——邁向國際行銷

　　美國啤酒公司（American Beer Company）正在考慮將其市場範圍擴展到其他國家，可能指的是德國與日本。其主要的啤酒品牌——美國啤酒——最近以小量向這些國家輸出。

㈠美國啤酒公司

　　美國啤酒公司釀造、包裝（在 8 種不同品牌下）並每年銷售 85.5 百萬桶的啤酒。該公司領先其競爭者估計約有 43.5 百萬桶。

　　1990 年啤酒業銷售平平；美國啤酒公司銷售卻增加 5.2%，達到銷售總額 97 億的記錄。1982 年以來，美國啤酒公司從競爭對手搶奪了 8% 的市場佔有率，目前在美國啤酒市場之佔有率達 39.8%（參閱圖 11-4）。

　　新設施與現有設施擴充之資本投資計劃正在進行，期望 1990 年增加生產量至 95 百萬桶。

　　1985 年，美國啤酒公司授權加拿大釀酒者，在加拿大製造與銷售美國啤酒，以遂行其第一樁國際合資事業。雖然美國啤酒公司是世界最大的釀酒商，其外銷卻只佔總產出的 1%。

　　1985 年，美國啤酒公司進入英國第二大釀酒商之配銷系統，提供該釀酒商美國啤酒。美國啤酒公司獲得進入英國釀酒商零售配銷網路與連鎖系統約 3,000 家酒店（82,000 家中的 3,000 家）。由於貯藏啤酒需求的成長，英國釀酒商想要銷售更多的貯藏啤酒；與美國啤酒之交易有助於帶回家喝的市場（take-home market）之成長，期以經歷貯藏啤酒市場之快速成長。

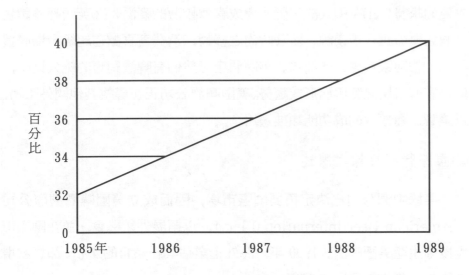

圖11-4 美國啤酒──市場佔有率（1985～1989）

在英國啤酒市場裡，存在著兩項主要的趨勢：(1)消費趨勢從麥酒移向貯藏啤酒；(2)帶回家喝的市場之成長。二十年以前，幾乎所有在英國出售的啤酒，皆為傳統的棕色麥酒。1975 年，貯藏啤酒僅佔有市場的 3%而已。今天，貯藏啤酒幾乎佔有市場的三分之一。貯藏啤酒市場最近數年每年成長 25%，是市場中成長最快速者。

在英國，90%以上的啤酒是在酒店或私人俱樂部消費的，而美國僅30%至 35%的啤酒是在酒店或私人俱樂部消費。但是在英國，沒有營業執照的啤酒銷售成長快速，目前佔所有貯藏啤酒銷售的 24%。帶回家喝的啤酒之銷售預計能大幅打開婦女市場。在英國，婦女消費貯藏啤酒僅佔 10%以下，因為婦女仍然不常逛酒店。

美國啤酒公司在英國的投資，極為成功，因為大量英國啤酒飲者想喝較薄的貯藏啤酒，以代替有名的褐色麥酒與烈性黑啤酒。貯藏啤酒（如，美國啤酒）之市場佔有率從 15 年前的 5%，成長至今天的 35%。美國啤

酒公司進入英國市場的時機幾近完美。在英國啤酒市場裡，存在著兩項主要的趨勢：(1)英國人的味覺改變成喜歡較薄的麥酒；(2)英國啤酒銷售之酒店優勢正在被侵蝕；隨著時尚之移轉，消費者喜歡在超級市場購買啤酒，帶回家在電視機前喝。英國酒店仍然佔有啤酒銷售的絕大比率，但是家庭市場之勃興已形成趨勢。美國啤酒公司正在尋找其他國外市場，以證實此種類似的成功能類推適用。

(二)國際行銷目標之陳述

美國啤酒公司已決定拓展國際市場，因而成立美國啤酒國際公司（American Beer International Inc.），以拓展外銷機會，並在國際市場授權生產美國啤酒。1990 年，海外企業佔其總銷售的 4%，卻意欲增加國外銷售至總產出之 15%。

世界啤酒市場規模爲美國啤酒市場的四倍大。這代表著有長期成長的重大機會。起初，美國啤酒國際公司透過美國釀造的啤酒與授權當地生產，將進入此新市場。然而，高昂的出口交運成本限制了銷售潛力，當地生產（如，加拿大）將允許美國啤酒國際公司的品牌與當地啤酒競銷。

1990 年代，美國啤酒公司選擇性追求新的出口與授權生產協定。選擇期望伙伴與建立美國啤酒公司的啤酒在外國行銷特許專賣權，乃在這種情況下，審愼地發展，以強調長期的成功。

(三)邁向國際行銷的理由

在美國，啤酒消費之成長，因成本的攀升而受到壓抑。美國啤酒市場受到史密斯釀酒公司 (Smith Brewing Co.) 之強烈滲透，是個家喩戶曉的故事。美國啤酒公司仍然領先，市場佔有率爲 26%，但是史密斯釀酒公司緊跟在後，市場佔有率爲 20%。史密斯釀酒公司表示有興趣變成

業界的龍頭老大。持續擴展表示從某些人身上搶奪市場佔有率。就最近
數年裡，美國的啤酒市場成長相當平平（參閱表11-3），且許多人相信：
未來市場的擴展可能不大。舉例來說，1985年以來，美國啤酒公司與史
密斯釀酒公司集體地提高12百萬桶的銷售量，然而美國總啤酒消費僅微
微增加。從其他品牌搶奪顧客，成本愈來愈高昂，因為公司會支出更多
的費用，以進行市場佔有率保衛戰。

	1985	1986	1987	1988	1989
啤酒	23.6	24.3	24.8	24.8	25.2
軟性飲料	37.8	38.9	39.6	40.8	42.3

表11-3　美國啤酒與軟性飲料之消費（每人每年加侖數）

(四)試驗性的計劃

　　目前美國啤酒公司正在考慮與德國及日本的釀酒商或配銷商進行協
商之可能性。

　　在德國，美國啤酒公司正在考慮與德國啤酒公司協定。德國啤酒公
司是最大的德國釀酒商之一。在這種計劃安排裡，德國啤酒公司倘若從
中協助他們對抗 Danish 公司與超級高價的 Tuborg 公司，則可獲得贈
獎。反過來，美國啤酒公司也會取得將德國啤酒在美國配銷的權力。用
來將美國啤酒裝運到德國的容器，將使用於把德國啤酒裝運回美國。

　　在日本，計劃正在進行，以直接銷售給日本啤酒公司。日本啤酒公
司是日本最大製酒商之子公司，然而其啤酒僅佔有日本市場的7%。日本
啤酒公司（日本第四大釀酒商）認為：倘若與外國啤酒公司（如，美國
啤酒公司）合作，則能夠提昇其國內生產的啤酒之聲譽。最近數年來，
日本啤酒公司已經從非直接的通路進口美國的啤酒，並在日本銷售情況

良好。日本啤酒公司將從美國啤酒公司直接進口美國啤酒，並考慮與美國啤酒公司進行協定，在授權下，在日本製造美國啤酒。

(五)產業反應

行銷專家的反應極不樂觀。最大的風險是，德國人或日本人是否會購買美國啤酒。美國啤酒與大多數的外國啤酒大不相同。美國啤酒會起泡，味道平淡，喝後有冷意，其味覺幾乎鮮為外國人所知。最近某家德國報紙如此描述外國貯藏啤酒：「新大陸啤酒僅供高雅女士、消化不良人士、旅行人士與其他體弱人士等飲用。」

(六)問題所在

雖然美國啤酒公司對試驗性進入德國與日本兩大市場，不必要懷著第二種想法，迄今尚未在市場發展上花費大量的金錢。然而，倘若美國啤酒公司想要在德國與日本市場建立重要的地位，則必須在德國與日本兩大市場投入大筆的資金，以有效地促銷產品。在決定將行銷支出從少於 1 百萬增加至超過 5 百萬之前，美國啤酒公司想要深刻地檢視其在市場中的地位，故聘請閣下為顧問，請問閣下外部意見。依據下列數據及閣下所蒐集的資訊，請提出閣下有關試驗性決策之建議書，以供公司採用，以做為行動之藍本。

(七)產業統計數字

世界啤酒生產與市場成長

最近歐洲研究報告指出：1975 年以來，歐洲市場成長率為 23%。荷蘭成長 108%；義大利成長 100%；英國（歐洲第二大啤酒消費國）成長 31%；德國僅成長 4%。三分之一的歐洲啤酒係在家中消費。歐洲研究報告指出：1990 年代，家庭市場顯示主要的市場佔有率並不調和（參閱表

11-4、表11-5、與表11-6)。

(百萬公石)

	1975	1976	1977	1980	1985	1990
德　　國	93	96	94	93	95	97
英　　國	65	66	65	72	80	85
法　　國	22	24	23	24	26	28
荷　　蘭	12	14	14	16	20	25
比利時／盧森堡	15	15	15	15	15	16
丹　　麥	9	9	9	9	10	11
義大利	6	7	7	8	10	12
愛爾蘭	6	6	6	6	6	7
總　　計	228	237	233	243	262	281

表11-4　歐洲啤酒市場成長估計值（1975～1990年）

	桶	總產量之百分比	桶	總產量之百分比
比利時	5,942	43.0	7,877	57.00
丹　　麥	711	8.3	7,823	91.67
德　　國	27,752	29.4	66,595	70.59
法　　國	4,473	19.6	18,298	80.36
愛爾蘭	5,138	90.8	524	9.25
義大利	292	4.0	7,008	96.00
盧森堡	285	41.0	410	58.99
荷　　蘭	3,854	27.6	10,116	72.41
英　　國	51,015	78.2	14,222	21.80
總　　計	99,462	42.8	132,873	57.19

表11-5　歐洲啤酒生產

	(1985年～1990年)	
	世界產出之 百分比佔有率	
	1985	1990
美　國	22.1	22.0
西　德	11.9	10.3
蘇　俄	7.6	7.9
英　國	8.2	7.6
日　本	5.0	5.0
巴　西	2.2	3.2
墨西哥	2.5	2.8
捷　克	2.8	2.7
東　德	2.6	2.6
加拿大	2.7	2.3
總　計	67.6	66.4

表11-6　啤酒十大生產國

1982 年以來, 世界啤酒生產量一直在遞增著; 1990 年以前, 總產出增加 4.2% (請參閱表 11-7)。

	佔總產出之 百分比 (1985年)	佔總產出之 百分比 (1990年)	佔總產出之 百分比 (1985年 ～1990年)	佔總產出之 百分比 (1985年 ～1992年)
歐　洲	52.4	49.6	3.2	6.8
美　洲	33.7	35.1	4.0	17.4
亞　洲	7.2	8.7	10.3	35.4
非　洲	3.7	3.9	9.5	19.6
大洋洲	3.0	2.7	−1.6	可忽略的
總　計	100.0	100.0	4.2	12.7

表11-7　世界啤酒生產(1985年～1992年)

(八)德國的市場數據

德國每人每年消費啤酒 145.6 公升，約 38 加侖，而美國每人每年僅消費啤酒 25 加侖（參閱表 11-8）。美國與德國之消費模式極為類似。美國人喝啤酒 35% 的時間是在俱樂部，65% 的時間是在家裡；德國人亦如此。

	（每人每年）
啤酒	145.6 公升
酒	24.4 公升
烈酒	2.5 公升
汽水	22.1 公升
礦泉水	47.6 公升
果汁	2.0 公升

表11-8　德國飲料消費量

在德國，1,400 家釀酒商生產 5,000 種不同品牌的啤酒，每種品牌生產 1,600,000 加侖。啤酒市場由許多小型釀酒商所組成；最大的啤酒集團僅擁有 22% 的市場佔有率。啤酒市場被強烈的地方忠誠度所細分。在德國，最有名的啤酒品牌為 Beck's、Bitbur ger Pils, Fuerstenberger Pils 與 Lowenbrau。最有名的兩種進口啤酒分別為 Pilsener Urquell（捷克）與 Tuborg（英國）。1985 年進口啤酒僅佔總德國啤酒市場的 1%。

就德國啤酒市場的特性而言，褐啤酒比淡啤酒的銷售比率較大。然而，由於最近公眾強調健康與低熱量，消費者逐漸對淡啤酒感興趣。德國的淡啤酒與美國的正規啤酒相同。

雖然德國每人每年消費啤酒 146 公升(310 品脫)，1970 年代中葉以來，德國啤酒市場已呈現鈍化現象。啤酒消費實際上有微微下降的趨勢，

而喝啤酒的實際德國人口數也在下降中。較小型的釀酒商敏銳地感覺到
這種下降的變化。

1990 年,罐裝啤酒佔國內總啤酒銷售之 70.6%,1970 年僅佔 33.8%。
啤酒之消費為食物與飲料之 11%。

德國啤酒通常酒精含量與重量均大於美國啤酒很多。德國人傾向喜
好 Pilsner 牌高級啤酒。Pilsner 牌啤酒目前啤酒市場的佔有率為 56%,
10 年前之市場佔有率僅 25%。

(九)日本的市場數據

近兩年來,啤酒進口倍增,而國內啤酒銷售僅增加 23.3%。

1985 年,每位成人平均消費啤酒 83.2 瓶; 1990 年,平均每人消費啤
酒 106.67 瓶。每人酒精飲料的支出佔每年所得的 1%。

男性佔啤酒絕大部份的消費量。目前,婦女嗜飲大量啤酒,却在夏
季常選擇啤酒作為送人的禮物。在日本,80% 到 90% 的家庭主婦認為仲
夏時分送禮給相識者幾乎是一項義務。啤酒——尤其是進口品牌——往
往被選擇做為送人的禮物,其道理在此。

在超級市場與百貨公司裡,就可購買到啤酒。就目前而言,百貨公
司顯得較為重要。百貨公司將進口的啤酒展示於美食部。販賣機 1989 年
的銷售為 100 億,它包括啤酒、米酒與傳統飲料(例如,咖啡、軟性飲
料)的銷售。酒精飲料已大量透過販賣機進行銷售。

超級市場/便利商店	28%
連鎖店/合作社	25%
獨立商店	30%
小型商店	17%

表11-9 零售商團體之啤酒銷售

　　除了進口的啤酒之外，日本國內還有數家聲譽卓絕的釀酒商。最大的啤酒商是麒麟啤酒公司。麒麟啤酒之擁有 62% 的市場佔有率，乃屬空前。麒麟啤酒公司是那麼大，因此害怕政府施行反壟斷措施，以限制其成長。麒麟有十二座現代化的啤酒廠，總生產能量為 20.4 百萬桶。1989年，麒麟啤酒僅出售 9.4 百萬桶。札幌啤酒公司是日本第二大啤酒公司，其市場佔有率為 20%。其次為 Asahi 啤酒，再次為 Suntory 啤酒(參閱表 11-10)。

（單位：公秉）

	生產	市　場 佔有率
麒麟啤酒	2,767,000 公秉	62.1
札幌啤酒	873,000 公秉	19.6
Asahi 啤酒	517,000 公秉	11.6
Suntory 啤酒	299,000 公秉	6.7

表11-10　日本最大的啤酒製造商

　　如今，已有數種進口啤酒，在日本市場行銷了。外銷到日本的啤酒，其領先的優先順序分別為：美國佔 38.5%，德國佔 17.9%，新加坡佔 15.5%。1990 年年底，進口的外國啤酒有 40 種品牌。

　　日本人博得品質的國際聲譽。但是日本啤酒製造商說他們已經偵測出日本人味覺的變遷，以激勵進口啤酒之成長(參閱表 11-11、表 11-12、表 11-13 與表 11-14)。許多日本人想要重新捕捉外國啤酒的風味，這些風味他們是在國外旅行時所嚐到的。

(進口量: 千箱)

Heineken	180
Budweiser	85
Tuborg	80
Guinness	74.7
Lowenbrau	70
Henninger	55
Holsten Bier	51
Schlitz	40
Primo	38
Carlsberg	35

表11-11　日本市場中最大的10個外國啤酒市場品牌

美國	38.5%
德國	17.9
新加坡	15.5

表11-12　輸出至日本的主要啤酒出口商

啤酒商	1990 數量*	所佔%
1.Anheuser-Busch（美國）	85.5	3%
2.Miller（美國）	43.5	1%或1%以下
3.Adolph Coors（美國）	19.0	1%或1%以下
4.Stroh（美國）	16.4	1%或1%以下
5.G. Heileman（美國）	12.0	1%或1%以下
6.Molson（加拿大）	10.5	12%
7.Labatt（加拿大）	9.5	24%

*百萬桶　　**表11-13　北美啤酒商在日本之銷售**

啤酒商	1990 數量*	所佔%
1.Heineken（荷蘭）	43.4	85%
2.BSN（法國）	21.3	57
3.United Breweries（丹麥）	17.0	75
4.Guinness（英國）	17.0	65
5.Interbrew（比利時）	11.0	55

*百萬桶　　**表11-14　歐洲啤酒廠在日本之銷售**

　　進口啤酒的成本高於國內啤酒約 30%；幾乎每位日本人都同意進口啤酒的味道不如日本啤酒。然而日本喝啤酒者缺乏國家意識，尤其是年輕的日本人，故無法阻止進口啤酒之成長。部份日本人的態度每以飲外國啤酒爲有格調。

　　1989 年，國內啤酒商製造 4,480,000 公秉之啤酒。日本進口啤酒 10,000 公秉，只等於市場之 0.2%。

習　題

一、從國際行銷定義說明國際行銷的機會與挑戰。

二、何謂全球性市場管理？並說明其策略規劃的重點、與進入市場的策略。

三、行銷組合之國際化說明從產品策略、促銷策略、價格策略、通路策略。

四、解釋名詞：

　　①全球性行銷管理（global marketing management）
　　②國際行銷管理（international marketing management）
　　③全球性品牌與全球性產品
　　④週轉率
　　⑤全球性廣告
　　⑥直接投資

五、臺灣在進行國際化行銷過程中所具有的競爭優勢與進入國際市場障礙為何？

六、請說明企業如何從國內知名品牌走上世界性品質，就世界一家的觀點而言，加以說明之。

第十二章　行銷對社會的影響

世界能否繼續存在下去的疑問，必將成爲接手一代的嚴肅課題，它使得下一代團結起來，這正是拯救世界背後的原動力。

費絲、波普康 (Faith Popcom)

公司管理當局必須不斷地證明其才能，使利潤與成長目標成爲第一優先。但是，他們仍必須有足夠的體認，即自我利益的開發，必須配合社區及其它大衆所加諸的各項關切。一直保持優先次序並維持大衆責任的警覺，將可達成公司重要的第二目標。獲利與成長，將能與公平對待員工、消費者、直接的顧客、及社區並行。

哈利斯
美國 P＆G 公司董事長

前　言

　　行銷因為經常性只考慮直接性的投入要素如：需要、欲求、需求；效用、滿足；交易，關係；市場；行銷人員；產品；資源；競爭者，而經常被定位成「極大化目標」的管理哲學。行銷是企業的某種功能之一，企業是整個社會、國家的個體，兼著「取之於社會，用之於社會」的觀念，行銷若能更積極著擔負起社會責任與社會現象結合，那將是更趨於完美的社會科學。

　　讀完本章您可瞭解下列內容：

1.社會對行銷功能的批評：(1)對於行銷投入要素的批評(2)對於行銷目標的批評。

2.何謂社會行銷？社會行銷所考慮的相關因素有那些？

3.對於90年代最新的行銷觀念：「行銷企業精神」、「新英雄肖像」、「誠實的廣告」、「良好的公民」、「環保的問題」、「拯救地球」將有深入的瞭解。

4.對於曾經發生之麥當勞歹徒恐嚇、爆炸個案事件，將從危機意識，危機管理過程觀點，說明發生危機現象時，企業業主如何兼顧消費者的利益，來處理危機。

5.對於臺灣90年代公平交易法的實施，對於臺灣企業的影響將在另一個案說明。

第一節　社會對行銷的批評

　　行銷是廠商或企業在瞭解消費者需要並考慮各種相關因素而達到企業目標的管理哲學。而社會對行銷的批評有兩種來源：

一、各種相關因素的批評

(一)行銷所考慮的相關因素

(1)需要、需求、欲求（同步行銷、反行銷）

(2)效用、價格、滿足（極大化行銷、生活化行銷）

(3)交換、交易、關係（交易行銷、關係行銷）

(4)市場（內部、外部行銷、利基行銷）

(5)行銷與行銷人員（協調行銷）

(6)產品（差異化行銷）

(7)資源（策略行銷、集中行銷、資料庫行銷）

(8)競爭者（競爭行銷）

(9)其它

(二)社會對行銷相關因素的批評

(1)行銷極大化來滿足消費者需求：使整個社會較重視功利主義、物質生活，而忽視了逐漸敗壞的社會風氣，與道德觀念、精神生活，例如目前已在流行的通宵達旦的 K.T.V, M.T.V；在一般的調查中，青少年涉及犯罪的動機中與物質生活的享受與社會生活水準的追逐有很大的關係。

(2)行銷為求極大化目標之銷售效用、生產效率使廠商較忽視企業本身所應重視的社會責任：這些社會責任包括企業是否考慮在追求極大化利潤過程中所應考慮的社會成本（social cost），如環保的問題，社會正義的觀念（例如種族歧視、性別歧視、員工福利等社會正義觀念）。

(3)行銷為達到交易的目的所著重的人際關係而較忽視反求諸己，修

己安人的功夫：在整個競爭導向的社會，人與人之間的關係圍繞著「現實」、「競爭」、「奪利」、「緊張」、「不安」的關係，而忽視了中國傳統所重視的克己功夫、安和樂利大同社會理想的境界包括了：

①五倫的關係：父子、君臣、夫婦、兄弟、朋友。

②安人的關係：修身、齊家、治國、平天下。

③修己的關係：格物、致知、誠意、正心。

(4)為達到利潤目的、行銷功能所著重的市場目標，並非以「天下人之利而計其利」：行銷所著重的市場目標，可能只是站在企業個體的立場而考慮，較忽視整個國家、社會的立場，例如大陸政策的問題：直接、間接貿易、三通的問題。在經濟成長、繁榮的前提下，須考慮到整個國家安全、安定。

(5)為達到經營之市場導向目的，行銷部門的業務掛帥常帶有本位主義的觀念；企業是整體部門的表現，而非單打獨鬥，無相對性立場的考慮，將會影響和諧的關係。所以行銷部門在帶頭衝刺的過程須能協調、兼顧、尊重其它部門之相對立場與功能。

(6)為達到產品差異化與成本極小化之目的，行銷有時忽略了消費者「知的權利」與「真的社會責任」：部份廠商有時為了達到宣傳之目的與促銷效果，經常有「魚目混珠」、「不實報導」、「誇張效果」、「過期食品」等在市場行銷，而忽視了企業長期經營，「取之於社會，用之於社會」之目的，必須能兼顧消費者權益之相關問題。

(7)為達到投入要素的效率化、直接化，行銷有時忽視了其它投入要素的考慮：企業為了達到行銷目的所考慮投入、產出模式中，只考慮直接的投入要素，例如資本、勞力、土地、直接生產原料，而忽視了尚須考慮其它資源：例如失業問題、物價問題、所得分配、環境污染、住宅、教育、營養、衛生、老年人問題。所忽視

此部份的問題，正是行銷部門較為人所詬病的。

(8)競爭者的問題：行銷為求競爭目的，須有脫穎而出的手段，而為擊敗競爭對手，所用的方式是否遵照國家的法令規定（如公平交易法）、善良風俗、正當手段，也是行銷部門須正視的相關問題。

第二節　社會對行銷目標的批評

行銷目標較著重於直接性的目標而忽視企業的間接性目標；行銷經常考慮的直接性目標有：

1. 獲利（profitability）目標：行銷部門常假定透過市場戰略、戰術的運用，企業在會計年度期間應達到某種獲利水準目標。例如PIMS（Profit Impact of Marketing strategy）的觀念。

2. 市場佔有率（market share）目標：為使企業的品牌或產品在市場上能擴大行銷的空間，行銷在年度計劃中都會有很清楚的市場佔有率目標。例如市場滲透（market penetration）的方法。

3. 市場成長率（growth-rate）目標：在敵消我長的觀念中，成長率為現代行銷中的重要核心觀念，為擴大市場佔有率目的，行銷須在年度計劃設定最低成長率的目標。例如如何提高顧客重複購買率（repeated purchase）以提高市場成長率。

4. 市場的領導力（product leadership）或佔比目標：為使產品能讓消費者持續性地接受，行銷部門定期或不定期的檢視產品的佔比或領導指標，以利產品修正或開發新產品的依據。

5. 組織發展（organization-development）目標：為面對外在市場之動態性、競爭性，行銷部門須經常檢視銷售組織包括通路的階層；通路的發展(直營店、經銷商的佔比)；人員的儲備、多元化、多角化的發展；目標、策略之管理等。

6.短期、中長期目標的設定：由於短期爲達目標所選擇策略方式，會
比中長期方式還劇烈，對於顧客誘因、刺激都較明顯，而忽視中
長期企業對社會應負的建設、投資、回饋責任，或投入 R&D 使顧
客能獲得較好的品質而提昇消費品質。

社會對行銷目標的批評：由於行銷部門所設定的作業目標通常只涵
蓋了獲利、市場佔有率、市場成長率、產品佔比、組織發展、短中長期
等目標而忽視了間接性的公共服務 (public service) 或社會責任 (social
responsibility) 目標，使人容易對行銷產生「急功近利」、「不擇手段」、
「不近人情」等印象。近來已有多位學者將社會責任、公共服務、環保
責任納入其企業政策或目標的考慮因素。

第三節　社會行銷

「社會行銷觀念」認爲公司的要務是決定目標市場的需求、欲求以
及利益，俾便能較競爭者更有效果且更有效率地使目標市場滿意，同時
能兼顧消費者及社會的福祉。

最近數年來，由於環境的破壞、資源的短缺、爆炸性的人口成長、
世界性的通貨膨脹以及社會服務等受到忽視，引起一些人懷疑行銷觀念
是否爲一種合適的經營哲學，因而有社會行銷觀念的興起。換句話說，
能體察個別消費者的需求，並提供產品滿足其需求的廠商，以長期的觀
點來看，是否亦能提高消費者及社會福利呢？行銷觀念並沒有考慮消費
者欲求、消費者利益及長期社會福利三者間的衝突。

拿最明顯的可口可樂公司爲例，它被全世界認爲是一家值得信賴且
關心大眾福利的公司，它提供口味極佳的飲料來滿足人們的欲求。

社會行銷三方面的考慮：

①公司利潤水準

②消費者需求滿足

③社會福利兼顧

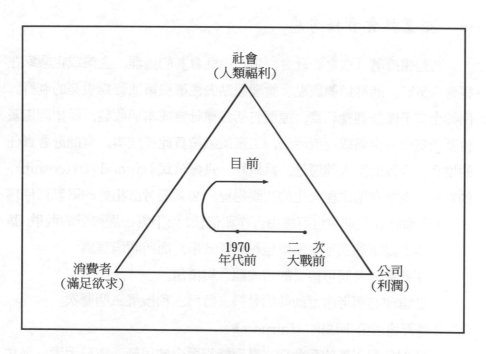

圖12-1　社會行銷觀念下的三方面考慮

我國亦在民國八十四年公佈殘障福利法之修正草案，顯示保護弱勢團體已經是先進國家重要的立法趨勢。其中較重要條款為第八條、第十二條、第十四條。

第四節　企業對社會之責任

一、企業社會責任考慮

　　乃是秉持著「取之於社會，用之於社會」的道理，企業或企業家在經營企業時，能從道德觀點、倫理觀點去從事決策或行為規範的制訂。例如企業不僅談經營利潤，還要包括各種社會成本與收益，譬如因工廠生產所造成的空氣或河流污染，工廠便須擔負此種成本，有關社會責任的擔負，今後的重大問題是，為做好「良好公民」（good citizenship）的責任，企業在追求極大化的利潤過程，必須要考慮相對的限制條件為

　　　1.人類社會的進步也可經由合作和信任，而不需透過殘酷的競爭，基本上謀求利潤可兼顧倫理和經營效率，而所謂倫理為

　　　　(1)社會所共同可接受的道德觀念與價值。

　　　　(2)倫理必須考慮行動前的動機、行為、和後果三個層次。

　　　2.是否追求公平法則（fairness）

　　　　所謂分配正義的觀念為，是否能避免少數民族、省籍因素、男女性別、殘障人士的歧視或不公平的待遇，而不是抱著物競天擇、適者生存的觀念，或弱肉強食的只追求個人或自利主義的論調。

　　　3.是否能追求分配正義（distributive justice）的觀念

　　　　例如均富的觀念，而不是富者愈富，貧者愈貧。例如各盡所能、各取所需的觀念，予以保障。

二、企業社會責任（social responsibility）

　　公司企業必須對其經營運作的社會，負有義務，這些責任包括三個主要部份：機會平等、生態環境及消費者運動。

1. 企業對其經營運作，或有經濟影響力的社會，均應有某些義務。大眾要求企業界在傳統的關心範圍之外，也應重視一些社會活動。

2. 進步的自利，企業在對社會提供幫助時，同時也提供了企業長程的利益。例如內部收支準則（internal revenue code）允許企業界從稅前盈餘中，提出高達 5% 作爲對慈善事業的捐助時，企業界立刻反映了很多支持。

   凡是對改進社區的教育、衛生、和文化設施等的支出都是符合公司的利益，可以吸引所需要的技術人才不致於外流。同樣的，公司如在都市地區營運，也免不了對當地的住宅興建、教育、娛樂和其它設施等，有所投資和貢獻，公司的利益是基於管理當局能參與解決社會的問題，有良好的環境、教育和機會，企業才會有較好的員工、顧客、和鄰居。進步的自利觀念，不僅指出了企業參與環境的利益，它亦指出若疏忽了社會責任，可能會損害到組織的利益。

3. Procter & Gamble 公司董事長哈利斯（Edward Hardness）曾說過：「公司管理當局必須不斷地證明其才能，使利潤與成長目標成爲第一優先。但是，他們仍必須有足夠的體認，即自我利益的開發，必須配合社區及其他大眾所加諸的各項關切。一直保持優先次序，並維持大眾責任的警覺，將可達成公司重要的第二目標。獲利與成長，將能與公平對待員工、消費者、直接的顧客、及社區並行。」

4. 管理大師彼得杜拉克（P. F. Drucker）認爲企業目標有 7 個，其中對社會目標看法。社會責任（public responsibility）目標：要求企業個體利益與社會公共利益結合，爲了社會安全、調和與成長，倘若企業活動侵犯到社會安全時，則企業追求利潤及權利行使應受規範。①市場地位（market standing），②創新（innova-

tion)，③生產力與貢獻價值（productivity & contributed val-
ue)，④獲利能力(how much profitability)，⑤經理人能力與發
展（manager performance and development)，⑥員工能力與
態度（worker performance and attitude)，⑦物質資源與財源。

5.美國奇異電路 GE（General-Electric）的主要關鍵經營項目（key
result areas）有 8 個，其中對社會責任看法。

社會責任(public responsibility)：以長期眼光考慮員工福利、參
與社區發展次數、謀職申請表及任用次數、公共捐贈、及競爭公
司之社會措施爲目標。

其它項目爲①獲利能力（profitability)
　　　　　②市場地位（market position)
　　　　　③生產力（productivity)
　　　　　④產品領導力（product leadership)
　　　　　⑤人力發展（personal development)
　　　　　⑥員工態度（employee attitude)
　　　　　⑦短程目標與長期目標之平衡（balance　between
　　　　　　short-range and long-range goals)

第五節　90 年代新的行銷使命與社會責任

90 年代眞正具有社會責任的作爲，是如何拯救社會？同時 90 年代
是一個高尙的社會年代——致力於環保、教育和道德。

1.市場將有所轉變，消費者尋訪那些不但是最好，而且具有若干社會
正義的產品，其終極目標爲「理念行銷」——每一購買行動都代
表了某種對於環保、社會問題、政治候選人的觀點和訴求，在產
品的成本預算中將包括某些支持高尙目的之部份。

2.在企業方面，已有達成拯救社會的共識，例如在環保方面，愈來愈
　多的人體認到正派經營能夠獲利，而且也可以減稅。只要想那些
　在過去數年間仍在財務上、道德上屹立不拔的公司，他們都將社
　會責任置於獲利率之上，客戶們需要的是拉力，廠商們投入的是
　推力。

3.IBM 努力成為良好的企業公民。單從金錢的角度來看，IBM 在
　1984 年對社會、文化、和教育的貢獻，就超過一億四仟五佰萬美
　金。公司的行為準則明白地指出，不得毀謗競爭對手；要靠產品
　和服務的優異取勝，不能以強調對手的弱點做為銷售的手段。管
　理階層尊重工作同仁，同時也期望每個員工以同樣的態度對待客
　戶、供應商，甚至同業的競爭對手。

　　行銷企業精神：以往，只要能製造一個品質尚稱不錯的產品，然後
把它行銷出去就可以了。90 年代的企業，卻再也沒有那麼簡單，你還必
須行銷企業的精神。消費者在買您的產品之前，要先知道這項產品來自
什麼公司，而這家公司是怎樣的一家公司。

　　⑴公開陳述你們的環保政策。
　　⑵對健康醫療和兒童的教育立場。
　　⑶對種族政策、省籍政策表態。
　　⑷讓消費者知道貴公司還生產些什麼產品與它們的品牌名稱。

　　自白、開誠佈公、責任、宣言

　　新英雄肖像：我們對於英雄的定義有了轉變，我們不再盲目的崇拜
富人、有權勢的人、或是最性感的人。我們崇拜有道德的人，他們的所
作所為會使這個世界變得更高理想，他們才是這個時代英雄。例如推動
空污法、水資源法、毒物控制法、監管核子試爆。

　　誠實的真實性：90 年代現在，消費者已經愈來愈需要真實的廣告。
廣告界的聯盟態勢正在移轉，傳統的廣告界一向由廣告主和廣告代理商

聯手結盟以共同欺騙消費者。然而，目前從事廣告而未來仍希望繼續立
足於廣告界的廣告人和廣告代理商，必須改變結盟的對象，由過去的廣
告主而轉向消費者。新的夥伴關係將是廣告代理商與消費者的結盟，並
共同檢視廣告主是否欺瞞大眾。消費者將逐漸摒棄花言巧語，只聽真實
的話，只購買真實的商品。

摘　要

一、社會對行銷功能批評

(一)對於行銷投入要素的批評：

　　①極大化滿足消費者需求
　　②生產效率極大化
　　③較著重交際關係
　　④為達利潤目的，較著重於市場目標
　　⑤較著重本位主義
　　⑥忽略消費者知的權益
　　⑦為效率化、直接化目的而忽略其它投入要素的考慮
　　⑧不擇手段以達競爭目的

(二)對於行銷目標的批評：

　　①獲利目標的批評
　　②市場佔有率目標
　　③市場成長率目標
　　④市場領導力目標

⑤組織發展目標

⑥短、中、長期目標

二、社會行銷：

社會行銷三方面的考慮：

①公司的利潤水準

②消費者需求滿足

③社會福利如何兼顧

三、企業對社會責任：

企業在追求極大化利潤的前提下，必須要考慮倫理、公平、分配正義法則。美國Ｐ＆Ｇ董事長哈利斯曾表示公司必須將獲利與成長目標能與公平對待員工、消費者、直接的顧客及社區並行。彼得杜拉克將社會責任目標列爲企業七大目標之一。

四、90年代新的行銷使命與社會責任

①具有社會正義的新產品問世。

②以正派經營來獲利。

③企業做爲良好公民的典範。

④環保政策、重視健康兒童教育立場、不區分種族政策讓消費者具有知的權利。

⑤誠實眞實性的訴求。

個案研討：社會事件對行銷企業體的衝擊與危機處理

一、民國八十二年麥當勞爆炸事件、麥當勞處理過程

麥當勞進軍臺灣市場 8 年，一直執速食業的牛耳，早期他們以獨特優秀的管理、嚴格的訓練、經常性的社會回饋得到好評，但却在八十二年麥當勞爆炸事件發生後，所採取的處理過程，引發見仁見智的不同看法而有下列情況的檢討：

1. 麥當勞經營者不向暴力低頭，給予企業界莫大的鼓舞。否則暴徒會更囂張、業者投資意願及消費者權益勢必會遭受打擊。

2. 與警方合作、公權力予以伸張、充分表現企業界、民眾與警方充分配合（麥當勞召開記者會，懸賞一千兩百萬）。

3. 是否在平時就有實施防患於未然的安全檢查（例如，每家店在晚上〝閉〞門前或一天早中晚的定期檢查，是否與保全公司、警方連線）。

4. 對於危機發生的時候，是否有沙盤演練的計劃，事前行動（Procative）可以避免不讓危機發生或減少傷害的程度。

5. 案發後，有否即刻成立危機處理小組，並有專人負責與各媒體連絡，確保消息的一致性與正確性。

6. 民生店被炸後，是否應即刻關閉所有的其它店，站在考慮消費者整體性安全而言，是否應等永和店發生爆炸後才宣佈所有的店停止營運。(消費者文教基金會董事長鄭清華在當時曾說明人命比賺錢重要，對於兩枚炸彈在不同地點先後爆炸，一位警員身亡，兩位職員以及兩位小朋友分別受重傷，部份消費者對麥當勞處理顧客疏散與繼續營業的決策順序有所微言。)

7. 警政單位是否應在事前，或發生危機當時，制定「危機處理法」，明訂廠商面對危機時如何處理、如何疏散顧客、何時就宣佈停止營業，以免業者因手足無措，或心存僥倖、連累無辜的執法者或消費者。

8. 對於員工是否有投保責任險，例如公共意外責任險（對象為一般顧客）或雇主意外責任險（員工）。

9. 一位資深襄理在死了一位專業警方人員的第二天，大意到無任何防護或防範地去「碰」炸彈以致重傷，是否麥當勞對員工的基本常識和工作態度有否落實平時的訓練。

10. 危機意識不夠充足：當歹徒打電話給麥當勞公司勒索時，並揚言在門市有放置炸彈，麥當勞公司對這件事未來可能產生的變化，或當第一家民生店發生爆炸時，未來可能產生的變化，危機意識夠不夠均須省思。

11. 防爆的觀念：包含防爆的訓練、拆除炸彈的設備（員警的防爆服裝、拆除的機器設備），有否分等級採不同防爆設施與人員訓練。

臺灣近年來重大爆炸案檔案

- 民國六十五年元月，臺灣南部電廠遭炸彈攻擊，造成數小時的大規模停電。

- 民國六十五年十月，一只郵包炸彈炸傷當時臺灣省主席謝東閔的左手；民國六十五年十一月，「臺獨聯盟」發表聲明，揚言負責及對此案表示「洋洋得意」。

- 民國六十九年十一月，由高雄開出的國光號，在臺南新化站爆炸。

- 民國七十年元月二十九日，屏東縣里港郵局發生郵包爆炸案，一名女職員受重傷。

- 民國七十一年元月，由臺中開出的中興號，在造橋附近爆炸，18餘人受傷。

- 民國七十一年元月二十六日，北迴鐵路對號快車南澳隧道發生爆炸案，4 人死亡，13 人受傷。
- 民國七十一年十月七日，高雄市鹽埕區，天助銀樓爆炸案，無人傷亡；第二日，高雄市大統百貨發生爆炸案，一名女職員當場死亡。
- 民國七十二年四月二十六日，臺北中央日報爆炸案，11 人受傷送醫。
- 民國七十二年十月十八日，中央日報及聯合報爆炸案調查告一段落，證實為「臺灣獨立聯盟」暴力份子下手。
- 民國七十二年六月十四日晚上，臺汽公司由臺南開往高雄的客車發生爆炸案。
- 民國七十四年十月二十四日，桃園縣長徐鴻志公館被放置炸彈，幸未爆炸，未釀成災害。
- 民國七十四年十二月三十一日下午，板橋遠東百貨公司發生爆炸案，無人傷亡。事後歹徒曾勒索新臺幣一百萬元。

時　　間	處　　理
二十八日 十二時十分	麥當勞總公司接獲第一通恐嚇電話，未反應。
十二時五十分	麥當勞接獲第二通恐嚇電話，表示地下停車場有東西，麥當勞隨即向大安分局報案。
十七時	警方確定民生店被放置炸彈後，麥當勞即疏散店內顧客。
十七時四分	特一隊拆解炸彈時引爆，員警楊季章受傷，送醫不治。
二十八日十九時至二十九日凌晨四時	麥當勞集合高級主管召開緊急會議，會中成立「危機處理小組」，並原則決定，除民生店暫停營業外，其他分店照常營運。
八時許	總公司擬妥危機處理說明函，分送各中心每一位員工，要員工們安心工作。
九時許	捐贈兩百萬元慰問金給殉職警員楊季章。
十時三十分	請警方至館前店進一步檢查，但因事先麥當勞自行檢查並無炸彈，故決定不停止營業。
十四時二十分	永和店爆炸案傳來總公司，麥當勞總經理孫大宇隨即下令所有分店停止營業。
十七時	麥當勞召開記者會，懸賞一千兩百萬元緝捕歹徒。

表12-1　麥當勞炸彈危機處理流程

時　間	案　情　發　展	傷亡情形
81、4、28 上午	麥當勞寬達食品公司接獲歹徒電話恐嚇，勒索新臺幣六百萬元。	
81、4、28 傍晚	北市民生東路、敦化北路口麥當勞民生店男廁天花板發現炸彈，警方拆除中炸彈爆炸。警方組成「四二八」專案小組。	警員楊季章殉職。
81、4、28 晚間十一時五十五分	警方根據歹徒電話指示，於北市信義路5段、松仁路口電線桿草叢取出一枚水銀炸彈，並未引爆。	
81、4、29 下午二時	臺北縣永和麥當勞分店男廁天花板通風口發現另一枚炸彈，店內人員自行處理發生爆炸。	分店經理陳建中，員工杜嘉慶及兩名國小學童受傷。
81、4、29 下午二時卅分	北市林森北路、南京東路麥當勞林森分店男廁天花板發現炸彈，警方成功引爆。	
81、4、29 下午	寬達食品公司董事長孫大偉宣佈麥當勞全面停業，並懸賞一千二百萬，加上警方懸賞一千萬，共二千二百萬賞金。	
81、4、30	警方「四二八」專案小組從恐嚇信中採得兩枚歹徒所留指紋。	
81、5、1	警方初步接觸秘密證人。麥當勞宣佈五月三日起部分分店恢復營業。	
81、5、2	警方根據證人指認，繪出涉案歹徒畫像。	

表12-2　麥當勞爆炸事件大事紀㈠

81、5、3	秘密證人指認，案情逐漸明朗化，警方掌握特定對象。
81、5、4	警方動員人力前往北縣中和市景平路陳希杰家中圍捕。陳嫌已逃逸，警方帶回陳希杰菲律賓籍女友羅莎。
81、5、4	警方公開宣布陳希杰涉案,展開全面追捕。
81、5、5	檢方對警方專案小組未事先知會逕自前往陳希杰家中搜索表示異議。
81、5、6	刑事警察局長盧毓鈞對屬下未事先知會檢方，逕自前往嫌犯家搜索一事向檢察官楊朝嘉致歉。
81、5、7	警方全面過濾陳希杰交往，研判陳嫌可能有共犯。
81、5、8	嫌犯陳希杰寄信給母親與警政署長莊亨岱，信中坦承犯下麥當勞爆炸案，並對員警及無辜人員傷亡感到歉意，愧對親人，並透露出輕生念頭。
81、5、9	嫌犯陳希杰家屬委託陳水扁律師協助投案事宜。陳水扁接獲自稱陳希杰電話，表示不可能出面投案。陳嫌女友羅莎公開呼籲陳希杰不要輕生，應出面說明真相。
81、5、10	警方發佈追緝專刊，通知各機場港口嚴防陳希杰潛逃出境。
81.5.13	警方研判不排除陳希杰自殺或遭共犯滅口可能。

表12-3　麥當勞爆炸事件大事紀㈡

81、5、14	警方清查發現陳嫌過去多與松山機場水電工程熟識的男子潘哲明可能與陳希杰仍有聯絡，涉嫌掩護及援助陳嫌而展開日夜跟監。	
81、5、15	警方發現潘哲明開計程車外出前往新店直潭山區。警方化粧跟監查獲陳嫌在山區的睡袋、背包、帳篷。	
81、5、15 晚間	警方查獲潘哲明以計程車搭載陳希杰返回中和市景平路家中。警方緊急調動人員在潘哲明住家附近部署。	
81、5、16	凌晨三點半左右，警方完成緝捕陳希杰的勤務分配，承辦檢察官楊朝嘉坐鎮指揮，消防、救護、防爆等單位待命。 四時五十分，盧毓鈞局長下達攻堅命令，鐵匠打開三道鐵門，在潘哲明家中客房逮捕陳希杰，全案偵破。	

表12-4　麥當勞爆炸事件大事紀㈢

二、危機應變計劃

1.危機的定義：《韋氏字典》（Webster's）說，危機是一件事的「轉機與惡化的分水嶺」，危機是「決定性的一刻」和「關鍵的一刻」。《韋氏字典》又把危機解釋成「生死存亡的關頭」。

2.危機的徵兆有那些

(1)企業遭遇的問題日益嚴重；

(2)受到新聞界和政府的密切監督；

(3)影響企業的正常營運；

(4)危害公司及公司高級職員的良好形象；

(5)最後傷害到公司的生存；

3.危機的應變計劃：

(1)及時作準備。「在什麼狀況下，採取什麼行動」，並假設問題與問題的答案：「如果發生這樣、這樣的狀況，我要這樣、這麼辦」。

(2)救急的措施：危機來襲時，你要問問你有什麼應變計劃？你要如何執行？何時執行？救急的東西放在那裏？

(3)成立危機應變小組：在草擬危機應變計劃前，要先組成危機應變小組。危機小組可由總經理或某些技術專家組成。他們要定期集會、檢討應變計劃。危機應變計劃的第一要務，就是提名所有的小組成員。不同的危機需要徵召不同的小組成員。

(4)及早決定合適的發言人。

(5)避免捨本逐末的陷阱。

4.發生危機所須思考的基本問題：

(1)誰負責通知員工？

(2)誰是通知人的代理人？（這個人不能處理時由誰代理）

(3)誰負責通知新聞媒體與代理人？

(4)要通知那些地位、省級或中央主管機關、官署？由誰負責通知？

(5)記者或一般大眾打電話來時，首先由電話總機接聽。他們要怎樣回答記者和一般大眾的問題？誰負責向電話總機說明事情的經過及應變辦法？

(6)如果接到許多類似的電話，如有關產品的謠言時，他們知道要向誰報告嗎？

(7)公司有設立闢謠專線電話的計劃嗎？接聽電話專線的人會說兩種語言嗎？

三、研　討

1. 目前臺灣在連鎖業、零售業經常傳出歹徒搶劫、或暴力爆炸報復之事，請問企業如何預防此種事件的發生與萬一在發生事件之後如何加以妥善處理？

2. 危機處理小組在企業體系中您認為應包括的成員有那些人？其主要的任務是在處理那些事？

習　題

一、何謂社會行銷？它與行銷導向的觀念有何不同？請以目前所重視的環保觀念，說明社會行銷如何兼顧消費者及社會的福祉。

二、請解釋下列名詞：

(1)社會責任 (social responsibility)

(2)行銷企業精神 (marketing-enterprise)

(3)新英雄肖像 (new-hero)

(4)誠實廣告 (real advertisity)

(5)良好公民 (good-citizen ship)

(6)拯救地球

三、近年來社會對行銷有若干的批評：請說明下列相關現象的批評與補救之道。

(1)行銷被批評非以天下人之利而計其利。

(2)行銷較其它部門容易患有本位主義的觀念。

(3)行銷為達促銷目的常有「不實報導」、「誇張效果」之疑。

⑷行銷忽視精神生活層次。

四、如果您是麥當勞企業的重要負責人或決策人士，發生麥當勞爆炸事件時，您將會如何處理下列現象？

⑴接到歹徒第一通恐嚇電話時，您會如何處理？

⑵成立危機處理小組，您覺得在何時成立較恰當？

⑶發生第一家民生店爆炸時，在決定是否關閉其它連鎖店的營運時，考慮業者本身的營運、顧客的安全上如何做決定？

附錄：歷屆高普考、特考《行銷管理》試題

七十五年高考國貿人員「行銷管理」試題

一、市場區隔化 (market segmentation) 是在選擇目標市場前一項重要
　　的工作。請問：
　　1.用來區隔消費者市場的變數有那些？
　　2.用來區隔工業市場的變數有那些？

二、1.何謂「差別定價」(discriminatory pricing)？差別定價有那幾種
　　　不同的方式？請舉例說明之。
　　2.爲使差別定價能有效運作，應有那些先決條件存在？

三、1.何謂「水平通路衝突」(horizontal channel conflict)？何謂「垂
　　　直通路衝突」(vertical channel conflict)？二者之區別何在？
　　2.製造商與零售商常會有衝突發生。請以你熟悉的一個行業爲例，說
　　　明製造商與零售商之間發生衝突的可能原因爲何？

四、服務 (service) 行銷的重要性正與日俱增。請以一場音樂會爲例，
　　說明在設計一項服務之行銷方案時，應考慮那些服務的特性？

五、廣告文案測試 (copy testing) 有事前測試 (pretesting) 和事後測
　　試 (posttesting) 之分。請各列舉兩種事前測試和事後測試的方法，
　　並說明其內容。

七十五年普考國際貿易、企管人員「行銷學概要」試題

一、何謂「便利品」(convenience goods)、「選購品」(shopping goods)
　　和「特殊品」(specialty goods)？請舉例說明之。

二、1.消費者的購買動機有那些？請舉例說明之。
　　2.一般認爲消費者的購買動機與工業用戶的購買動機往往是不同
　　　的。請問消費者和工業用戶的購買動機有什麼不同？

三、1.何謂「批發商」？他們在行銷活動中擔負那些功能？

　　2.何謂「零售商」？他們在行銷活動中擔負郱些功能？

四、廠商在選擇分配通路（channel）時，應考慮那些因素？

五、報紙、雜誌和電視是三種主要的廣告媒體。請比較這三種媒體的優
　　點和缺點。

七十六年高考「行銷學」試題(一)

一、市場滲透策略（market penetration strategy）和市場開發策略
　　（market development strategy）是兩種重要的成長策略。請說明
　　這種策略的內容，比較二者的異同。

二、「知覺」（perception）是影響消費者行為的一個重要的心理因素。請
　　問知覺如何影響消費者的行為？

三、基於許多原因的考量，廠商常須適時調整其產品的價格。請以家電
　　產品為例，說明廠商在調整其價格時，應考慮那些因素？

四、繼續分散國外市場是當前外貿政策之一。請從一外銷廠商的立場，
　　研擬一項拓展西歐市場的行銷計畫（marketing program）。

七十六年高考「行銷學」試題(二)

一、公司定位策略分成本領導、差異化、集中化三種，說明其策略內容
　　及適用之條件或場合。

二、試述產品生命週期的各階段，及廣告促銷活動在不同階段所扮演之
　　角色。

三、試列舉市場利基者之行銷策略五項。

四、人口環境因素，說明對行銷規劃之意義。

七十六年普考「行銷學」試題

一、行銷觀念與銷售觀念主要不同何在？

二、何謂參考群體？消費者欲購買汽車，是否考慮參考群體有何影響？試說明之。

三、說明化粧品之核心產品及引申產品。

四、廣告媒體是否應選擇收視率高及流量大之媒體。

七十七年高考「行銷學」試題

一、實體分配對臺灣的行銷功能日趨重要，試說明其涵義及體系？

二、產品生命週期，各期政策及涵義為何？

三、市場區隔變數有那些，舉一簡例，利用區隔變數試說明之？

四、我國臺灣地區行銷利潤偏低，今後應如何加強行銷功能的發揮，試就個人觀點說明之。

七十七年普考「行銷學概要」試題

一、產品的包裝近來我國廠商已大量使用，良好的產品包裝應符合那些重要原則或特性？

二、產品的推銷方法有很多，試簡要討論比較普遍三種推銷方法？

三、試述「行銷稽核」的意義及內容？

七十八年高考「行銷學」試題㈠

一、舉例說明服務業之行銷 (marketing) 與一般產品之行銷的異同點。

二、說明市場區隔（market segmentation）的意義、目的及其區隔的程序（procedure）。

三、目前環境汙染問題日趨嚴重，是否可以行銷的觀念與策略來改善？請舉例說明。

四、請舉例說明購買者創新採用產品的 AIDA 模式內容。

七十八年普考「行銷學」試題

一、解釋名詞：

　　(1)市場

　　(2)行銷

　　(3)行銷組合

　　(4)行銷管理

二、試解釋何謂行銷通路？廠商選擇行銷通路時應注意那些問題？行銷通路之基本功能為何？

三、試說明行銷研究之基本目的為何？步驟為何？並請舉出三種常見的市場調查方法？

四、廠商訂定各項行銷策略時，除考慮目標市場特性外，尚需分析各項外在環境因素之現狀及其未來之發展，試列舉各項重要環境因素，並簡要說明之。

五、消費品依顧客購買習慣之不同，可分為便利品、選購品、特殊品三大類，試述各類產品之特性為何？

七十八年高考「行銷學」試題㈡

一、名詞解釋：

(1)市場（market）

(2)行銷（marketing）

(3)行銷組合（marketing mix）

(4)行銷管理（marketing management）

(5)行銷觀念（marketing concept）

(6)行銷近視（marketing myopia）

(7)反行銷（demarketing）

(8)市場定位（market positioning）

(9)個體行銷（micromarketing）

(10)總體行銷（macromarketing）

二、試述產品生命週期之意義及各階段特色，並舉例說明在目前臺灣市場上各階段有何代表性產品？

三、目標市場有那些不同策略？

四、試述服務業與一般製造業比較在行銷上有那些不利的特質？行銷人員應如何克服此等不利特質？

五、試述廠商決定產品售價時應考慮之因素，並說明訂價策略為何是一種行銷策略？

七十八年基層特考乙等「行銷學」試題

一、新產品的訂價策略有二，其一為滲透訂價策略及低價策略，試問何種情況下較適宜採用滲透訂價策略？

二、近年來垂直行銷系統大行其道，試說明傳統通路系統與垂直行銷系統有何不同？

三、何謂知覺風險？請說明各種知覺風險？

四、何謂產品定位？在何種情況下產品可能需要重定位？

七十九年普考「行銷學」試題

一、行謂行銷？行銷組合？行銷觀念？

二、何謂行銷產品生命週期？彩色電視機應處於那個週期？為什麼？

三、行銷學的意義為何？最常見的三個行銷研究法為何？

四、何謂市場區隔？市場區隔的目的、市場區隔的變數有那些？試說明之。

八十年高考二級企業管理「行銷管理」試題

一、㈠消費者在一購買決策中可能扮演那幾種不同的購買角色（buying role）？

㈡了解消費者的購買角色對行銷人員有什麼重要性？

二、產業中的小廠商應採取什麼樣的行銷策略，俾能在市場中佔有一席之地？

三、㈠請說明行銷研究（marketing research）在行銷管理中的功能及其重要性。

㈡請舉例說明行銷研究的步驟。

四、臺灣民眾的消費者意識和環保意識日益提高，這種現象在行銷管理上具有什麼涵義？請申述之。

八十年高考二級國際貿易「行銷學」試題

一、相對於「實體產品」而言，「服務」（services）具有那些特性？這些特性在行銷決策上有那些涵義？

二、在行銷研究中，研究人員通常利用郵寄調查、人員訪問和電話訪問

來收集初級資料。請比較這三種調查訪問方法的優劣。

三、廠商進入國外市場的方式，除了出口之外，還有那些方式？各種方式的利弊如何？

四、行銷觀念（marketing concept）與銷售觀念（selling concept）有什麼不同？

社會行銷觀念（societal marketing concept）與行銷觀念有什麼不同？

八十一年公平交易管理人員乙等特考「行銷學」試題

一、解釋名詞：

㈠社會行銷。

㈡行銷組合。

㈢市場區隔。

㈣完全競爭市場之特徵條件。

㈤差別取價的條件。

㈥直銷（直接銷售）之優缺點。

二、研究消費者行為的理論，有那幾種模式？試說明其主要之內涵。

三、農產品運銷（或農業行銷其農產品）有何先天上的特徵因素與困難，致易於導致價格上漲？有何改善辦法？

八十一年基層特考乙等「行銷學」試題

一、解釋名詞：

㈠行銷組合

㈡核心產品

㈢零階通路

㈣策略性事業單位

二、何謂成本導向的訂價法，試說明之。

三、何謂政府市場，其特性為何？試說明之。

四、企業界均利用各種廣告媒體從事推廣，以達成其成長的目標。試說明在那些情況下，比較適合作廣告？

八十二年高考二級「行銷學」試題

一、請說明馬斯洛的需求層次理論的內容。

下列各種產品最能滿足那一層次的需求？請說明理由。

㈠業餘之藝術創作

㈡礦泉水

㈢賀年卡

㈣卡迪拉克汽車

㈤人壽保險

二、便利品之品牌決策，常採用多品牌策略。何謂「多品牌策略」？其優缺點為何？

三、請說明「吸脂訂價」(skimming pricing)與「滲透訂價」(penetration pricing) 的意義及其適用情況。

四、為選擇一種有效的市場區隔策略，通常均需要考慮那些因素？試說明之。

參考文獻

一、中文

一、齊若蘭譯，《複雜——走在秩序與混沌邊際》，天下文化出版，民國八十三年（原作者 M. Mitchell Waldop）。

二、周旭華譯，《覺醒的年代——解讀弔詭新未來》，天下文化出版，民國八十四年（原作者 Charles Handy）。

三、魏汝霖著，《孫子兵法大全》，臺灣商務印書館發行，民國七十六年三版。

四、郭振鶴著，《品牌延伸性之策略行銷管理》，淡江大學管理科學研究所碩士論文，民國七十六年。

五、顏月珠著，《商用統計學》，三民書局出版，民國七十四年。

六、朱元鴻譯，《後現代理論批評與質疑》，巨流圖書公司出版，民國八十三年（原作者 Steven Best, Douglas Kellner）。

七、紐先鐘譯，《克勞塞維茨戰爭論全集》，軍事譯粹社，民國六十九年。

八、莊紹蓉、楊精松著，《商用微積分精要》，東華書局出版，民國八十三年。

九、顏淑馨譯，《競爭大未來》，智庫文化，民國八十四年(原作者 Cary Hamel, C. K. Prahalad)。

十、許士軍著，《策略性行銷管理》，臺北，淡江大學講座叢書〝63〞，民國七十四年。

十一、梁發進譯，《個體經濟理論》，水牛出版社，民國八十一年九月(原作者 Henderson, Ouandt)。

十二、蕭寶森譯，《蘇菲的世界》，上下冊，智庫文化出版，民國八十五年（原作者 Tostein Carder）。

十三、林清山著，《多變項分析統計法》，臺北東華書局，民國七十二年八月。

十四、劉自荃譯，《解構批評理論與應用》，駱駝出版社，民國八十三年（原作者 Christopher Norris）。

十五、劉家憲譯，《後現代的轉向──後現代理論與文化論文集》，時報出版社，民國八十二年（原作者 Ihab Hasson）。

十六、郭振鶴著，《行銷管理個案與策略規劃》，天一圖書公司，民國八十三年三月二版。

十七、郭振鶴著，《行銷研究與個案分析》，華泰書局出版，民國八十三年二版。

十八、吳怡國、錢大慧、林建宏譯，《整合行銷傳播》，滾石文化事業，民國八十三年（原作者 Done E. Schultz）。

十九、方世榮譯，《行銷管理學》，東華書局，民國八十四年（原作者 Philip-Kotler）。

二十、黃宏義譯，《策略家的智慧》，長河出版社，民國七十六年七月（原作者大前研一）。

二十一、呂美女、吳國楨譯，《組織的盛衰──從歷史看企業再生》，麥田出版社，民國八十三年（原作者堺屋太一）。

二十二、林肇熙譯，《變動世界的經營者》，志文出版社，民國七十五年（原作者彼得杜拉克）。

二十三、楊幼蘭譯，《改造企業──再生企業的藍本》，牛頓出版社，民國八十三年（原作者 Michael Hammer & James Champy）。

二十四、杜政榮、李俊福、江亮演著，《環境學概論》，國立空中大學印行，民國八十二年。

二十五、顏淑馨譯，《全球弔詭──小而強的年代》，天下文化出版，民國八十三年（原作者 John Naisbitt）。

二十六、賓靜蓀譯，《未來贏家──掌握 2000 年十大經營趨勢》，天下文化出版，民國八十一年（原作者 Robert B. Tucker）。

二十七、何保中、陳俊輝、張鼎國譯，《西方的智慧》，業強出版社，民國八十二年（原作者 Bertrand Russell）。

二十八、王克先著，《學習心理學》，桂冠心理學叢書，民國八十三年。

二十九、黃柏琪譯，《無國界的世界》，聯經出版社，民國八十二年（原作者大前研一）。

三十、八十三年度臺灣地區廣告公司營業額排行榜，《突破雜誌》，民國八十四年三月（第 6 期）。

二、英文部分

1. Aaker, David, and George Day. "The Perils of High-Growth Markets." *Strategic Management Journal*, September-October 1986, pp. 409-421.

2. Abell, Derek. "Strategic Windows." *Journal of Marketing*, July 1978, pp. 21-26.

3. Abell, Derek, and John Hammond. *Strategic Market Planning*. Englewood Cliffs, NJ: Prentice-Hall, 1979.

4. Abernathy, William J., and Kenneth Wayne. "Limits of the Learning Curve." *Harvard Business Review*, September-October 1974, pp. 109-119.

5. AI Ries and Jack Trout, "Positioning the Bottle for your Mind", 2nd ed. (Common Wealth Publishing Co., Ltd. 1986).

6. Ansoff. I. H., "The Concept of Strategic Management." *Journal of Business Policy*, Summer 1972, pp. 1-20.

7. Ansoff, Igor. *Corporate Strategy*. New York: McGraw-Hill, 1965.

8. Alan R. Andreasen, "Leisure, Mobility and Life Style Pattern." *AMA Conference Preceedings*, Winter 1967, pp. 56-62.

9. Bert McCammon, Robert F. Cusch, Reborah S. Coykendall, and James M. Kenderdine, *Wholesaling in Transition* (Norman: University of Oklahoma, College of Business Administration, 1989).

10. Boyd, Harper, and Jean-Claude Larreche. "The Foundations of Marketing Strategy." In *Review of Marketing*, Gerald Zaltman and Thomas Bonoma (eds.).

11. Buzzell, Robert D., and Frederick D. Wiersema. "Successful Share-Building Strategics." *Harvard Business Review*, January-February 1981, pp. 135-144.

12. Brian Everitt, *Cluster Analysis* 2nd ed. (London: Heinemann Educational Books, 1980), pp. 30-31.

13. Biggadike Ralph, "The Risky Business of Diversification", *Harvard Business Review*, May/June 1979, pp. 103-111.

14. Blattberg, R. and J. Golanty, "TRACKER: An Early Test-Market Forecasting and Diagnostic Model for new Product Planning," *Journal of Marketing Research*, May 1978, pp. 192 -202.

15. Bearden, W. O., and Etzel, M. J., "Reference Group Influence on Product and Brand Purchase Decisions," *Journal of Consumer Research*, September 1982, pp. 183-194.

16. Bass, F., "The Theory of Stochastic Preference and Brand Switching," *Journal of Marketing Research*, February 1974, pp. 1-20.

17. Bellizzi, J. A., and Martin, W. S., "The Influence of National Uersus Generic Branding on Taste Perceptions," *Journal of Business Research*, September 1982, pp. 385-396.

18. Brockhoff, K., "A Procedure for New Product Positioning in an Attribute Space," *European J. Oper. Res.*, Vol. 1 (January 1977), pp. 230-238.

19. Bezalet Graish, Dan Horsky and Kizhanatham Srikanth, "An Approach to the Optimal Positioning of a New Product," *Management Science*, Vol. 29, No. 11, November 1983, pp. 1277-1297.

20. Buggie, F. D., "Strategies for New Product Development," *Long Rangl Planning*, Vol. 15, No. 2, April 1982, pp. 22-31.

21. Blin, J. M., and Dodson, J., "The Relationship Between Attributes, Brand Preference and Choice, *Management Science*, June 1980, pp. 606-619.

22. Blake, B., Perloff, R. and Heslin, R., "Dogmatism and Acceptance of new Products," *Journal of Marketing Research*, Vol. VII, November 1970, pp. 483-486.

23. Bracker, Jeffery. "The Historical Development of the Strategic Management Concept." *Academy of Management Review*, vol. 5, no. 2 (1980), pp. 219-224.

24. Christensen, H. Kurt, Arnold C. Cooper, and Cornelis A. Dekluyver. "The Dog Business: A Re-examination." *Business Horizons*, October-December 1982, pp. 12-18.

25. Corey, L. G., "People Who Claim to Be Opinion Leaders: Identifying Their Characteristics by Self-Report," *Journal of Marketing*, Vol. 35, 1971.

26. Clayclamp, H. J., and Liddy, L. E., "Prediction of New Product Performance; An Analytical Approach", *Journal of Marketing Research*, Vol. 6, November 1969, pp. 414-420.

27. Cadhury, N. D., "When, Where and How to Test Market," *Harvard Business Review*, May/June 1975, pp. 96-105.

28. Derek F. Abell, "Strategic Windows," *Journal of Marketing*, June 1978, pp. 21-26.

29. Dillon, W. R., "A Note on Accounting for Sources of Variation in Perceptual Maps." *Journal of Marketing Research*, August, 1982, pp. 302-311.

30. Donnelly, J. H. (Jur.), and Etael, M. J., "Degrees of Product Newness and Early Trial," *Journal of Marketing Research*, Vol. X, August 1973, pp. 295-300.

31. Donnelly, J. H. (Jur.), "Social Character Acceptance of new Products," *Journal of Marketing Research*, Vol. VII, February 1970, pp. 111-113.

32. Donnelly, J. J. (Jne.), and Inancevich, J. M., "A Methodology for Identifying Innovator Characteristics of New Brand Puchasers," *Journal of Marketing Research*, Vol. XI, August 1974, pp. 331-334.

33. Doiich, I. J., "Congruence Relationships Between Self Images and Product Brands," *Journal of Marketing Research*, Vol. 6, 1969, pp. 80-84.

34. Davidson and C. Merle Crawford, "Marketing Research and the New Product Failure Rate," *Journal of Marketing*, April 1977, pp. 51-61.

35. David A. Aaker, "Strategic market management," University of California, Berkeley, 1984.

36. Davidson, J. H., "Why Most New Consumer Brands Fail," *Har-*

vard Business Review, March/April 1976, pp. 117-122.

37. Day, G. S., and Deutscher, T., "Attitudinal Predictions of Choices of Major Appliance Brands," *Journal of Marketing Research*, May 1982, pp. 192-198.

38. Fred D. Reynolds and William R. Darden, "Constructing Life Style and Psychographics," in William D. Wells, eds., *Life style and Psychosgraphics* (Chicago, Ama, 1974), pp. 71-96.

39. Frank V. Cespedes and E. Raymond Corey, "managing Multiple Channels," Business Horizons, July-August 1990, pp67-77.

40. Fourt, L. A., and Woodlock, J. N., "Early Prediction of Market Sucess for New Grocery Products," *Journal of Marketing*, Vol. 25, October 1960, pp. 31-38.

41. "Forget Satisfying the Consumer—Just Outfox the Competition." *Business Week*, October 7, 1985, pp. 55-58.

42. Fierman, Jaclyn. "How to Make Money in Mature Markets." *Fortune*, November 25, 1985, pp. 47-53.

43. Fogg, C. Davis. "Planning Gains in Market Share." *Journal of Marketing*, July 1974, pp. 30-36.

44. Fruhan, William E. "Pyrrhic Victories in Fights for Market Share." *Harvard Business Review*, June 1972, pp. 100-107.

45. Frank, R. E., "Product Segments," *Journal of Marketing Research*, Vol. 12, No. 3, 1972, pp. 9-13.

46. Gardner, David, and Howard Thomas. "Strategic Marketing: History, Issues, and Emergent Themes." In *Strategic Marketing and Management*, H. Thomas and D. Gardner (eds.). London: John Wiley & Sons, 1985.

47. Gluck, Fredrick, Stephen Kaufman, and Steven Walleck. "Strategic Management for Competitive Advantage." *Harvard Business Review*, July-August 1980, pp. 154-160.

48. Green, R. E., and V. Rao, "Applied Multidimensional Scaling: A Comparison of Alternative Algorithms," N.Y.: Holt, Roinehart and Winston, 1970.

49. Glen L. Urban, Theresa Carter, Steven Gaskin and Zofia Mucha, "Market Share Rewards to Prioneering Brands: An Empirical Analysis and strategic Implications." *Management Science*, Vol. 32, No. 6, June 1986, pp. 645-659.

50. Givon, M., and Horsky D., "Market Share Models as Approximators of Aggregated Heterogeneous Brand Choice Behavior," *Management Science*, September, 1978, pp. 1404-1416.

51. Henry Assael and A. Marvin Roscoe Jr., "Approaches to market Segmentation Analysis," *Journal of Marketing*, Vol. 40 (October 1976), pp. 67-76.

52. Hugh Davidson J., "Why Most New Consumer Brands Tail," *Harvard Business Review*, March/April 1976, pp. 117-121.

53. Hannon, Kerry. "Diced and Sliced." *Forbes,* October 2, 1989, p. 68.

54. Haspeslagh, Philippe. "Portfolio Planning: Uses and Limits." *Harvard Business Review*, January-February 1982, pp. 58-73.

55. Herbert E. Krugman, "What makes Adrertising Effective?" *Harvard Business Review*, March-April 1975, pp. 96-103.

56. Hambrick, Donald C. and Ian C. MacMillan. "The Product Portfolio and Man's Best Friend." *California Management*

Review, Fall 1982, pp. 84-95.

57. Hammermesh, R. G., M. J. Anderson Jr., and J. E. Harris. "Strategies for Low Market Share Businesses." *Harvard Business Review*, May-June 1978, pp. 95-102.

58. Hans Thorelli & Helmut Becker, *International Marketing Strategy*, rev. ed. (New York: Pergamon Press, 1980).

59. Ian Goulding & Anita M. Kennedy., "The Development, Adoption & Diffusion of new Industrial Products," *European Journal of Marketing Research*, Vol. 17, No. 3, 1983, pp. 3-88.

60. James F. Engel, Roger D. Blackwell, David T. Kollat, *Consumer Behavior*, 4th ed.

61. Joseph T. Plummer, "The Concept and Anplication of Life Style Segmentation." *Journal of Marketing*, Vol. 38 (January 1974), pp.33-37.

62. Johnanson, Johny, K., and Thorelli, Hans, B. (1985), "International Product Positioning," *Journal of International Business Studies*, (Feb.), pp. 57-75.

63. Johnson, R. M., "Market Segmentation: A Strategic Management Tool." *J. Marketing Res.*, Vol. 8 (February 1971), pp. 13-18.

64. John R. Hauser and Steven M. Shugan, "Defensive Marketing Strategies," *Marketing Science*, Fall 1983, pp. 319-360.

65. Kotler, Philip. "Harvesting for Weak Products." *Business Horizons*. July 1978, pp. 15-22.

66. Kotler P., *Marketing Essentials*, pp. 147.

67. King R. H., and A. A., "Entry and Market Share Success of New Brands in Concentrated Markets," *Journal of Business*

Research, September 1982, pp. 371-383.

68. Kotler, P., "Marketing Mix Decisions for New Products," *Journal of Marketing Research*, Vol. 1 No. 2, 1964, pp. 43-49.

69. Keon, J. W., "Product Positioning: Trinodal Mapping of Brand Images, Ad Images, and Consumer Preference," *Journal of Marketing Research*, November 1983, pp. 380-392.

70. King C. W., and Summers, J. O., "Ouerlap of Opinion Leadership Across Consumer Product categories," *Journal of Marketing Research*, Vol. 7, 1970, pp. 43-50.

71. Levine, Joshua. "Sorrell Ridge Makes Smucker's Pucker." *Forbes*, June 12, 1989, pp. 166-168.

72. Lenrow, M. M., "Mapping New Strategy for World."

73. Camton, L., and Parasuraman, A., "The Impact of the Marketing Concept on New Product Planning," *Journal of Marketing*, Vol. 44, Winter 1980, pp. 19-25.

74. Lanites, T., "New to Generate New Product Idear," *Journal of Advertising Research*, Vol. 10, No. 3, 1970, pp. 31-35.

75. Miland M. Lele, "Change Channels During Your Product's Life Cycle." *Business Marketing*, December 1986, p. 64.

76. Mintzberg, Henry. "Crafting Strategy." *Harvard Business Review*, July-August 1987, pp. 66-75.

77. Mitchell, Russell. "Big G Is Growing Fat on Oat Cuisine." *Business Week*, September 18, 1989, p. 29.

78. "The New Breed of Strategic Planner." *Business Week*, September 17, 1984, pp. 62-68.

79. Morgan, N., and Parnell, J., "Isolating Openings for New Prod-

ucts in Multidimensional Space," *J. Market Res.* Soc., Vol. 11 (July 1979), pp. 245-266.

80. Mason, J. B., and Mayer, M. L., "The Problem of the Self-Concept in Store Image Studies," *Journal of Marketing*, 1970, pp. 67-69.

81. Moran, W. T., "Why New Products Tail," *Journal of Advertising Research*, Vol. 13, No. 2, 1973, pp. 5-13.

82. Montgomery, D. B., and Silk, A. L., "Clusters of Consumer Interests and Opinion Leaderships Spheres of Influence," *Journal of Marketing Research*, Vol. VIII, 1971, pp. 317-321.

83. Monroe, Kent B., "The Influence of Price Differences and Brand Tamiliarity on Brand Preference," *Journal of Consumer Research*, Vol. 3, June 1976, pp. 42-48.

84. Neil H. Borden, "The Concept of Marketing Mix," *Journal of Advertising Research*, June 1964.

85. Philip R. Cateora, *International Marketing*, 8th ed. (Richard D. Irwin, Inc., 1993).

86. Philip Kotler, *Marketing Management: Analysis Planning, and Control*, 3rd ed., (Englewood Cliffs, N.J. Prentice-Hall Inc., 1976). 高雄飛譯，行銷管理──分析、規劃與控制，第四版（臺北，華泰書局，民國 六十九年，pp. 274）。

87. Philip Kotler, *Principles of Marketing*, 2nd ed. (Englewood Cliffs, N.J.: Prentice-Hall, Inc., 1983). 王志剛編譯，行銷學原理，第二版（臺北，華泰書局，民國七十三年五月），pp. 329-331。

88. Philip Kotler, *Marketing Essentials* (Englewood Cliffs, N.J.: Prentice-Hall, Inc., 1984).

89. Paul E. Green, "A New Approach to Market Segmentation", *Business Horizens*, Vol. 20 (February 1977), pp. 61-73.

90. Pessemier, E. A., and Root H. P., "The Dimensions of New Product Planning," *Journal of Marketing*, Vol. 37, January 1973, pp. 10-18.

91. Pessemier, E. A., "Market Structure Analysis of New Product and Market Opportunities," *J. Contemporary Bus.*, Vol. 35 (Spril 1975), pp. 35-67.

92. Pessemier, E. A., Burger, P. C., and Jigert, D. E., "Can New Product Bayers Be Identified?" *Journal of Marketing Research*, Vol. IV, November 1967, pp. 349-354.

93. Popielary, D. T., "An Exploration of Percieved Risk and Willingness to try New Products," *Journal of Marketing Research*, Vol. IV, November 1967, pp. 368-372.

94. Pomeroy, H. J. M., "Global Brands: Not Just a Fad." *Advertising Age*, August 1984.

95. Porter, Michael. *Competitive Advantage*. New York: Free Press, 1985.

96. Porter, Michael. "The State of Strategic Thinking." *The Economist*, May 23, 1987, pp. 17-22.

97. Phillips, Lynn, Dae Chang, and Robert Buzzell. "Product Quality, Cost Position and Business Performance: A Test of Some Key Hypothesis." *Journal of Marketing*, Spring 1983, pp. 26-43.

98. Porter, Michael. *Competitive Advantage*. New York: Free Press, 1985.

99. Quinn, James Brian. "Strategic Change: Logical In-

crementalism." *Sloan Management Review*, Fall 1978, pp. 7-21.

100. Quinn, R. E. (1988), *Beyond Rational Management: Mastering the Paradoxes and Competing Demands of High Performance.* San Francisco Joesey-Bass.

101. Quinn, R. E. & M. R. McGrath (1985), "The Transformation of Organizational Cultures: A Competing Value Perspective." In P. J. Frost, L. F. Morre, M. R. Louis, C. C. Lundberg, J. Martin (eds.), *Organizational Culture*, Beverly Hills CA: Sage.

102. Ramanujam, V., and N. Venkatraman. "Planning and Performance: A New Look at an Old Question." *Business Horizons*, May-June 1987, pp. 19-25.

103. Ries, Al, and Jack Trout. *Marketing Warfare*. New York: McGraw-Hill, 1986.

104. Russell I. Haley, "Benefit Segmentation: A Deaision-Oriented Research Tool." *Journal of Marketing*, Vol. 32 (July, 1968), pp. 30-35.

105. Ross, I., "Self Concept and Brand Preference," *Journal of Business*, 1971, pp. 38-50.

106. Rosenberg, Larry, J., *Marketing* (Englewood Cliffs, N.J.: Prentice-Hall, 1977), p. 169.

107. Rowland T. Moriarty and Ursula Moran, "Marketing Hybrid Marketing System," *Harvard Business Review*, November-December 1990, p. 150.

108. Scheafer Richard, L. Mendenhall, William and Ott. Lyman., "Elementary Survey Sampling," 2nd ed. California 1979, pp. 141-161.

109. Schmalensee, R., "Product Differentiation Advantages of Pioneering Brands," *American Economic Review*, June 1982, pp. 349-365.

110. Steven, P. Schnaars., "When Entering Growth Market, Are Pioneers Better Than Poachers?" *Business Horizons*, March-April 1986, pp. 27-36.

111. Sak Onkvisit & John J. Shaw, *International Marketing: Analysis & Strategy*, 2nd ed. (Macmillan Publishing Company, 1993).

112. Silk, A. J., and Urban, G. L., "Pre-Test-Market Evaluation of Packaged Goods: A Model and Measurement Methodology," in Bass, King, Pessemier (eds.), application of the sciences to marketing, John Wiley & Sons, New York, 1969, pp. 251-268.

113. Straggord, James E., "Effects of Group Influences on Consumer Brand Preferences," *Journal marketing Research*, Vol. 3, February 1966, pp. 68-75.

114. Therdore Levitt, "Marketing Myopia," *Harvard Business Review*, Vol. 38, July-Aug. 1961, pp. 24-47.

115. Schnaars, Steven P. "When Entering Growth Markets, Are Pioneers Better Than Poachers?" *Business Horizons*, March-April 1986, pp. 27-36.

116. Shank, John, Edward Niblock, and William Sandalls Jr., "Balance Creativity and Practicality in Formal Planning." *Harvard Business Review*, January-February 1973, pp. 87-95.

117. Siler, Julia Flynn. "How Miller Got Dunked in Matilda Bay." *Business Week*, September 25, 1989, p. 54.

118. Steiner, George. *Top Management Planning*. New York: Mac-

millan, 1969.

119. Theodore Levitt, "Innovative Imitation," *Harvard Business Review*, September/October 1966, p. 63.

120. Theodore R. Gomble, "Brand Extension," in *Plotting Marketing Strategy*, ed., Lee Adler (New York: Simon & Schuster, 1967, pp. 167-178).

121. Urban G. L., "Perceptor: A Model for Product Positioning," *Management Science*, April 1974, pp. 858-871.

122. Warren J. Keegan, *Global Marketing Management*, 4th ed. (Prentice-Hall, 1989).

123. Wind, Y. "Issues and Advances in Segmentation Research," *Journal of Marketing Research*, Vol. 15 (August 1978), pp. 317 -338.

124. William D. Wells, "Psychographics: A Critical Review," *Journal of Marketing Research*, Vol. XII (May 1975), pp. 196-213.

125. William Lazer, "Life Style Concepts and Marketing," in Stephen Greyser, edc., *Toward Scientific Marketing* (Chicago: Ama, 1963), pp. 140-151.

126. Wells, D. W., "Life Style and Psychographics: Definitions, Uses, and Psychographics," *Life Style and Psychographics* (Chicago: Ama 1974), pp. 317-363.

127. Whitney, Craig. "Scotch's New International Status." *New York Times*, September 17, 1989, p. F6.

128. Woo, Carolyn Y., and Arnold C. Cooper. "The Surprising Case for Low Market Share." *Harvard Business Review*, November-December 1982, pp. 106-113.

129. Yoram Wind, "Issues and Advances in Segmentation Research," *Journal of Marketing Research*, Vol. XV (August 1978), pp.317-337.

三民大專用書書目 —— 國父遺教

三民大專用書書目——行政・管理

行政學	張潤書	著	政治大學
行政學	左潞生	著	前中興大學
行政學	吳瓊恩	著	政治大學
行政學新論	張金鑑	著	前政治大學
行政學概要	左潞生	著	前中興大學
行政管理學	傅肅良	著	前中興大學
行政生態學	彭文賢	著	中央研究院
人事行政學	張金鑑	著	前政治大學
人事行政學	傅肅良	著	前中興大學
各國人事制度	傅肅良	著	前中興大學
人事行政的守與變	傅肅良	著	前中興大學
各國人事制度概要	張金鑑	著	前政治大學
現行考銓制度	陳鑑波	著	
考銓制度	傅肅良	著	前中興大學
員工考選學	傅肅良	著	前中興大學
員工訓練學	傅肅良	著	前中興大學
員工激勵學	傅肅良	著	前中興大學
交通行政	劉承漢	著	前成功大學
陸空運輸法概要	劉承漢	著	前成功大學
運輸學概要	程振粵	著	前臺灣大學
兵役理論與實務	顧傳型	著	
行為管理論	林安弘	著	德明商專
組織行為學	高尚仁、伍錫康	著	香港大學
組織行為學	藍采風、廖榮利	著	美國印第安那大學 臺灣大學
組織原理	彭文賢	著	中央研究院
組織結構	彭文賢	著	中央研究院
組織行為管理	龔平邦	著	前逢甲大學
行為科學概論	龔平邦	著	前逢甲大學
行為科學概論	徐道鄰	著	
行為科學與管理	徐木蘭	著	臺灣大學
實用企業管理學	解宏賓	著	中興大學
企業管理	蔣靜一	著	逢甲大學
企業管理	陳定國	著	前臺灣大學

三民大專用書書目 —— 經濟・財政

書名	作者	單位
經濟學新辭典	高叔康 編	國際票券公司
經濟學通典	林華德 著	國際票券公司
經濟思想史	史考特 著	
西洋經濟思想史	林鐘雄 著	臺灣大學
歐洲經濟發展史	林鐘雄 著	臺灣大學
近代經濟學說	安格爾 著	
比較經濟制度	孫殿柏 著	前政治大學
經濟學原理	歐陽勛 著	前政治大學
經濟學導論	徐育珠 著	南康乃狄克州立大學
經濟學概要	趙鳳培 著	前政治大學
經濟學	歐陽勛、黃仁德 著	政治大學
通俗經濟講話	邢慕寰 著	香港大學
經濟學（上）（下）	陸民仁 編著	前政治大學
經濟學（上）（下）	陸民仁 著	前政治大學
經濟學概論	陸民仁 著	前政治大學
國際經濟學	白俊男 著	東吳大學
國際經濟學	黃智輝 著	東吳大學
個體經濟學	劉盛男 著	臺北商專
個體經濟分析	趙鳳培 著	前政治大學
總體經濟分析	趙鳳培 著	前政治大學
總體經濟學	鍾甦生 著	西雅圖銀行
總體經濟學	張慶輝 著	政治大學
總體經濟理論	孫震 著	工研院
數理經濟分析	林大侯 著	臺灣綜合研究院
計量經濟學導論	林華德 著	國際票券公司
計量經濟學	陳正澄 著	臺灣大學
經濟政策	湯俊湘 著	前中興大學
平均地權	王全祿 著	考試委員
運銷合作	湯俊湘 著	前中興大學
合作經濟概論	尹樹生 著	中興大學
農業經濟學	尹樹生 著	中興大學
凱因斯經濟學	趙鳳培 譯	前政治大學
工程經濟	陳寬仁 著	中正理工學院

三民大專用書書目——會計・審計・統計

會計制度設計之方法	趙 仁 達	著	
銀行會計	文 大 熙	著	
銀行會計（上）（下）（增訂新版）	金 桐 林	著	中 興 銀 行
銀行會計實務	趙 仁 達	著	
初級會計學（上）（下）	洪 國 賜	著	前淡水工商管理學院
中級會計學（上）（下）	洪 國 賜	著	前淡水工商管理學院
中級會計學題解	洪 國 賜	著	前淡水工商管理學院
中等會計（上）（下）	薛光圻、張鴻春	著	西 東 大 學
會計學（上）（下）	幸 世 間	著	前 臺 灣 大 學
會計學題解	幸 世 間	著	前 臺 灣 大 學
會計學（初級）（中級）（高級） 　　　（上）（中）（下）	蔣 友 文	著	
會計學概要	李 兆 萱	著	前 臺 灣 大 學
會計學概要習題	李 兆 萱	著	前 臺 灣 大 學
成本會計	張 昌 齡	著	成 功 大 學
成本會計（上）（下）	洪 國 賜	著	前淡水工商管理學院
成本會計題解	洪 國 賜	著	前淡水工商管理學院
成本會計	盛 禮 約	著	淡水工商管理學院
成本會計習題	盛 禮 約	著	淡水工商管理學院
成本會計概要	童 綷	著	
管理會計	王 怡 心	著	中 興 大 學
管理會計習題與解答	王 怡 心	著	中 興 大 學
政府會計	李 增 榮	著	政 治 大 學
政府會計	張 鴻 春	著	臺 灣 大 學
政府會計題解	張 鴻 春	著	臺 灣 大 學
稅務會計	卓敏枝、盧聯生、莊傳成	著	臺 灣 大 學
珠算學（上）（下）	邱 英 祧	著	
珠算學（上）（下）	楊 渠 弘	著	臺 中 商 專
商業簿記（上）（下）	盛 禮 約	著	淡水工商管理學院
審計學	殷文俊、金世朋	著	政 治 大 學
商用統計學	顏 月 珠	著	臺 灣 大 學
商用統計學題解	顏 月 珠	著	臺 灣 大 學

三民大專用書書目——社會

社會學	蔡 文 輝 著	印第安那州立大學
社會學	龍 冠 海 著	前臺灣大學
社會學	張 華 葆主編	東 海 大 學
社會學理論	蔡 文 輝 著	印第安那州立大學
社會學理論	陳 秉 璋 著	政 治 大 學
社會學概要	張 曉 春等著	臺 灣 大 學
社會心理學	劉 安 彥 著	傑克遜州立大學
社會心理學	張 華 葆 著	東 海 大 學
社會心理學	趙 淑 賢 著	
社會心理學理論	張 華 葆 著	東 海 大 學
歷史社會學	張 華 葆 著	東 海 大 學
鄉村社會學	蔡 宏 進 著	臺 灣 大 學
人口教育	孫 得 雄編著	
社會階層	張 華 葆 著	東 海 大 學
西洋社會思想史	龍冠海、張承漢 著	前臺灣大學
中國社會思想史（上）（下）	張 承 漢 著	前臺灣大學
社會變遷	蔡 文 輝 著	印第安那州立大學
社會政策與社會行政	陳 國 鈞 著	中 興 大 學
社會福利服務——理論與實踐	萬 育 維 著	陽 明 大 學
社會福利行政	白 秀 雄 著	臺北市政府
老人福利	白 秀 雄 著	臺北市政府
社會工作	白 秀 雄 著	臺北市政府
社會工作管理——人群服務經營藝術	廖 榮 利 著	臺 灣 大 學
社會工作概要	廖 榮 利 著	臺 灣 大 學
團體工作：理論與技術	林 萬 億 著	臺 灣 大 學
都市社會學理論與應用	龍 冠 海 著	前臺灣大學
社會科學概論	薩 孟 武 著	前臺灣大學
文化人類學	陳 國 鈞 著	中 興 大 學
一九九一文化評論	龔 鵬 程 編	中 正 大 學
實用國際禮儀	黃 貴 美編著	文 化 大 學
勞工問題	陳 國 鈞 著	中 興 大 學
勞工政策與勞工行政	陳 國 鈞 著	中 興 大 學